Motorrad-Reparaturanleitung Band 5266

BMW

R 1200 GS

Modelljahre
2004 bis 2010

In Zusammenarbeit
mit der Zeitschrift

MOTORRAD
Europas größte Motorradzeitschrift

bucheli verlag

Impressum

ISBN 978-3-7168-2078-0

Motorrad-Reparaturanleitung
Band 5266

Redaktion und Gestaltung: Büro Schermer, D-70469 Stuttgart
Texte: Helmut Mader, Franz Josef Schermer, Helmut Strauß
Fotos: Sandra Hauber, F. J. Schermer, Kai Widdecke
Zeichnungen: Daniel Horvat, Hans A. Plast, Wolf Kurz

Für diese Motorrad-Reparaturanleitung wurden unter anderem Bilder und Texte aus den Archiven der Zeitschrift MOTORRAD, dem Motorbuch-Verlag und dem BMW-Pressearchiv verwendet.

Ein großes Dankeschön geht an Harry Humke, Ralph Söhner, Michael »Mike« Funke und Thomas Schmieder von MOTORRAD für ihre jederzeit unbürokratische Hilfe bei der Besorgung von Tests und Berichten, Fotos und Unterlagen.

Ein ganz spezieller Dank geht an die BMW-Niederlassung Stuttgart, an die beiden Verkäufer Hafke und Mühlbronner sowie die Werkstattmeister Fleige und Surmund, für ihre Hilfe bei der aufwändigen Fotoaktion, Zerlegung und Zusammenbau der R 1200 GS sowie für die vielen Tipps, die sie uns gegeben haben zur Vermeidung kleiner und großer Probleme im täglichen Umgang mit der Maschine.

Satz: Stefanie Schenk
Lektorat: Myrta Baumberger
Druck: Druck- und Medienzentrum Gerlingen GmbH
D-70839 Gerlingen
Bindung: K. Dieringer
D-70839 Gerlingen

Verkauf
Gewerbestraße 10
CH-6330 Cham
Postadresse:
Postfach 4161
CH-6304 Zug
Telefon: ++41 (0)41 741 77 55
Telefax: ++41 (0)41 741 71 15
www.bucheli-verlag.ch

2. Auflage 2007

Ein tiefer Blick in das einzigartige Boxertriebwerk der BMW R 1200 GS, des ersten Boxers mit Ausgleichswelle. Der Vierventiler ist mit elektronischer Einspritzung und Katalysator bestückt. Aus 1170 cm^3 Hubraum schöpft er 98 oder 100 PS (72 bzw. 74 kW) bei 7000/min und 115 Nm Drehmoment bei 5500/min.

Warum dieses Buch wichtig ist

Die BMW R 1200 GS kam zur Saison 2004 auf den Markt und etablierte sich aus dem Stand heraus in der Spitze der Zulassungszahlen. Kein Wunder, setzt sie doch die Tradition der GS-Modelle eindrucksvoll fort: leicht zu fahren, sicher zu beherrschen und auch mit zwei Personen und Gepäck auf langen Reisen ein treues Arbeitspferd.

Wenn Sie sich dieses Buch gekauft haben, um Ihre BMW R 1200 GS besser kennen zu lernen, haben Sie bewiesen, dass Sie ein umsichtiger Mensch sind. Einer, der vorsorgt, indem er sich vorher informiert, anstatt nachher möglicherweise hilflos dazustehen, wenn mit seinem Motorrad irgendein Problem auftaucht, das vielleicht gar keines ist.

Wenn Sie dieses Buch gekauft haben, um Ihr Motorrad zu reparieren, hoffen wir, dass es Ihnen einen Einblick in die komplexe Mechanik der R 1200 GS vermittelt und dass Sie danach verschiedene Wartungs- und Reparaturarbeiten an Ihrer Maschine selbst machen können.

Wir haben uns größte Mühe gegeben, diese Motorrad-Reparaturanleitung so verständlich wie möglich und nur so tiefgreifend technisch wie nötig zu gestalten. Dieses Buch soll in erster Linie als erklärender Ratgeber dienen und Lesestoff sein, der die Technik der BMW R 1200 GS verständlich macht.

Wir sind der festen Meinung, dass ein Fahrer, der sein Motorrad versteht, sorgsamer damit umgeht. Was wiederum hilft, Probleme entweder schon im Ansatz zu erkennen oder sie gar nicht erst auftreten zu lassen. Denn durch das Verständnis der Technik wird die Grundlage dafür geschaffen, dass man begreift, warum sich dieses Zahnrad so rum drehen muss, damit sich das andere eben andersrum dreht und schlussendlich das Motorrad vorwärts fährt und nicht rückwärts.

Das Zerlegen und Zusammenbauen von Motor, Getriebe und Hinterachse sowie tiefgreifende Arbeiten am ABS-Bremssystem finden Sie nicht in diesem Buch, denn solche Arbeiten müssen

Solo oder mit Sozius, enge Landstraßen oder weite Bahn, die BMW R 1200 GS ist überall zu Hause.

dem ausgebildeten BMW-Motorradmechaniker vorbehalten bleiben. Bei Problemen mit der ABS-Bremse sind die Fachleute in der BMW-Fachwerkstatt gefordert.

Der Inhalt dieser Motorrad-Reparaturanleitung kann kein Grundkurs in allgemeiner Motorradtechnik sein, denn dazu ist sie zu speziell auf die BMW R 1200 GS fixiert. Der Spagat zwischen allgemein verständlicher Technik und stimmiger Anleitung zum Selberschrauben bestimmt den Inhalt dieses Buches. Wir hoffen, dass er gelungen ist.

In diesem Sinne wünschen wir Ihnen, liebe Leser, Interessenten und Fahrer einer R 1200 GS, viel Spaß bei der Lektüre. Wir hoffen, dass Sie keine Probleme mit Ihrer Maschine haben – und wenn, dann soll Ihnen dieses Buch helfen, diese rasch, effektiv und kostengünstig zu beseitigen.

Einige Grundsätze zu diesem Buch:

■ Die Lektüre dieses Buches kann weder eine dreijährige Lehre zum Motorradmechaniker noch eine mehrjährige Praxis im Kraftfahrzeughandwerk ersetzen. Interessierte Laien sollten sich die Pflegetipps zu Herzen nehmen. Gute Pflege erhält den Wert der R 1200 GS und sorgt dafür, dass man sein Motorrad in allen Ecken und Winkeln besser kennen lernt.

■ Die Umsetzung der im Buch gezeigten Arbeitsschritte setzt einen gewissen Grundstock an Werkzeug voraus. Das Bordwerkzeug der R 1200 GS ist nicht sehr umfangreich, weswegen man sich für Wartungs- und Reparaturarbeiten hochwertiges Werkzeug anschaffen muss.

■ Für einige Arbeiten sind Spezialwerkzeuge nötig, die den Umfang einer normalen Werkzeugausstattung, die in einer Hobbyschrauber-Werkstatt vorhanden sein sollte, bei weitem sprengen. Selbst wer die grundsätzliche Bereitschaft hat, sich diese Spezialwerkzeuge zuzulegen, sollte sich reiflich überlegen, ob es sich wirklich rentiert. Spezialwerkzeuge sind erstens sehr teuer, und zweitens erfordert es Erfahrung und Fingerfertigkeit, um damit richtig umzugehen.

Damit sind wir beim kritischsten Punkt dieses Buchs, nämlich bei anspruchsvollen Inhalten wie z. B. Radlager oder Zylinderkopfdichtung erneuern: Wir erklären, aus welchen Teilen diese Baugruppen bestehen, wie sie funktionieren, wie man sie warten, zerlegen und wieder zusammenbauen kann. Fachleute werden die Texte und Bilder verstehen, Laien sollten sie verstehen lernen – und beim BMW-Händler reparieren lassen.

In diesem Sinne wünscht Ihnen das Redaktionsteam allzeit eine pannenfreie, sichere und gute Fahrt mit der BMW R 1200 GS!

Herzlichst, Ihr
F.J.Schermer

Wenn in diesem Buch von »Fahrern« die Rede ist, meinen wir natürlich auch die weiblichen Leser. Der leichteren Lesbarkeit halber beschränken wir uns jedoch auf die allgemeine (männliche) Form.

Inhalt

Folgende Symbole verdienen während der Arbeiten besondere Beachtung:

Sichtprüfung: *Teil genau ansehen, besonders beachten*

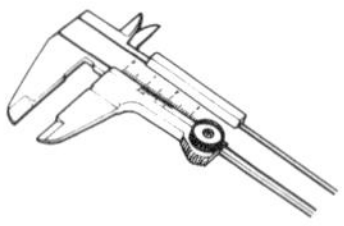

Messen: *Messschieber oder anderes Messwerkzeug nötig*

Achtung: *Besondere Vorsicht geboten, Sicherheitshinweise beachten*

Tipp: *Wertvoller Hinweis für einfacheres Schrauben*

Inhalt

Folgende Symbole verdeutlichen den Schwierigkeitsgrad der Arbeiten:

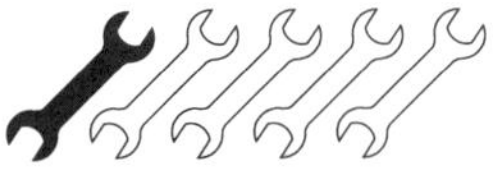

Ein Schlüssel:
Einfache Arbeit, erweitertes Bordwerkzeug reicht aus

Zwei Schlüssel:
Anspruchsvolle Arbeit, extra Werkzeug notwendig

Drei Schlüssel:
Gutes Werkzeug und Spezialkenntnisse erforderlich

Vier Schlüssel:
Spezialwerkzeug und sehr gute handwerkliche Fertigkeit gefragt

Fünf Schlüssel:
Spezialwerkzeug und meisterliche Fertigkeiten notwendig: Fachwerkstatt!

km

Original-Artikel aus der Zeitschrift MOTORRAD 21/2005

50 000 **Dauertest-Abschluß BMW R 1200 GS**

DER EILIGE

Knapp 14 Monate reichten dem Bayern-Boxer, um die 50 000 Kilometer v

49 000
48 000
47 000
46 000
45 000
44 000
43 000
42 000
41 000
40 000
39 000
38 000
37 900 << Getriebe nach Lagerschaden getauscht MOTORRAD 14/2005
36 000
35 000
34 000
33 000
32 000
31 000
30 000
29 000
28 000
27 000
26 600 << Motorsteuergerät bleibt nach Zündabschaltung aktiv. Folge: leere Batterie
25 000 << Zwischenbilanz mit Alltagserfahrungen und Zubehörerprobung in MOTORRAD 25/2004
24 000
23 000
22 000
21 000
20 000
19 000
18 750 << Hinterradantrieb getauscht MOTORRAD 22/2004
17 000
16 000
15 900 << Verrutschter Bremslichtschalter setzt nach Neustart ABS und Bremskraftverstärker außer Kraft
14 000
13 000
12 000
11 000
10 000
9000
8000
7000
6000
5000
4000
3000
2000
1000

STUHL

u machen. Und zu guter Letzt wäre er fast noch dem Papst begegnet.

Fotos: Bilski, Gargolov, Hornig, mps-Fotostudio

Von Norbert Kappes

Kollege Michael Orth ist mit Freundin Insa auf der Rückreise von Aachen nach Stuttgart. Die Verkehrsnachrichten mit Mega-Staus rund um Köln hören sie nicht, denn die BMW R 1200 GS hat kein Radio an Bord. So zwängen sie sich kurz darauf am Autobahnkreuz Kerpen an Blechlawinen vorbei, während der Papst auf dem gegenüberliegenden Marienfeld die Abschlussfeier zum Weltjugendtag zelebriert. Just an diesem Ort springt der Kilometerzähler der Dauertest-GS von 49 999 auf 50 000 Kilometer über. Nur Zufall? Wer weiß. Eines jedoch ist sicher: Noch nie kam ein Dauertest-Motorrad dem Papst so nah wie die R 1200 GS.

Vielleicht hätte es geholfen, wenn die Boxer-Enduro dem Heiligen Vater schon 12 100 Kilometer früher in der Toskana begegnet wäre. Dort hatte action-team-Mitarbeiter Daniel Lengwenus zunächst Vibrationen und Ruckeln gespürt, denen wenig später üble Geräusche aus dem Getriebe folgten und den erfahrenen Tourguide zwangen, die R 1200 GS sofort abzustellen und abholen zu lassen.

Aufmerksamen MOTORRAD-Lesern ist das Ergebnis bekannt. Ein zerbröseltes Kugellager auf der Zwischenwelle zeigte zerstörerische Wirkung an Zahnrädern und hebelte schließlich noch den Seegering neben dem Schaltrad des ersten Gangs von der Abtriebswelle (siehe MOTORRAD 14 und 15/2005). „Ein Einzelfall", so die Bayern. Das Getriebe wurde auf Garantie bei Kilometer 37 900 ersetzt.

Doch es war nicht das erste Mal, dass die Reiseenduro mit technischem Defekt liegen blieb und Stuttgart nur per Transporter wieder erreichte. Bereits nach 18 750 Kilometern hatte sie die Segel gestreckt – als Daniel mit ihr in Italien unterwegs war, damals in der Region um Rimini. Zu diesem Zeitpunkt kam das Unheil allerdings nicht überraschend. BMW hatte kurz zuvor bekannt gegeben, dass es bei einigen GS zu Produktionsfehlern am hinteren Radträger gekommen sei. Zu große Fertigungstoleranzen sorgten bei ein paar hundert Maschinen für eine ausgeschlagene Verzahnung des Antriebsflanschs. Die Folge: ein deutlich spürbares Wackeln des Hinterrads, so heftig, dass Daniel die Weiterfahrt verweigerte.

Die R 1200 GS macht auch **im Gelände** eine ordentliche Figur

>> MESSWERTE

LEISTUNGSDIAGRAMM*

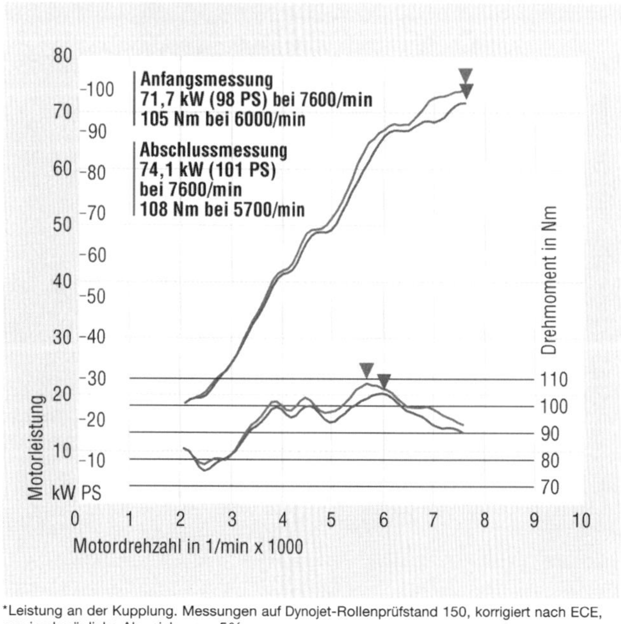

*Leistung an der Kupplung. Messungen auf Dynojet-Rollenprüfstand 150, korrigiert nach ECE, maximal mögliche Abweichung ± 5%

FAHRLEISTUNGEN

Anfangs-/Abschlussmessung		9098 km	49 623 km
Beschleunigung			
0–100 km/h	sek	3,6	3,7
0–140 km/h	sek	6,3	6,6
0–200 km/h	sek	17,3	17,5
Durchzug			
60–100 km/h	sek	4,4	4,7
100–140 km/h	sek	4,5	4,8
140–180 km/h	sek	6,2	5,7
Durchschnittlicher Kraftstoffverbrauch über 50 000 km			
Kraftstoff (Super)	l/100 km		6,0
Motoröl	l/1000 km		0,1

Eingefahren: Nach der Dauertest-Distanz steht der Boxer in der Motorleistung besser da als zuvor. Die Fahrleistungen sind auf vergleichbarem Niveau

Keinerlei Beanstandung: Die Lauffläche der **Nocken und die Tassenstößel** hinterlassen ein sauberes Bild

Noch okay: Die **Ventile und Ventilsitze im Auslass** wurden zwar breiter, sind jedoch noch vollkommen dicht

Weiterfahren: Die **Ventile** können gereinigt und wieder in die **Zylinderköpfe** eingebaut werden

Doch genug der Hiobsbotschaften. Schließlich kommt es nicht von ungefähr, dass die R 1200 GS 50 000 Kilometer in nur knapp 14 Monaten herunterspulte. Der drehfreudige, agile Motor verspricht Fahrfreude pur. Kraftvoller Leistungszuwachs bis an den roten Bereich, kein spürbares Leistungsloch und für den BMW-Boxer ungekannte Spritzigkeit. Schon aus niedrigen Drehzahlen geht es ordentlich voran. Dazu der geringe Verbrauch. Im Schnitt über die Distanz von 50 000 Kilometer sechs Liter auf hundert Kilometer, und davon viele forsch gefahren.

Den Rest zum Seelenfrieden steuern die gute Ergonomie sowie die Fahrwerksqualitäten bei. Die relaxte Sitzposition, die höhenverstellbare Sitzbank, die es kleinen wie großen Fahrern recht macht, oder der höhenverstellbare Windschutz, der auch Einsneunzig-Menschen ordentlichen Wetterschutz bietet und bei hohen Reisegeschwindigkeiten Druck vom Oberkörper nimmt. Das Handling ist für die rund 225 Kilogramm schwere GS ausgezeichnet, die Fahrstabilität bis hin zu voller Beladung souverän und die Federung komfortabel. Fahrversuche mit straffer abgestimmten Federelementen von White Power und Öhlins ließen die GS zwar präziser durch

Wie neu: **Kaum Verschleiß an den Zahnrädern** des Hinterachsgetriebes

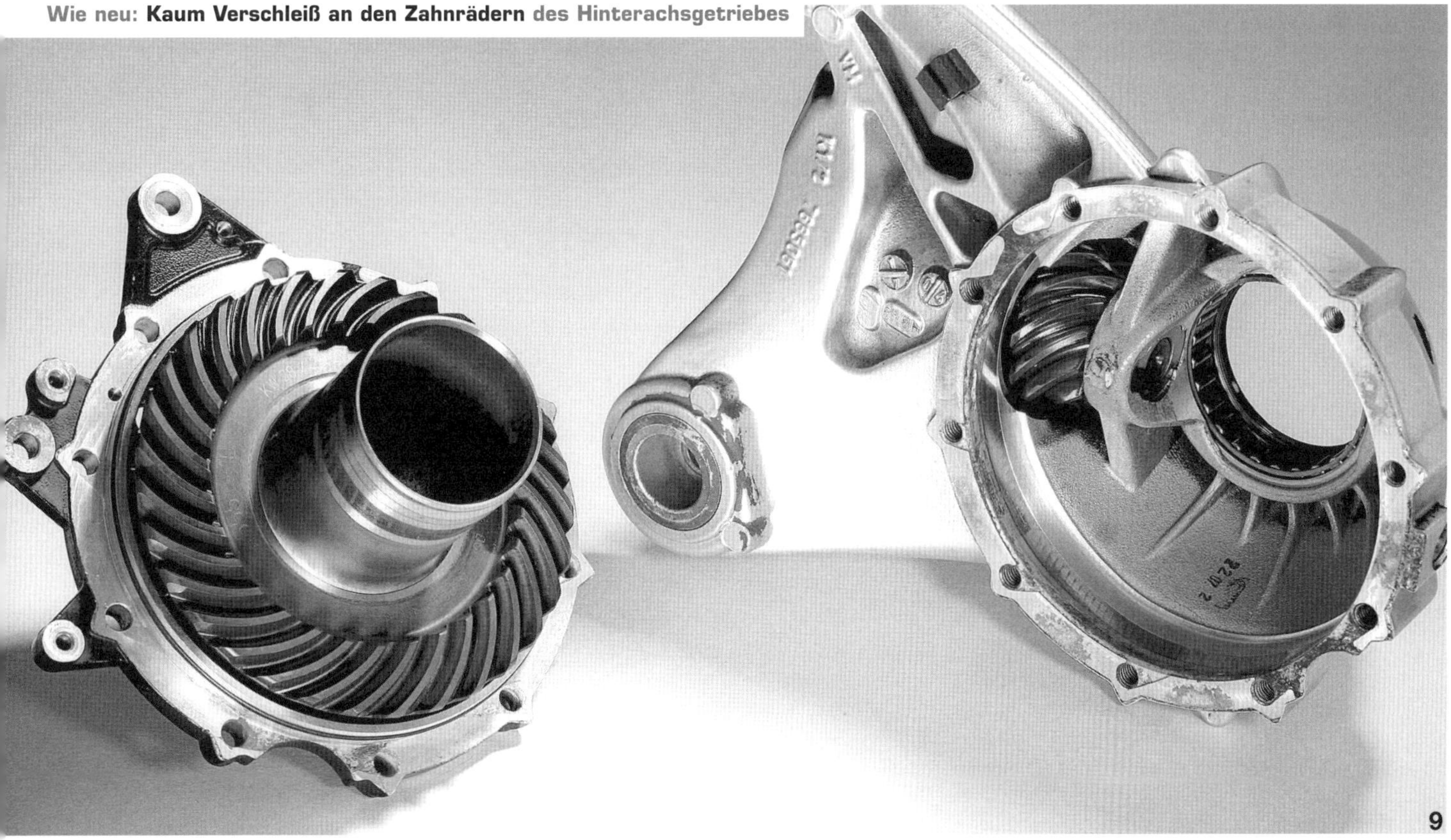

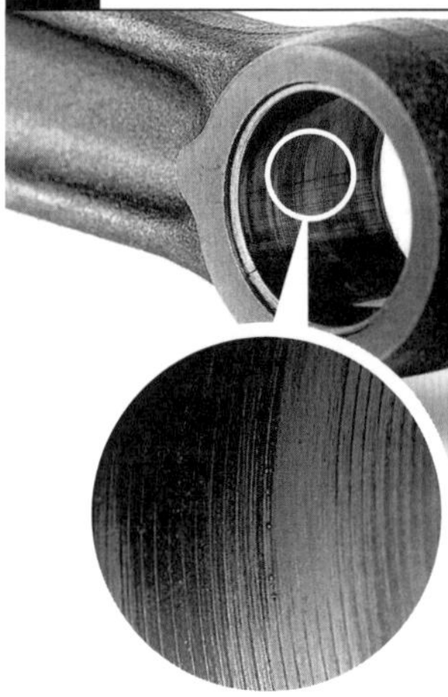

Ohne Sorge: Die Laufspuren im **Pleuelauge** haben keinerlei Einfluss auf die Funktion

Wie am ersten Tag: Auf den nikasilbeschichteten **Laufflächen der Zylinder** sind die **Honspuren** zu sehen

Im grünen Bereich: Die dunkel gefärbten **Kolbenböden** weisen auf die hohe thermische Belastung hin

Kurvenkombinationen zirkeln, doch blieb der Komfort auf der Strecke. Den besten Kompromiss für den Alltagsbetrieb bietet eindeutig das Serienfahrwerk.

Die R 1200 GS – das perfekte Reisemotorrad zwischen Nordkap und den Alpen? Herumgekommen ist die Dauertest-Maschine viel. Halb Europa hat sie abgeklappert. Stets an Bord das BMW-Gepäcksystem mit Tankrucksack, Topcase und Koffer. Letztere lassen sich durch einen Teleskopmechanismus in der Tiefe und im Fassungsvermögen variieren. Etwas umständlich in der Bedienung, aber eine clevere Sache. Und die Koffer waren bis zum Schluss vollkommen wasserdicht. Als nicht ganz fehlerfrei erwiesen sich dagegen die Kofferhalter. Obwohl ein grüner Punkt am Schloss signalisierte, dass die Koffer fest mit den Haltepunkten verbunden seien, verlor die GS zweimal während der Fahrt eines der Gepäckstücke. Zum Glück, ohne Schaden anzurichten.

Für ihren großen Einsatzbereich erhält die GS viel Lob, doch manchem Fahrer gingen auf längerer Tour die kleinen Schwächen auf die Nerven. Etwa deutlich spürbare Lastwechselreaktionen, die in engen Spitzkehren eine saubere Linie vereiteln, oder das Konstantfahrruckeln,

>> BILANZ NACH 50 000 km

KOMPRESSION

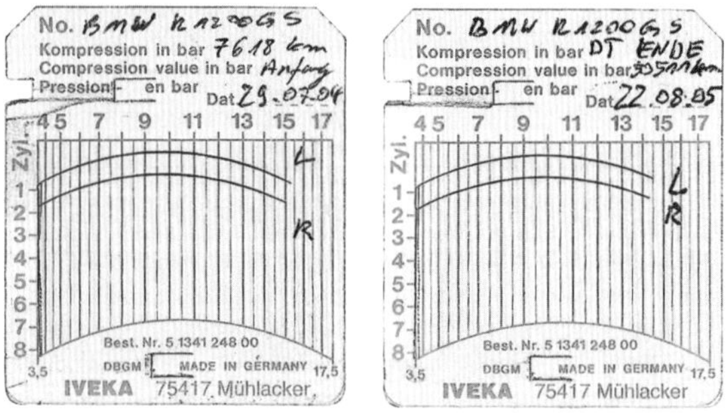

Nach 50 000 Kilometern bringen beide Zylinderköpfe noch den vollen Kompressionsdruck. Und bei der Verschleißtabelle liegen die meisten Bauteile noch innerhalb der Einbautoleranz

ZUSTAND

Zylinderkopf: Die Sitze der Auslassventile sind breiter, aber noch dicht. Das Laufbild der Nockenwellen und Tassenstößel ist hervorragend, das der Lager perfekt.

Zylinder: Die Laufbahnen zeigen sich fast im Neuzustand, ebenso die Maße der Kolben und Kolbenringe. Aufgrund hoher thermischer Belastung des luftgekühlten Motors hat sich an den Kolbenböden Öllack gebildet.

Kurbeltrieb: Riefen im Pleuelauge und Druckstellen bei Pleuellager und Lagerschalen der Kurbelwellenhauptlager. Dennoch ist alles maßhaltig

Kraftübertragung: Das 12 000 Kilometer zuvor erneuerte Getriebe zeigt noch keinerlei Verschleiß.

Rahmen: ordentliche Lackierung und Oberflächenbeschichtung. Kein Rost und wenig Korrosion

VERSCHLEISS

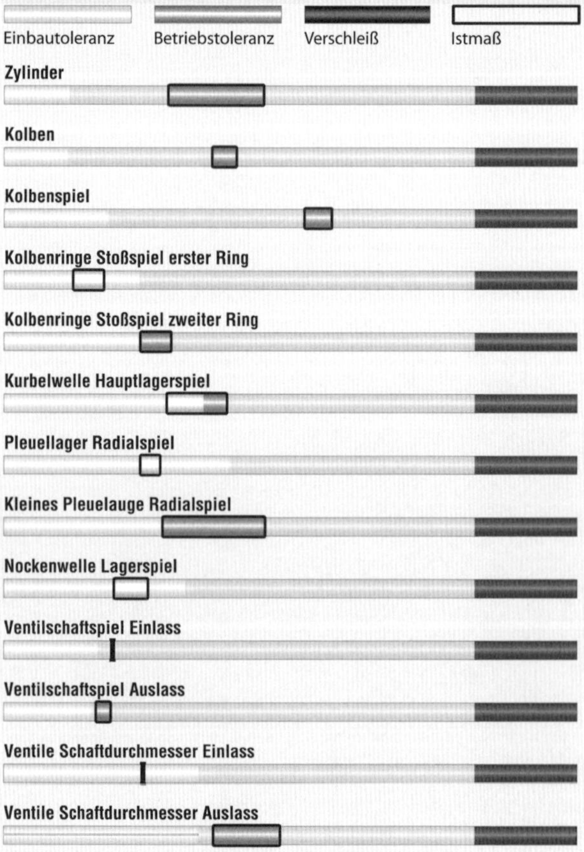

>> KOSTEN UND WARTUNG

KOSTEN

Betriebskosten auf 50 000 km	
19,75 Liter Öl à 9,15 Euro	180,71 Euro
5 Ölfilter à 11,21 Euro	56,05 Euro
2 Luftfilter à 15,32 Euro	30,64 Euro
4 Zündkerzen à 8,06 Euro	32,24 Euro
2 Satz Bremsbeläge vorne à 65,19 Euro	130,38 Euro
4 Satz Bremsbeläge hinten à 33,81 Euro	135,24 Euro
Kleinteile, Schmierstoffe	66,42 Euro
Dichtungen	11,39 Euro
Inspektionen und Reparaturen	1082,60 Euro
Reifen (inkl. Montage, Wuchten und Entsorgen)	1316,00 Euro
Kraftstoff	3589,31 Euro
Gesamtkosten	**6630,98 Euro**
Anschaffungskosten (inkl. Teilintegral-ABS, heizbare Griffe, Handschutz, Kofferhalter, Koffer)	13 687,00 Euro
Wertverlust	6787,00 Euro
Schätzpreis (Händlerverkaufspreis)	6900,00 Euro
Kosten pro Kilometer (ohne Wertverlust)	**0,13 Euro**
Kosten pro Kilometer (mit Wertverlust)	**0,27 Euro**

WARTUNG + REPARATUREN

	km-Stand
Bremsbeläge hinten erneuert	10 497
Reifen vorne und hinten erneuert, Michelin Anakee	12 566
Hinterradantrieb getauscht (Garantie)	18 750
H7-Glühlampe erneuert	19 098
Bremsbeläge hinten erneuert	19 924
Reifen vorne und hinten erneuert, Metzeler Tourance	20 341
Reifen vorne und hinten erneuert, Michelin Anakee (angefahren)	24 593
Reifen vorne und hinten erneuert, Metzeler Tourance (angefahren)	25 915
Batterie nach Entladung neu geladen, neues **Update Steuergerät** (Garantie)	26 600
Bremsbeläge hinten erneuert	27 200
Reifen vorne und hinten erneuert, Dunlop D 607	33 905
H7-Glühlampe erneuert	36 712
Getriebe komplett getauscht (Garantie)	37 900
Bremsbeläge hinten erneuert	37 918
Reifen vorne und hinten erneuert, Metzeler Tourance	41 221
Reifen vorne erneuert, Metzeler Tourance	48 660

das gegenüber der 1150er zwar abgemildert, aber immer noch vorhanden ist. Ebenso mokierten sich einige über das in unteren Gängen und bei niedertouriger Fahrweise hart zu schaltende Getriebe.

Neben dem Koffersystem sowie weiteren sinnvollen Accessoires wie Griffheizung und Handprotektoren addierte sich auch das teilintegrale ABS zum Gesamtpreis von 13 687 Euro für die Dauertestmaschine hinzu. Die Bremsanlage fand nicht ungeteilte Freude. Das Summen, Surren und Quietschen des Bremskraftverstärkers störte etliche Fahrer, und die brachiale Kraft, mit der dieser bei schreckhafter Betätigung unterstützend zu Werke geht, stufte der ein oder andere als schwer dosierbare Bremse ein. Bei Passabfahrten setzt die Überschlagserkennung des ABS auf Bodenwellen mitunter extrem früh ein, so dass die vordere Bremse weit vor der Blockiergrenze kurz aufmacht. Jedoch regelt das ABS fein und unauffällig.

Manchmal steckt der Teufel auch im Detail. Beim Starten kann es passieren, dass weder ABS noch Bremskraftverstärker in Bereitschaft stehen, was durch eine rote Warnleuchte im Cockpit signalisiert wird. Wahrscheinlich hat der Fahrer dann beim Starten die Bremse gezogen, was er

Ausgewogen: Die **Kurbelwellenlager** sind bei guter Kondition

BMW NIMMT STELLUNG...

Getriebesalat (links): Jürgen Stoffregen, Josef Miritsch und Werner Mueller (von links, alle BMW) wenden sich den **schöneren Seiten des Antriebs** zu. Denn der Boxer könnte nach 50 000 Kilometern kaum besser aussehen

...zum Regelverhalten des Integral-ABS bei sehr welliger Fahrbahn.
Unter bestimmten Umständen interpretiert die ABS-Regelung die Hinterradbewegung bei sehr welliger Fahrbahn als beginnendes Abheben. Daraufhin tritt die Schutzfunktion gegen einen Überschlag in Kraft und reduziert kurzeitig den Bremsdruck für das Vorderrad. Der messbare Einfluss auf den Bremsweg ist gering, das subjektive Empfinden jedoch kann den unvorbereiteten Fahrer irritieren. Deshalb haben wir mittlerweile die Betriebsanleitung um entsprechende Hinweise ergänzt. Würden wir die Regelfunktion des ABS in diesem Punkt ändern, hätten wir deutliche Nachteile bei anderen Bremszuständen, zum Beispiel, wenn es urplötzlich sehr rutschig wird.

...zum Lagerschaden im Getriebe.
Es sind über 30 000 R 1200 GS ausgeliefert, und mehrere Hundert haben vergleichbare Laufleistungen. Eingerechnet der neuen Boxer-Modelle, die das gleiche Getriebe besitzen, sind mehr als 50 000 dieser Getriebe in Kundenhand. Uns ist kein vergleichbarer Fall bekannt, auch nicht aus unseren internen Dauererprobungen, so dass wir von einem Einzelfall ausgehen. Die genaue Ursache und Schadensfolge ist aufgrund des Beschädigungsgrades nicht mehr genau zu rekonstruieren.

...zur schlechten Schaltbarkeit des Getriebes zum Ende des Dauertests.
Das Verschleißbild bestätigt ja, dass mit dem Getriebe alles in Ordnung ist. Bauartbedingt ist das Boxer-Getriebe kein ausgesprochenes Sportgetriebe. Bei ausgeprägt sportlicher, schneller Gangbetätigung kann es vereinzelt vorkommen, dass ein Gang nicht vollständig einrastet und später herausspringt. Begünstigt wird ein unsauberer Schaltvorgang, wenn die äußere Schaltbetätigung (das Schaltgestänge) durch Verschmutzung und unsachgemäße Reinigung mit einem Dampfstrahler im Laufe der Zeit schwergängig wird. Wenn die Schaltbetätigung in Ordnung ist und man eine Spur langsamer und sauber schaltet, kommt es zu keinen Beanstandungen.

...zur Sitzbreite der Auslassventile, die deutlich über dem Einbaumaß liegt.
Wir definieren die Verschleißgrenze nicht über das geometrische Maß der Sitzringbreite, sondern anhand der Funktion, das heißt der Dichtheit. Das Trag- und Laufbild der Ventilsitze liegt im Rahmen des Üblichen für diese Laufstrecke und Beanspruchung. Nach unseren Erfahrungen sind diese Ventilsitze noch gut für einige zehntausend Kilometer Laufleistung, bevor eine Überholung angezeigt ist. Die Köpfe können so wieder zusammengebaut werden.

bei der Initialisierung des Steuergerätes nicht tun darf. Im Dauertest-Betrieb oft genug geschehen. Zündung erneut einschalten, eine Gedenksekunde einlegen, starten, dann klappt's meist. Allerdings nicht, wenn ein verrutschter Bremslichtschalter an der rechten Lenkerhälfte auf Dauerbremslicht stellt und dem Warnsystem signalisiert, dass die Eigendiagnose noch nicht abgeschlossen ist. So geschehen bei Kilometer 15 900.

Zu dumm auch, wenn sich, wie bei Kilometerstand 26 600, nach Einschalten der Zündung rein gar nichts tut. Nach einer Fehlermeldung im Steuergerät (Grund: vorhergehendes kurzes Ein- und Ausschalten der Zündung) hatte dieses über Nacht trotz abgeschalteter Zündung weiter Strom gezogen und die Batterie leergesaugt. Nach Aufspielen einer neuen Software in der BMW-Niederlassung und Laden der Batterie war die Welt wieder in Ordnung.

Noch einmal: Die **Kupplung** ist für weitere 50 000 Kilometer gut

Keinerlei Schwäche zeigt die GS bei den Fahrleistungen. Sie fährt sich nach 50 000 Kilometern praktisch so frisch wie am ersten Tag. Die Abschlussmessung auf dem Prüfstand bescheinigt dem 1200er-Boxer sogar einen kleinen Leistungszuwachs. So wundert es beim Zerlegen nicht, dass der Motor keinerlei Überraschungen bereit hält. Die Zylinderlaufbahnen präsentieren sich wie neu, selbst die Honspuren sind noch zu sehen. Die Kolben zeigen zwar Laufspuren, sind aber maßhaltig. Gleiches gilt für die Pleuel- und Kurbelwellenhauptlager. Ein sauberes Bild auch bei Nockenwellen und Tassenstößeln. Alles kann so wieder zusammengebaut werden. Nur die hintere Bremsscheibe hat ihre Verschleißgrenze erreicht.

Zwei Satz Bremsbeläge vorn, vier Satz hinten, zwei H7-Glühlampen und sechs Satz Reifen (Metzeler Tourance, Michelin Anakee und Dunlop D 607) – mehr hat die R 1200 GS nicht benötigt. Macht bescheidene 0,13 Euro pro Kilometer (ohne Wertverlust). Vergleichbare Motorräder sind da deutlich teurer. Bleibt als Bilanz des Dauertests auch unabhängig von der Vorbeifahrt am Marienfeld: Der neue 1200er-Boxer darf durchaus als segensreiche Erfindung bezeichnet werden. ■

Macht nichts: **Riefe** im Magnesium-Gehäuse der **Ölpumpe.** Auf die Förderleistung hat dies keinen Einfluss

Und tschüs: Die Lauffläche der **hinteren Bremsscheibe** ist ganz schön eingelaufen und unterhalb der Verschleißgrenze

>> LESERERFAHRUNGEN

ICH HABE MEINE R 1200 GS IM JULI 2004 als Gebrauchte mit 1200 Kilometern gekauft. Das Konzept der Maschine überzeugt mich, wenn da nur nicht diese Probleme gewesen wären. Etwa der Zellenschluss an der wartungsfreien Batterie nach 2000 Kilometern oder die stark quietschende Vorderradbremse nach etwa 6000 Kilometern. Das Geräusch wurde allerdings mit einem Reparatursatz seitens BMW auf Garantie erledigt. Dann nach 10 000 Kilometern knackende Geräusche am Hinterrad, die laut BMW-Niederlassung Schweiz eventuell auf Maßtoleranzen zurückzuführen seien. Es sei aber nicht bedenklich, ich könne weiterfahren, so die Antwort. Das Knacken wird stärker, weshalb ich wenig später die GS in die Werkstatt transportieren lasse. Radlager werden auf Garantie getauscht, und ich bekomme mein Motorrad zwei Wochen (!) später wieder. Kurz darauf knackt es erneut aus dem Hinterrad, ich steuere wieder die Werkstatt an. Jetzt soll der komplette Antriebsstrang ausgetauscht werden.
Dieter Tüscher, Schweiz

ALLEN UNKENRUFEN ZUM TROTZ das beste BMW-Motorrad, das ich bis jetzt gefahren habe. Na ja, es gibt schon ein paar Kleinigkeiten, an denen die Macher bei BMW etwas ändern sollten. In erster Linie wäre da die Verarbeitungsqualität zu nennen. So löst sich nach sechs Monaten und 18 000 Kilometern die Klarlackschicht auf der Hinterradfelge sowie den Kofferträgern und nach 13 Monaten die Beschichtung im Bereich der Kotflügel. Jetzt nach 40 000 Kilometern blättert die Beschichtung des Halters für Schlussleuchte und Blinker ab, und es bildet sich ein wahres Rostnest. Dann die Elektrik: Mittlerweile rastet auch der dritte Fernlichtschalter nicht richtig ein. Und bei Regen setzt ab und an die Ganganzeige im Display einfach aus.
Wolfgang Schuppenies

NACH ÜBER 20 JAHREN JAPAN-BIKES bin ich nun auf eine BMW R 1200 GS umgestiegen. Von Beginn an aber nervte der sehr unharmonische Motorlauf, das starke Schieberuckeln und der unrunde Leerlauf, der erst durch ein Software-Update verbessert wurde. Bislang (6500 Kilometer) ärgerte die Elektronik mit Falschmeldungen, was sich durch mehrmaliges Booten meist beheben ließ. Das Getriebe schaltet, wenn man die Maschine nicht sportlich genug bewegt, mit deftigem Krachen. Die Ergonomie der Bedienhebel bleibt mir verschlossen. Ich habe mir das Blinken abgewöhnt, schließlich müssen für einen kurzen Überholvorgang drei Taster mit zwei Daumen in verschiedene Richtungen bewegt werden. Im Dunkeln sucht man das Fernlicht, die Hupe kann man im Notfall auch vergessen, denn es wird meist ein energisches „Linksblinken".
Klaus-Michael Böhnke

IM JULI AUF DER BIEHLER HÖHE bemerkte ich ein loses Hinterrad. Am Felgenhorn war bei heißem Endantrieb ein Spiel von drei Millimetern festzustellen, und die Achse bewegte sich im Zehntelbereich mit. Nach einem Anruf bei meinem Händler war ich verärgert. Die Antwort des Meisters: Wenn das Spiel bei zehn Millimeter sei, solle ich mich wieder melden. Er sprach von einer Toleranz bei gewissen Temperaturen, und es sei alles in Ordnung. Ich traute ihm nicht und fuhr zu einem anderen Händler. Der war entsetzt und wollte mir gleich einen Werkstatttermin geben.
Jürgen Beck

SEIT FRÜHJAHR LETZTEN JAHRES fahre ich meine R 1200 GS nun schon 70 000 Kilometer. Die Maschine ist bisher beim täglichen Einsatz zum Arbeitsplatz sowie bei vielen Reisen ohne Ausfälle zuverlässig gelaufen. Im Rahmen der Garantie wurden folgende Reparaturen ausgeführt: Austausch der Dichtung des ABS-Sensors am Hinterrad nach 500 Kilometern, Austausch des Vorderrades und der Bremsscheiben nach 5500 Kilometern. Seitenständerschalter nach 23 000 Kilometern, neuer Stoßdämpfer nach 30 000 Kilometern, Beseitigung von Rost an der Auspuffhalterung/Rahmen nach 40 000 Kilometern, Austausch der Elektronik am Zündschloss nach 41 000 Kilometern, neuer Blinkerschalter bei 49 000 Kilometern, neuer Motorstirndeckel wegen Lackablösung und neuer Faltenbalg sowie Dichtring am Achsantrieb nach 50 800 Kilometern. Auch bei minimalem Pflegeaufwand (einmal wöchentlich Hochdruckreiniger) ist der optische Eindruck noch ordentlich.
Uwe Gabbert

Uwe Gabbert kommt mit seiner GS weit rum

Original-Artikel aus der Zeitschrift MOTORRAD 22/2005

Fahrbericht Wunderlich-BMW R 1200 GS Jararaca

METAMORPHOSE

Mit bayerischer Gemütlichkeit ist es bei den Boxern vorbei. Das beweist spätestens diese Spezies von R 1200 GS: kein freundliches Schnabeltier, sondern aggressive Giftschlange. Vorsicht, bissig.

Von Thomas Schmieder; Fotos: Jacek Bilski

Das haben die Besucher in der Wilhelma, Stuttgarts prächtigem botanisch-zoologischen Garten, noch nicht gesehen: Eine zwei Meter lange Würgeschlange der Spezies Boa constrictor räkelt sich auf einem Motorrad, genießt die Wärmeabstrahlung des auskühlenden Boxers. Eine Art von Artverwandtschaft, denn die Maschine trägt ihren Namen nach einer südamerikanischen Lanzenotter, der giftigen Jararaca. „In Brasilien kennen und fürchten alle dieses Tier", erläutert der Tuner Erich Wunderlich. Er sollte es wissen, denn er ist in Brasilien geboren, verbrachte seine ersten fünf Lebensjahre im Lande des Amazonas.

Im Jahr 1985 begann Wunderlich mit Tuningteilen für Yamaha SR und XT, heute tunt seine Sinziger Ideenschmiede ausschließlich BMWs. Der aktuelle Katalog dient als 480 Seiten starke Bibel für BMW-Fahrer. Fein säuberlich ist darin auch der Umbausatz für die Jararaca aufgelistet, auf dass sie sich in unseren Breiten vermehre. Alle Parts passen modular zusammen.

Trotz braver GS-Basis verharren die Menschen am Motorradtreff in Schreckstarre vor dem fremdartigen Geschöpf wie das Kaninchen vor der Schlange. Wie frisch aus dem Ei geschlüpft steht die Jararaca da; ruht auf dem Seitenständer mit vergrößerter Standfläche, der Hauptständer ist ebenso wie der Soziusplatz demontiert. Einem Science-Fiction-Film könnte ihre schnabellose, grimmig-kantige Frontmaske entstammen. Dazu kontrastieren gerundete Tankverkleidungen, in deren Ausbuchtungen Hella-Zusatzscheinwerfer hausen. Die mit dem Fernlicht gekoppelte Xenon-Leuchte links strahlt während nächtlicher Beutezüge fast schon zu hell. Wer abblenden muss, sieht nur noch dunkel. Dagegen leuchtet der Nebelscheinwerfer geradezu bescheiden.

Eine Standard-GS kennt keine Seitenverkleidungen, die Jararaca schon. Blausilbern lackiert wie die Front sind sie, führen die Linie fort. Gleiches gilt für die

Alles anders. Frontmaske, Windschild, superhelle Xenon-Leuchte, LED-Blinker, Spiegel (links). Dazu ein kunstvoller Ölstopfen und Protektion für den Drosselklappensensor. Die Boa constrictor mag's

Manueller Tempomat: Mit „Cruise Control" lässt sich der Gasgriff feststellen. In Deutschland verboten, nutzen es französische Polizisten. Chic: Wave-Bremsscheiben

gerundete Rücklicht-Abdeckung, gefertigt ebenfalls aus durchgefärbtem Kunststoff (ABS). Alle diese Verkleidungsteile kosten zusammen unter 900 Euro, inklusive verstellbaren Mini-Windschilds „Flowjet". Es schützt erstaunlich gut, bietet ehrlichen Winddruck ohne Turbulenzen bei recht ruhigem Geräuschniveau. Gut so, denn das Revier der Jararaca sind selbst bundesdeutsche Autobahnen.

Dafür sorgen tadelloser Geradeauslauf sowie mehr Spritzigkeit und Power bei hohen Drehzahlen. Im Herzen der GS rotieren „Boxer-Boost"-Nockenwellen mit schärferen Steuerzeiten: mehr Erhebung und stärkere Ventilüberschneidung. Herrlich direkt hängt der Vierventiler damit am Gas. Dabei hat er erst ab 6700 Touren endgültig die Nase vorn. Unterhalb dieser Marke, etwa im Großstadtdschungel, hat eine Serien-GS meistens sogar einen Deut mehr Drehmoment. Mau ist die Laufkultur dieses Exemplars im Teillastbereich. Speziell im Leerlauf schüttelt sich der wechselwarme, sprich: luftgekühlte Flat-Twin unwillig. Auf flotten Jagd-Etappen verfeuert er mehr als neun Liter hochoktaniges Kraftfutter auf hundert Kilometer.

Animierend kernig klingt der Titan-umhüllte Doppelrohrauspuff „TwinBoost" von HPE. Nur sein Fahrgeräusch ist zu hoch – siehe Auspufftest für die R 1200 GS in MOTORRAD 12/2005. Immerhin atmet er per G-Kat aus. Durchs Asphalt-Kurvendickicht schlängelt sich diese Jararaca behänder als ihr Vorbild durchs Buschwerk. Superdirekt nimmt die 1200er Lenkimpulse an. Fürs tolle Handling sorgen der breite Magura-Lenker – er ist flacher als die Serie, ruht aber auf höheren Böcken – und Straßenreifen auf schwarz lackierten GS-Gussfelgen, also 17 Zoll hinten und deren 19 vorn.

Verdient gewannen die Michelin Pilot Road den Reifentest für Reiseenduros in MOTORRAD 10/2005. Fröhlich grüßt Bibendum, das Michelin-Maskottchen, von den Reifenflanken. Auch der Fahrer hat allen Grund zur Freude, so zielgenau hämmert die martialische BMW ums Eck. Als wenn eine Schwarze Mamba zubeißt.

UMBAU-INFO

KONTAKT

Wunderlich GmbH, Kranzweiherweg 12, 53489 Sinzig, Telefon 0 26 42/9 79 80, www.wunderlich.de

PREISE

Schnabellos-Umbau: 199 Euro; Windschild „Flowjet": 99 Euro; Tankverkleidung „light-panels" (2er-Set): 299 Euro; Xenon-Fernscheinwerfer: 329 Euro; Nebel-Zusatzscheinwerfer: 109 Euro; Seitendeckel: 159 Euro; Heckabschluss: 69 Euro; „Boxer-Boost"-Nockenwellen (2er-Set): 430 Euro; HPE-Doppelrohrauspuff „Twin-Boost": 699 Euro; Blue-Dauer-Luftfilter: 63,90 Euro; Reinblei-Batterie: 159 Euro. Gasgriff-Feststeller: 79,90 Euro; Ergo-Sitzbank von Kahedo: 289 Euro; Rizoma-Bremszangen-Abdeckungen (2er-Set): 119,80 Euro; Wilbers-Federbeine: 429 Euro vorn, 649 Euro hinten; Magura-Lenker: 139 Euro; Lenkererhöhung: 44,90 Euro; Schutzfolienset: 119 Euro; Seitenständer-Auflagevergrößerung: 22,90 Euro; LED-Blinker (Paar): 79,90 Euro.
Aluminiumteile:
Schutzblech für Drosselklappen-Sensor: 24,90 Euro; Abdeckung für hinteren Bremslichtschalter: 37,80 Euro; Aufbockgriff: 69,90 Euro.
Karbonteile: ab 189 Euro.

■ **Wunderlich-BMW:** 73,9 kW (101 PS) bei 7600/min; 106 Nm bei 5900/min
■ **BMW R 1200 GS:** 70,5 kW (96 PS) bei 7600/min; 106 Nm bei 5700/min

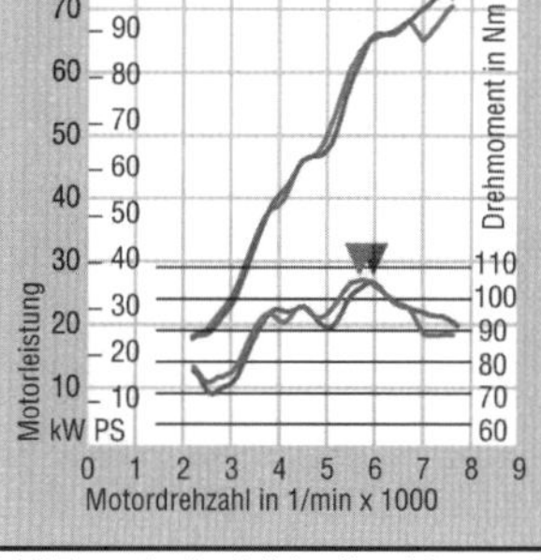

Leistungsdiagramm: Messung an der Kupplung auf Dynojet-Rollenprüfstand 150, korrigiert nach ECE, maximal mögliche Abweichung ± 5%

Prima Halt gewährt der Kahedo-Sitz durch ausgeprägte Sitzmulde und bequeme Polsterung. Kehlig und dumpf klingt die laute HPE-Doppelrohrtröte

Der höhere Positiv-Profilanteil der Pilot Road sticht positiv hervor. Und sie haften selbst bei Regen bestens. Im Grenzbereich warnen sie rechtzeitig wie eine rasselnde Klapperschlange, ehe die Monster-Kuh anfängt, über beide Räder zu schieben.

Wenn's gar zu dick kommt, fangen Wave-Bremsscheiben von Braking samt Seriensätteln die Jararaca sicher wieder ein. Trotz Bremskraftverstärker sogar einigermaßen dosierbar. Ein gekürztes hinteres Wilbers-Federbein lässt das Heck nicht mehr ganz so hoch stehen, minimiert dessen Eigenleben. Allerdings auf Kosten des Komforts, es ist eindeutig zu straff abgestimmt. Noch mehr gilt das für den Wilbers-Kollegen am Telelever. Jede kleine Dehnfuge im Asphalt wird ungefiltert an Handgelenke und Hintern weitergegeben. Da kann der in zwei Höhen lieferbare Kahedo-Einzelsitz noch so sehr den Allerwertesten verwöhnen.

Von der Schlangenbeschwörung zur Augenbetörung: Edles Karbon-Laminat kommt für Kotflügel, Ventil- und Lichtmaschinendeckel zum Einsatz. Und viele nette Details erleichtern den Umgang mit dem Reptil im Alltag: Unter dem einklappbaren, um drei Zentimeter längenverstellbaren Schalthebel lässt sich der Stiefel besser einfädeln, mehr Schaltpräzision ist die Folge. Eine Reinblei-Batterie stellt allzeit sicheren Startstrom parat.

Ein „Blue"-Dauerluftfilter aus Baumwollgewebe verlangt nur alle 50 000 Kilometer nach Reinigung. Durchsichtige Haftfolien, die sonst Flugzeug-Propeller schützen, bewahren die lackierte Haut der Jararaca an den am meisten belasteten Stellen vor Scheuerschäden. Asphärische Spiegel minimieren den toten Winkel, ein Alu-Griff hilft beim Aufbocken. Die Boa constrictor mag's, den Tester erstaunen so viele Umwandlungen. Tja, die Metamorphose ist voll gelungen.

Schuppenkleid. Der Boa constrictor gefallen die wechselwarmen Ohren des Boxers, dem Homo sapiens die Karbon-Abdeckungen am Ventildeckel. Darunter stecken schärfere Nockenwellen

Fahrbericht AC Schnitzer R 1200 GS

SPORTS-WEAR

Die Tuner von AC Schnitzer trimmen die R 1200 GS in Richtung Kurvenflitzer für flotte Landstraßen-Ausflüge.

Von Gert Thöle; Fotos: Jörg Künstle

Schnitzer-Flitzer: Viel Plastik, mehr Sound und breitere 17-Zöller mit griffigen Contis machen die GS zum Straßenflitzer

Als Eier legende Wollmilchsau wird die GS oft bezeichnet. Sie kann eben alles ganz ordentlich, von Touring über Offroad bis Sport. Wobei ganz ordentlich impliziert, dass es noch Spielraum für Optimierungen in die ein oder andere Richtung gibt. Und genau da setzen Tuner an: Sie versuchen, bestimmte Qualitäten zu fördern. AC Schnitzer etwa kümmert sich weniger um die touristischen als vielmehr um die sportlichen Gene der GS.

Das beginnt mit einem entsprechenden Design. Großflächige Plastikteile nehmen die originale Linie der Tankverkleidung auf und führen sie bis zum Heck fort. Dort sorgt eine Abdeckung des Soziussitzes für einen sportiven Abschluss. Zum Umbau gehören außerdem eine Cockpitverkleidung sowie ein Kotflügel vorn.

Damit die GS nicht nur schnittiger ausschaut, sondern auch so fährt, stellt Schnitzer sie auf 17-Zoll-Räder in den Breiten 3,5 Zoll vorn und 5,5 Zoll hinten. Darauf passen dann Conti Sport Attack in den Dimensionen 120/70 und 180/55. Der Motor der Testmaschine blieb unverändert. Allein der „Revolution"-Schalldämpfer sorgt für eine bessere Akustik und ein wenig mehr Druck.

Aus technischer Sicht also ein eher dezenter Eingriff, der für sportlich orientierte GS-Treiber jedoch einiges bringt. Die Schnitzer-GS fährt sich sehr präzise und handlich, die Contis bieten viel Grip und gute Rückmeldung. Klar, dass breitere Reifen beim Bremsen in Schräglage ein wenig mehr Aufstellmoment bewirken, doch hält sich das in engen Grenzen. Im Gegensatz zu manch anderem Umbau auf 17-Zöller bleibt die Schnitzer-GS selbst bei Topspeed auf der Autobahn sehr stabil.

Der gute Gesamteindruck der getunten R 1200 GS resultiert wohl auch daraus, dass die Basis ein positiver Ausreißer innerhalb der Serienstreuung der GS ist. Die Schaltung funktioniert im Gegensatz zu den meisten von MOTORRAD gefahrenen Testmaschinen der letzten Zeit hervorragend, da vermisst man schon beinahe das laute Klacken bei jedem Schaltvorgang.

UMBAU-INFO

KONTAKT

AC Schnitzer
KOHL Automobile GmbH
Neuenhofstraße 160, 52078 Aachen
Telefon 02 41/ 56 88-130
www.ac-schnitzer.de

PREISE

Design

Seitenverkleidungen unlackiert	500 Euro
Kotflügel vorn unlackiert	170 Euro
Höcker unlackiert	299 Euro
Cockpitverkleidung unlackiert	99 Euro
Abdeckkappe Schwingenlager	20 Euro/Stück

Technik

Revolution-Titan-Schalldämpfer (mit EG-BE und herausnehmbarem dB-Killer)	495 Euro
V-Performance-Radsatz (vorn 3.50 x 17, hinten 5.50 x 17)	2400 Euro
Lackierung und Montage	1064 Euro
Umbau komplett ohne Bereifung	5067 Euro

Bereifung Testmaschine:
Conti Sport Attack
vorn/hinten 120/70-17 / 180/55-17

Original-Artikel aus der Zeitschrift MOTORRAD 12/2005

Zubehör-Schalldämpfer für BMW R 1200 GS

FREQUENZ-WECHSEL

Kerniges Grollen statt dezentes Brummen – beim Sound erfüllen Nachrüsttöpfe für die BMW R 1200 GS die Erwartungen. Doch wie ist es um Leistung und Lautstärke bestellt? 15 Zubehör-Dämpfer stellen sich dem Vergleich mit dem massigen Original.

Von Uli Holzwarth; Fotos: Bilski, fact, Holzwarth, Künstle

Gegenüber den Vorgängermodellen ist das Klangbild der BMW R 1200 GS zweifelsohne markanter geworden. Gemessen am bollernden Sound der 15 getesteten Zubehör-Schalldämpfer gehen die Lebensäußerungen des Originalauspuffs aber als eher schüchternes Räuspern förmlich unter. Und nicht wenige Zeitgenossen trauen lautstarken Töpfen automatisch mehr Leistung zu.

Eine Fehleinschätzung, wie die Prüfstandsläufe zeigen. Leistungsmäßig ist der sehr voluminös geratene Originalauspuff nämlich das Maß der Dinge. So verliert die GS mit 13 Kandidaten zwei bis vier PS in der Spitze. Konkurrenzfähig sind nur die Töpfe von AC Schnitzer und SR Racing, die die Spitzenleistung des Serientopfs erreichen. Weil der ebenfalls recht voluminöse SR Racing der 1200er zudem einen deutlichen Drehmomentzuwachs im viel genutzten mittleren Drehzahlbereich beschert, geht er als klarer Etappensieger aus dem Leistungswettkampf hervor.

Ebenso deutlich fällt das Ergebnis bei den Geräuschmessungen aus: Während die für den Test mit einem fabrikneuen Original-Schalldämpfer bestückte BMW exakt den in den Fahrzeugpapieren vorgegebenen Fahrgeräuschwert einhält, überschreiten alle Nachrüsttöpfe (siehe Kasten auf Seite 79) den Referenzwert des Serienauspuffs – zum Teil erheblich.

Eine Empfehlung kann es daher für keinen der Probanden geben. Schade, denn mit ihrer durchweg guten bis exzellenten Verarbeitung, dem wesentlich gefälligeren Äußeren, dem zumeist deutlich geringeren Gewicht und Preis sowie der prima Passform sammeln die Zubehörtöpfe gegenüber dem Originalteil kräftig Punkte. ■

BMW ORIGINAL-SCHALLDÄMPFER

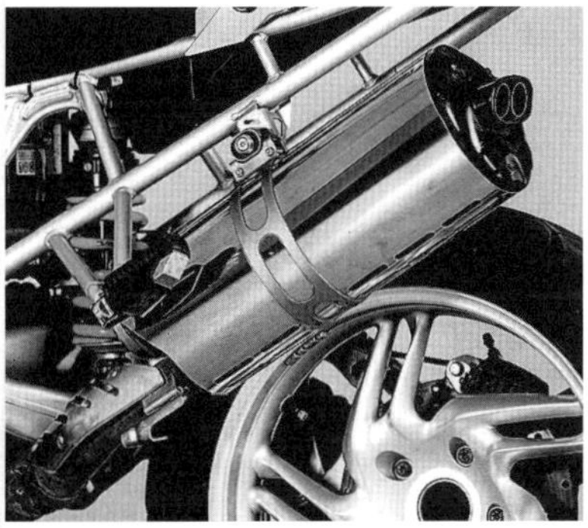

Anbieter: BMW, Telefon 0 89/38 20, www.bmw-motorrad.de

Mantel: Edelstahl verchromt; **Gewicht:** 7780 Gramm (ohne Halteschelle); **Preis:** 699,96 Euro (542,30 Euro ab Modelljahr 2005; **Varianten:** keine; **Dämpferlänge:** 47 Zentimeter; **Durchmesser:** 16,6 x 13,2 Zentimeter (oval); **Fahrgeräusch:** 79 dB (A), entspricht exakt den Vorgaben in den Fahrzeugpapieren und ist damit der maßgebliche Referenzwert für die Zubehör-Schalldämpfer; **Standgeräusch:** 85 dB (A)

Bemerkungen: Original-Schalldämpfer mit sehr guter Passform, mehrteiliger Aufbau, bestehend aus Schalldämpfer, Hitzeschutzmantel und Endkappe

FAZIT: sehr schwerer und voluminöser Endschalldämpfer aus Edelstahl mit vorbildlichen Geräuschwerten, dessen rustikale Verarbeitung nur mühsam von der verchromten Ummantelung verdeckt wird; in Sachen Leistung wird er von keinem der Nachrüstexemplare übertroffen, beim Drehmoment nur vom SR Racing

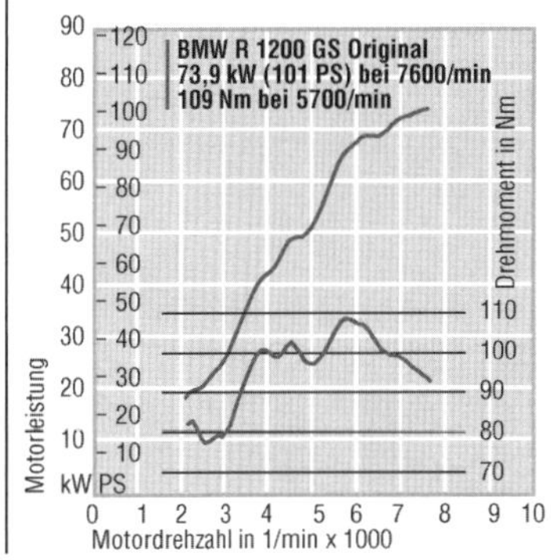

AC SCHNITZER REVOLUTION

Anbieter: AC Schnitzer Motorradtechnik, Telefon 02 41/5 68 83 00, www.ac-schnitzer.de

Mantel: Titan; **Gewicht:** 3740 Gramm; **Preis:** 495 Euro; **Variante:** Ummantelung aus Aluminium (395 Euro); **Dämpferlänge:** 52 Zentimeter; **Durchmesser:** 13,7 x 10,6 Zentimeter (oval); **Fahrgeräusch:** 83 dB (A), Referenzwert deutlich überschritten; **Standgeräusch:** 88 dB (A)

Bemerkungen: EG-Betriebserlaubnis (BE), sehr gute Passform, Verbindungsrohr (mit Hauptständeranschlag) mit Schalldämpfer verschweißt, modellspezifischer Halter, herausnehmbarer Dämpfereinsatz (vernietet), zusätzliche Auslassrohr-Verlängerung

FAZIT: sehr gut verarbeiteter Ovaldämpfer mit prima Passform, der aber den Referenzwert bei den Fahrgeräuschmessungen deutlich überschreitet; Spitzenleistung und Drehmoment-Maximum auf dem hohen Niveau der Serie, als Zugabe gibt es ein kleines Drehmoment-Plus im mittleren Drehzahlbereich

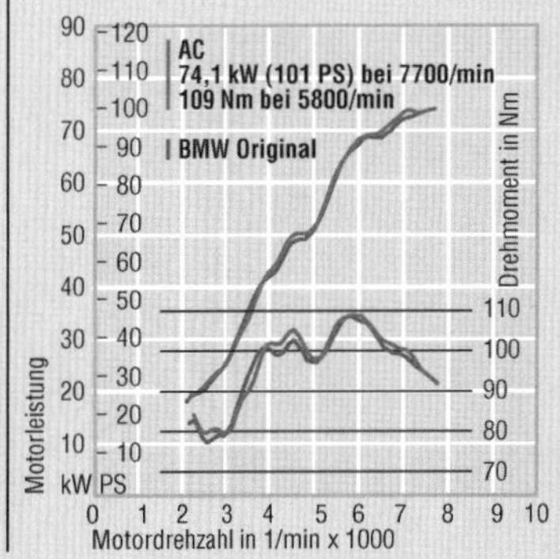

ARROW RACE-TECH ALUMINIUM

Anbieter: Alpha Technik, Telefon 0 80 36/30 07 20, www.alphatechnik.de

Mantel: Aluminium; **Gewicht:** 3440 Gramm; **Preis:** 448 Euro; **Variante:** Ummantelung aus Titan (558 Euro); **Dämpferlänge:** 53 Zentimeter; **Durchmesser:** 14,3 x 11,3 Zentimeter (oval); **Fahrgeräusch:** 82 dB (A), Referenzwert deutlich überschritten; **Standgeräusch:** 87 dB (A)

Bemerkungen: EG-BE, sehr gute Passform, separates Verbindungsrohr mit Hauptständeranschlag, Befestigung mit einer Zugfeder, Universal-Halteschelle, herausnehmbarer Dämpfereinsatz (mit Seegerring gesichert), scharfkantige Nietenbänder

FAZIT: gut verarbeiteter Ovaldämpfer mit eigenständigem Erscheinungsbild und prima Passform, der aber den Referenzwert bei den Fahrgeräuschmessungen deutlich überschreitet. Beschert der BMW trotz guter Performance im mittleren Drehzahlbereich leichte Einbußen in Spitzenleistung und Drehmoment-Maximum

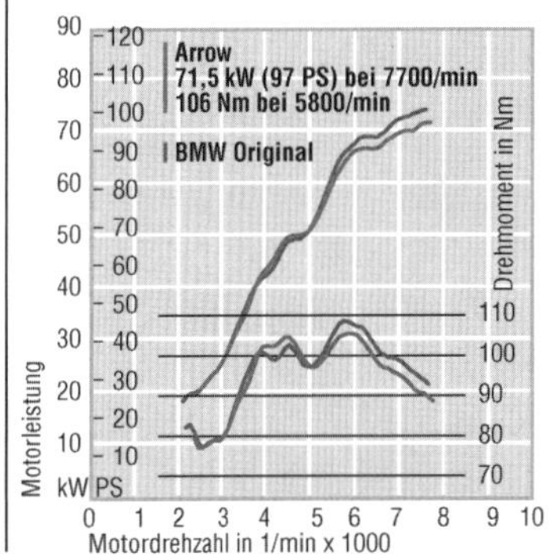

BOS BOXER EDITION SLIP-ON

Anbieter: Bos Auspuff, Telefon 0 59 41/47 93, www.bosauspuff.de

Mantel: Aluminium; **Gewicht:** 3800 Gramm; **Preis:** 379 Euro; **Varianten:** mit Ummantelung aus Edelstahl (399 Euro), Chrom (429 Euro) oder Karbon (499 Euro); **Dämpferlänge:** 52 Zentimeter; **Durchmesser:** 13,8 x 10,7 Zentimeter (oval); **Fahrgeräusch:** 83 dB (A), Referenzwert deutlich überschritten; **Standgeräusch:** 89 dB (A)

Bemerkungen: EG-BE, sehr gute Passform, separates Verbindungsrohr, Befestigung mit zwei Zugfedern, angeschraubter Hauptständeranschlag, modellspezifischer Halter, herausnehmbarer Dämpfereinsatz (verschweißte Schraube)

FAZIT: sehr schön gemachter Ovaldämpfer mit sehr guter Passform und verdeckter Halterung, der der BMW im mittleren Drehzahlbereich zu etwas mehr Kraft verhilft, aber geringfügig Spitzenleistung kostet; Referenzwert bei den Fahrgeräuschmessungen deutlich überschritten

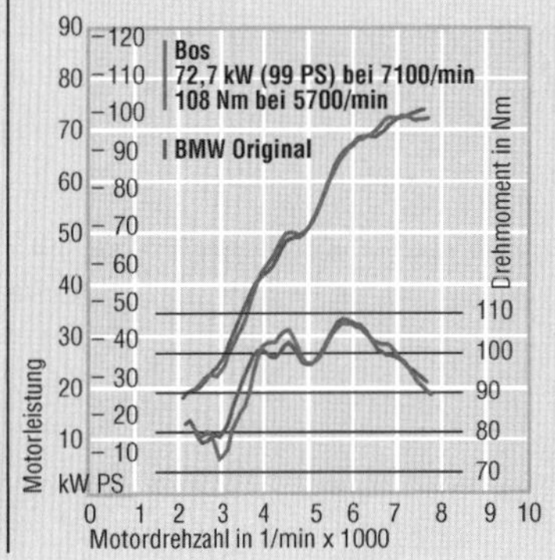

GÖTZ TITAN-SCHALLDÄMPFER

Anbieter: Götz, Telefon 0 74 76/93 31 50, www.goetz-motorsport.de

Mantel: Titan; **Gewicht:** 2360 Gramm; **Preis:** 279 Euro; **Variante:** Ummantelung aus Edelstahl (229 Euro); **Dämpferlänge:** 46 Zentimeter; **Durchmesser:** 11,8 x 9,1 Zentimeter (oval); **Fahrgeräusch:** 87 dB (A), Referenzwert extrem überschritten; **Standgeräusch:** 93 dB (A); Toleranzwert für polizeiliche Kontrollmessungen überschritten

Bemerkungen: EG-BE, sehr gute Passform, separates Verbindungsrohr mit Hauptständeranschlag, Befestigung über zwei Zugfedern, Universal-Halteschelle, herausnehmbarer Dämpfereinsatz (verschraubt)

FAZIT: sehr leichter und auffallend schlanker Ovaldämpfer mit akzeptabler Verarbeitung zum günstigen Preis, der jedoch den Referenzwert beim Fahrgeräusch drastisch überschreitet; sorgt bei höheren Drehzahlen für einen leichten Leistungs- und Drehmomentverlust

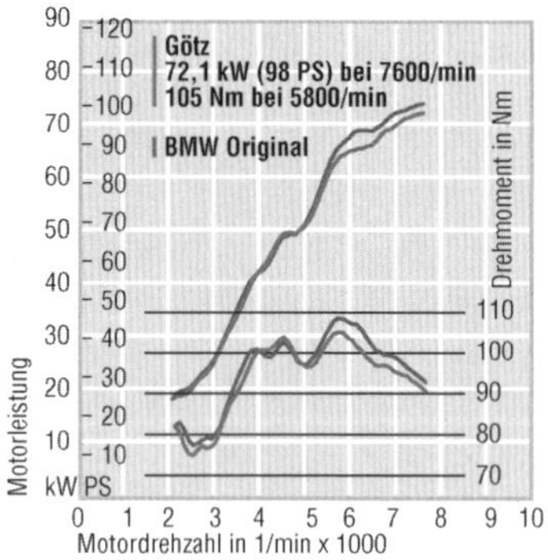

HATTECH SS 12

Anbieter: Hattech Exhaust Systems, Telefon 0 73 44/95 25 86, www.hattech.de

Mantel: Edelstahl; **Gewicht:** 4860 Gramm; **Preis:** 446 Euro; **Variante:** runder Schalldämpfer (426 Euro); **Dämpferlänge:** 51 Zentimeter; **Durchmesser:** 12,4 x 9,4 Zentimeter (oval); **Fahrgeräusch:** 84 dB (A), Referenzwert deutlich überschritten; **Standgeräusch:** 90 dB (A)

Bemerkungen: EG-BE, sehr gute Passform, separates Verbindungsrohr, Befestigung mit zwei Zugfedern, Hauptständeranschlag und Halter mit Schalldämpfer verschweißt, massive Bauweise (Mantelstärke zwei Millimeter), herausnehmbarer Dämpfereinsatz

FAZIT: schwerer, jedoch schlanker, absolut passgenauer Edelstahl-Ovaldämpfer mit sehr guter und überaus robuster Verarbeitung, der allerdings bei höheren Drehzahlen die Leistungs- und Drehmomentvorgabe des Serienauspuffs nicht ganz erreicht; Referenzwert bei den Fahrgeräuschmessungen deutlich überschritten

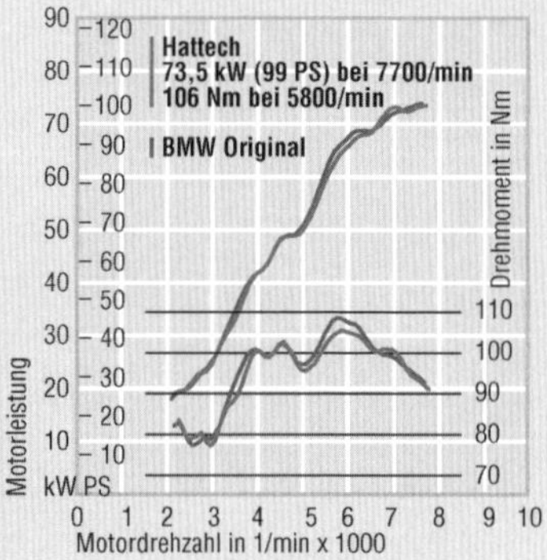

HOLESHOT MASTER

Anbieter: Mizu, Telefon 0 77 31/9 06 70, www.mizu.de

Mantel: Edelstahl; **Gewicht:** 3520 Gramm; **Preis:** 328 Euro; **Varianten:** keine; **Dämpferlänge:** 51 Zentimeter; **Durchmesser:** 11,8 Zentimeter; **Fahrgeräusch:** 84 dB (A), Referenzwert deutlich überschritten; **Standgeräusch:** 90 dB (A)

Bemerkungen: EG-BE, sehr gute Passform, Verbindungsrohr (mit Hauptständeranschlag) mit Schalldämpfer verschweißt, Universal-Halteschelle, herausnehmbarer Dämpfereinsatz (vernietet)

FAZIT: prima verarbeiteter Rundschalldämpfer mit sehr guter Passform, der den Referenzwert bei den Fahrgeräuschmessungen allerdings deutlich überschreitet; in Sachen Leistungs- und Drehmoment-Entfaltung liegt der Holeshot nahe am Serienauspuff, verliert jedoch gegenüber diesem im unteren Drehzahlbereich sowie in der Spitze zwei PS

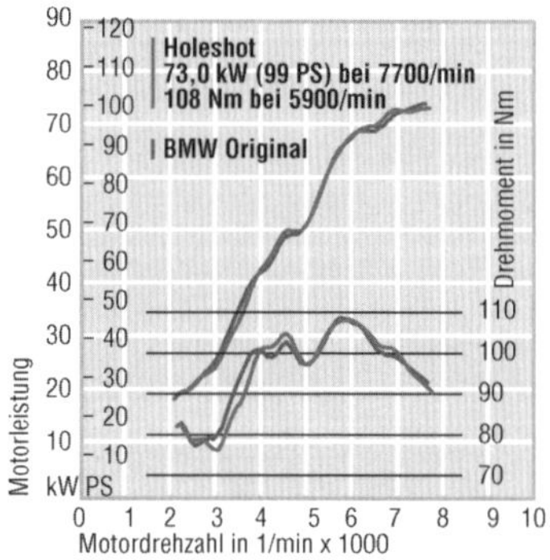

HPE DOPPELSCHALLDÄMPFER

Anbieter: Ilmberger Carbonparts, Telefon 0 89/6 13 38 93, www.ilmberger-carbon.de

Mantel: Titan; **Gewicht:** 3700 Gramm; **Preis:** 699 Euro; **Varianten:** keine; **Dämpferlänge:** jeweils 41 Zentimeter; **Durchmesser:** jeweils 9,6 Zentimeter; **Fahrgeräusch:** 84 dB (A), Referenzwert deutlich überschritten; **Standgeräusch:** 91 dB (A)

Bemerkungen: EG-BE, sehr gute Passform, Anbau etwas aufwendig, separates Verbindungsrohr mit Hauptständeranschlag, Befestigung über jeweils zwei Zugfedern, zwei Universalschellen und spezieller Halter, herausnehmbare Dämpfereinsätze (vernietet)

FAZIT: auffällige Doppelrohr-Anlage mit ordentlicher Verarbeitung und guter Passform, die den Referenzwert bei den Fahrgeräuschmessungen deutlich überschreitet; bei mittleren Drehzahlen verhilft die HPE der BMW zu mehr Druck, obenraus ist die Leistungsentfaltung aber dem Original leicht unterlegen

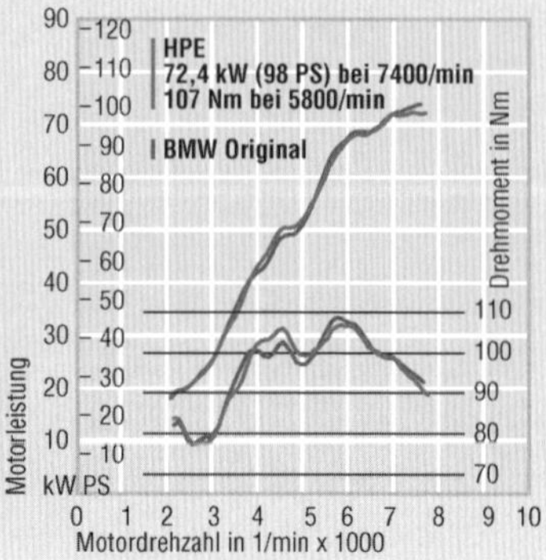

HURRIC RAC 1

Anbieter: Fechter Drive Motorsport, Telefon 0 70 23/9 52 30, www.fechter.de

Mantel: Karbon; **Gewicht:** 3700 Gramm; **Preis:** 329 Euro; **Variante:** Ummantelung aus Aluminium (275 Euro); **Dämpferlänge:** 47 Zentimeter; **Durchmesser:** 13 x 10,2 Zentimeter (oval); **Fahrgeräusch:** 83 dB (A), Referenzwert deutlich überschritten; **Standgeräusch:** 90 dB (A)

Bemerkungen: EG-BE, sehr gute Passform, Verbindungsrohr (mit Hauptständeranschlag) mit Schalldämpfer verschweißt, modellspezifischer Halter, herausnehmbarer Dämpfereinsatz (vernietet), Aufnahmen für serienmäßige Blende am Verbindungsrohr

FAZIT: gut verarbeiteter Ovaldämpfer mit prima Passform, der den Referenzwert bei den Fahrgeräuschmessungen deutlich überschreitet; Leistungs- und Drehmoment-Entfaltung annähernd auf Serien-Niveau, allerdings mit einem geringfügigen Verlust in der Spitze von zwei PS

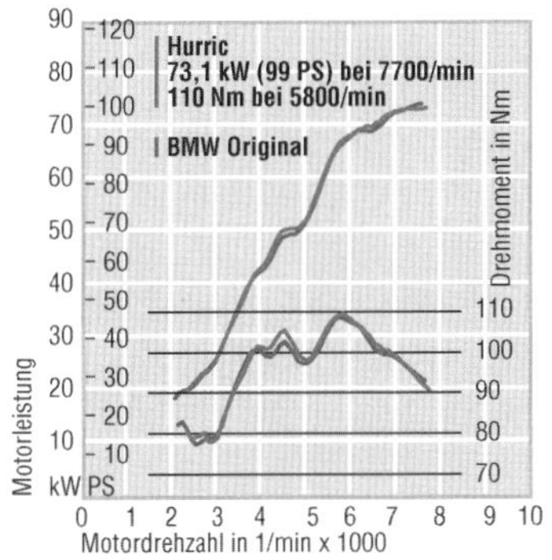

LASER DUO-TECH

Anbieter: SO Products, Telefon 0 59 24/7 83 60, www.so-products.com

Mantel: Karbon; **Gewicht:** 3620 Gramm; **Preis:** 498 Euro; **Varianten:** Ummantelung aus Edelstahl (393 Euro) oder Titan (481 Euro); **Dämpferlänge:** 50 Zentimeter; **Durchmesser:** 14 x 11,1 Zentimeter (oval); **Fahrgeräusch:** 82 dB (A), Referenzwert deutlich überschritten; **Standgeräusch:** 89 dB (A)

Bemerkungen: EG-BE, sehr gute Passform, separates Verbindungsrohr, Befestigung mit zwei Zugfedern, angeschraubter Hauptständeranschlag, modellspezifischer Halter, auswechselbare Dämpfereinsätze (EG-BE oder Racing)

FAZIT: prima verarbeiteter Ovaldämpfer mit sehr guter Passform, der der BMW mit legalem Dämpfereinsatz bei mittleren Drehzahlen zu etwas mehr Kraft verhilft, bei hohen Drehzahlen die Leistungs- und Drehmoment-Entfaltung jedoch geringfügig beeinträchtigt; Referenzwert bei den Fahrgeräuschmessungen deutlich überschritten

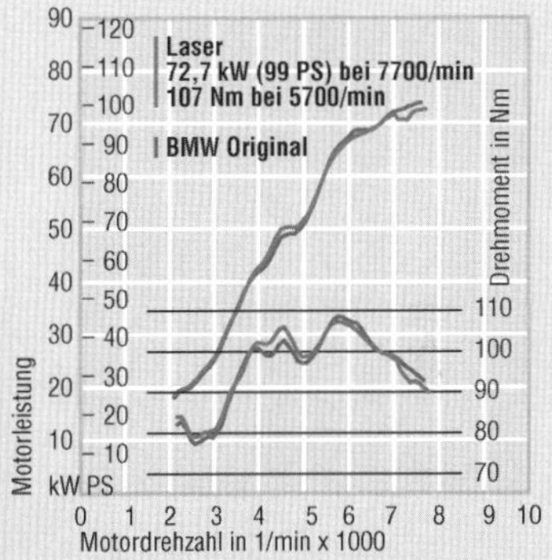

GERÄUSCH-MESSUNGEN

MOTORRAD ÜBERPRÜFT DAS FAHRGERÄUSCH entsprechend den gesetzlichen Homologationsvorschriften für Nachrüst-Auspuffanlagen. Danach wird die Maschine mit jedem Zubehörauspuff jeweils zweimal aus beiden Richtungen über eine zwanzig Meter lange Messstrecke beschleunigt (siehe Skizze). Zunächst fährt der Fahrer im zweiten Gang mit exakt 50 km/h heran und gibt am Anfang der Messstrecke Vollgas und schließt an deren Ende das Gas abrupt. Anschließend erfolgt die gleiche Prozedur – wieder aus beiden Richtungen – im dritten Gang. Dabei muss der Fahrer konzentriert zu Werke gehen, weil der Schalldruckpegelmesser Geschwindigkeitsdifferenzen sofort als größere Abweichung outet. Weshalb auch nur Werte herangezogen werden, die bei zwei aufeinander folgenden Messungen pro Seite maximal zwei Dezibel abweichen. Um exakte Ergebnisse zu erhalten, zeichnet MOTORRAD die Werte von acht Messfahrten auf. Aus dem Durchschnitt der acht Messwerte, jeweils reduziert um ein dB (A) (Dezibel) Messtoleranz, errechnet sich dann der Fahrgeräuschwert. Dieser darf bei einem Nachrüstauspuff nicht über jenem der Serie liegen.

HÖRPROBEN der getesteten Auspuffanlagen gibt es im Internet unter www.motorradonline.de

MOTORRAD
www.motorradonline.de

Vertrauen ist gut, Kontrolle besser: Messung von Stand- und Fahrgeräusch auf dem Flugplatz in Neuhausen ob Eck

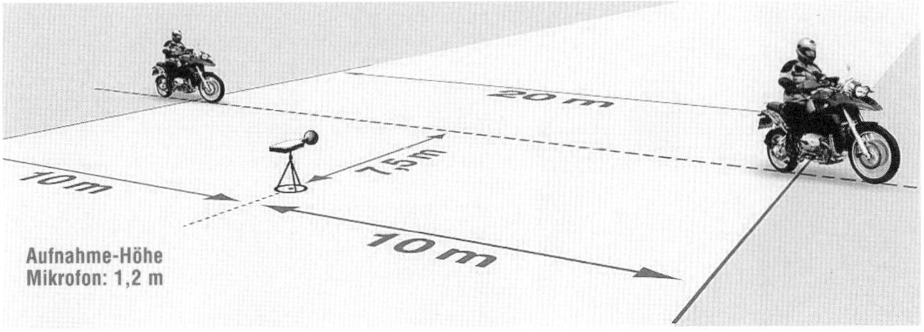

LEOVINCE SBK EVOLUTION II

Anbieter: MCA Service, Telefon 0 51 39/89 49 06, www.sitohipp.de

Mantel: Aluminium; **Gewicht:** 3500 Gramm; **Preis:** 299 Euro; **Varianten:** Ummantelung aus Karbon oder Titan (jeweils 399 Euro); **Dämpferlänge:** 50 Zentimeter; **Durchmesser:** 13,8 x 10,4 Zentimeter (oval); **Fahrgeräusch:** 83 dB (A), Referenzwert deutlich überschritten; **Standgeräusch:** 91 dB (A)

Bemerkungen: EG-BE, sehr gute Passform, separates Verbindungsrohr mit angeschweißtem Hauptständeranschlag, Universal-Halteschelle, herausnehmbarer Dämpfereinsatz (gesichert mit spezieller Schraube)

FAZIT: sehr gut verarbeiteter Ovaldämpfer mit toller Passform, der den Referenzwert bei den Fahrgeräuschmessungen deutlich überschreitet, aber in Sachen Leistungs- und Drehmoment-Entfaltung im oberen Bereich nicht das hohe Serien-Niveau erreicht

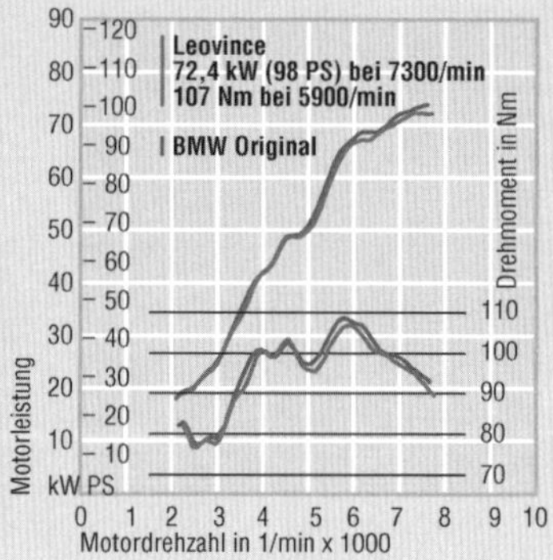

REMUS REVOLUTION

Anbieter: Phoenix Motorrad-Tuning, Telefon 02 41/5 68 82 22, www.phoenix-motorrad.de

Mantel: Aluminium; **Gewicht:** 3820 Gramm; **Preis:** 375 Euro; **Varianten:** Ummantelung aus Titan (465 Euro) oder Karbon (465 Euro); **Dämpferlänge:** 51 Zentimeter; **Durchmesser:** 13,8 x 10,6 Zentimeter (oval); **Fahrgeräusch:** 84 dB (A), Referenzwert deutlich überschritten; **Standgeräusch:** 89 dB (A)

Bemerkungen: EG-BE, sehr gute Passform, Verbindungsrohr (mit Hauptständeranschlag) mit Schalldämpfer verschweißt, modellspezifischer Halter, herausnehmbarer Dämpfereinsatz (vernietet)

FAZIT: sehr gut verarbeiteter Ovaldämpfer mit prima Passform, der aber den Referenzwert bei den Fahrgeräuschmessungen deutlich überschreitet; im Vergleich zum Seriendämpfer nahezu deckungsgleiche Kurvenverläufe, wobei die minimal niedrigere Spitzenleistung deutlich früher anliegt als beim Original

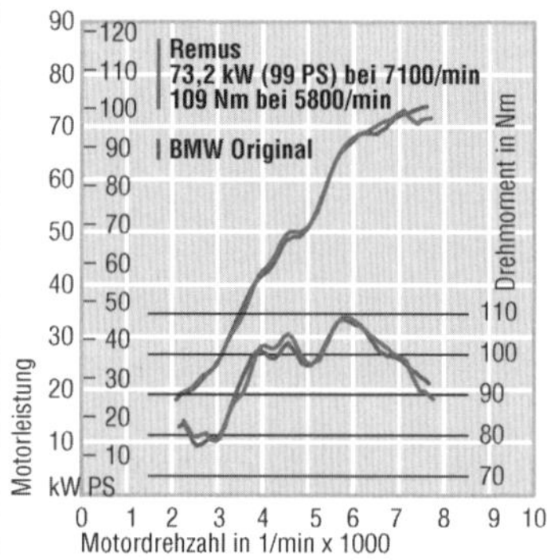

SEBRING TWISTER

Anbieter: Sebring, Telefon 0 77 31/90 67 70, www.sebring.biz

Mantel: Aluminium; **Gewicht:** 3820 Gramm; **Preis:** 372 Euro; **Varianten:** Ummantelung aus Titan (462 Euro) oder Karbon (462 Euro); **Dämpferlänge:** 49 Zentimeter; **Durchmesser:** 14,2 x 10,7 Zentimeter (oval); **Fahrgeräusch:** 84 dB (A), Referenzwert deutlich überschritten; **Standgeräusch:** 89 dB (A)

Bemerkungen: EG-BE, sehr gute Passform, Verbindungsrohr (mit Hauptständeranschlag) mit Schalldämpfer verschweißt, modellspezifischer Halter, herausnehmbarer Dämpfereinsatz (vernietet)

FAZIT: schön verarbeiteter, schlanker Ovaldämpfer mit sehr guter Passform, der aber den Referenzwert bei den Fahrgeräuschmessungen deutlich überschreitet; Leistungs- und Drehmomentkurven annähernd deckungsgleich mit denen des Originals, lediglich bei der Spitzenleistung, die früher anliegt, müssen leichte Abstriche in Kauf genommen werden

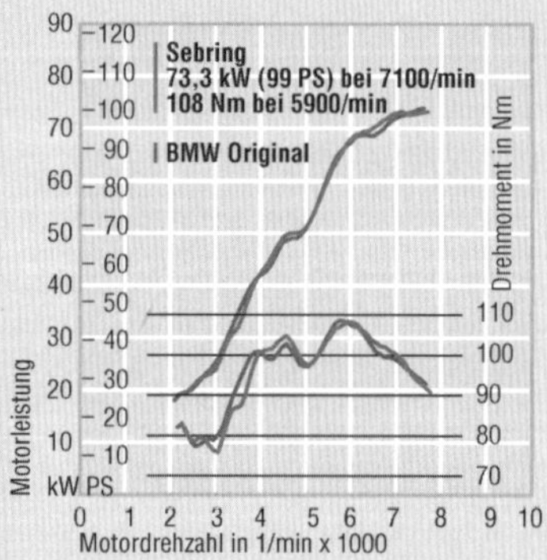

SR RACING

Anbieter: SR Racing, Telefon 0 82 52/90 55 40, www.sr-racing.de

Mantel: Titan; **Gewicht:** 3100 Gramm; **Preis:** 600,60 Euro; **Variante:** Ummantelung aus Edelstahl (539,80 Euro); **Dämpferlänge:** 52 Zentimeter; **Durchmesser:** 14,2 x 12,1 Zentimeter (oval); **Fahrgeräusch:** 82 dB (A), Referenzwert deutlich überschritten; **Standgeräusch:** 87 dB (A)

Bemerkungen: EG-BE, sehr gute Passform, separates Verbindungsrohr, Befestigung mit zwei Zugfedern, spezieller Hauptständeranschlag (aus massivem Alu gefräst), Universal-Halteschelle, herausnehmbarer Dämpfereinsatz (verschraubt), scharfkantige Nietenbänder

FAZIT: voluminöser aber leichter Ovaldämpfer mit sehr guter Verarbeitung und prima Passform, welcher der R 1200 GS die beste Leistungs- und Drehmoment-Entfaltung im Testfeld mit einem deutlichen Zuwachs im mittleren Bereich beschert; Referenzwert bei den Fahrgeräuschmessungen jedoch deutlich überschritten

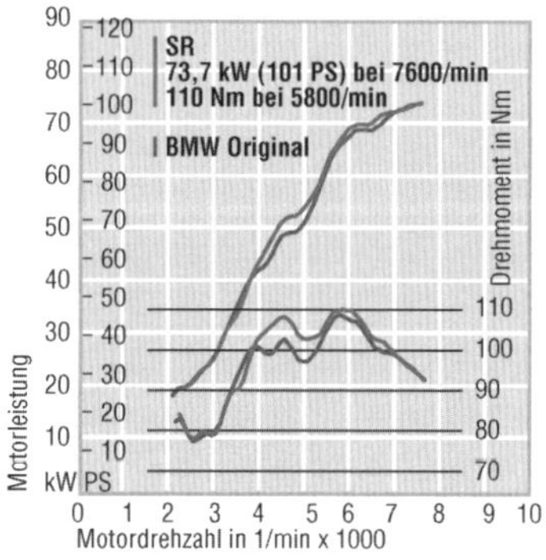

ZACH EINZEL-SCHALLDÄMPFER

Anbieter: Zach Auspufftechnik, Telefon 09 94/31 54, www.zachauspuff.de

Mantel: Edelstahl gebürstet; **Gewicht:** 4840 Gramm; **Preis:** 445 Euro; **Varianten:** keine; **Dämpferlänge:** 45 Zentimeter; **Durchmesser:** 11,5 Zentimeter; **Fahrgeräusch:** 84 dB (A), Referenzwert deutlich überschritten; **Standgeräusch:** 92 dB (A)

Bemerkungen: EG-BE, sehr gute Passform, separates Verbindungsrohr mit angeschweißtem Hauptständeranschlag, modellspezifischer Halter, auswechselbarer Dämpfereinsatz (verschraubt), dB-Killer optional (29,50 Euro), sehr exakt gearbeitete Passungen

FAZIT: schwerer, exzellent verarbeiteter Rundschalldämpfer mit hervorragender Passform, der aber den Referenzwert bei den Fahrgeräuschmessungen deutlich überschreitet; Spitzenleistung und Drehmoment-Maximum in der Mitte etwas besser als Serie, in der Spitzenleistung liegt jedoch der Originalauspuff knapp vorn

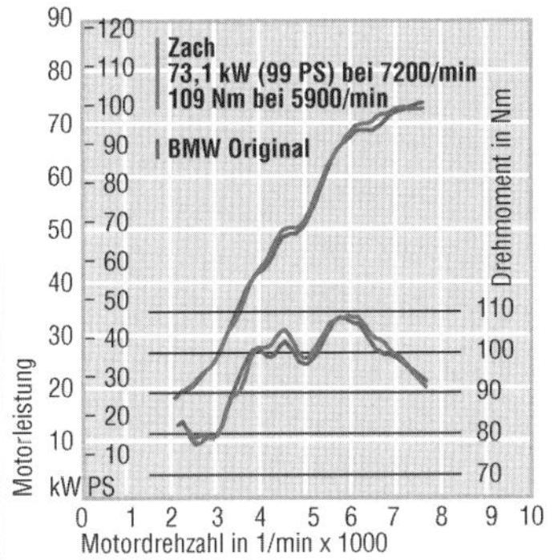

ZACH DOPPEL-SCHALLDÄMPFER

Anbieter: Zach Auspufftechnik, Telefon 09 94/31 54, www.zachauspuff.de

Mantel: Edelstahl satiniert; **Gewicht:** 7180 Gramm; **Preis:** 645 Euro; **Varianten:** keine; **Dämpferlänge:** 43 und 48 Zentimeter; **Durchmesser:** jeweils neun Zentimeter; **Fahrgeräusch:** 84 dB (A), Referenzwert deutlich überschritten; **Standgeräusch:** 91 dB (A)

Bemerkungen: EG-BE, sehr gute Passform, separates Verbindungsrohr, passgenauer Halter, auswechselbare Dämpfereinsätze (verschraubt), dB-Killer optional (39,50 Euro), sehr exakt gearbeitete Passungen

FAZIT: exzellent verarbeiteter Doppelrohrauspuff mit hervorragender Passform, aber sehr hohem Gewicht, der den Referenzwert bei den Fahrgeräuschmessungen deutlich überschreitet; Leistung und Drehmoment-Maximum wie beim Einzelschalldämpfer in der Mitte etwas besser als Serie, in der Spitzenleistung liegt auch hier der Originalauspuff knapp vorn

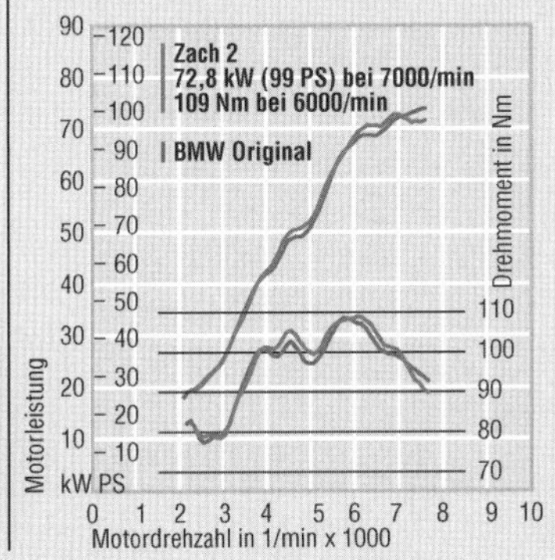

WORAUF MAN BEIM KAUF ACHTEN SOLLTE

Ästheten ziehen passgenaue und verdeckt angebrachte Halter (oben) den zumeist scharfkantigen Universalschellen vor

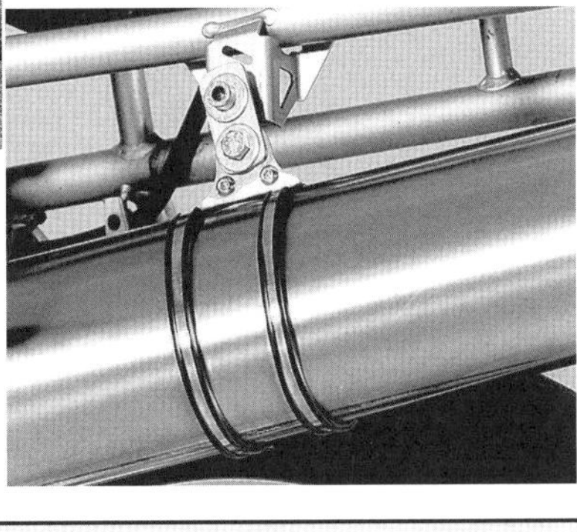

FINGER WEG von Nachrüstauspuffanlagen, deren EG-Betriebserlaubnis (EG-BE) sich nicht auf das in Frage kommende Motorradmodell erstreckt. Im Zweifel beim Anbieter nachfragen, um Problemen bei einer Kontrolle aus dem Weg zu gehen. Viele Hersteller offerieren Nachrüstdämpfer in mehreren Varianten. Oftmals unterscheiden sich die Töpfe nur äußerlich durch unterschiedliche Ummantelungen, sind technisch trotz erheblicher Preisdifferenzen jedoch identisch. Wer sich aus der Optik nichts macht, kann getrost zu den billigeren Edelstahl- oder Aluhüllen greifen, aus denen sich Kratzer zudem leicht herauspolieren lassen. Schalldämpfer mit einem verdeckt angebrachten Halter bevorzugen. Die von vielen Anbietern gewählte Billiglösung mit scharfkantiger Universalschelle samt Gummiunterlage überzeugt aus ästhetischer Sicht nicht, sie passt weder zu Karbon- noch zu Titanmänteln.

Bild 1 unten: Digitaler Messschieber (A), Mikrometer oder Bügelmessschraube (B), Fühlerlehren (C), Druckverlusttester (D).

Bild 3 ganz rechts: Ein sinnvolles Werkzeugsortiment für die Hobbywerkstatt. Teilebezeichnungen siehe nächste Seite unten.

Werkstatt

In diesem Kapitel: Werkzeug · Reifenmontage und ABS · Inspektionen selbst machen? · Bordwerkzeug · Werkzeug für die Heimwerkstatt · Aufbockhilfen · Gewindereparatur mit HeliCoil · Spezialwerkzeug · Werkstatthilfsmittel · Bücher.

Werkzeug

Wer sich entschlossen hat, an seiner Maschine selbst Hand anzulegen, um kleinere bis größere Wartungsarbeiten in Eigenregie durchzuführen, braucht Qualitätswerkzeug. Denn man kommt nicht weit mit dem serienmäßigen Bordwerkzeug (Bild 4) der R 1200 GS, denn die geringe Menge an Bordwerkzeugteilen liegt nur bei einem Bruchteil dessen, was man bisher an Umfangsqualität vom Bordwerkzeug der BMW-Motorräder gewohnt war.

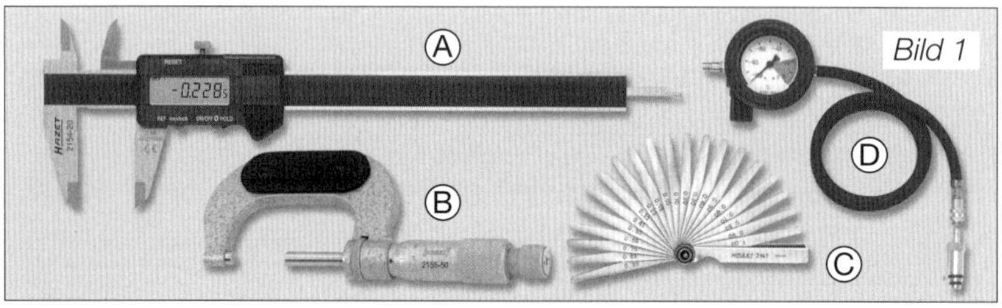

Bild 1

Sicherheitshinweise ⚠ Achtung und ☞ Tipps

⚠ Werkzeug nicht im Baumarkt kaufen, auch wenn dessen Sonderangebot noch so verlockend ist! Das in Baumärkten angebotene Werkzeug ist generell eher schlecht als recht, in vielen Fällen sogar gefährlich, weil es aus minderwertigem Material besteht und deswegen bruchgefährdet ist.

☞ Ein Blick ins Internet rentiert sich bei der Werkzeugrecherche. Echtes Qualitätswerkzeug ist im Internet unter *www.hazet.de* zu sehen. Hazet ist einer der bekanntesten deutschen Hersteller von Kraftfahrzeug-Qualitätswerkzeugen.

☞ Im Haushaltswarengeschäft (z. B. bei IKEA) gibt es für kleines Geld Besteckablagen für Schubladenkästen in verschiedenen Unterteilungen. Diese eignen sich ganz hervorragend als Schrauben- und Kleinteileablage (Bild 2).

☞ Wenn teure Spezialwerkzeuge benötigt werden, bei der Werkstatt in der Nachbarschaft um die Ecke nachfragen, ob man gegen ein hinterlegtes Pfand und einen Obolus in die Trinkgeldkasse das Werkzeug geliehen bekommt.

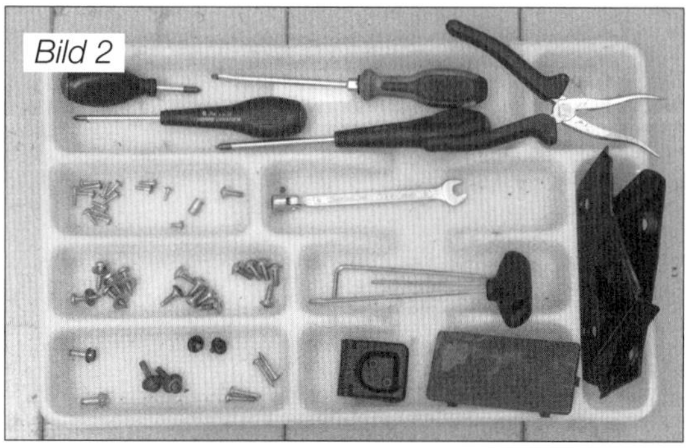
Bild 2

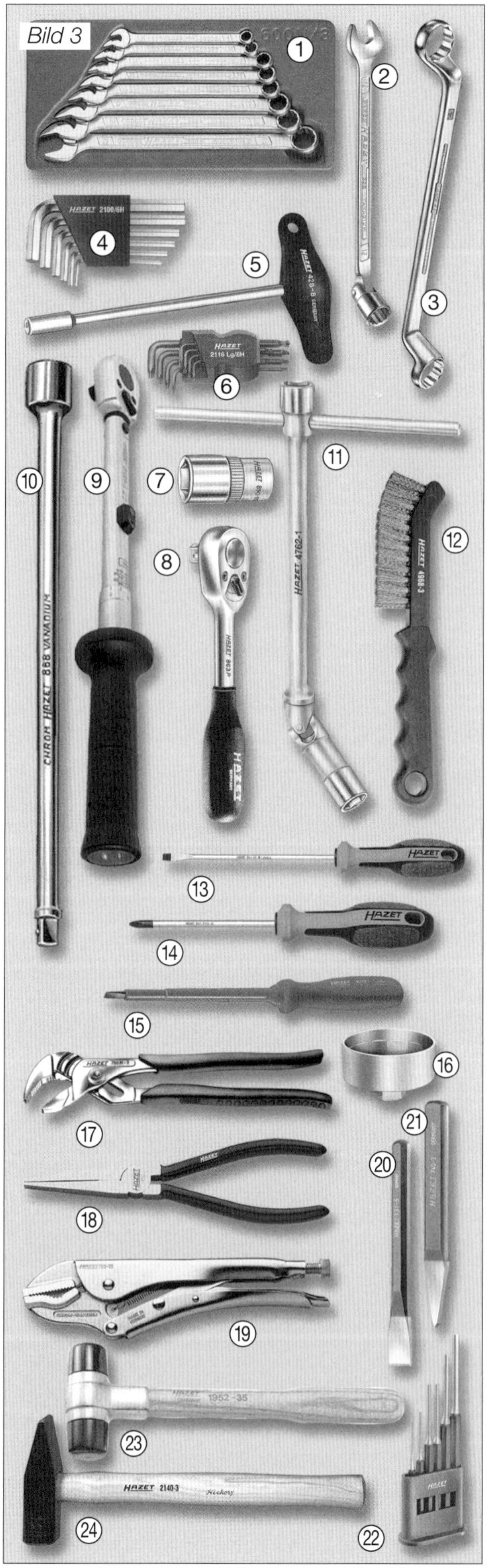

Bild 3

Reifenmontage und ABS

Auf die Reifenmontage und die dazu benötigten Werkzeuge wird in diesem Buch nicht eingegangen. Denn es ist ohne Profiausrüstung nicht möglich, einen Schlauchlosreifen zu wechseln und auszuwuchten. BMW-Händler haben Reifenmontier- und Auswuchtmaschinen mit entsprechendem Werkzeug.

Ferner enthält diese Motorrad-Reparaturanleitung keine Schraubertipps für die ABS-Bremsanlage der R 1200 GS, ergo wird auch keinerlei ABS-Spezialwerkzeug benötigt. Zum Ab- und Anschrauben der Bremssättel sowie dem Wechseln der Bremsbeläge genügt normales Werkzeug; ein Drehmomentschlüssel sollte allerdings zusätzlich vorhanden sein.

Achtung: Keine Bremsleitungen lösen – weder von den Bremssätteln noch von den Adaptern innerhalb der Bremsleitungen! Auch nicht versuchen, am ABS-Modulator irgendwelche Leitungen oder elektrische Steckverbindungen zu lösen. Nur der geschulte BMW-Mechaniker darf an die ABS-Bremse der R 1200 GS.

Inspektionen selbst machen?

In den ersten beiden Lebensjahren der R 1200 GS raten wir dringend dazu, die Inspektionen beim BMW-Vertragshändler machen zu lassen. Damit wird der Garantieanspruch (zwei Jahre ab Kauf- bzw. Erstzulassungsdatum) erhalten. Die bei 1000 km, dann bei 10 000 und alle weiteren 10 000 Kilometer vorgeschriebenen Inspektionen müssen vom durchführenden Händler im Bordbuch abgestempelt werden.

Teilebezeichnungen in Bild 3 links: Satz Ring-Maulschlüssel (1), Maul-Steckschlüssel (2), Doppelringschlüssel (3), Satz Inbusschlüssel (4), Sechskant-Steckschlüssel mit Querknauf (5), Satz Torx-Schlüssel (6), Steckschlüsselnuss mit Innensechskant (7), Umschaltknarre (8), Drehmomentschlüssel (9), Verlängerung (10), Zündkerzenschlüssel (11), Bremssattelbürste mit Messingborsten (12), Schlitz-Schraubenzieher (13), Kreuzschlitz-Schraubenzieher (14), Elektriker-Schraubenzieher (15), Ölfilterschlüssel (16), Universalzange (17), Flachzange (18), Gripzange (19), Flachmeißel (20), Kreuzmeißel (21), Satz Splinttreiber (22), Kunststoffhammer (23), Schlosserhammer (24).

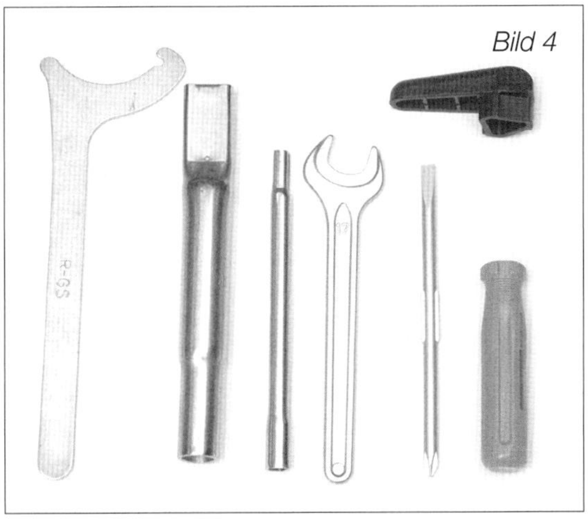

Bild 4

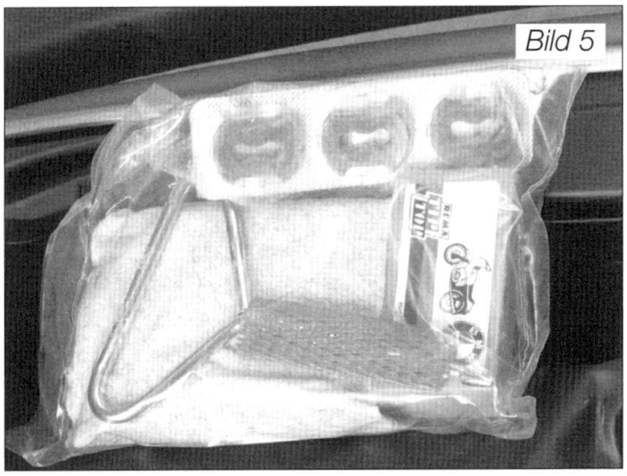

Bild 5

Bilder 4 und 5: Das serienmäßige Bordwerkzeug ist nicht sehr umfangreich. Es sollte durch entsprechende Werkzeugteile zum Rad-Aus- und -Einbau und ein Flickset für schlauchlose Reifen ergänzt werden.

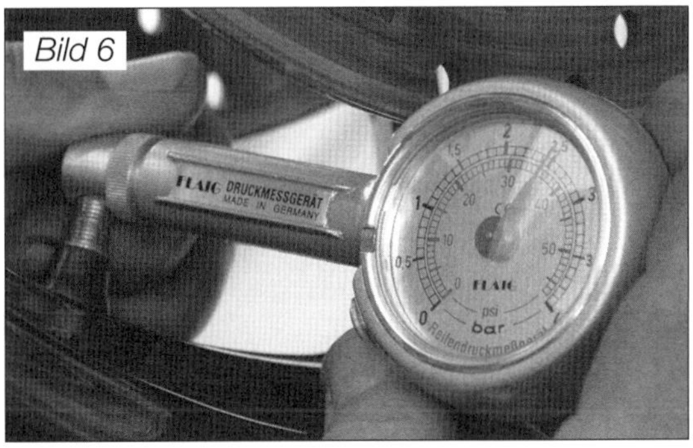

Bild 6

Bild 6: Flaig-Reifendruckprüfer mit stabilem Alugehäuse.

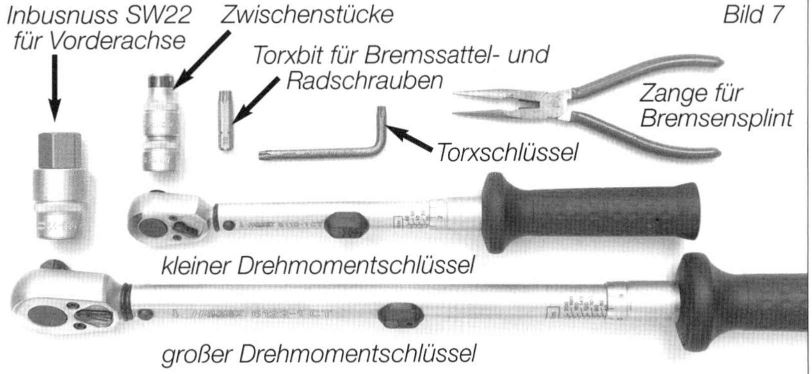

Bild 7

Bild 7: Zur Radmontage benötigte Werkzeuge.

Nach dieser Zeit ist es eine persönliche Frage, was man an seinem Motorrad selbst macht, was man sich zutraut und wie weit man sich wagt, auch unbekanntes Terrain zu erobern.

Bordwerkzeug

Das serienmäßige Bordwerkzeug (Bild 4) enthält noch nicht einmal die Teile, mit denen man die Räder aus- und einbauen oder die Zündkerzen aus- und wieder einschrauben kann. Dem technisch uninteressierten Besitzer, der sein Motorrad immer in die BMW-Fachwerkstatt zur Wartung gibt, mag das serienmäßige Bordwerkzeug genügen. Aber wer selbst schrauben möchte, der braucht zusätzliches Werkzeug – speziell dann, wenn er lange Reisen in dünn besiedelte Landstriche plant.

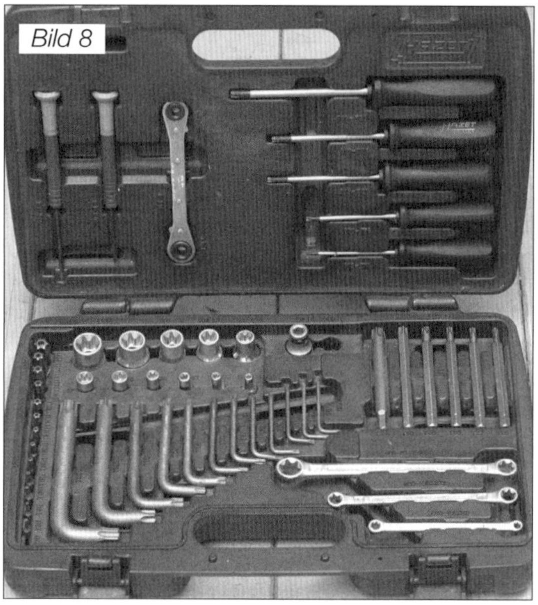

Bild 8

Bild 8: Zum intensiven Schrauben an der R 1200 GS ist ein kompletter Kasten Torxwerkzeug nötig.

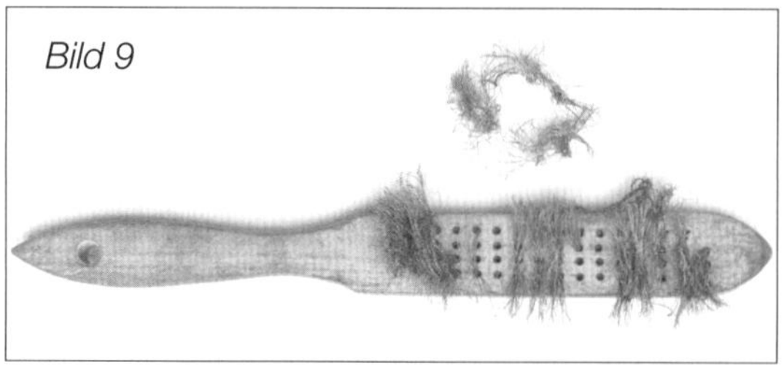

Bild 9

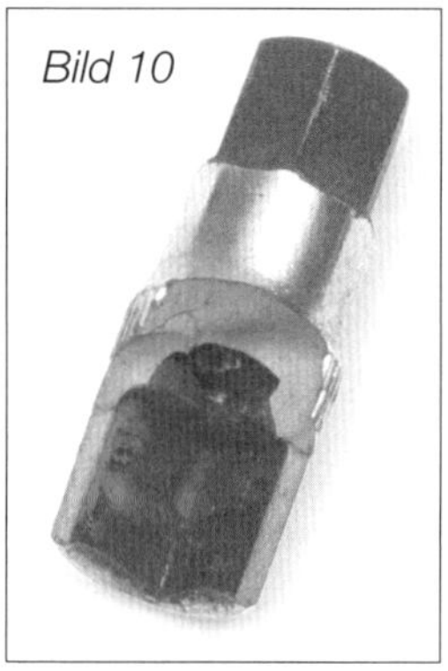

Bild 10

Bilder 9 und 10: Typisches Baumarktwerkzeug sieht rasch so aus, wie die geplatzte Nuss oder die ausgefranste Bürste.

Erweitertes Bordwerkzeug

Es gibt Motorradfahrer, die fahren in Urlaub und nehmen kein einziges Stück Werkzeug mit auf Tour. Die haben dann auch wirklich keinen einzigen Defekt. Andere packen eine ganze Packtasche voll mit Werkzeug und brauchen jedes Stück mindestens zwei Mal während ihrer vier Wochen Jahresurlaub. Manches ist immer falsch, egal wie man es macht.

In diesem Buch verwenden wir die volkstümliche Bezeichnung Schraubenzieher für den normgerecht genannten »Schraubendreher«. Bei Schraubenschlüsseln, egal ob Gabel-, Ringschlüssel oder Nuss, ist das Kürzel SW die Abkürzung für »Schlüsselweite«. SW 13 bedeutet also, dass dieser Schlüssel an einen Schraubenkopf oder eine Mutter mit 13 mm passt, gemessen über die Mitte an zwei zueinander parallelen Flächen. M8-Schrauben oder Muttern brauchen einen 13er-Schlüssel, für M6 wird ein 10er-Schlüssel benötigt.

Das Bordwerkzeug der R 1200 GS sollte folgende Teile umfassen:

- Torx-Schlüssel T15 für die Schrauben der Verkleidung, T40 und T50 für die Schrauben der Bremssättel, T50 für die Hinterradschrauben
- Vorderradachse-Stecknuss mit SW 22
- Verlängerung für Radschraubenschlüssel
- Abzieher für die Zündkerzenstecker
- Zündkerzen-Steckschlüssel
- Schraubenzieher für Schlitz- und Kreuzschlitz-Schrauben

Weiterhin ist ein »Tip Top«-Pannenhilfeset für Schlauchlosreifen zu empfehlen. Damit lassen sich Reifendefekte bis vier Millimeter Durchmesser bei eingebautem Rad rasch reparieren. Die Beschreibung des »Tip Top«-Pannenhilfesets ist so gut, dass sie hier nicht ausgebreitet werden muss. Lesen Sie in einer stillen Stunde den Text in Ruhe durch und sehen sich die mitgelieferten Teile an, damit Sie bei einem Plattfuß Bescheid wissen.

Unbedingt haben sollte man einen exakten Reifendruck-Prüfer. Kaufen Sie sich KEIN Plastik-

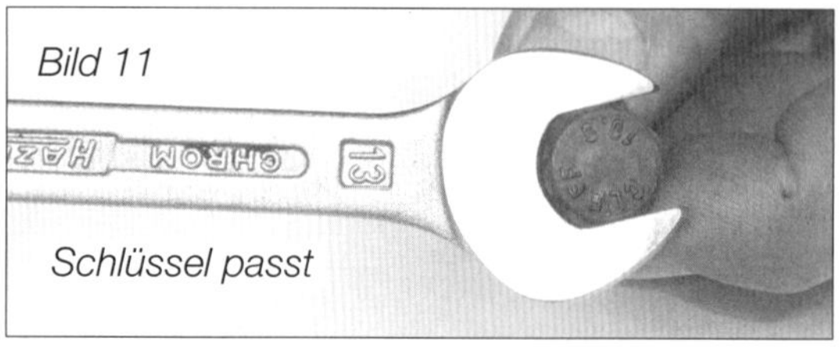

Bild 11

Schlüssel passt

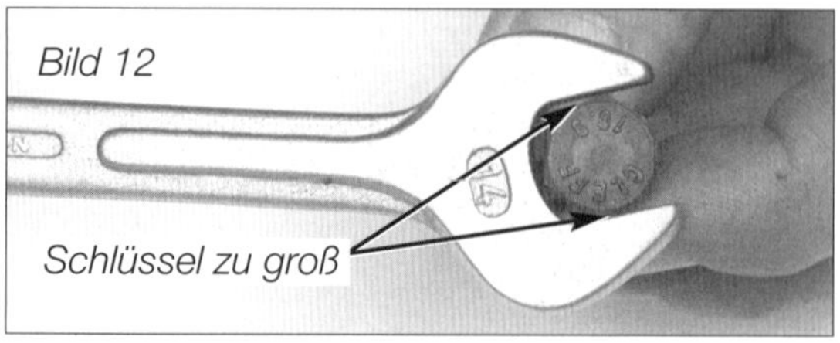

Bild 12

Schlüssel zu groß

Bilder 11 und 12: Sorgen Sie immer dafür, dass passendes Werkzeug verwendet wird. Ein zu großer Schlüssel vermurkst beim ersten Ansatz den Schraubenkopf.

Billigteil im Baumarkt! Das beste Druckmessgerät, das wir kennen und in unserer Werkstatt täglich verwenden, stammt vom deutschen Hersteller Flaig (Bild 6) und hat ein stabiles Alugehäuse. Erhältlich ist es unter anderem bei mobil-tech *(www.mobil-tech.de)* oder in gut sortierten Motorradzubehörläden sowie bei Motorradhändlern.

Werkzeug für die Heimwerkstatt

Zuerst das Wichtigste: Werkzeug muss in einer Werkstatt nicht nur vorhanden, sondern auch auffindbar sein. Und weil es mit der Ordnung so eine Sache ist, empfehlen wir, das Werkzeug im falt- und fahrbaren Hazet-Werkzeugwagen »Assistent« (Bild 14) aufzubewahren. Dieser fasst mehr Werkzeug, als es von außen aussieht. Das Grundmaß des »Assistent« beträgt 725 mm x 398 mm, aufgezogen ist er etwas mehr als einen Meter hoch, zusammengeschoben kaum noch die Hälfte. Der Assistent lässt sich gut in der Ecke verstauen, wenn er nicht gebraucht wird.

Die meisten Schrauben und Muttern an der R 1200 GS sind Normteile, viele davon mit Torx-Köpfen. Um diese zu beschrauben, sollte ausschließlich bestes Präzisionswerkzeug verwendet werden. Nichts ist schlimmer als vermurkste Schrauben und Muttern oder gar hässliche Kratzer im Umfeld von Schraubverbindungen, die von abgerutschten, weil nicht passenden Schlüsseln herrühren. Ganz zu schweigen von den Verletzungen, die sich ein Mechaniker zuziehen kann, wenn er mit minderwertigem Werkzeug arbeitet.

Auf die für verschiedene Arbeiten benötigten Werkzeuge gehen wir in den entsprechenden Kapiteln ein. Nachstehend ein kurzer Überblick, was in einer gut ausgerüsteten Heimwerkstatt vorhanden sein sollte:

- zwei **Drehmomentschlüssel** sind dringend zu empfehlen: einen mit dem Einstellbereich 40 bis 200 Nm und der andere mit 5 bis 40 Nm. Diese werden schon bei »einfachen« Arbeiten wie Radaus- und -Einbau benötigt, denn sowohl Vorderradachse, Hinterradschrauben und die Befestigungsschrauben der Bremssättel verlangen nach exaktem Drehmoment.
- **Ölfilterschlüssel** zum Wechseln der Ölfilterpatrone (Bild 31), er kostet um die 10 Euro.
- langer **Zündkerzenschlüssel**
- **Synchrontester** zum Einstellen des Gleichlaufs der Zylinder (Bild 13)
- **Voltmeter** für die Batterie
- **Batterieladegerät** speziell für die Gel-Batterie der R 1200 GS
- **Fühlerblattlehren** von 0,05 bis 0,5 mm
- **Nusskasten** von 8 mm bis 27 mm plus **Querknauf** und **Rätsche** mit Vierkantantrieb
- Kasten **Torx-Schlüssel** und **-Nüsse** (Bild 8), aus dem man sich für das Bordwerkzeug die entsprechenden Teile zusammenstellen kann.
- kleine **Flachspitzzange**
- **Wasserpumpenzange**
- je ein **Schlosserhammer** mit 100 Gramm und 250 Gramm sowie ein rückschlagfreier Kunststoffhammer
- Satz **Durchschläge** (»Splint-Austreiber«)
- **Schublehre** (»Messschieber«), Messbereich 0 bis 250 oder 300 mm
- **Isolierter Seitenschneider** (»Elektro-Knipser«)

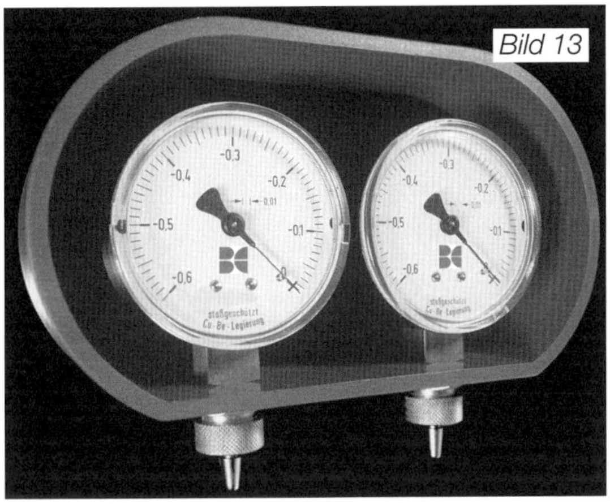

Bild 13

Bild 13: Sychrontest-Unterdruckuhren von Boehm.

Bild 14

Bild 14: Der fahr- und faltbare Werkstattwagen »Assistent« ist seit vielen Jahren ein Klassiker in den Werkstätten von Hobby- und Profischraubern.

Bild 15: Der »X5 Hydraulischer Hubtisch« von Kern (hier unter einer R 1150 RT) kostet ca. 250 Euro. Dank der Rollen lässt sich das aufgebockte Motorrad gut rangieren.

Bild 16: Zum Aus- und Einbau des Vorderrads den Motor mit einem Wagenheber unterbauen, Mittelständer mit einem Riemen sichern.

- Digitaler **Multimeter** und **Prüflampe**

Und wenn Sie jetzt noch Geld übrig haben, kaufen Sie sich noch Folgendes:

- **Druckluftkompressor,** Druck bis 8 bar, mit Druckluftpistole und Reifenfüllmanometer.
- Elektrische **Heizplatte**, 25 cm Durchmesser.
- **Lötkolben** mit 30, 80 und 150 Watt Leistung.
- **Schleifbock:** Er ist in jedem Falle nützlich, und wenn man daran nur ab und zu seine Bohrer schleift und sich am Funkenflug freut.
- Gewindereparaturkits **HeliCoil** M5, M6, M8 und M10 sowie für das Zündkerzengewinde (siehe dazu auch den später folgenden Textabsatz »Gewindereparatur mit HeliCoil«).

Aufbockhilfen

Perfekt ist eine Motorradhebebühne. Wer dazu weder Platz noch Geld hat, für den empfiehlt sich das praktische, preiswerte Gerät von der Firma Kern-Stabi, es nennt sich »X5 Hydraulischer Hubtisch« (Bild 15) und wird direkt unten an der Ölwanne angesetzt. Er kann an den Füßen mit Rollen versehen werden, mit deren Hilfe man das aufgebockte Motorrad prima herumrangieren und in die Ecke schieben kann. X5 kostet um die 250 Euro, dazu gibt es noch verschiedene Adapter und Zubehörteile.

Bild 15

Bild 16

Die R 1200 GS ist mit einem stabilen Mittelständer versehen. Trotzdem wird zum Ausbau des Vorderrads noch ein kleiner Wagenheber benötigt, der unter dem Motor angesetzt wird, damit das Vorderrad frei kommt (Bild 16). BMW bietet speziell dafür einen Vorderrad-Hebebock an. Ähnliche Heber haben auch die Motorrad-Zubehörläden für kleines Geld vorrätig.

Gewindereparatur mit HeliCoil

Getreu dem Motto: »Wo gehobelt wird, da fallen Späne«, werden beim Schrauben, speziell an älteren Motorrädern, auch Gewinde beschädigt oder zerstört. Warum kommt es überhaupt zur Beschädigung oder Zerstörung von Gewinden?

- Schrauben an Motorradmotoren müssen aufgrund von Wartungsarbeiten häufig gelöst und wieder angezogen werden. Dieses führt nicht nur zum Verschleiß im Gewinde, sondern auch, je nach Häufigkeit der Benutzung, zur Zerstörung.
- Die bei Motorradmotoren zum Teil recht weichen Aluminiumguss-Legierungen sind in dieser Beziehung sehr problematisch und anfällig.
- Schrauben oder Muttern werden mit zu großen Anzugsdrehmomenten angezogen.
- Aufgrund von Korrosion (»Rost«) zwischen Schraube und Bauteilwerkstoff kommt es zum »Festbacken der Schraube«. Beim Versuch, die Schraube zu lösen, wird das Mutterngewinde zerstört.

Zerstörte Gewinde können mit geringem Aufwand und geringen Kosten einfach und zuverlässig repariert werden, indem das defekte Innengewinde ausgebohrt und ein aus gewickeltem Draht bestehender Gewindeeinsatz eingedreht wird: »HeliCoil« nennt sich dieses Reparaturverfahren, das von der Firma Böllhoff Verbindungstechnik GmbH in Bielefeld hergestellt und weltweit vertrieben wird (*www.helicoil.de*).

HeliCoil bietet so genannte »Repairkits« an, in den Abmessungen von M2 bis M36. Ein Repairkit kostet ca. 40 Euro und ist im Fachhandel erhältlich.

In einem HeliCoil-Repairkit sind enthalten:

- Kernlochbohrer mit dem Kernloch-Gewindedurchmesser für das neue Gewinde.
- HeliCoil-Gewindebohrer.
- HeliCoil-Einbauwerkzeug, das ist eine Einbau-Gewindespindel mit einem kleinen Ansatz vorne.
- 20 HeliCoil-plus-Drahtgewindeeinsätze aus hoch korrosionsbeständigem Stahl der Legierung 1.4301, mit einer Festigkeit von mehr als 1.400 N/mm^2.

Am Beispiel eines ausgerissenen M6-Gewindes in einem Motorblock (Bilder 18 bis 25) erklären wir eine Gewindereparatur mit einem HeliCoil plus-Drahtgewindeeinsatz:

1. Schritt: Wenn der Rest einer abgebrochenen Schraube im alten Gewinde steckt: Den sichtbaren Schraubenrest sicher ankörnen und mit einem scharf geschliffenen Bohrer, der ca. 1/2 mm kleiner ist als der alte Gewinde-Nenndurchmesser (bei M6: Bohrer also 5,5 mm), das abgebrochene Gewindestück vorsichtig ausbohren.

2. Schritt: Mit dem im HeliCoil plus-Repairkit befindlichen Bohrer das beschädigte Gewinde komplett ausbohren (Bild 19). Der Bohrerdurchmesser entspricht dem Kerndurchmesser des neuen Aufnahmegewindes für den HeliCoil plus-Drahtgewindeeinsatz.

3. Schritt: Aufnahmegewinde für den HeliCoil-Drahtgewindeeinsatz mit dem beiliegenden HeliCoil plus-Gewindebohrer schneiden (Bild 20).

- Damit keine Späne in Gewindebohrungen hineinfallen, den Gewindebohrer vor dem Gewindeschneiden in Fett eintauchen. So bleiben die meisten Späne am Gewindebohrer haften.

4. Schritt: Gewinde reinigen, z. B. mit Druckluft ausblasen. ALLE Späne entfernen!

5. Schritt: Drahtgewindeeinsatz mit der Einbauspindel montieren. Dieses ist sehr einfach, denn der Drahtgewindeeinsatz wird mit der Spindel wie eine Schraube in das vorbereitete Aufnahmegewinde eingedreht (Bild 22).

6. Schritt: Nach der Montage des Drahtgewindeeinsatzes wird dessen Mitnehmerzapfen abgebrochen (Bild 23):

- Zapfenwerkzeug zuvor in etwas Fett tauchen, ganz in den Drahtgewindeeinsatz einführen, mit einem kleinen Hammer einen leichten Schlag auf das Zapfenwerkzeug geben und den abgebrochenen Mitnehmerzapfen aus dem Drahtgewindeeinsatz entfernen.
- Bei der Reparatur von Durchgangsbohrungen muss Obacht gegeben werden, wo der abgebrochene Mitnehmerzapfen hinfällt, damit er nicht in den Motor zwischen empfindliche Motorenmechaniken gerät!

Eine solche Gewindereparatur ist innerhalb von zehn Minuten ohne Schweißaufwand erledigt. Nach der Reparatur mit HeliCoil plus ist das Gewinde um ein Vielfaches belastbarer als das Originalgewinde. Das Gewinde wurde nicht etwa »geflickt«, sondern seine Qualität wurde deutlich verbessert: Der HeliCoil plus-Drahtgewindeeinsatz aus Edelstahl macht das Gewinde ver-

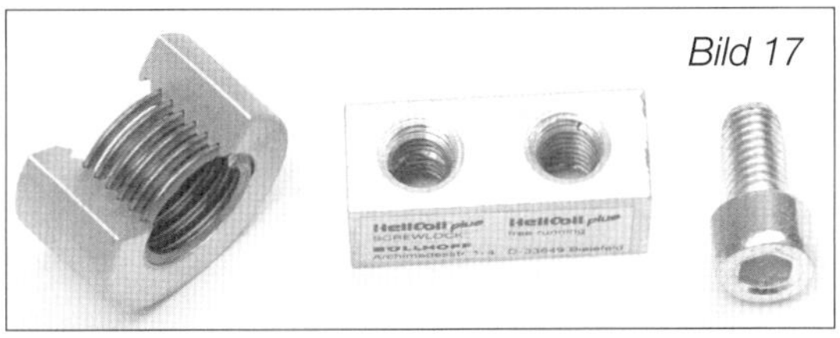

Bild 17: Mit HeliCoil-Gewindeeinsätzen lassen sich zerstörte Innengewinde perfekt reparieren.

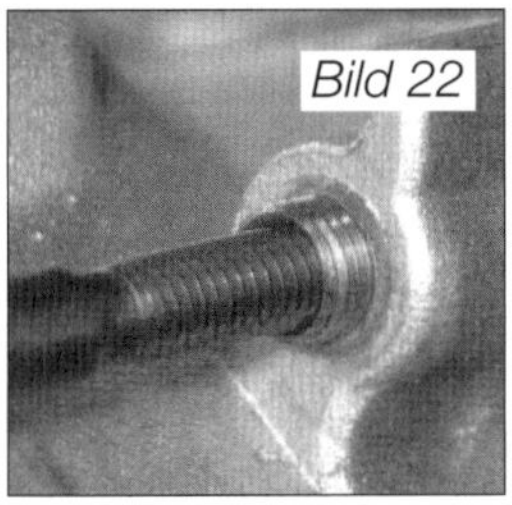

Bilder 18 bis 25:

18: Defektes Gewinde, überdrehte Schraube.

19: Schraubenreste ausbohren, sauberes Kernloch erzeugen.

20: HeliCoil® plus-Aufnahmegewinde schneiden.

21 und 22: HeliCoil® plus montieren.

23: Zapfen brechen und entfernen.

24: Perfektes neues Gewinde mit HeliCoil® plus.

25: Schrauben eindrehen und anziehen, fertig!

Bilder 26, 27 und 28: Monteurskombi von Yamaha mit Bündchen an Ärmeln und verstärktem Kniebereich.

Bild 27

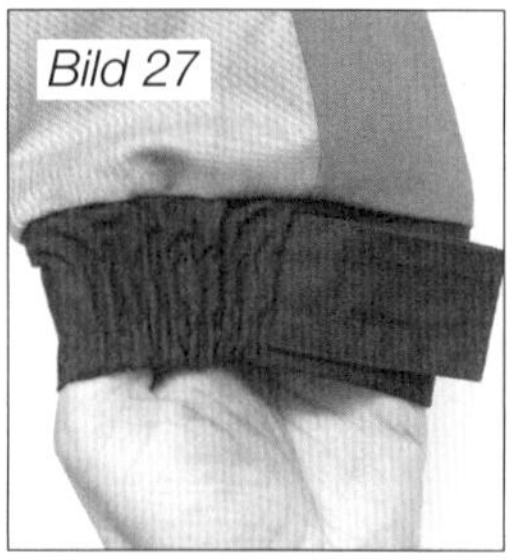

Bild 28

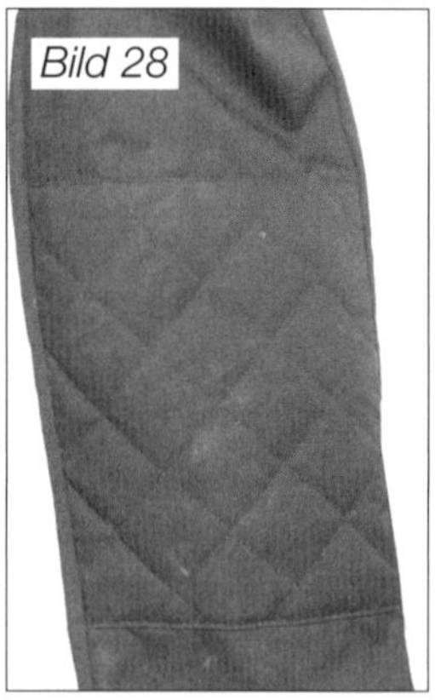

Bild 29

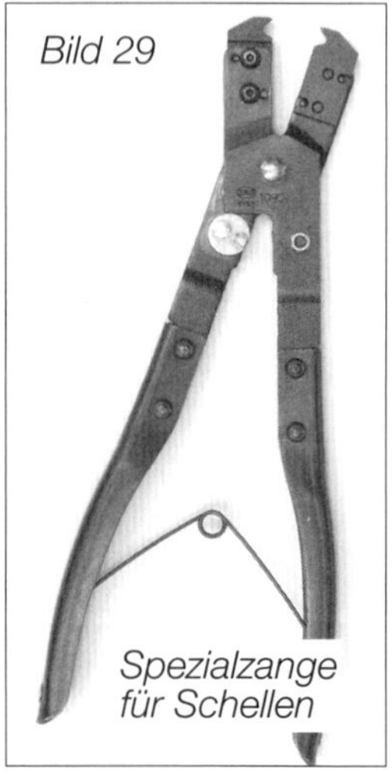

Spezialzange für Schellen

Bilder 29 bis 31: Verschiedene Spezialwerkzeuge.

Bild 26

Bild 30

Riemenaufziehwerkzeug

Ölfilterschlüssel Bild 31

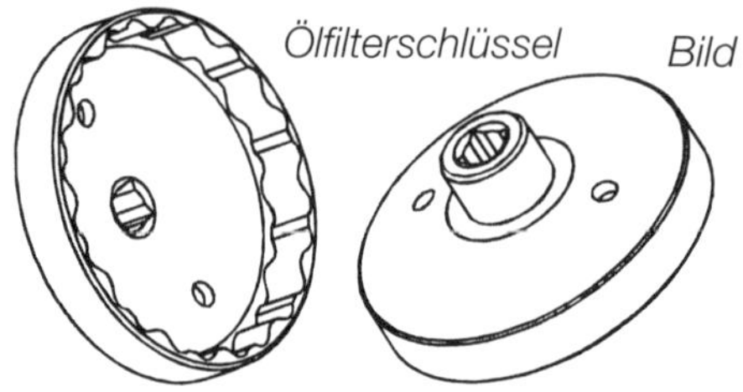

schleißfester und korrosionsbeständiger. Zukünftige Wartungsarbeiten können diesem Gewinde nichts mehr anhaben.

Spezialwerkzeug

Wer denkt, er könne eine tief greifende Motor- oder Getriebereparatur zu Hause selbst ausführen und dabei viel Geld sparen, wird schnell an seine Grenzen kommen, wenn er 1.) nicht über entsprechendes Spezialwerkzeug verfügt und 2.) nicht die speziellen Kenntnisse und Erfahrungen im Zerlegen und Zusammenbauen von Motoren und Getrieben hat. Der Vollständigkeit halber nennen wir die BMW-Spezialwerkzeuge für Motor, Getriebe und Fahrwerk, die man beim BMW-Händler kaufen kann.

- **Riemenaufziehwerkzeug**, wird beim Wechsel des Lichtmaschinen-Antriebs-Vielkeilriemen benötigt (Bild 30).
- **Zentrierdorn** für die Kupplungsscheibe.
- **OT-Absteckdorn**, es passt auch ein Rundeisen mit Ø 8 mm.
- **Schwungscheibenhalter** zum Blockieren des Motors.
- **Ventilfederspanner** mit Aufsatz zum Ausbau der Ventile und Ventilfedern.
- **Abziehzange** für Ventilschaftabdichtungen.
- **Ventilsitzfräser und Ventileinschleifer** (es ist allerdings besser und preiswerter, wenn Sie den kompletten Zylinderkopf zum Nachfräsen der Ventilsitze und Einschleifen der Ventile in die Fachwerkstatt geben!).
- **Führungsdorne** zum Herausnehmen und Zusammenbauen des Getriebes.
- **Arretiervorrichtung** für das Kupplungsgehäuse, wird zum Aus- und Einbau und zum Zerlegen und Zusammenbau des Motors benötigt.
- **Drehwinkelanzeigegerät** zum Festziehen der Pleuelschrauben und sonstiger Schrauben wie z. B. der Zylinderkopfmuttern.
- **Haltevorrichtung, Stecknuss** SW 46 lange Ausführung (nötig, weil der Zapfen lang ist) und Schutzring zum Anziehen/Lösen des Kugelgelenks an der Gleitrohrbrücke (unterer Längslenker).
- **Zugstange mit Schlaggewicht,** wird z. B. zum Herausziehen der Schwingenlager benötigt.

Folgende BMW-Spezialwerkzeuge sind auch im Motorrad-Zubehörhandel oder im Kraftfahrzeug-Werkstatthandel zu bekommen:

- Multistromkreistester-Satz
- Adapter für Kompressionsdruck-Prüfgerät
- Adapter für Kraftstoffdruckmesser

Werkstatthilfsmittel

BMW bietet alle nötigen Montagehilfsmittel, Dichtmaterialien, Fette und Schraubensicherungen als Ersatzteile an, man kann sie also bei jedem BMW-Motorradhändler kaufen.

Schmier- und Hilfsmittel

- Staburags NBU 30 PTM (Hochleistungsschmierfett) Tube 75 g .... Best.-Nr. 07559056992
- Optimoly MP 3 (Hochleistungsschmierfett) Tube 100 g .... Best.-Nr. 07559062476
- Optimoly TA (Hochtemperatur-Montagefett) Tube 100 g .... Best.-Nr. 18219062599
- Siliconfett 300 schwer (Dämpfungsfett) Tube 10 g .... Best.-Nr. 07589058193
- Retinax EP 2 (Schmierfett) Tube 100 g .... Best.-Nr. 83229407845
- Kontaktspray:
  Sprayflasche 300 ml ..... Best.-Nr. 81229400208
  Sprayflasche 50 ml .... Best.-Nr. 72602316676
- Klüberpaste 46 MR 401 (Schmierfett) Tube 60 g .... Best.-Nr. 11007660831
- MOLYKOTE 111 (Silikonfett)
  Tube 100 g .... Best.-Nr. 11007660832
  Gebinde 2,5 kg .... Best.-Nr. 36 321239263
- Reifenmontagepaste Tube 100 g .... Best.-Nr. 36321239264
- Never-Seez Compound (Schmierpaste) Tube 100 g .... Best.-Nr. 83239407830
- Dichtmittel 3-Bond 1110 B (Flächendichtmittel) Tube 5 g .... Best.-Nr. 07589056998
- 3-Bond 1209 (Flächendichtmittel) Tube 30 g .... Best.-Nr. 07589 062376
- OMNI VISC 1002 (Flächendichtmittel) Tube 90 g .... Best.-Nr. 07581465170
- Loctite 574 (Flächendichtmittel) Tube 50 ml .... Best.-Nr. 81229407301
- Loctite 577 (Gewindedichtmittel) Tube 5 g .... Best.-Nr. 33112328736
- Curil K 2 (Wärmeleitende Dichtmasse) Dose 250 g................... Best.-Nr. 81229400243
- Kleber und Sicherungen Loctite 648 (Fügeklebstoff bei kleinerem Spiel bzw. Spalt) Flasche 5 g .... Best.-Nr. 07589067732
- Loctite 638 (Fügeklebstoff bei größerem Spiel bzw. Spalt) Flasche 10 ml .... Best.-Nr. 07589056030
- Loctite 243 (Schraubensicherung »mittelfest«) Flasche 10 ml .... Best.-Nr. 07589056031
- Loctite 270 (Schraubensicherung »hochfest«) Flasche 10 ml .... Best.-Nr. 81229400086
- Loctite 2701 (Schraubensicherung »hochfest«) Flasche 10 ml .... Best.-Nr. 33172331095
- Loctite 454 (Cyanacrylat-Kleber, Gel) Tube 20 g .... Best.-Nr. 07589062157

Bild 32: Eine Auswahl an Werkstatthilfsmitteln, die von BMW angeboten werden und beim BMW-Händler für jedermann käuflich sind.

Bild 32

Reiniger

- Sprayflasche 600 ml ..... Best.-Nr. 83119407848
- Verdünnung normal (Reinigungsmittel)
  Flasche 1 Liter.............. Best.-Nr. 51919057940
- Metal Polish (Politurmittel für Chromteile)
  Tube 100 g .... Best.-Nr. 82149400890

Prüfmittel

- Penetrant MR 68
  (Rissprüfmittel für Alugehäuse)
  Sprayflasche 500 ml ..... Best.-Nr. 83199407855
- Entwickler MR 70
  (Rissprüfmittel für Alugehäuse)
  Sprayflasche 500 ml ..... Best.-Nr. 81229407495

Einbauhilfe

- BMW-Kältespray
  Sprayflasche 300 ml ..... Best.-Nr. 83199407762

Bücher

Titel: Fachkunde Kraftfahrzeugtechnik
ISBN-Nummer: 3-8085-2238-0
Preis: 36,00 Euro
www.europa-lehrmittel.de

Wer seine Technikkenntnisse erweitern und vervollständigen möchte, dem sei das Buch »Fachkunde Kraftfahrzeugtechnik« aus dem Europa-Lehrmittel-Verlag ans Herz gelegt. Bei dem 688 Seiten starken Werk handelt es sich zwar um ein Übungsbuch und Nachschlagewerk für Auszubildende des Kfz-Handwerks, dennoch werden auch Laien mit geringen Vorkenntnissen nicht überfordert.

Die Themen reichen von Werkstoffkunde über Elektrotechnik bis hin zur genauen Beschreibung der Baugruppen eines Kraftfahrzeugs. Fotos und Zeichnungen sind farbig, außerdem liegt dem Buch eine CD mit über 2000 Prüfungsfragen bei. »Fachkunde Kraftfahrzeugtechnik« legt zwar den Schwerpunkt auf Automobile, doch die Zweiradtechnik kommt nicht zu kurz.

Titel: Motorradtechnik
Autor: Jürgen Stoffregen
ISBN-Nummer: 3-528-44940-3
Preis: 28,90 Euro
www.vieweg.de

Ein Stück tiefer und vor allem motorradspezifischer als das zuvor beschriebene Buch behandelt BMW-Pressesprecher Jürgen Stoffregen die Materie. Das mittlerweile schon in fünfter Auflage im Vieweg-Verlag erschienene Werk »Motorradtechnik – Grundlagen und Konzepte von Motor, Antrieb und Fahrwerk« umfasst 410 Seiten und bietet 328 Abbildungen und 21 Tabellen. Berechnungsformeln bei vielen Kapiteln vervollständigen das Buch, das unter Spezialisten als Referenzwerk gilt. Ein gewisser Grundstock technischer Kenntnisse sollte bei der Lektüre allerdings vorhanden sein.

Bilder 33 und 34: Für spannende Leseabende empfehlen wir diese beiden Technikfachbücher ganz besonders.

Bild 33

Bild 34

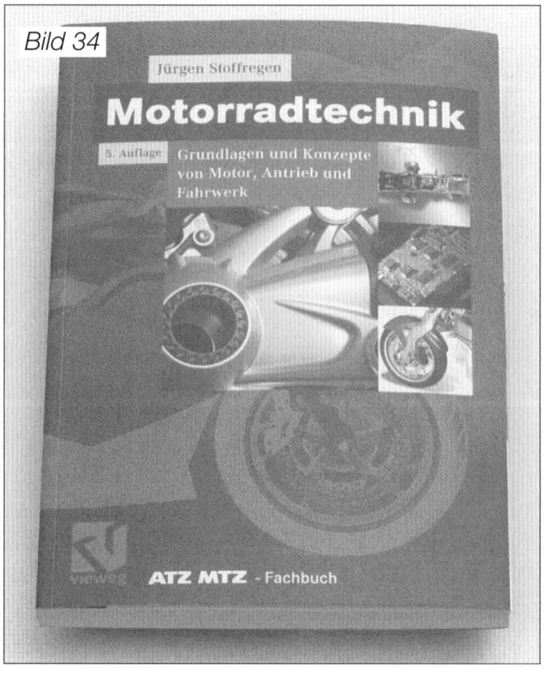

Sichtprüfung Messen

Pflege

In diesem Kapitel: Waschen · Polieren · Winterbetrieb · Schmier- und Schraubstellen · Überwintern · Inbetriebnahme nach der Winterpause.

Waschen

Die R 1200 GS verlangt nach guter Waschung mit milden Waschmitteln, weichen Schwämmen und Lappen. Sonst sehen die Oberflächen der Kunststoff-, Lack- und Aluteile nach kurzer Zeit zerkratzt und hässlich aus.

Das Motorrad nur in kaltem Zustand waschen. Wenn es bei warmem Motor oder in direkter Sommer-Sonneneinstrahlung gewaschen wird, verdunstet das Waschwasser zu schnell und die Waschmittelzusätze brennen sich in die heißen Oberflächen von Motor, Auspuffkrümmer und Topf regelrecht ein. Solche Flecken wieder zu entfernen ist recht mühselig. Ein großer Eimer mit warmem Wasser, in das ein Schuss mildes Reinigungsmittel gegeben wurde, dazu ein weicher Schwamm genügen für die Wäsche. Die in Motorrad- und Zubehör-Fachgeschäften angebotenen speziellen Motorradreiniger sind sehr zu empfehlen, sie lösen Dreck und Fettrückstände gut ab. Zur Not ist auch das Geschirrspülmittel von Mutters Spülstein in Ordnung. Nicht zu viel Reiniger verwenden! Nach der Warmwäsche mit reichlich klarem, kaltem Wasser nachspülen.

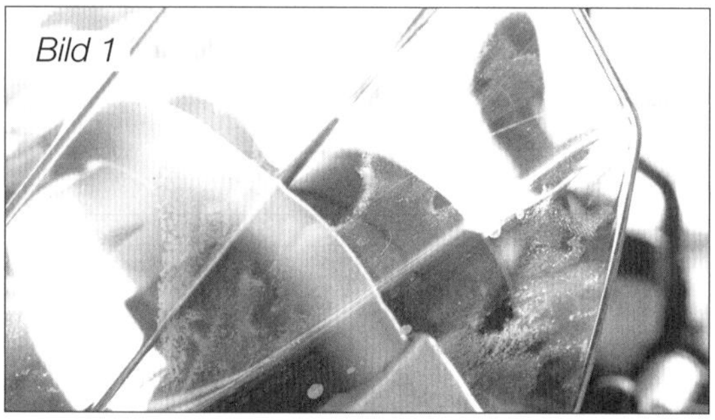

Bild 1

Bild 1: Wenn die Windschutzscheibe Flecken hat, die mit Sidolin nicht wegzubekommen sind, dann hilft ein spezielles Tiefenreinigungsmittel, das für Kunststoff-Verdeck-Heckscheiben von Cabrios angeboten wird.

Bilder 2 und 3: Schmier- und Pflegestellen an der R 1200 GS.

- Nach der Klarwasser-Nachwäsche sofort die Verkleidungsflächen mit Waschleder oder weichem Tuch abtrocknen.
- Für Lampen- und Blinkergläser, Instrumente, Spiegel, Gabelstand- und Tauchrohre sowie vorderes Schutzblech gilt: Angetrocknete Insektenreste mit reichlich Wasser einweichen und abwaschen. Nicht mit harten Gegenständen versuchen, den Schmodder abzukratzen!
- Wenn mit heißem Wasser, Reiniger und Putzlappen (sowie den sowieso schon angebrochenen Fingernägeln) gar nichts mehr geht, hilft nur

Sicherheitshinweise ⚠ Achtung und ☞ Tipps für dieses Kapitel

⚠ Schmieren Sie niemals den Gaszug mit Kettenspray oder dickem Motorenöl! Die serienmäßigen Bowdenzüge sind mit einem speziellen Kunststoffmaterial beschichtet, was zum leichten Lauf auf Dauer genügt. Wenn ungeeignetes Öl in den Bowdenzug eingespritzt wird, kann dies dazu führen, dass die Beschichtung des Zuges aufquillt und dessen Freigängigkeit einschränkt, was bis zum völligen Festsitz des Zuges führen kann! Wenn ein Schmieren der Züge nötig sein sollte, verwenden Sie entweder dünnflüssiges, harzfreies Nähmaschinenöl oder das amerikanische Ölspray WD-40.

⚠ Schmieren Sie keinesfalls die Gelenkstellen der Drosselklappen mit Fett, Öl oder Ölspray! Das Schmiermittel kann durch die Hitze festbacken und die Beweglichkeit der Drosselklappen beeinträchtigen – dies kann bis zum Festgehen führen!

⚠ Motorrad niemals mit dem Dampfstrahler reinigen! Dampf- und Reinigungsstrahlen aus Hochdruckreinigern dringen überall dorthin, wo sie nicht hin sollen, z. B. in elektrische Steckkontakte, Schalter, Radlager, Gehäuseteile, Bremssättel. Dort richten Wasser und Reinigungsmittel große Schäden an!

☞ Motorrad immer von oben nach unten waschen, die weniger verschmutzten Teile zuerst! Waschwasser fern halten von allen elektrischen Anschlüssen, elektrischen Schaltern, Stecker der Elektrik und Bowdenzüge.

⚠ Nach dem Waschen besonders die Reifen und Bremsscheiben mit reichlich klarem Wasser abspülen, damit alle glitschigen Rückstände abgespült werden. Rutschige Reifen können in der ersten Kurve für Überraschungen sorgen und die Bremsscheiben mit einem Schmierfilm überzogen sein, was der Bremsleistung nicht förderlich ist.

☞ Wenn Sie sich eine Motorrad-Abdeckhaube kaufen, um die Maschine darunter überwintern zu lassen, dann nehmen Sie eine, die unten Ösen hat, in welche die Haken von Gepäckgummis eingehängt werden können, damit die Plane gesichert ist und nicht beim ersten Windstoß abhebt und davonfliegt.

☞ In verschiedenen Veröffentlichungen zum Thema »Richtig überwintern« wird darauf hingewiesen, dass die Maschine über längere Zeit so abgestellt werden soll, dass beide Räder frei in der Luft sind, also keinen Bodenkontakt haben. Dieser Tipp ist überholt, er stammt noch aus der Zeit, als die damals üblichen Diagonalreifen mit Schlauch bei längerem Stillstand einen »Standplatten« bekamen (abgeflachte Stelle).

☞ Nicht nur die aus der Winterpause entmottete Maschine, sondern auch der Fahrer müssen sich wieder langsam an das Motorradfahren mit all seinen Eigenheiten gewöhnen. Üben Sie vor allem das Bremsen, am besten auf einem großen, leeren Parkplatz (sonntags beim Supermarkt). Besser noch: Sie buchen ein Frühjahrs-Sicherheitstraining.

Schlossspray an
Tankschloss und Lenk-Zündschloss
Ölspray an Bremshebelgelenk
Bild 2
Ölspray an Kolbenstange
vorderes Federbein
Ölspray an
Bremshebelgelenk
Ölspray an
Fußrastengelenke
Ölspray oder Fett an
Federgelenk, Hauptständer

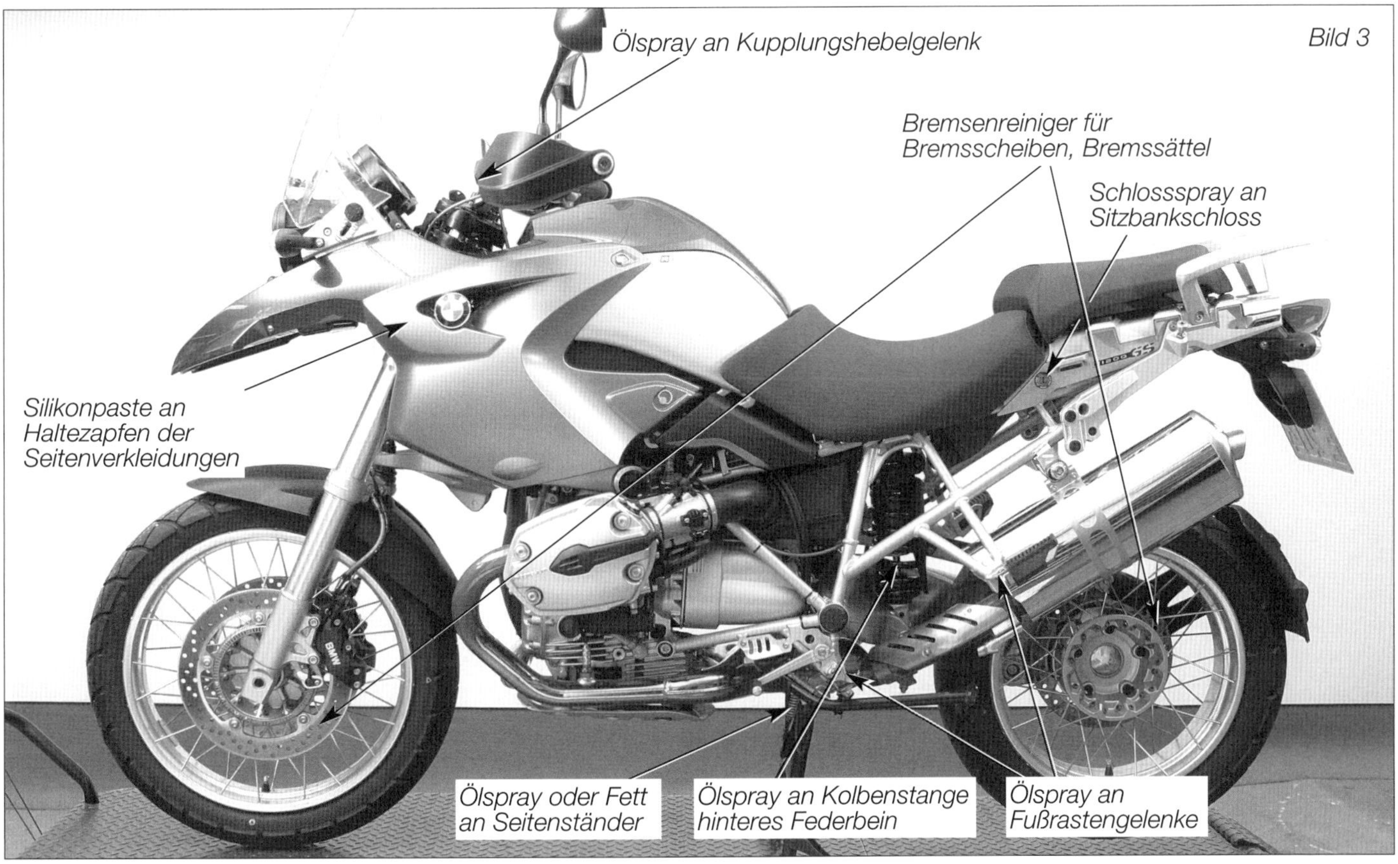
Ölspray an Kupplungshebelgelenk
Bild 3
Bremsenreiniger für
Bremsscheiben, Bremssättel
Schlossspray an
Sitzbankschloss
Silikonpaste an
Haltezapfen der
Seitenverkleidungen
Ölspray oder Fett
an Seitenständer
Ölspray an Kolbenstange
hinteres Federbein
Ölspray an
Fußrastengelenke

noch Glasreiniger. Reichlich davon auf einen Massagewaschlappen gegeben (Handschuh mit unterschiedlich rauen Seiten, zu finden in Mutters Badeutensilien) und feste gerubbelt, leistet auch die hartnäckigste Fliegenleiche auf die Dauer keinen Widerstand.

■ Gehen Sie nicht mit Benzin oder anderen Lösungsmitteln an Lack- und Kunststoffteile sowie Metalloberflächen! Erstens ist das Zeug giftig und zweitens brennen sich Lösungsmittel in die Oberflächen ein und hinterlassen dort Flecken, die nicht mehr entfernt werden können.

■ Ausnahmen auch hier: Wenn der Auspuff stark verschmutzt ist, sich z. B. ein Stück von der Schuhsohle eingebrannt hat, kann man seine Oberfläche mit Bremsenreiniger und der rauen Seite eines Haushaltsschwammes bearbeiten. Selbst hartnäckige Teerflecke lassen sich damit vom Auspuffkrümmer entfernen.

Winterbetrieb

Nach jeder Winterfahrt das Motorrad mit kaltem Wasser abspülen und mit weichem Lappen nachtrocknen. Kein heißes Wasser verwenden, denn dieses verstärkt die korrodierende Wirkung des Streusalzes. Lauwarm darf das Waschwasser im Winter sein.

Polieren

BMW bietet spezielle Politurmittel an, die auf die Grundfarben der Maschine abgestimmt sind. Wenn Sie diese verwenden, sind Sie auf der sicheren Seite. Dies gilt auch für Cockpitspray, Teerentferner sowie Lack- und Chromteile-Reiniger. BMW-Händler haben ein großes Angebot an Motorrad-Reinigungs- und -Pflegemitteln.

Bild 4

Bild 4: Für die Wartung und Pflege der R 1200 GS wird eine ganze Menge an Mittelchen benötigt. Der Motorrad- oder Zubehör-Fachhandel hält alles Nötige parat.

Schmierstellen

Abschmieren der beweglichen Teile der Fahrzeugbedienung dient in erster Linie dazu, Schmutz und Wasser von ihren Gelenkstellen fern zu halten und Rost vorzubeugen, damit Leichtgängigkeit und lange Lebensdauer gewährleistet werden.

Die zueinander beweglichen Aluminiumteile wie z. B. die Gelenke von Kupplungs- und Bremshebel korrodieren nicht. Wenn diese Gelenk- und Kontaktstellen jedoch nicht regelmäßig gepflegt werden, gibt es im Laufe der Zeit auch dort Korrosion, womit sich Schwergängigkeit einstellt. Denn diese Bauteile liegen nahezu ungeschützt im Luftstrom des Fahrtwindes. Wenn das Motorrad im Freien abgestellt ist, lagert sich Umgebungsdreck aus der Luft darauf ab.

Wenn Sie den Gelenkstellen von Fußrasten, Brems- und Schalthebel ab und zu einen guten Schuss Allzweck-Ölspray geben, sollten Sie nach dem Sprühen nicht gleich alle Ölüberschüsse abwischen, die neben die eigentlichen Schmierstellen gelangt sind, sondern diese einfach dort lassen (sofern Sie nicht auf den Reifen oder die Bremsscheiben gesprüht haben!). Ein dünner Ölfilm bindet Staub und Schmutz, und dieser lässt sich bei der nächsten Fahrzeugwäsche besser abputzen, ohne dass die teils empfindlichen Oberflächen (Lack, Chrom, Alu natur, Alu mit Klarlack) zerkratzt werden. Vor allem, wenn das Motorrad durch Regen gefahren wird, schützt das Allzweck-Ölspray davor, dass die Nässe in jede Ritze kriecht.

Verwenden Sie bei der regelmäßigen Pflege gutes Allzweck-Ölspray wie z. B. Castrol 4-in-1 oder WD-40. Nach einer Regenfahrt zu Hause jeder Schmierstelle einen Schuss Öl spendieren; das aufgesprühte Öl wirkt sichtbar wasserverdrängend. Leichter Lauf und Gelenkstellen ohne Korrosionsrückstände werden es Ihnen danken.

Richtig schmieren!

■ Schmieren Sie niemals das Zünd-Lenkschloss, das Schloss im Tankdeckel oder das Sitzbankschloss mit Ölspray oder gar Kettenspray, sondern verwenden Sie zum Schmieren der Schlösser spezielles Schlossspray auf Graphitbasis.

■ Halten Sie jede Art von Schmiermittel oder Ölspray fern von allen Sensoren und elektrischen Steckverbindungen.

Alle 10 000 km (oder einmal im Jahr) sollen folgende Gelenkstellen gereinigt und frisch mit Kfz-Lagerfett geschmiert werden:
■ Klappmechanismus und Scharniere von Haupt- und Seitenständer sowie die Lagerstellen der Ständerfedern; gelegentliches Schmieren mit Ölspray genügt.
■ Gelenkschraube und Kontaktflächen von Kupplungs- und Bremshebel mit Hebelabstands-Einsteller; Ölspray genügt.
■ Gelenkbolzen der Fahrer- und Beifahrerfußrasten und des Fußbremshebels; Ölspray genügt.

Überwintern

Wer ein Saisonkennzeichen an seiner R 1200 GS hat, braucht die Maschine nicht extra abzumelden, darf aber in bestimmten Monaten nicht am öffentlichen Straßenverkehr teilnehmen. Dies gilt auch für das Abstellen der Maschine auf der Straße während der Stilllegemonate. Also: Ab mit der Maschine in eine gut gelüftete Garage oder in einen möglichst trockenen Hofraum, wo sie abgedeckt überwintern kann.

Zum Einmotten in die Winterpause folgende Vorbereitungen treffen:
1. Maschine ordentlich heiß fahren.
2. Tank randvoll machen.
3. An der Tankstelle gleich die Reifen auf vorne 2,8 und hinten 3,5 bar aufpumpen.
4. Zügig zum Winterabstellplatz fahren und Motor abstellen.
5. Batterie ausbauen.
6. Gelenkstellen von Bremshebel, Kupplungshebel, Fußrasten, Haupt- und Seitenständer mit Sprühöl einsprühen.
7. Blanke und verchromte Teile mit säurefreiem Fett (Vaseline) dünn einreiben.
■ Auspuff vorher kalt werden lassen!
8. Motorrad sicher auf Mittelständer aufbocken.
9. Lenkschloss sperren.
10. Batterie ausbauen (mehr dazu in Kapitel 15 »Batterie«).

Ganz penible Menschen wechseln vor der Überwinterung noch einmal das Öl. Folgende Vorgehensweise hat sich bewährt: Wenn der Ölwechsel vor der Überwinterung länger als drei Monate oder mehr als 4000 km zurückliegt, machen Sie einen Öl- samt Filterwechsel. Falls Sie Ihr Motorrad vor der Winterpause zum Ölwechsel geben, lassen Sie auch gleich eine komplette Inspektion machen. Dann können Sie im Frühjahr gleich durchstarten (zum Saisonstart sind sämtliche Werkstätten grundsätzlich überlastet!).

Was Sie noch tun können: Alle paar Tage Vorder- und Hinterrad einige Male durchdrehen und in eine andere Ruheposition bringen. Das verhindert das Festkleben der Bremsbeläge an den Bremsscheiben bzw. Flecken an der Bremsscheibe.

Inbetriebnahme nach der Winterpause
1. Motorrad abdecken, Fettschicht von den blanken und den Chromteilen mit weichem Lappen abwischen, kein Benzin oder ähnliche Lösungsmittel verwenden!
2. Betriebsbereite, gut geladene Batterie einbauen, Polanschlüsse mit säurefreiem Fett (»Polfett«) dick einschmieren.
3. Reifenluftdruck prüfen und ggf. korrigieren (Luftdrücke siehe Kapitel 7 »Reifen«).
4. Sicherheitskontrollen: Fern-Abblendlicht, Rücklicht, Bremslicht, Blinker und Hupe prüfen.
5. Nach dem Einschalten der Zündung keinen der Bremshebel betätigen, sonst kann das ABS-System seine Eigendiagnose nicht zuverlässig durchführen.
6. Motor starten und dabei beachten:
■ VOR dem Betätigen des Starterknopfes zwei- bis dreimal Gas geben, damit das Motorsteuergerät Signale vom Drosselklappen-Sensor empfangen und sich einstellen kann.
7. Wenn die Batterie abgeklemmt war, muss sich das Motorsteuergerät erst wieder neu einjustieren. Deswegen läuft der Motor direkt nach dem Anspringen nicht gleich rund und braucht einige Sekunden, bis er seinen Rhythmus gefunden hat.
8. Motor sanft warm fahren. Darauf achten, dass alle Funktionen in Ordnung sind: Öldruck, ABS, Bremsleistung, Federung und Dämpfung.
9. Motor nicht zu lange im Standgas laufen lassen, sondern nach spätestens drei Minuten losfahren.

Gute Fahrt in die neue Saison!

Bild 5: Das Wundermittel »Fuel Protect«. Es verhindert Rost im Tank und knochenharte Ablagerungen in den Einspritzdüsen. Fuel Protect vor dem Überwintern der letzten Tankfüllung zugeben.

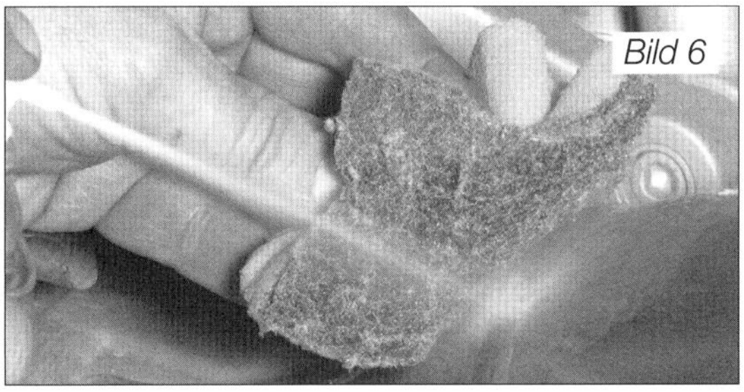

Bild 6: Flecken auf dem Auspuff nicht mit Ölspray entfernen, denn Öl brennt sich ein und hinterlässt hässliche Spuren. Besser Bremsenreiniger verwenden und Flecken mit einem Topfschwamm wegrubbeln.

Einstellungen

In diesem Kapitel: Spiegel · Gaszüge kontrollieren · Gaszugspiel prüfen und einstellen · Lenker · Hand- und Fußhebel einstellen · Bremslichtschalter prüfen · Seitenständerschalter prüfen.

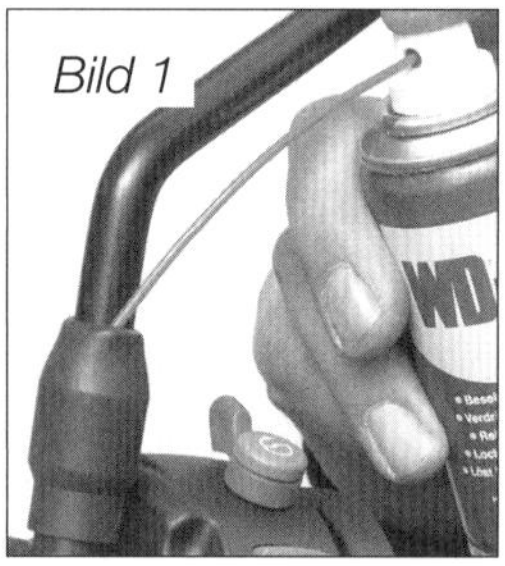

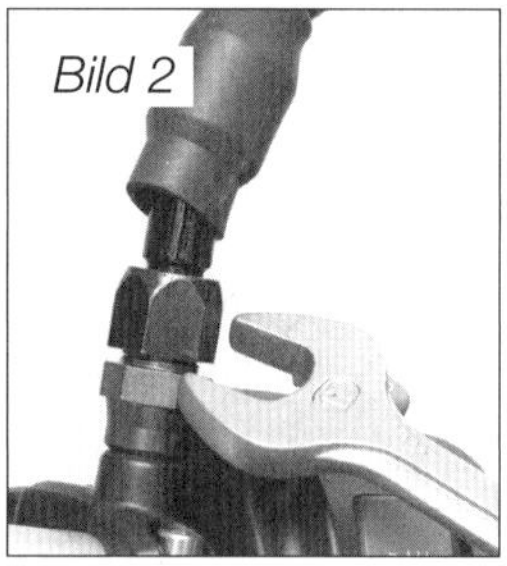

Bilder 1, 2 und 3: Wenn die Konusmutter den Rückspiegelarm nicht mehr sauber klemmt, alles auseinanderbauen, reinigen und gut eingefettet wieder zusammenbauen.

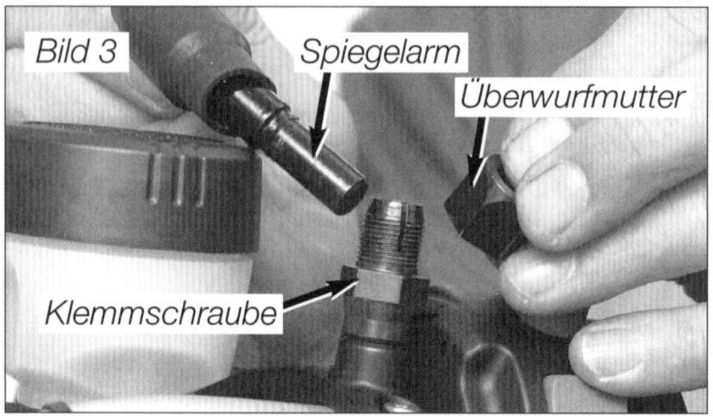

Bilder 4 bis 6: Einstellen von Kupplungs- und Bremshebel auf die Länge der Finger.

■ Hebel am Ende vom Lenker wegziehen und gleichzeitig den Einsteller auf die gewünschte Position drehen (Bild 4).

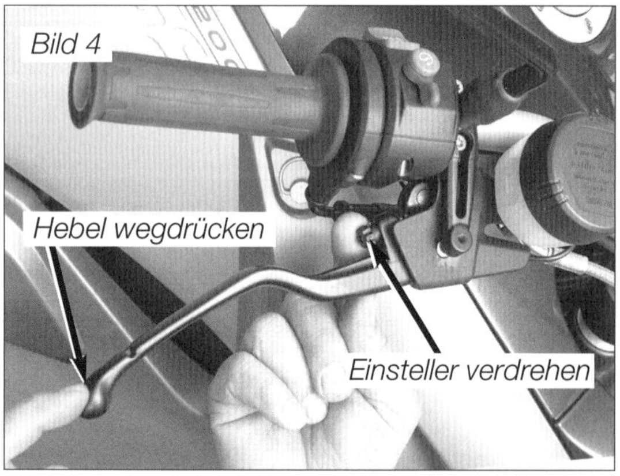

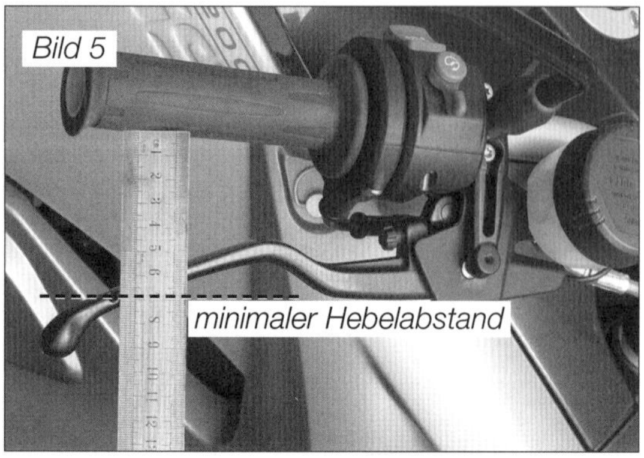

Spiegel

Der runde Arm des Rückspiegels wird durch die Überwurfmutter in der Bohrung der Doppelgewindebuchse (»Klemmschraube«) geklemmt (Bilder 1 bis 3).

1. Die Klemmschraube in der Lenkerarmatur muss festgezogen sein.

2. Wenn sich der Spiegel nicht richtig festziehen lässt bzw. immer wieder löst:

■ Überwurfmutter lösen, Spiegel herausziehen.

■ Klemmschraube aus dem Gewinde drehen, Gewinde reinigen, etwas Loctite »mittelfest« an das Gewinde geben, Klemmschraube eindrehen und gut handfest anziehen (30 Nm).

■ Spiegelarm, Innenteil der Klemmschraube und Überwurfmutter ggf. von Korrosion reinigen, etwas Öl drangeben, Spiegelarm einstecken und Überwurfmutter gut handfest anziehen (25 Nm).

Wichtig: Die Überwurfmutter klemmt den Spiegelarm in der Klemmschraube. Deswegen muss sie so gut festgezogen sein, dass sich der Spiegel unter dem Druck des Fahrtwindes nicht nach hinten verstellt.

Handhebel

Hand- und Fußhebel der R 1200 GS bieten über die Standard-Werkseinstellung hinaus weitere Einstellungsvarianten an, mit denen der Fahrer sie auf seine persönlichen Bedürfnisse und anatomischen Gegebenheiten perfekt einstellen kann. Denn je perfekter Sitzposition und Hebellage zum Fahrer passen, desto wohler fühlt sich der Fahrer auf der Maschine, und desto besser kann er sich aufs Fahren und den Verkehr konzentrieren. Aus diesem Grund sind richtiges Sitzen und perfekter Hebelkontakt zur Maschine wichtige Punkte bei der Betrachtung der allgemeinen Fahr- und Verkehrssicherheit.

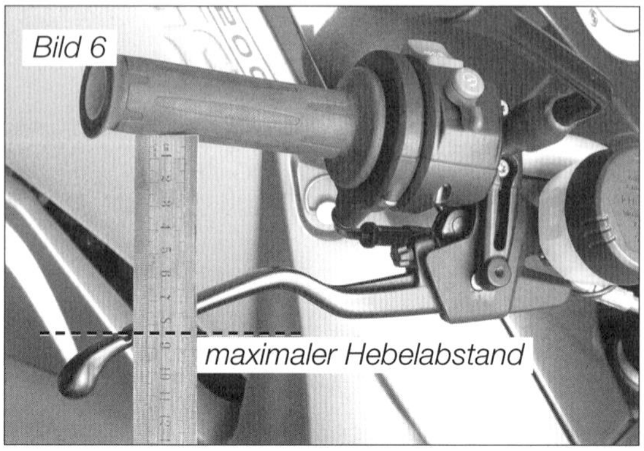

Hebelabstand einstellen

Brems- und Kupplungshebel sind mit einem kleinen Einstellrad versehen, mit dem der Abstand zum Lenker eingestellt werden kann. Wenn Sie große Hände haben, stellen Sie den Hebel auf einen großen, bei kleinen auf einen kurzen Abstand ein.

1. Hebel am äußeren Ende gegen die Federkraft nach vorne vom Lenker weg drücken (Bild 4).

2. Abstand durch Drehen am Einsteller einstellen.

3. Hebel loslassen und prüfen, ob der Einsteller satt anliegt.

Einstellung der Handhebel prüfen

1. Maschine aufbocken.

2. In Fahrposition aufsitzen, die offenen Hände umfassen den Lenker locker, Zeige-, Mittel- und Ringfinger liegen auf Kupplungs- bzw. Bremshebel auf.

3. Die gedachte Linie durch Unterarm, Handgelenk, Lenker zu den Fingerspitzen soll möglichst gerade sein (Bild 7).

■ Ist die Linie nach unten abgebogen, stehen die Handhebel zu tief (Bild 8).

■ Wenn die Hebel so stehen, dass die Linie im Handgelenk nach oben abgeknickt ist, stehen die Handhebel zu hoch (Bild 9). Beides ist zum entspannten Fahren wenig geeignet.

Um die Brems- oder Kupplungshebelarmatur nach oben oder unten verstellen zu können, müssen die Schrauben der Klemmschellen, mit denen die Hebelarmatur auf dem Lenker geklemmt ist, gelöst werden (Bild 10). Nachdem die optimale Einstellung gefunden ist, die Klemmschrauben wieder handfest anziehen.

Wenn Griffschutzschalen angebracht sind, müssen diese oben abgeschraubt werden (Torxschlüssel T20). Wenn die Handhebel verstellt werden, muss die äußere große Torxschraube etwas gelöst werden (Torxschlüssel T55), damit die Griffschutzschale entsprechend mit verdreht wird (Bild 11).

Beachten: Die große Torxschraube ist mit Loctite »mittelfest« gesichert, sie lässt sich deswegen nur schwer lösen und wieder festziehen. Wenn sie sich wider Erwarten leicht lösen lässt, ist der Gewindekleber am Ende. Drehen Sie dann die Schraube ganz aus, reinigen ihr Gewinde mit einer Messingbürste, geben einen dicken Tropfen Loctite »mittelfest« daran, drehen sie wieder ein und ziehen sie gut handfest an.

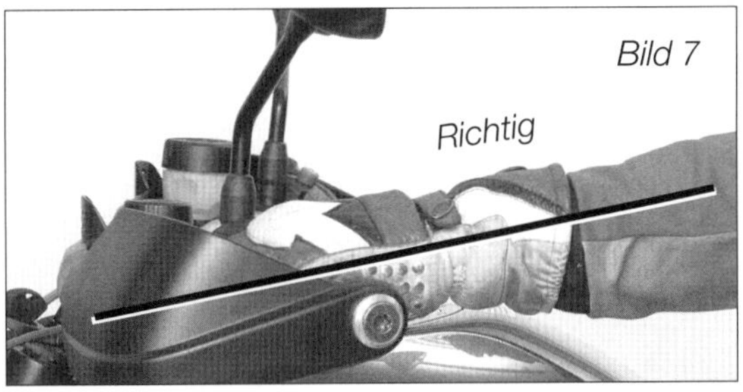

Bild 7

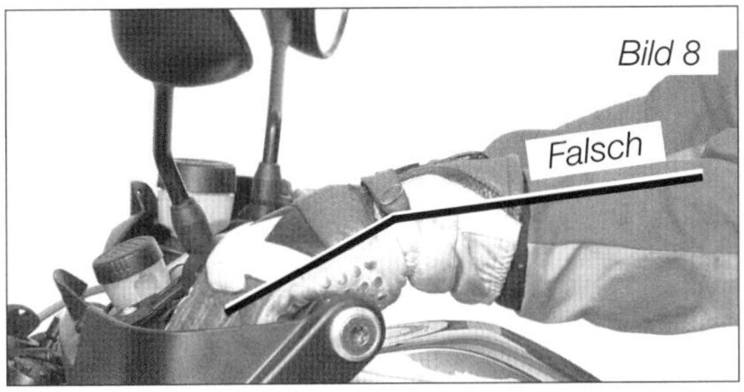

Bild 8

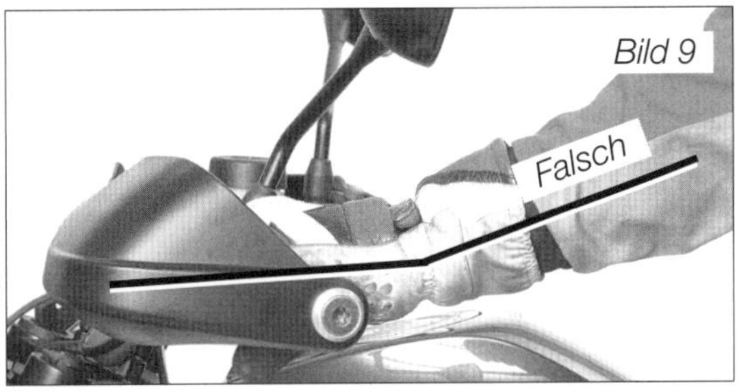

Bild 9

Bilder 7 bis 9: Brems- und Kupplungshebel müssen so stehen, dass die gedachte Linie durch Unterarm über den Lenker zum Hebel möglichst gerade ist.

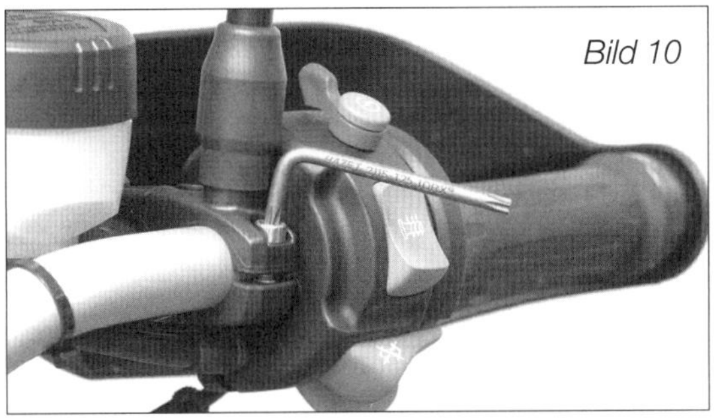
Bild 10

Bild 10: Die Hebelarmatur ist mit einer Schraube auf den Lenker geklemmt.

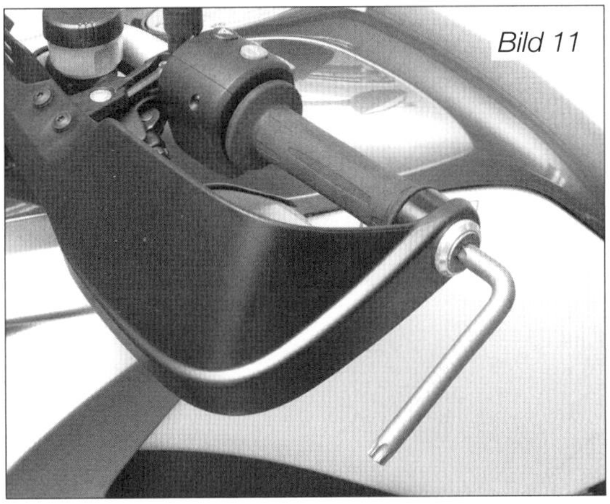
Bild 11

Bild 11: Wenn Handschutzschalen oder Griffschutz angebracht sind, muss zum Verstellen der Hebelarmatur auch die äußere Schraube gelöst und danach wieder festgezogen werden.

Sichtprüfung

Messen

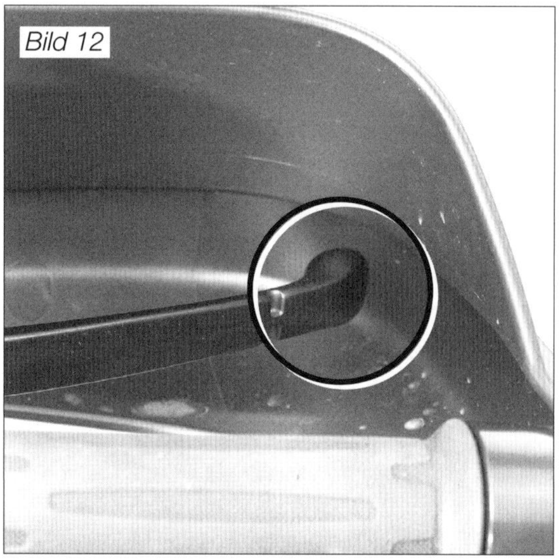

Bild 12: Bei Handschutzschalen unbedingt darauf achten, dass Brems- und Kupplungshebel nicht anstehen und genügend Freiraum (Kreis) haben.

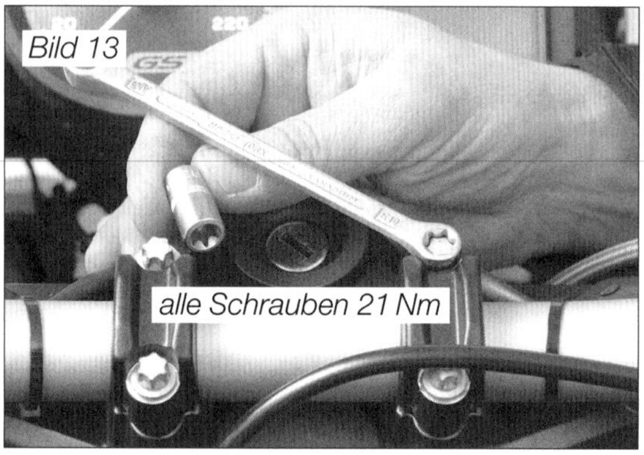

Bilder 13 und 14: Durch Lösen der Lenkerklemmung mit einem Torxschlüssel lässt sich die Lenkerstellung verändern. Die oberen Lenkerschellen müssen vorne bündig auf der unteren Fläche anliegen, hinten bleibt ein kleiner Spalt.

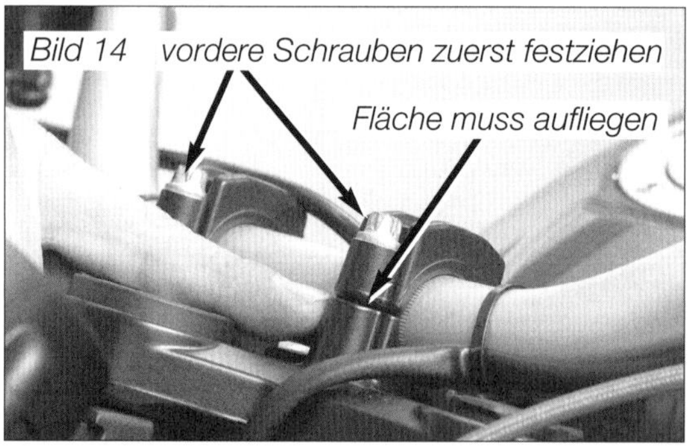

Bilder 15 bis 17: Der Leerweg am Gasgriff muss zwischen 2 und 4 mm betragen, gemessen vom Gasgriffgummi zum Lenkerende hin. Er wird am oberen Gaszugeinsteller eingestellt (entspricht einem Spiel im Gaszug von ca. 0,5 mm).

Beachten: Das Ende von Brems- und Kupplungshebel muss genügend Freiraum haben zur Innenseite der Griffschutzschale (Bild 12)! Bei einem »Rutscher« (harmloser Sturz oder Umfaller), verdreht sich meistens die Griffschutzschale der Sturzseite. Kontrollieren Sie vor dem Weiterfahren den Freiraum der Hebel und stellen Sie die Griffschutzschale ggf. neu ein!

Lenker

Der Lenker soll so angebaut sein, dass die beiden Lenkerenden waagerecht stehen. Zum Verdrehen des Lenkers die vier Torxschrauben (Bild 13) lösen und mindestens zwei Umdrehungen aufdrehen. Darauf achten, dass der geriffelte Teil des Lenkers mittig in den Klemmböcken sitzt. Beim Festziehen der Torxschrauben zuerst die vorderen Schrauben mit 21 Nm festziehen, die vordere Seite des oberen Klemmbocks muss auf der Unterseite aufliegen (Bild 14). Dann die hinteren Schrauben mit 21 Nm festziehen.

Gaszug

Gaszüge kontrollieren

Der Gaszug der R 1200 GS darf NICHT geschmiert werden, sonst wird die Gleiteigenschaft der Tefloninnenhülle zerstört. Gaszug hin und wieder auf freien Lauf prüfen. Dazu am Gasdrehgriff drehen und auf hakende Bewegung prüfen. Wenn (bei stehendem Motor!) der Gasgriff voll geöffnet und wieder losgelassen wird, muss er von selbst in »Gas zu«-Stellung schnappen. Hakt die Gasgriffbewegung, sind meist schon mehrere Drähte des Innenzugs gebrochen und reiben im Inneren der Außenhülle. Defekten Gaszug unbedingt ersetzen (Kapitel 19 »Kraftstoffsystem«).

Gaszugspiel prüfen, einstellen

Unter »Gaszugspiel« versteht man den Leerweg des Gasdrehgriffs, bis der Gaszug angezogen

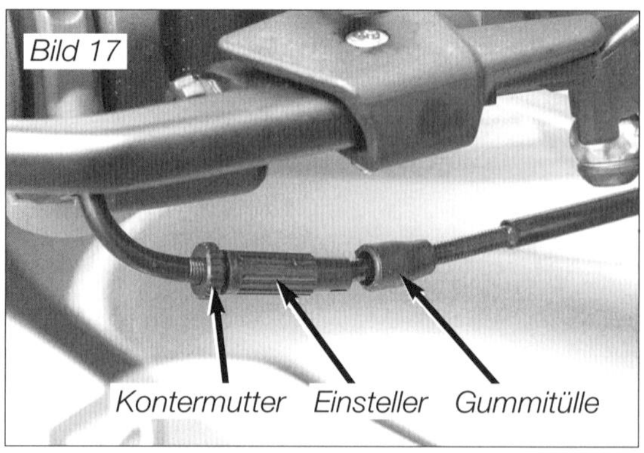

wird. Das Spiel im Zug sollte ca. 0,5 mm betragen, am Umfang des Gasgriffgummis zum Gasgriffgehäuse sind es ca. 2 bis 4 mm. Es wird folgendermaßen geprüft:

1. In Stellung »Gas zu« einen dünnen Kreidestrich am Gasgriffgummi anbringen, der sich mit dem Schlitz der Lenkerarmatur deckt (Bild 15).

2. Motor starten, ganz leicht Gas geben und beobachten, ab wann der Motor seine Drehzahl erhöht:

■ Um wie viel sind der Strich auf dem Gasgriffgummi und der Schlitz auseinander? (Bild 16)

Eingestellt wird das Gaszugspiel am Gaszugeinsteller, der sich unterhalb des Gasgriffs befindet (Bild 17).

1. Zuerst die Gummitülle zurückschieben. Wenn sie auf der Außenhülle des Bowdenzugs verklebt ist, etwas WD-40 in die Gummitülle sprühen, dann lässt sie sich leicht zurückschieben.

2. Kontermutter des Einstellers lösen und zwei bis drei Umdrehungen vom Einsteller wegdrehen.

3. Einsteller aus- bzw. eindrehen, bis das benötigte Spiel am Gasdrehgriff erreicht ist.

4. Kontermutter anziehen, Gummitülle aufschieben.

Fußhebel

Fußbrems- und Schalthebel sind schon werkseitig auf eine optimale Durchschnittsposition eingestellt. Sollte eine Einstellung nötig werden, beachten Sie bitte: Eine Verstellung des Fußbremshebels ist eine diffizile Angelegenheit, denn wenn das Gewindedruckstück, das den Bremskolben betätigt, zu weit gegen den Bremskolben eingedreht wird, besteht die Gefahr, dass sich nach einer Bremsung die Hinterradbremse nicht mehr löst.

Anders herum gesagt: Der Bremskolben muss von selbst ganz ausfahren können und darf nicht etwa durch den Bremshebel behindert werden.

Kontrolle: Zwischen Gelenkbolzen und der Bohrung im Gabelkopf muss ein klein wenig Spiel vorhanden sein, wenn der Fußbremshebel in oberster Ruheposition am Anschlag ist.

Gegenkontrolle: Bei leichtem Betätigen des Fußbremshebels muss Spiel im Gelenkbolzen vorhanden sein, ohne dass sich die Kolbendruckstange bewegt (siehe dazu die Bilder 18 bis 26 und zugehörige Bildtexte).

Fußbremshebel einstellen

1. Kontermutter der Kolbendruckstange lösen.

2. Gelenkbolzen entriegeln, indem die Federklammer auf einer Seite mit dem Daumen angepackt und vom Sitz geschoben wird (Bild 24).

3. Gelenkbolzen herausziehen (Bild 25).

4. Lage des Fußbremshebels einstellen:

■ Kontermutter der Hebel-Anschlagschraube lösen (Bild 23).

■ Hebel-Anschlagschraube entsprechend der

Bild 18: Bauteile der hinteren Bremshebelanlage.

Bilder 19 bis 22: Die Zunge des hinteren Bremslichtschalters wird von der Hebel-Anschlagschraube betätigt.

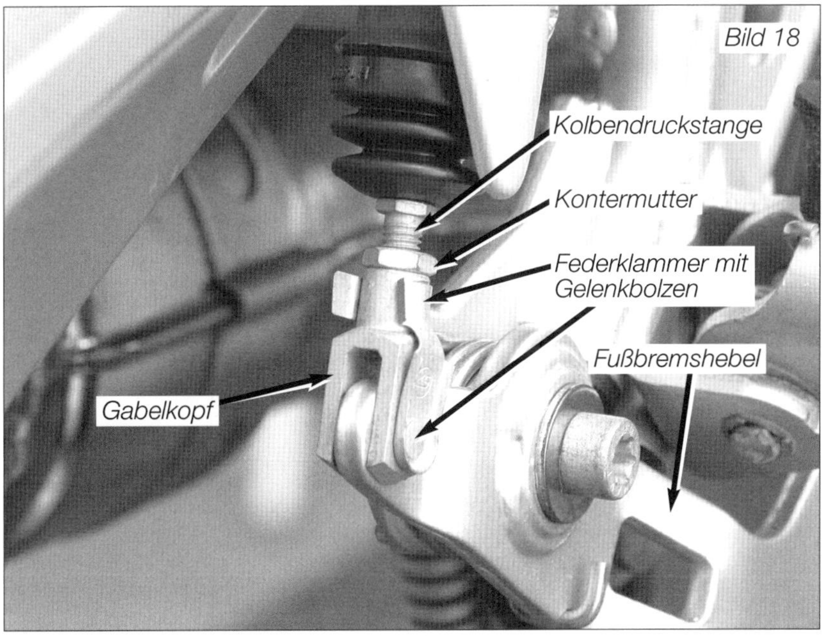

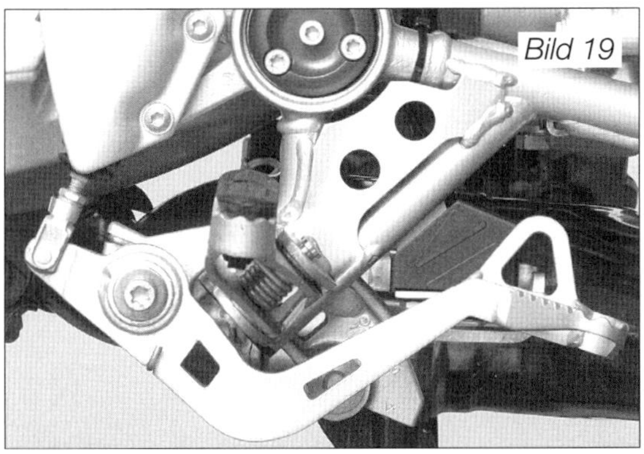

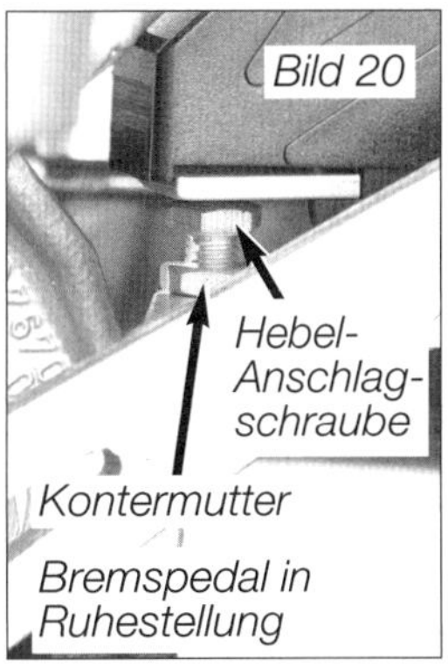

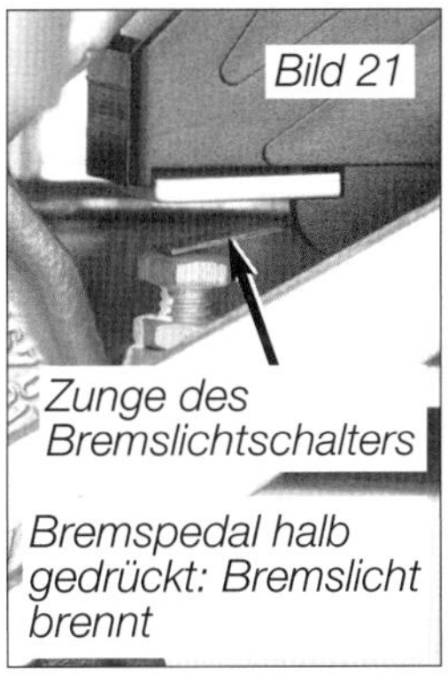

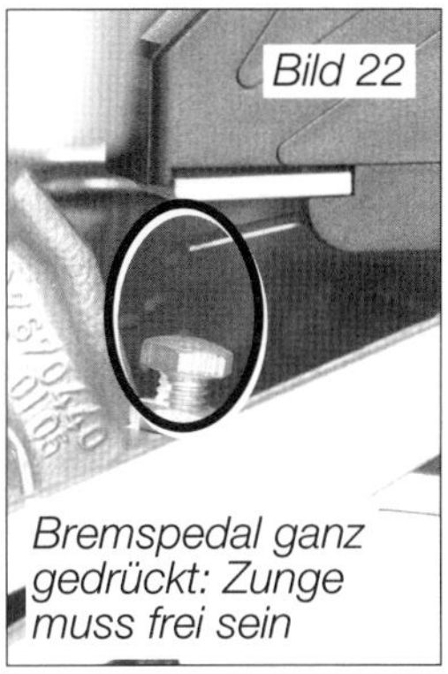

Bilder 23 bis 26: Zur Verstellung des Fußbremshebels den Gelenkbolzen ausziehen, Fußbremshebel an der unteren Anschlagschraube einstellen und das Gabelkopf-Gelenk so einstellen, dass der Gelenkbolzen druckfrei eingeschoben werden kann und in der Bohrung etwas Spiel hat. Bolzen vor dem Einbau gut einfetten.

Bilder 27 bis 31: Schalthebel einstellen: Sicherungssplint ausziehen, Kugelpfanne abziehen, Kontermutter lösen, Kugelpfanne auf gewünschte Position drehen.

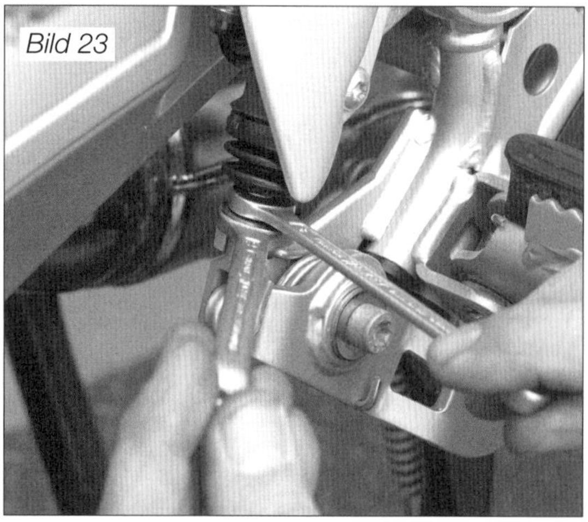
Bild 23

gewünschten Lage des Hebels ein- oder ausdrehen.

5. Kontermutter der Hebel-Anschlagschraube festziehen.

6. Jetzt den Gabelkopf auf der Druckstange so weit heraus- oder hineindrehen, dass der Gelenkbolzen (gefettet!) frei eingeschoben werden kann.

7. Das Hebelspiel wie im Text oben unter »Kontrolle« und »Gegenkontrolle« beschrieben kontrollieren, ggf. korrigieren.

⚠ **Achtung:** Nach Abschluss der Einstellarbeiten prüfen, ob das Bremslicht richtig funktioniert: Bei halb gedrücktem Pedal muss das Bremslicht aufleuchten (Bilder 19 bis 22).

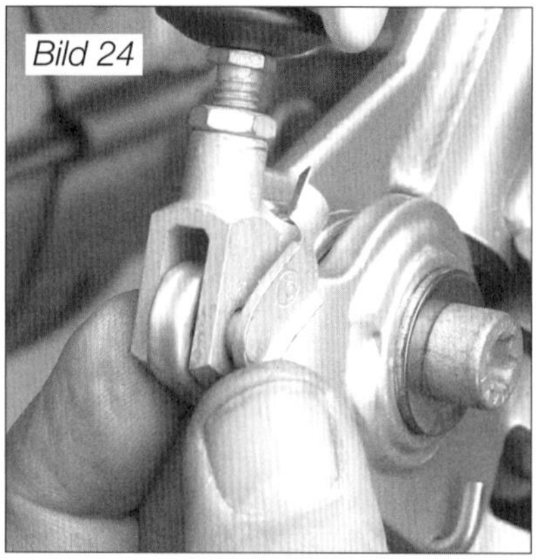
Bild 24

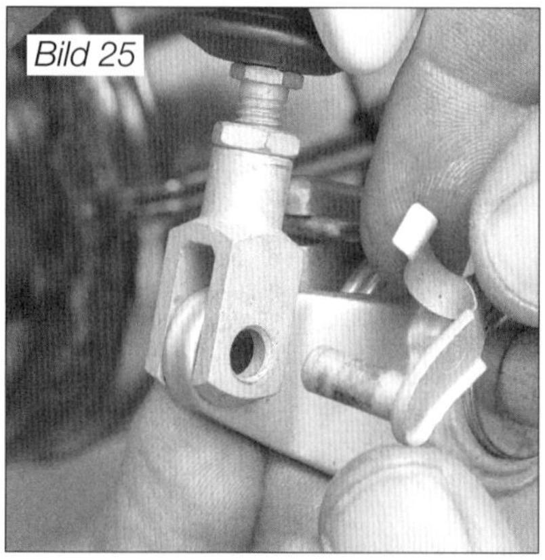
Bild 25

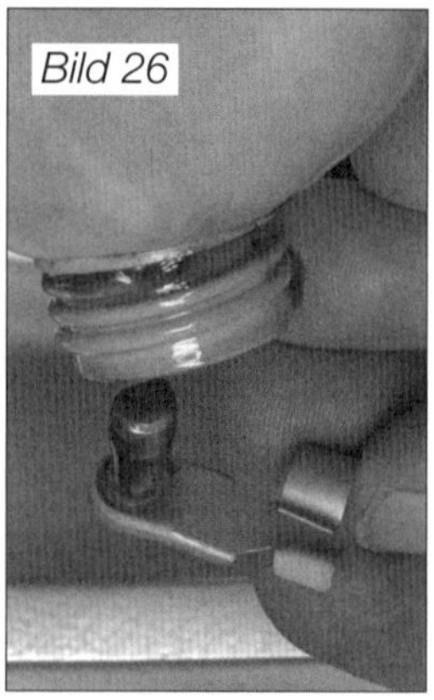
Bild 26

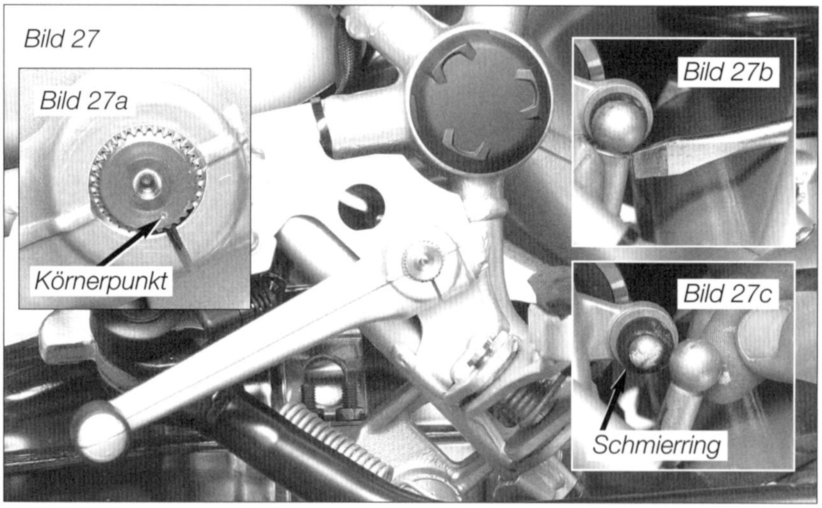

Bild 27, Bild 27a, Bild 27b, Bild 27c

Fußschalthebel einstellen

1. Am Rand des Kugelgelenks ist ein Sicherungssplint, diesen durch Drehen von seinem Sitz lösen und parallel zur Gewindestange ausziehen (Bilder 27 bis 31).

■ Kugelpfanne vom Kugelkopf abziehen.

2. Kontermutter der Gewindestange lösen.

3. Kugelpfanne nach oben oder unten auf die gewünschte Position drehen.

4. Schmierring unter der Kugelpfanne leicht einfetten, er muss auf dem Kopfbolzen sitzen (Bild 27c).

5. Kugelpfanne auf Kugelkopf drücken, Sicherungssplint einsetzen, durch Drehbewegung zum Rand hin aufklicken und sichern.

6. Kontermutter der Gewindestange wieder festziehen.

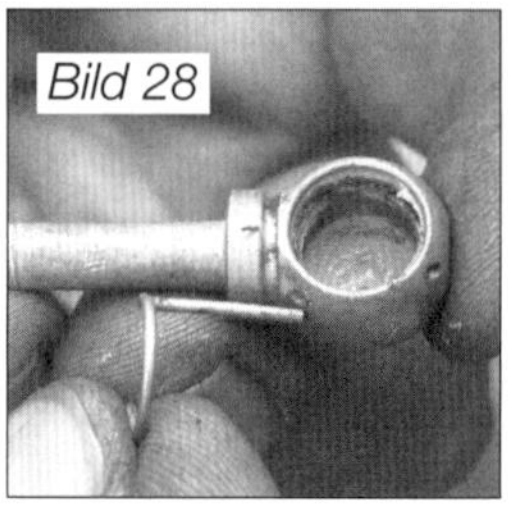
Bild 28

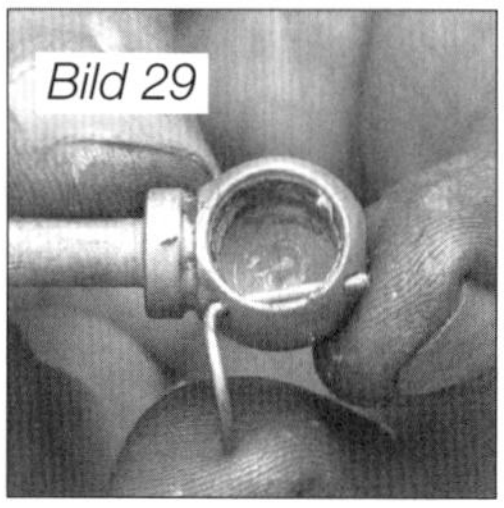
Bild 29

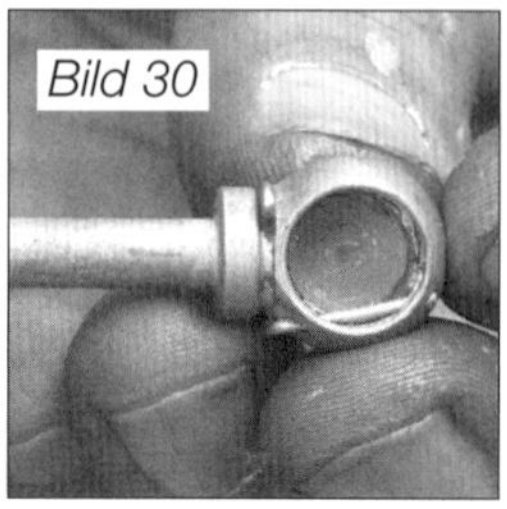
Bild 30

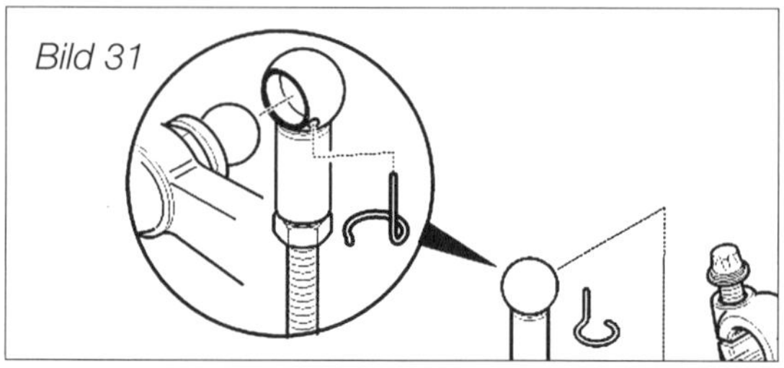
Bild 31

Achtung: Darauf achten, dass der Ring des Sicherungssplintes auch wirklich eingerastet ist, muss leicht klicken. Wenn er nicht richtig sitzt, kann er möglicherweise während der Fahrt herausrutschen und die Gangschaltung lahm legen!

Bremslichtschalter

Das Ansprechverhalten der Bremslichtschalter vorn und hinten kann nicht eingestellt werden, es sind einfache »Ein-Aus-Schalter«, die über eine Federzunge betätigt werden. Die Funktion des Bremslichts wird durch Betätigung der Vorderrad- und Hinterradbremse (siehe dazu Bilder 18 bis 22) geprüft. Funktioniert das Bremslicht nicht, steht neben Rücklichtlampe und Kabelverbindungen auch der Bremslichtschalter unter Verdacht. Sind Bremslichtlampe, Kabel und Steckverbindungen in Ordnung, ist wahrscheinlich der Bremslichtschalter schadhaft und muss erneuert werden.

Sehr wichtig: Wenn ein Bremslichtschalter defekt ist, wird dies nach dem Einschalten der Zündung vom Systemcheck registriert. Dann bleibt auch das ABS außer Funktion!

Seitenständerschalter

Der Seitenständer ist mit einem Schalter kombiniert, der ein Starten des Motors bzw. Losfahren mit ausgeklapptem Seitenständer verhindert. Die einwandfreie Funktion dieses Schalters wird folgendermaßen geprüft:
1. Motorrad steht auf dem Hauptständer, Seitenstütze ist eingeklappt.
2. Motor starten.
3. Seitenstütze ausklappen, Gang einlegen, Motor muss ausgehen.

Wenn der Motor trotz ausgeklappter Seitenstütze weiterläuft, der Schalter also nicht in Ordnung ist, diesen unbedingt austauschen.

Sollte die Maschine auch bei eingeklapptem Seitenständer nicht anspringen oder ab und zu aus unerfindlichem Grund während der Fahrt einfach ausgehen, obwohl alles in Ordnung erscheint, Benzin im Tank ist und die Batterie genügend Strom liefert, kann der Seitenständerschalter der Übeltäter sein.

Zum Erneuern des Seitenständerschalters nehmen Sie sich bitte die Zeichnung in Bild 32 zu Hilfe. Um an den Stecker des Kabels zu gelangen, muss der Tank abgebaut werden. Checken Sie vor dem Ausbau des alten Schalters unbedingt die Verlegung des Kabels, denn es ist sehr trickreich von unten nach oben geführt.

Seitenständerlagerung
Der Seitenständer muss alleine durch die Kraft der beiden Federn nach oben in seine Ruheposition schnappen. Tut er dies nicht, sind entweder die Federn erlahmt oder gebrochen und müssen erneuert werden. Vielleicht ist die Lagerung auch nur nicht geschmiert, verdreckt oder korrodiert.

Es empfiehlt sich, dem Gelenk des Seitenständers in regelmäßigen Abständen (z. B. nach dem Waschen der Maschine) einen Schuss Ölspray zu geben (siehe dazu auch Kapitel 3 »Pflege«). BMW empfiehlt zur Schmierung dieser Lagerstelle Staburags NBU 30 PTM; man kann auch Shell RETINAX EP2 verwenden. Da kein Schmiernippel am Seitenständergelenk angebracht ist, muss das Gelenk zerlegt werden. Dies ist allerdings nur nötig bei einem sehr alten, schlecht gepflegten Motorrad, wenn die Seitenständergelenkstelle wirklich schwergängig ist: Gelenk zerlegen, neue Buchse einbauen, neue Schraube verwenden, mit 56 Nm festziehen.

Bild 32: Der Seitenständerschalter ist oben auf dem Seitenständergelenk aufgesetzt und durch einen Seegerring gesichert.

■ ***Wichtig:*** *Die beiden Federn ziehen beim Einklappen den Seitenständer zurück und halten ihn in waagerechter Position. Federgelenke ab und zu schmieren, Federn auf Spannung, Korrosion oder Bruch prüfen!*

■ ***Sehr wichtig:*** *Es müssen beide Federn vorhanden sein!*

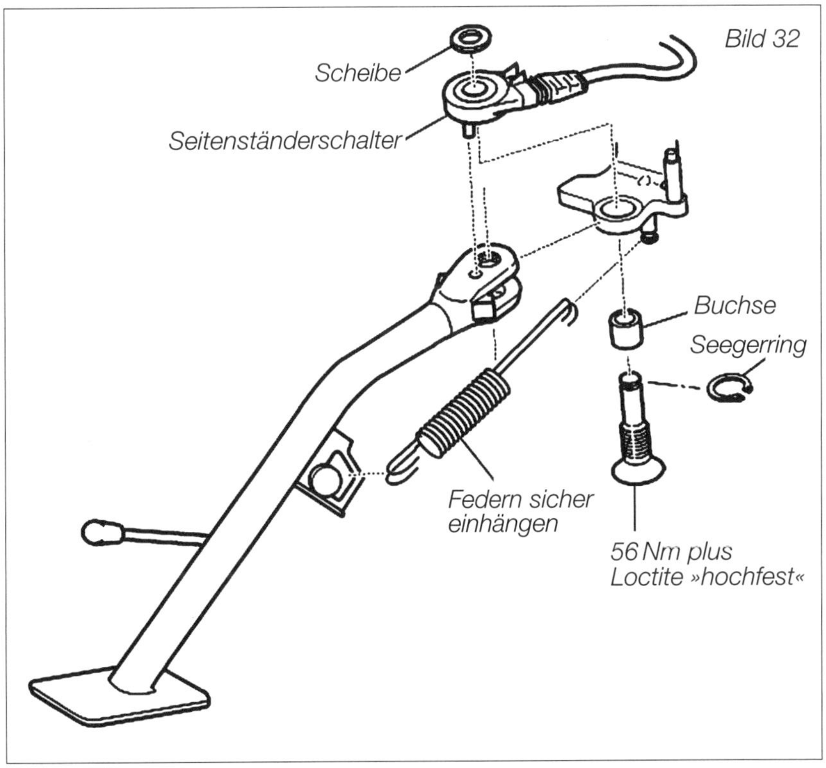

Bild 32

Wartung

In diesem Kapitel: Regelmäßige Inspektionen und Kontrollen · Wartungstabelle.

Wartung und Inspektionen

In der Tabelle auf der nächsten Seite sind die von BMW für die R 1200 GS vorgeschriebenen Wartungs- und Inspektionsintervalle nach gefahrenen Kilometern bzw. Zeit aufgelistet. Mit 10 000 km hat die R 1200 GS sehr weit gestreckte Wartungsintervalle. Während 10 000 km war die Maschine jedoch schon mindestens einmal in der Werkstatt oder ist von Ihnen selbst mit Werkzeug angefasst worden, denn die Reifen halten meistens keine 10 000 km durch.

Guter Ratschlag: Wenn Sie sich die R 1200 GS neu gekauft haben, dann halten Sie zumindest in den ersten beiden Jahren die Inspektionsintervalle ein. Lassen Sie die Inspektionen ausschließlich beim BMW-Motorradhändler machen und im Wartungsheft abstempeln, das sichert den zweijährigen Garantieanspruch.

Ob Sie Ihre Maschine dann in die BMW-Werkstatt bringen oder die Räder selbst ausbauen und zum Reifenwechsel bringen, ist Ihre Entscheidung. Bei einem Reifenwechsel ist auch immer ein Check der Bremsen angesagt, denn wenn die Räder ausgebaut sind, können auch die Bremsbeläge nachgesehen und die Bremssättel innen gereinigt werden.

Merke: Nur eine gut und regelmäßig gewartete Bremse kann ihre Höchstleistung jederzeit zur Verfügung stellen. Deswegen raten wir Ihnen dringend, die Bremsanlage ausschließlich in der BMW-Motorradwerkstatt überprüfen und ggf. reparieren zu lassen.

Die Bremsanlage der R 1200 GS mit ABS ist einerseits sehr sicher, wirkungsvoll und überaus zuverlässig, aber andererseits ein kompliziertes Gesamtsystem mit zahlreichen hydraulischen Anschlüssen sowie elektronischen Steuer- und Regelkomponenten. Zur Überprüfung, Wartung und Reparatur der ABS-Bremsanlage sind die Fachkenntnisse der speziell von BMW geschulten Mechaniker notwendig. Die finden sich in der Regel ausschließlich in der BMW-Motorradwerkstatt.

Den Punkt »Fehlerspeicher auslesen« kann man keinesfalls selbst machen, denn wer hat schon das BMW-eigene Computerdiagnose-Prüfsystem zu Hause in seiner Werkstatt stehen?

Inspektionen und Kontrollen

- »Erneuern«, z. B. beim »Ölwechsel«, bedeutet alle 10 000 Kilometer neues Öl in und ein neuer Ölfilter an den Motor.
- »Prüfen/Einstellen« bedeutet zum Beispiel beim Punkt »Ventilspiel« auch gegebenenfalls »Einstellen«.
- »Anziehen« betrifft nur die beiden Punkte »Zylinderkopf« und »Schrauben der Hinterradbefestigung« bei der ersten Inspektion.

Wenn eine Jahresfahrleistung von 10 000 Kilometer nicht erreicht wird, muss die R 1200 GS einmal im Jahr zur so genannten Jahresinspektion. Dabei werden die Arbeiten vorgezogen, die laut Plan eigentlich erst beim nächsten Inspektionstermin fällig wären.

In der rechten Spalte der Tabelle sind die Kapitel aufgeführt, in denen die nötigen Wartungsarbeiten ausführlich erklärt werden. Die unter »Regelmäßige Prüfung auf Verkehrs- und Funktionssicherheit« aufgeführten Punkte kann man leicht selbst machen:

- Brennen alle Lampen in Front- und Rücklicht, funktionieren Stopplicht, Blinker und Hupe?
- Hat die Kupplung genügend Spiel, geht die Schaltung leicht, ziehen die Bremsen ordentlich?

Ein Ölwechsel bei jeder 10 000-km-Inspektion bzw. jeder Jahresinspektion ist Pflicht. Denn Motoröl leidet sowohl unter dem Alter als auch unter der Kilometerleistung, die es schmier- und kühltechnisch im Motor zu bewältigen hat. Neues Öl tut dem Motor nicht nur schmiertechnisch gut, weil man als Fahrer das Gefühl hat, dass dieser sich wieder müheloser bewegt und flotter hochdreht, sondern das Boxertriebwerk wird mit neuem Öl auch mechanisch leiser, weil frisches Öl die mechanischen Geräusche erheblich besser dämpft als altes Öl.

Welches Öl Sie Ihrer BMW in den Motor geben, ist vielfach Glaubenssache und wird im Kapitel 21 »Ölwechesel« ausführlich beschrieben. Wenn Sie den Ölwechsel selbst machen wollen, finden Sie in diesem Kapitel die entsprechende Anleitung dazu.

Wartungs- und Inspektionsintervalle BMW R 1200 GS

Bauteil / Intervall [1]	bei 1000 km	bei 10 000 km	bei 20 000 km	bei 30 000 km	bei 40 000 km	jedes Jahr	alle 2 Jahre	siehe Kapitel
Fehlerspeicher auslesen [2]	bei jeder Inspektion in der BMW-Werkstatt [7]							5
Motor								
Motoröl, Ölfilter [3]	Erneuern	Erneuern	Erneuern	Erneuern	Erneuern	Erneuern	Erneuern	21
Ventilspiel	Prüfen/Einstellen	Prüfen/Einstellen	Prüfen/Einstellen	Prüfen/Einstellen	Prüfen/Einstellen	–	–	22
Zündkerzen	Prüfen [4]	Prüfen [4]	Prüfen [4]	Prüfen [4]	Erneuern	–	–	17
Zylinderkopfverschraubung	Nachziehen	–	–	–	–	–	–	23
Gasseilzug [5]	Prüfen	Prüfen	Prüfen	Prüfen	Prüfen	Prüfen	Prüfen	4, 19
Synchronisation	Prüfen/Einstellen	Prüfen/Einstellen	Prüfen/Einstellen	Prüfen/Einstellen	Prüfen/Einstellen	Prüfen/Einstellen	Prüfen/Einstellen	19
Luftfilter [1]	–	Reinigen*	Erneuern	Reinigen*	Erneuern	Reinigen*	Reinigen*	18
Batterie [6]	–	Prüfen	Prüfen	Prüfen	Prüfen	Prüfen	Prüfen	15
Antriebsriemen für Generator	alle 10 000 km auf Sicht und Spannung prüfen, alle 60 000 km erneuern							16
Antrieb								
Öl im Schaltgetriebe	–	–	–	–	Erneuern	–	Erneuern	21
Öl im Hinterradantrieb	Lifetime-Ölfüllung, Ölwechsel nicht vorgeschrieben. Nur bei Extrembetrieb nötig							21
Kupplungssystem/-flüssigkeit	–	Prüfen	Prüfen	Prüfen	Prüfen	Prüfen	Prüfen	25
Rahmen und Fahrwerk								
Lenkung [7]	Prüfen	Prüfen	Prüfen	Prüfen	Prüfen	Prüfen	Prüfen	11
Bremsbeläge und Bremsscheiben	–	Prüfen	Prüfen	Prüfen	Prüfen	Prüfen	Prüfen	8
Bremse: Funktion, Dichtheit	Prüfen	Prüfen	Prüfen	Prüfen	Prüfen	Prüfen	Prüfen	8
Bremsflüssigkeit [2] (Radkreise)	Stand prüfen	Erneuern	Erneuern	Erneuern	Erneuern	Erneuern	Erneuern	8
Bremsflüssigkeit [2] (ABS-Steuerkreis)	–	–	Erneuern	–	Erneuern	–	Erneuern	8
Hinterradschrauben	Prüfen/Anziehen	–	–	–	–	–	–	9
Spannung der Speichen [2]	Prüfen	Prüfen	Prüfen	Prüfen	Prüfen	Prüfen	Prüfen	9
Mittel- und Seitenständer, -Schalter [8]	Prüfen	Prüfen	Prüfen	Prüfen	Prüfen	Prüfen	Prüfen	4, 6
Regelmäßige Überprüfung auf Verkehrs- und Funktionssicherheit [9]								
Reifen, Reifenluftdruck, Räder	x	x	x	x	x	x	x	7, 9
Kupplung	x	x	x	x	x	x	x	25
Schaltung	x	x	x	x	x	x	x	26
Hand- und Fußbremse	x	x	x	x	x	x	x	8
Lenkung	x	x	x	x	x	x	x	11
Beleuchtungs- und Signalanlage	x	x	x	x	x	x	x	14
Warn- u. Kontrollleuchten, Instrumente	x	x	x	x	x	x	x	14

1) Bei häufigen Fahrten unter Extrembedingungen wie Staub, Schmutz, viel Kurzstrecke, Wintereinsatz etc. ist eine häufigere Wartung ratsam. Die Wartungsintervalle können dann je nach Einsatzbedingungen auf 5000 oder 3000 km sinken.
* = Reinigen des Luftfilters bei den 10 000-km-Inspektionen ist keine BMW-Vorschrift, sondern eine Empfehlung von uns (siehe dazu auch Kapitel 18 »Luftfilter«).

2) Auch wenn alle Wartungsarbeiten selbst gemacht werden, wird empfohlen, einmal im Jahr die Maschine zur BMW-Motorradwerkstatt zu bringen zum Auslesen des Fehlerspeichers, zum Überprüfen der Speichenspannung, der ABS-Bremsanlage und zum Wechseln der Bremsflüssigkeit in den Radkreisen sowie im ABS-Steuerkreis nach BMW-Vorschrift. Denn zu allen Prüf- und Einstellarbeiten am ABS-System sind spezielle Prüf- und Einstellgeräte erforderlich. An der ABS-Bremsanlage sollen ausschließlich von BMW speziell geschulte Mechaniker arbeiten. Bei dieser Gelegenheit sollte auch der von BMW alle 10 000 km vorgeschriebene Inspektionspunkt »Funktionsprüfung Motorstart-Unterdrückung« überprüft werden.

3) Ölwechsel bei ausschließlichem Kurzstreckenbetrieb oder Außentemperaturen unter 0 °C alle 3 Monate, spätestens alle 3000 km durchführen.

4) Nebenzündkerzen auf Sicht prüfen, ggf. reinigen. Hauptzündkerzen bleiben eingebaut.

5) Gasseilzug auf Leichtgängigkeit, Scheuer- und Knickstellen prüfen. Gasseilzugspiel prüfen, ggf. einstellen (0,5 mm oben, 1 – 2 mm unten).

6) Ladezustand/Spannung der Batterie prüfen, ggf. laden.

7) Prüfung der Lenkung im Rahmen der Probefahrt nach Abschluss aller Wartungs- und Inspektionsarbeiten.

8) Lagerung, Leichtgängigkeit, Federn und Federspannung kontrollieren.

9) Prüfpunkte von BMW vorgeschrieben im Rahmen jeder Inspektion.

Verkleidung · Tank

In diesem Kapitel: Tipps für Arbeiten an der Verkleidung · Windschutzscheibe einstellen, ab- und anbauen · Verkleidungsteile ab- und anbauen · Tank ab- und anbauen · Nummern und Aufkleber · Rahmenanbauteile.

Verkleidung

Tipps für Arbeiten an der Verkleidung

Die R 1200 GS hat zwar nicht viele (und vor allem keine großflächigen) Verkleidungsteile, dennoch gibt es einiges zu beachten.

- Schrauben Sie immer mit exakt passendem Werkzeug – wenn Sie Billigschlüssel nehmen, sehen die Schraubenköpfe rasch vermurkst aus.
- Merken Sie sich gut, wie Sie die Verkleidungsteile abgebaut haben. Sie werden in umgekehrter Reihenfolge wieder angebaut.
- Kein Verkleidungsteil mit Gewalt abziehen oder einstecken wollen. Vor allem mit dem Alter spröde gewordener Kunststoff kann leicht brechen!
- Platzieren Sie abgeschraubte Verkleidungsteile außerhalb jeglicher Fußreichweite, denn man tritt während des Schraubens an der Maschine rasch auf ein am Boden liegendes Teil. Im Extremfall bricht es, garantiert zerkratzt es.
- Legen Sie abgebaute Verkleidungsteile auf einem Ballen sauberer Lappen ab (holen Sie dazu ruhig Mutters Bettzeug).
- Bei der Montage im BMW-Werk werden die Verkleidungsschrauben »trocken« eingeschraubt, also ohne Öl. Je älter die Maschine ist, desto größer ist die Gefahr, dass die Schrauben korrodiert sind. Gönnen Sie den Verkleidungsschrauben bei jedem Einschrauben einen Tropfen Öl.
- Achten Sie beim Zusammenbau der Verkleidung darauf, dass Sie keine Kabel, Stecker oder Bowdenzüge einklemmen. Wenn es doch passiert, nehmen Sie das Verkleidungsteil wieder ab und verlegen die Kabel, Stecker oder Bowdenzüge sauber und klemmfrei.
- Verkleidungsteile müssen ohne Schrauben wie von selbst an den Schrauböffnungen anliegen, erst dann Schrauben eindrehen.

> **Tipp:** Kaufen Sie in einem Haushaltswarengeschäft (z. B. bei IKEA) Besteckablagen für Schubladenkästen. Die gibt es in verschiedenen Unterteilungen, sie sind billig, leicht und praktisch und eignen sich hervorragend als Schrauben- und Kleinteileablage.

Bild 1: Silikonpaste verhindert Versprödung an Gummiteilen und lässt Verkleidungszapfen leicht einrutschen.

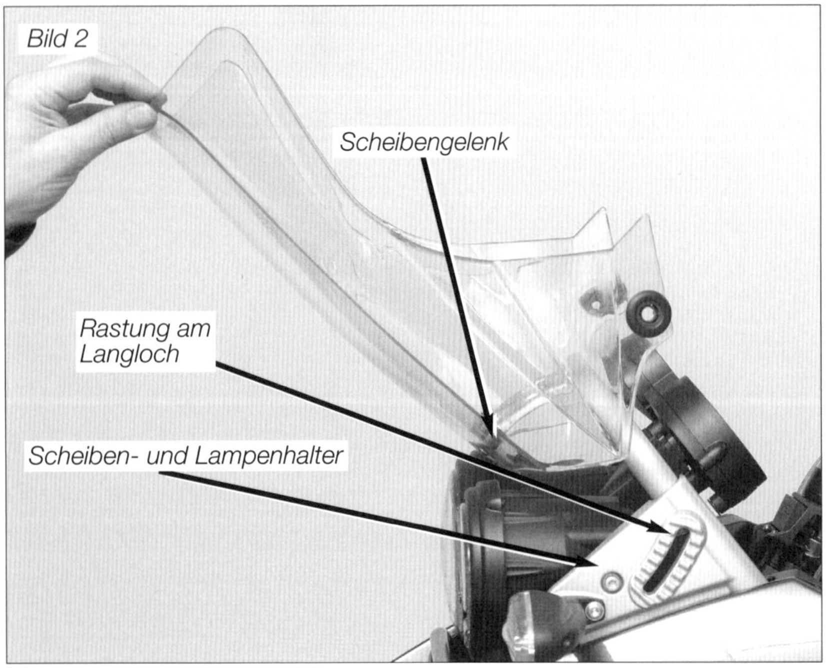

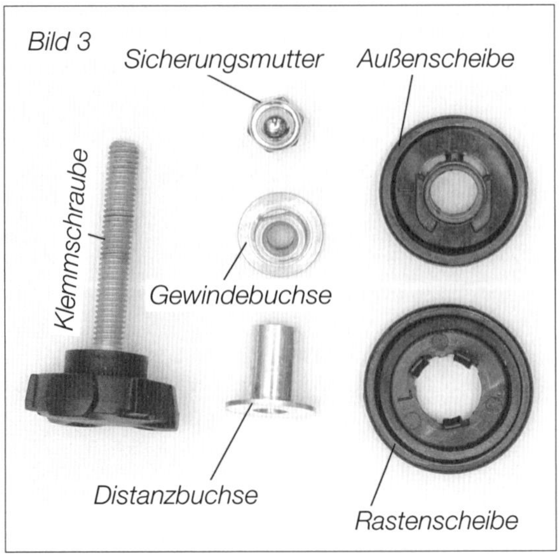

Bild 3: Zur Reinigung kann das Windschild nach vorne geklappt werden.

Windschild

Windschild verstellen

Das Windschild kann in sechs verschiedenen Schrägstellungen fixiert werden:

1. Die beiden Klemmschrauben rechts und links einige Umdrehungen öffnen. Windschild dabei mit einer Hand oben halten.

2. Neigung des Windschilds einstellen.

3. Klemmschrauben gut handfest festziehen.

■ Dabei beachten, dass rechts und links die Rastungen an der Rastenscheibe und am bogenförmigen Langloch gleich eingestellt sind und die Zacken formschlüssig aufeinander sitzen.

Wichtig: Klemmschrauben mit Gefühl und nicht zu stark anziehen!

Windschild ab- und anbauen

Anmerkung: Um das Windschild auch innen sauber putzen zu können, muss es nicht ganz abgebaut, sondern kann über das vordere Scharnier nach vorne geklappt werden. Dazu muss man die rechte und linke Fixierung lösen und ausdrehen.

■ Zum Vorklappen die folgenden Arbeitsschritte 1., 2. und 3. befolgen.

Windschild abbauen

1. Eine der beiden vorderen Schrauben, mit denen die Scheibe vorne am Gelenk befestigt ist, ausdrehen (Bild 6).

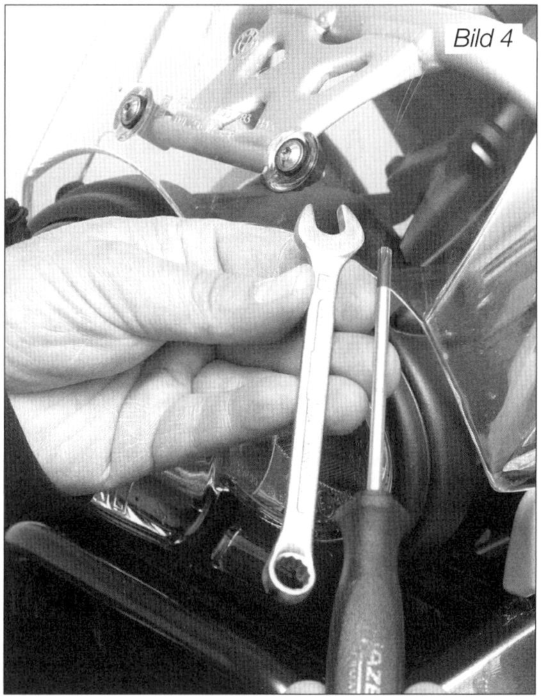

Bild 4: Zum Ab- und Anbau des Windschilds benötigtes Werkzeug.

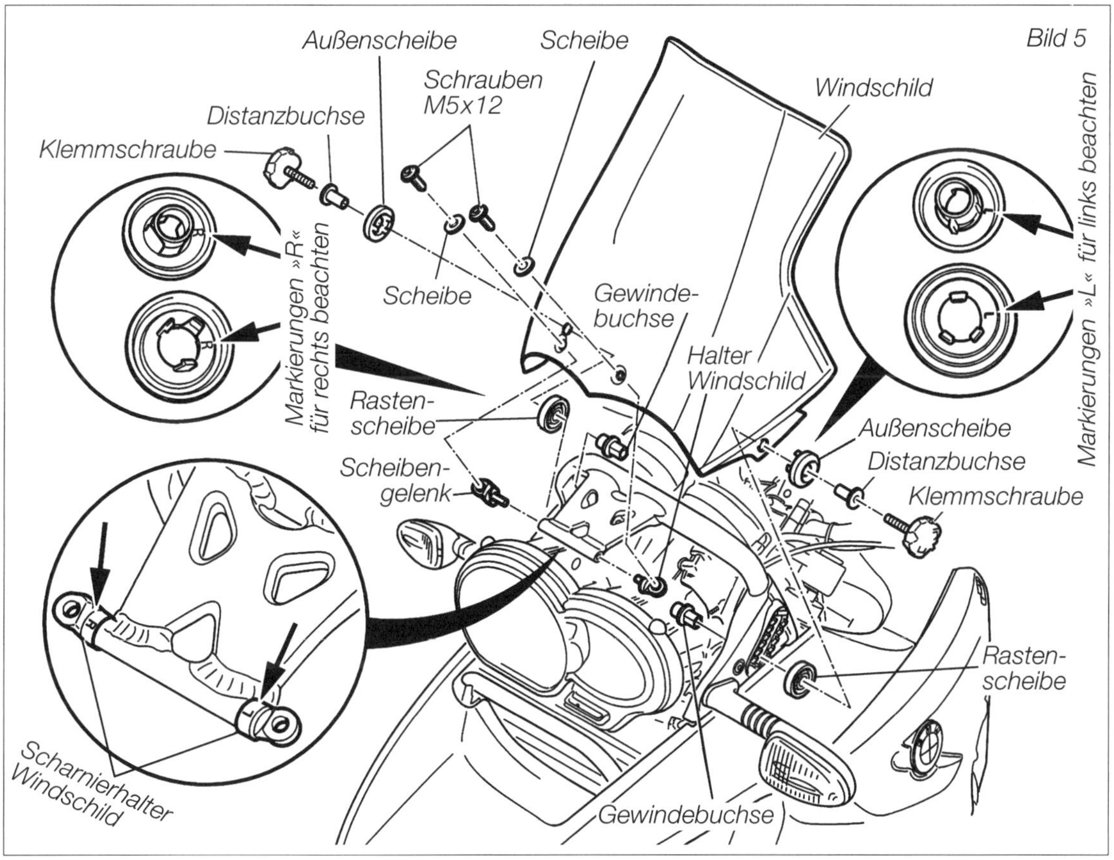

Bild 5: Windschild und Anbauteile in der Explosionszeichnung.

Sichtprüfung Messen

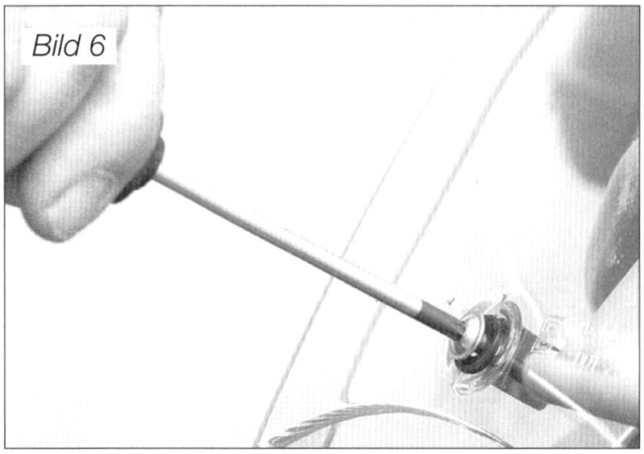

Bild 6: Befestigungsschraube des Windschilds am Scheibengelenk gefühlvoll anziehen.

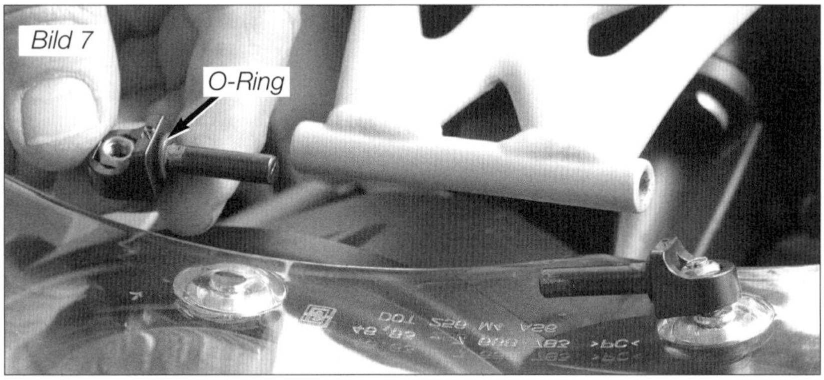

Bild 7: Der O-Ring auf dem Zapfen des Scheibengelenks muss vorhanden sein, sonst klappert die Scheibe.

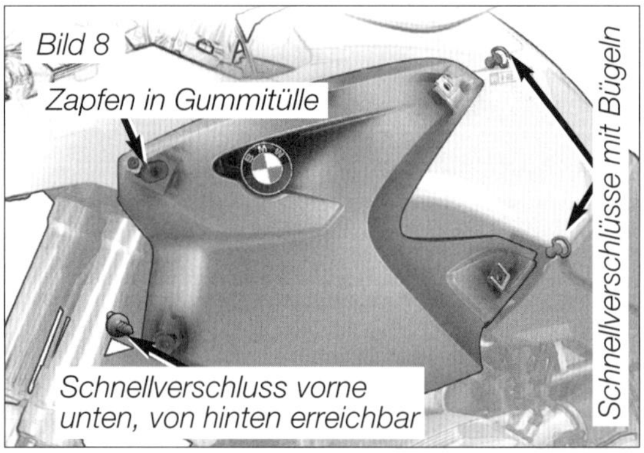

Bild 8: Anbaulage der Befestigung der Seitenverkleidungen.

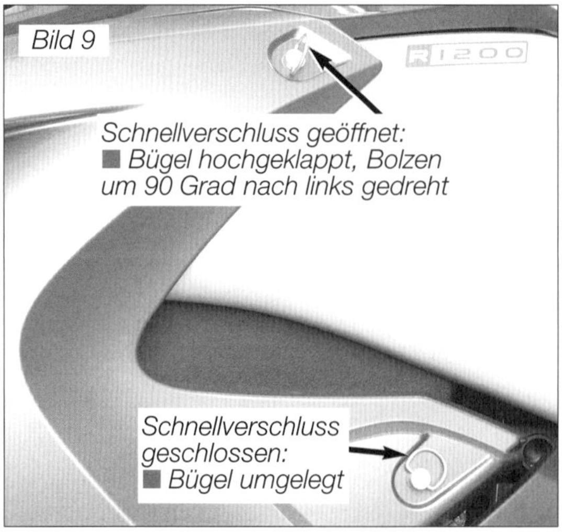

Bild 9: Oberer und unterer Schnellverschluss der Seitenverkleidung sind einfach zu bedienen.

Bild 10: Darauf achten, dass die Gummitülle für den oberen Zapfen richtig in der Bohrung (Oval) sitzt.

2. Die innen auf jeder der beiden Klemmschrauben sitzenden M6-Sicherungsmuttern (Bild 3) lösen und abdrehen.
3. Eine Klemmschraube nach der anderen ausdrehen. Dabei mit der Hand von innen die Gewindebuchsen halten und herausnehmen.
4. Scheibe mit Scharnier aus der Halterung ziehen.
5. Wenn nötig, Außenscheibe von Rastenscheibe abziehen und abnehmen (Bilder 3 und 5).

Windschild anbauen

1. Das abgeschraubte, lose Scharnierteil aus der Scharnierbohrung ausziehen, reinigen, etwas Silikonfett daran geben, wieder in die Scharnierbohrung einstecken.
■ Darauf achten, dass der O-Ring aufgeschoben ist. Wenn er beschädigt ist (rissig), unbedingt ersetzen, sonst klappert die Scheibe!
■ Das noch an der Scheibe befestigte Scharnierteil ebenfalls so bearbeiten und in das Gelenkstück einsetzen.
2. Windschild ansetzen, Bohrung zu losem Scharnierteil in Deckung bringen, Schraube eindrehen und handfest anziehen.
3. Rastenscheibe zwischen Windschild und Rastung am Langloch einsetzen, Außenscheibe einsetzen, dabei Anbaurichtung beachten (siehe Zeichnung in Bild 5).
4. Distanzbuchse von außen einsetzen, Gewindebuchse von innen einsetzen, Klemmschraube eindrehen.
5. Windschild in der Neigung rechts und links gleichmäßig einstellen, Klemmschrauben gut handfest anziehen.
6. Die M6-Sicherungs-Hutmutter innen auf das Ende der Klemmschraube aufdrehen und gut handfest anziehen.

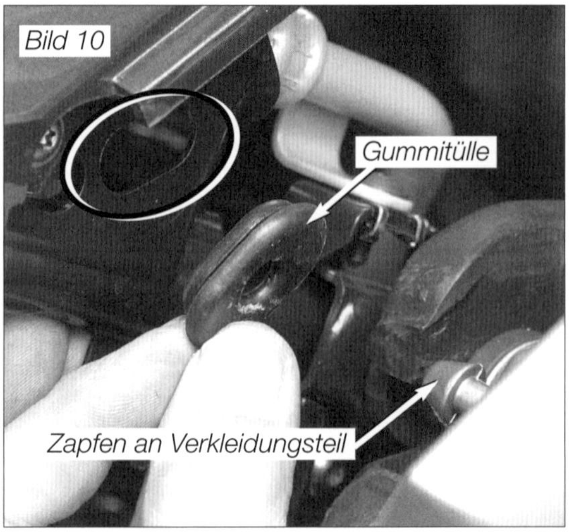

Seiten- und Tankverkleidungen

Seitenverkleidungen ab- und anbauen

1. Sitzbank abnehmen. Die kleinen Seitenblenden rechts und links abziehen.

2. Die Seitenverkleidungen sind oben und unten mit Schnellverschlüssen befestigt: Bügel hochklappen (Bild 9), um 90 Grad nach links aufdrehen, leicht ausziehen.

3. Vorne unten ist ein weiterer Schnellverschluss (ohne Bügel) angebracht:

■ Mit der Hand von unten hinter die Verkleidung greifen, Schnellverschluss durch Drehen öffnen.

4. Vorne oben ist jedes Verkleidungsteil über Zapfen in eine Gummitülle eingesteckt (Bild 8):

■ Vorsichtig ausziehen, ganzes Verkleidungsteil abnehmen.

Seitenverkleidungen anbauen

1. Vor dem Anbau kontrollieren, ob die Gummitüllen exakt in ihren ovalen Bohrungen sitzen (Bild 10).

■ Wenn nicht, Gummitülle ausziehen, etwas Silikonpaste dran geben und exakt einsetzen.

2. An jeden Zapfen etwas Silikonpaste geben, dann rutscht er besser in die Gummitülle.

3. Seitenverkleidung zuerst in ungefährer Anbaulage lose anlegen.

4. Verkleidungsteil ansetzen, vorderen oberen Zapfen in die Gummitülle einschieben.

5. Inneren Schnellverschluss vorne-unten einstecken und durch Vierteldrehung befestigen.

6. Die beiden äußeren Schnellverschlüsse einstecken, ansetzen, etwas eindrücken, durch Vierteldrehung rechts herum schließen, Bügel umlegen. Kleine Seitenblende aufstecken.

Tankverkleidungen ab- und anbauen

Abbau: Wenn die Seitenverkleidungen abgebaut sind, können die Tankverkleidungen abgeschraubt werden. Dazu die Befestigungsschrauben mit einem Torxschlüssel T25 ausdrehen.

■ Beim Abnehmen des Verkleidungsteils beachten, dass es mit einer Lasche unter die obere Tankverkleidung eingeschoben ist (Bild 11).

Anbau: Beim Anbau beachten, dass Kunststoff-Unterlagscheiben nur unter den oberen Schraubenköpfen vorgesehen sind (Bilder 12 und 13).

Das vorgeschrieben Anzugsdrehmoment der Verkleidungshalteschrauben beträgt 2 Nm, dies entspricht in etwa »leicht handfest«.

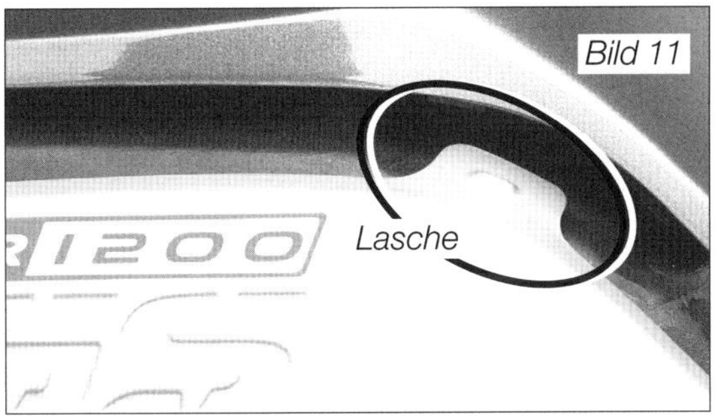

Bild 11: Lasche ist unter die Tankabdeckung geschoben.

Bilder 12 und 13: Rechte und linke Tankverkleidung.

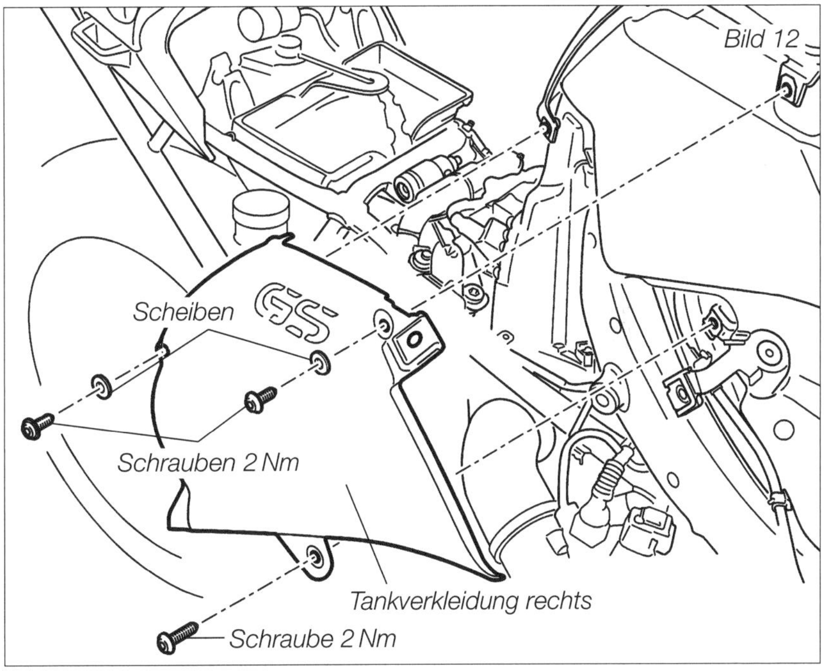

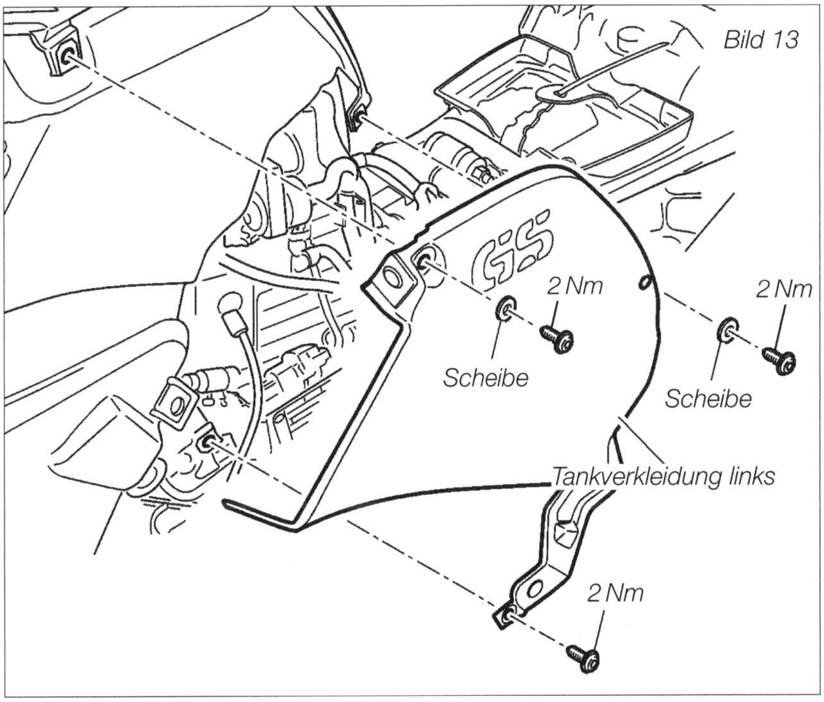

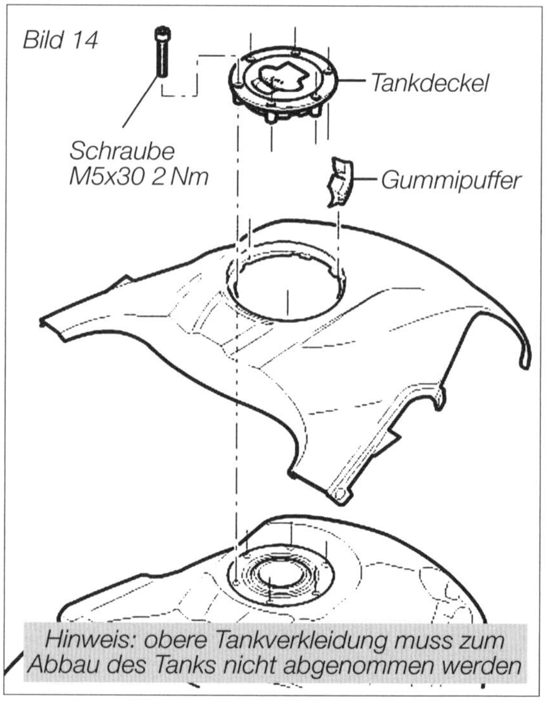

Bild 14: Zum Ab- und Aufbau des Tanks müssen die Seitenverkleidungen abgebaut sein; die obere Tankverkleidung kann montiert bleiben.

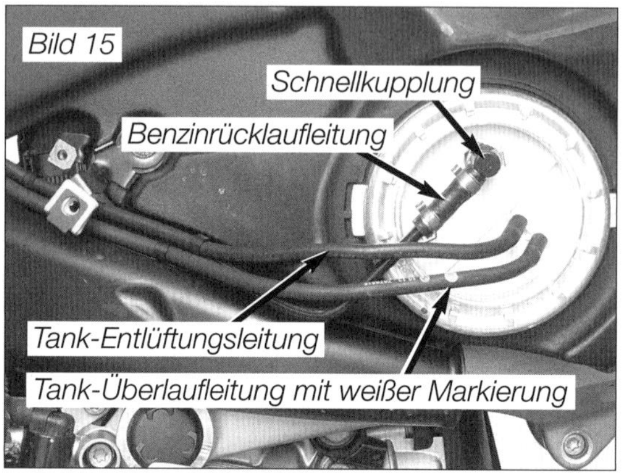

Bilder 15, 16 und 17: Anschlüsse am Tank rechts vorne zum Abbau des Tanks abbauen:

■ Schläuche unter Zuhilfenahme eines Schraubenziehers abziehen bzw. abdrücken.

■ Schnellkupplung durch Drücken der Verriegelung trennen.

■ Der O-Ring muss unbeschädigt sein!

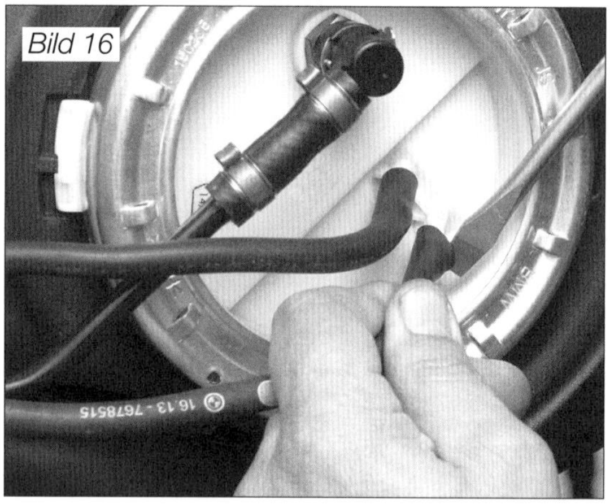

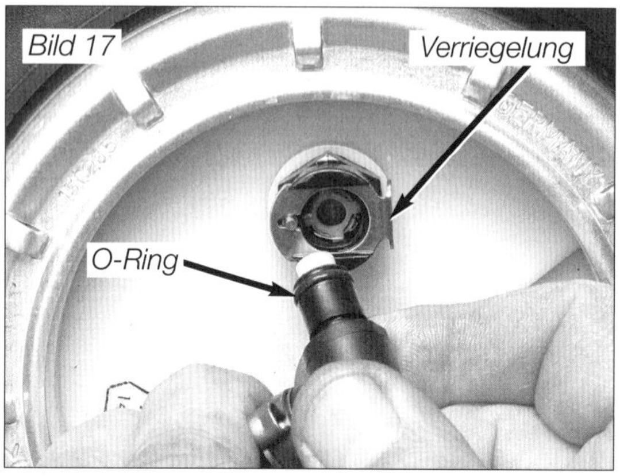

Tank ab- und aufbauen

Tank abbauen

Zum Ab- und Aufbau des Tanks müssen die Seitenverkleidungen abgebaut sein; die obere Tankverkleidung kann montiert bleiben (Bild 14)!

1. Rechts vorne am Tank (Bild 15):

■ Tank-Überlauf- und -Entlüftungsleitung abziehen. Schraubenzieher zu Hilfe nehmen (Bild 16), Schläuche durch gleichzeitiges Ziehen und Abschieben vom Stutzen abziehen.

2. Schnellkupplung trennen: Metallverriegelung eindrücken und gleichzeitig den Rohrwinkel ausziehen (Bild 17).

3. Links vorne am Tank (Bild 18):

■ Schwarze Abdeckkappe (Bild 19) mit beiden Händen fassen, etwas nach links drehen und abnehmen.

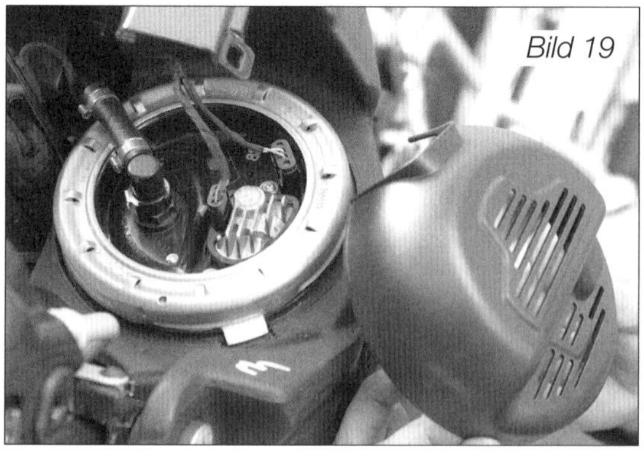

Bilder 18 und 19: Kappe links vorne am Tank durch leichtes Drehen nach links abnehmen.

4. Elektrische Stecker für Benzinpumpe und Benzinstandsanzeige ausziehen.

■ Beim Ausziehen der Stecker deren Verriegelung vorsichtig lösen bzw. entriegeln (Bilder 20 und 21).

5. Schnellkupplung der Benzindruckleitung trennen: Metallverriegelung eindrücken und gleichzeitig den Rohrwinkel ausziehen (Bild 22).

6. Tankhalteschrauben rechts und links mit Inbusschlüssel SW5 lösen und ausdrehen.

7. Tank hinten leicht anheben, nach hinten ziehen und abnehmen (Bild 25).

Aufbau des Tanks in umgekehrter Reihenfolge. Dabei besonders auf Folgendes achten:

■ Schläuche und Kabel müssen exakt verlegt sein, sie dürfen sich nicht zwischen Tank und Rahmen verklemmen.

■ Dies gilt auch ganz besonders für die Kupplungsleitung und den Gasseilzug.

■ Tank vorne auf die Haltegummis (Bild 25) schieben, dann hinten ablassen.

■ Der Verkleidungshalter wird rechts angebaut (Bild 23).

■ Gummischeiben kommen unter den Verkleidungshalter bzw. unter die Senkscheibe (Bilder 23 und 24).

■ Tankhalteschrauben mit 22 Nm festziehen.

■ O-Ringe der Schnellkupplungen (Bild 17) auf einwandfreie Form kontrollieren, sie dürfen weder ausgerissen, eingedrückt oder gequetscht sein.

■ Wenn defekt, unbedingt erneuern.

■ Wenn o.k., einen Hauch von Fett an die O-Ringe geben, dann rutschen die Schnellkupplungen besser zusammen.

■ Schnellkupplungen zusammenstecken, es muss fühl- und hörbar klicken, die Verriegelung muss ausrasten.

■ Entlüftungs- und Überlaufleitung auf ihre Stutzen schieben. Der Schlauch mit der weißen Punktmarkierung ist die Tank-Überlaufleitung (Bild 15).

■ Stecker für Benzinpumpe und Benzinstandsgeber einstecken, Verriegelungen müssen sicher einrasten.

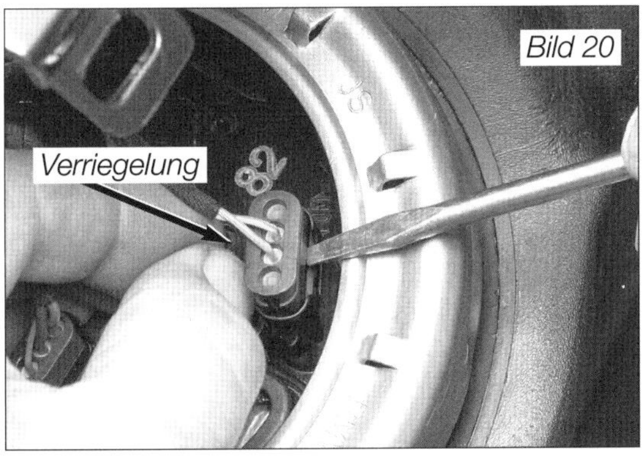

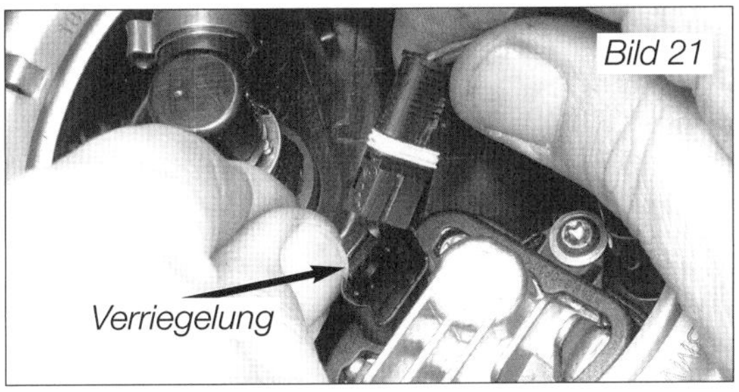

Bilder 20 und 21: Beim Ausziehen der Stecker für Benzinpumpe und Benzinstandsgeber die Verriegelung vorsichtig zur Seite drücken.

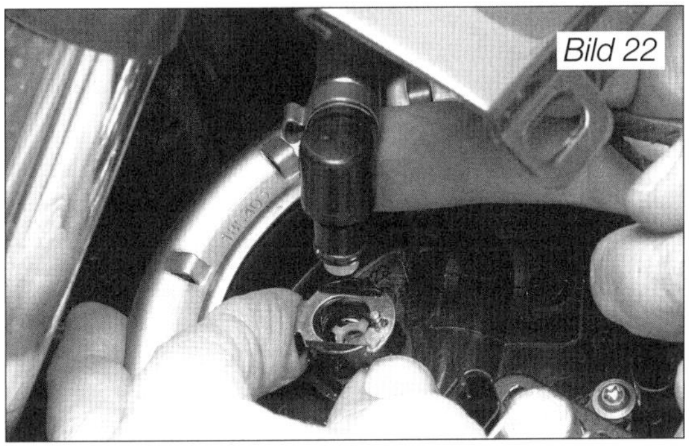

Bild 22: Schnellkupplung der Benzindruckleitung trennen.

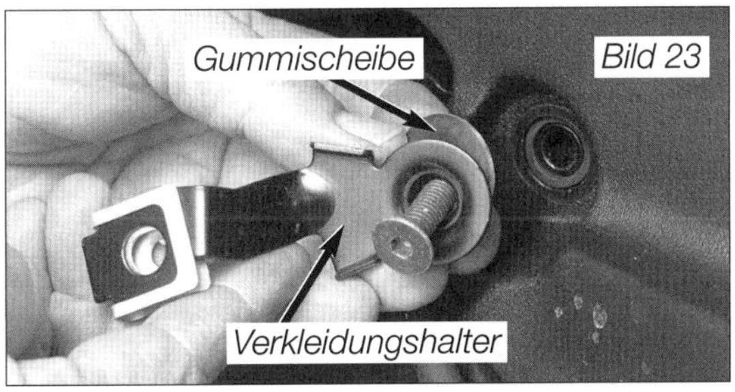

Bild 23: Der Verkleidungshalter wird auf der rechten Seite unter die Tankhalteschraube montiert, darunter kommt die Gummischeibe.

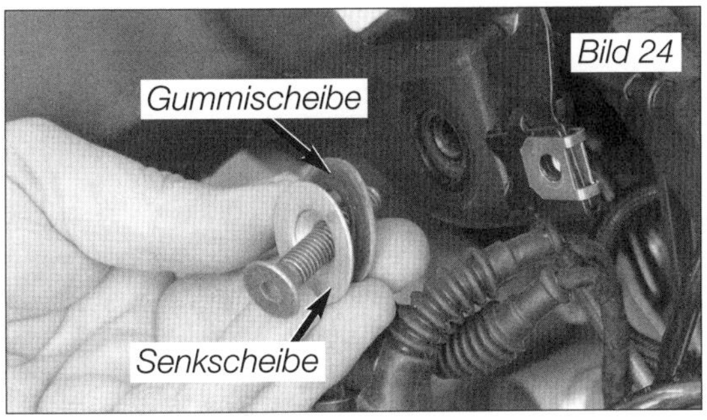

Bild 24: Gummischeibe unter Senkscheibe.

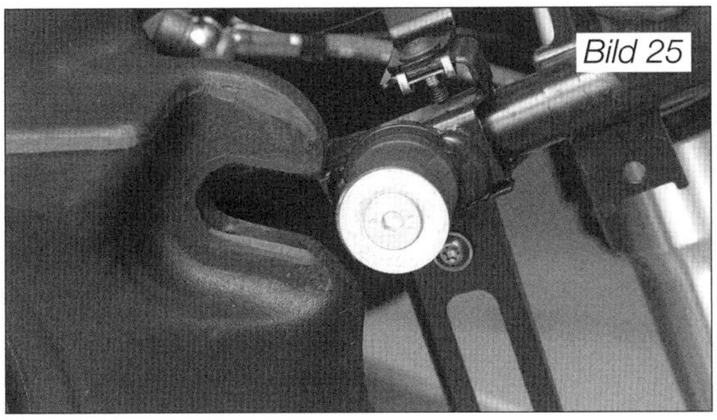

Bild 25: Vordere Tankhalterung.

Sichtprüfung Messen

Bilder 26, 28 und 29: Fahrgestellnummer und Typenschild.

Bild 27: Farbcode.

Bild 30: Reifenfreigaben und Luftdrücke.

Bilder 31 und 32: Fahrer- und Soziusfußrasten.

Nummern und Aufkleber

Fahrgestellnummer: Die wichtigste Nummer zur Identifikation der Maschine ist die Fahrgestellnummer. Diese ist in die Querstrebe hinter dem Lenkkopf eingeschlagen (Bild 26). Sie muss mit der Nummer im Fahrzeugbrief und im Fahrzeugschein übereinstimmen.

Typenschild: Das Typenschild (Bild 28) ist auf einer, auf dem linken Rahmenoberzugsrohr (Kreis in Bild 29) extra dafür angeschweißten Stahllasche aufgeklebt. Darin ist die Fahrgestellnummer ein zweites Mal zu finden.

Hinweis-Aufkleber: Unter der Sitzbank auf dem Rahmen, dem Deckel sowie im kleinen Seitenverkleidungsteil sind wichtige Aufkleber:
■ Der große schwarze Aufkleber (Bild 30) enthält

Bild 26

Bild 27

Bild 28

Bild 29

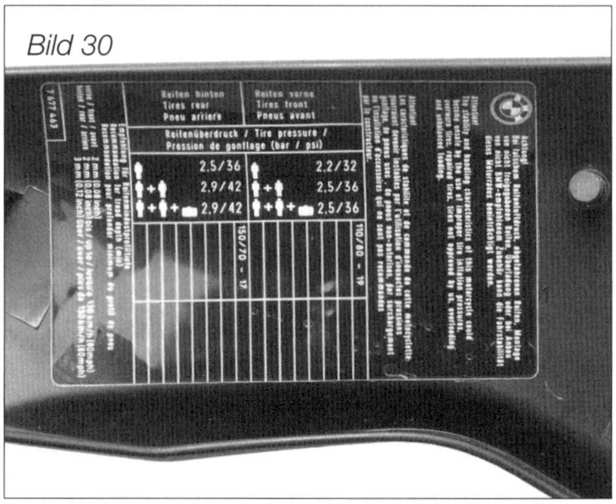
Bild 30

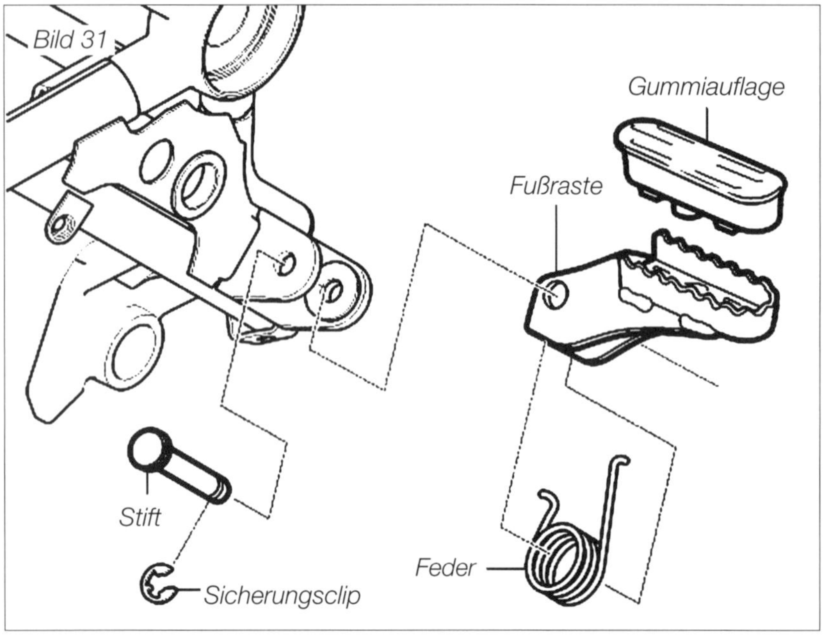

Bild 31

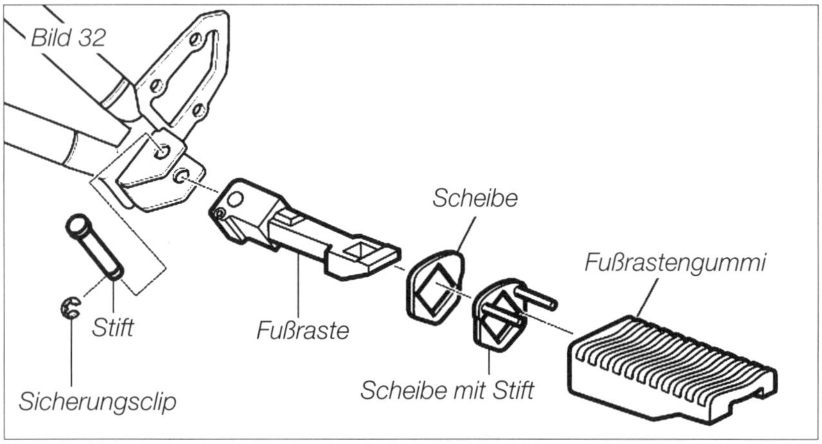

Bild 32

Hinweise über die zum Zeitpunkt der Fahrzeugmontage zugelassenen Reifenmarken und -typen sowie Reifenluftdruck und Profiltiefe.
■ Auf einem kleinen Aufkleber ist der Farbcode vermerkt. Dieser wird benötigt, wenn Sie z. B. Verkleidungsersatzteile kaufen.

Rahmenanbauteile

Kotflügel nach vorne von den Haltezapfen abgezogen.

Motorschutz: Schon beim Abbau des Motorschutzblechs merken, welche Schraube, Mutter und Scheibe wo hingehört. Beim Anbau die Schrauben, Scheiben und Muttern richtig platzieren, sonst passt die Befestigung nicht. Nehmen Sie sich die Zeichnung in Bild 34 zu Hilfe.

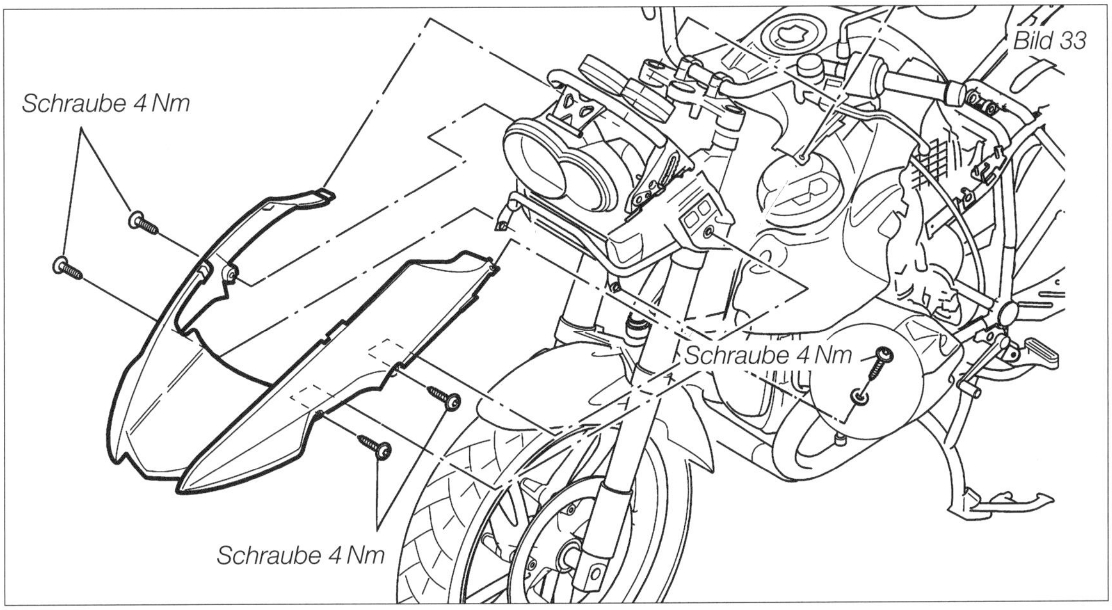

Bild 33: Anbauzeichnung des vorderen Kotflügels.

Bild 34: Anbauzeichnung des Motorschutzes.

Lenkanschlag: Als Lenkanschlag werden die beiden Rahmenvorsprünge rechts und links am Lenkkopf bezeichnet, sie begrenzen den Lenkeinschlag. Das Gegenstück am Unterteil der Gabelbrücke schlägt an diese Vorsprünge an. Es sollte gelegentlich kontrolliert werden. Weist es Risse auf oder ist es gar abgebrochen, ist dies ein Hinweis auf einen eventuellen Unfall der Maschine (wichtig bei Gebrauchtkauf).

Fußrasten: In den Explosionszeichnungen der Bilder 31 und 32 sind die Einzelteile der Fahrer- und Soziusfußrasten gut zu sehen. Die Gummiauflage der Fahrerfußrasten kann leicht abgenommen werden, das ist z. B. für besseren Stand der Stiefel auf den Rasten im Gelände wichtig.

Wenn die Fußrasten ausgewechselt werden sollen, einfach den Sicherungssplint ab- und den Bolzen ausziehen. Beim Zusammenbau etwas Fett auf die Bolzen geben.

Vorderradkotflügel: Der Anbau ist in der Explosionszeichnung in Bild 33 gut zu sehen. Wenn die Schrauben ausgedreht sind, wird der ganze

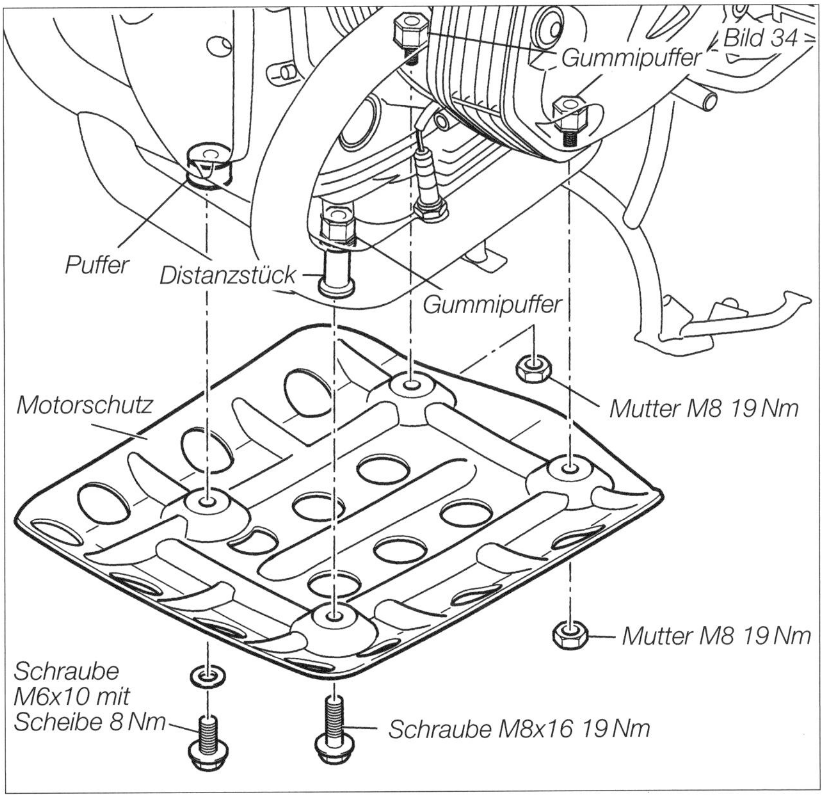

Reifen

In diesem Kapitel: Reifen für die R 1200 GS · Felgen- und Reifengrößen · Luftdruck · Unwucht · Profiltiefe · Produktionsdatum · Adressen der Reifen-Hersteller und -Importeure.

Reifen

Alle bei Redaktionsschluss dieser Reparaturanleitung (11/2005) für die R 1200 GS für den öffentlichen Straßenverkehr freigegebenen Reifen werden hier dargestellt. Die dem Modelljahr entsprechenden Reifenmarken und Typenfreigaben entnehmen Sie dem Kfz-Schein.

Wenn Sie einen bestimmten Reifentyp montieren möchten, der nicht in die Papiere eingetragen ist, kontaktieren Sie zuerst den Hersteller bzw. Importeur der Reifen und fragen nach Freigaben und Verfügbarkeit. Meist sind die aktuellen Freigaben auch auf den Internetseiten der Hersteller abzurufen. Immer gut über Freigaben und Bereifungsmöglichkeiten informiert sind die BMW-Werkstätten sowie die Reifenhändler. Verfolgen Sie zum Thema »neue Reifen« auch die aktuelle Motorrad-Fachpresse.

Räder, Reifen, Luftdrücke

Felgen- und Reifengrößen

- Felge vorne .... 2.50 x 19 MT H2
  Reifen vorne ...... 110/80 R 19 59H TL
- Felge hinten............ 4.00 x 17 MT H2
  Reifen hinten ..... 150/70 R 17 69H TL

Reifenluftdruck

Achten Sie immer auf korrekten Reifenluftdruck. Dieser soll bei kalten Reifen gemessen werden. Die Angaben von BMW für Reifenluftdruck vorne/hinten:

- Solo .... 2,2/2,5 bar
- mit Sozius oder Beladung . 2,5/2,9 bar

Reifenluftdruck prüfen

Der Luftdruck sollte mindestens alle zwei Wochen geprüft und ggf. korrigiert werden. Immer gut schließende Ventilkappen mit einwandfreier Gummidichtung verwenden! Wenn keine Kappe

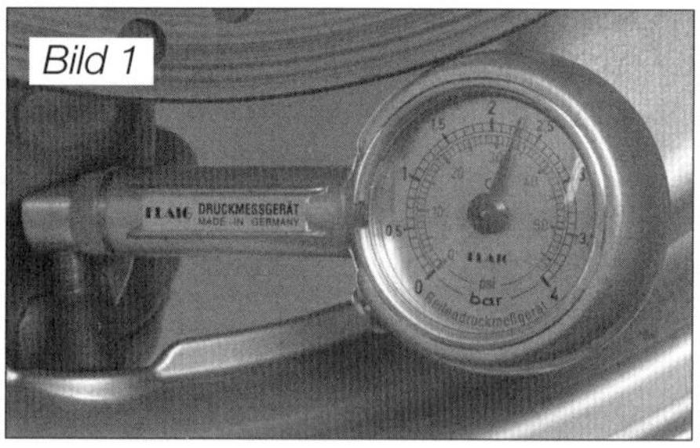

Luftdruck bei kaltem Reifen prüfen: Vorgeschriebene Werte beachten!

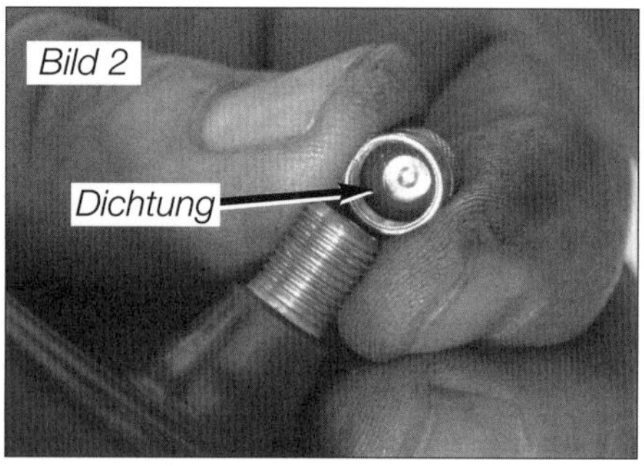

Auf das Reifenventil gehört eine Schraubkappe mit einwandfreier Dichtung.

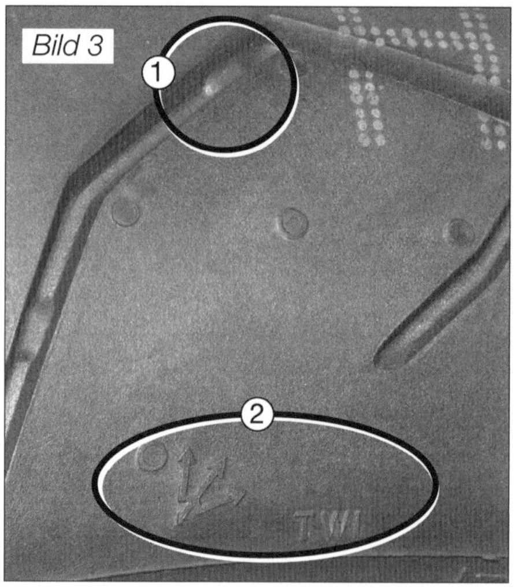

Verschleißanzeiger in der Profilrille (1), TWI-Kennzeichnung (2) am Profilrand.

Die letzten vier Ziffern nach der DOT-Nummer nennen das Produktionsdatum. Dieser Reifen wurde in der 35. Kalenderwoche 2003 gefertigt.

aufgeschraubt ist, kann sich bei hohen Geschwindigkeiten aufgrund der auftretenden starken Fliehkräfte der Ventileinsatz öffnen und Luft entweichen.

Verschiedene Reifenhersteller schreiben abweichend von den BMW-Angaben vor, dass ihre Reifen ausschließlich mit 2,5 bar vorne und 2,9 bar hinten gefahren werden dürfen. Wir empfehlen dies ebenfalls, denn ein niedriger Luftdruck hat nur sehr wenig Einfluss auf Haftung und Komfort. Umgekehrt ist ein zu niedriger Luftdruck mit Sozius und Gepäck (Beispiel 2,2 bar vorne, 2,5 bar hinten) sehr bedenklich, da ein Reifen unter zu großer Last leicht überhitzen kann.

Reifendruckprüfer

Verlassen Sie sich bei der Kontrolle des Reifenluftdrucks nicht unbedingt auf die Angabe auf der Skala des Tankstellengeräts, sondern besorgen Sie sich einen ordentlichen Reifendruckprüfer und führen diesen im Motorrad mit. Kaufen Sie KEIN billiges Plastikteil im Baumarkt, sondern ein Präzisionsmessgerät. Sehr gut ist das Druckmessgerät mit stabilem Alugehäuse vom deutschen Hersteller Flaig. Erhältlich ist es bei mobil-tech *(www.mobil-tech.de)* sowie in gut sortierten Motorrad- und Zubehörläden.

Unwucht

Pro Rad sind maximal 25 Gramm an Wuchtgewichten zulässig. Dies bedeutet: Hat ein Reifen eine Unwucht von mehr als 25 Gramm, muss er erneuert werden.

Reifenprofiltiefe

Europaweit gesetzlich vorgeschrieben ist eine Mindestprofiltiefe von 1,6 mm. Bei allen Reifen, egal welcher Marke, sind 0,8 mm hohe Verschleißanzeiger in die Profilrillen eingearbeitet; ihre Lage ist außen am Profilrand mit TWI bezeichnet (Tread Wear Indicator). Die tatsächliche Profiltiefe wird neben einem TWI gemessen. Wir empfehlen, schon bei einer Mindestprofiltiefe von 2 mm neue Reifen aufzuziehen.

Produktionsdatum

Das Alter der Reifen kann einfach überprüft werden. An einer Stelle der Seitenwand ist hinter der Bezeichnung DOT eine mehrstellige Buchstaben- und Zahlenkombination einvulkanisiert. Produktionswoche und Produktionsjahr gehen eindeutig aus den letzten vier Ziffern hervor.

■ Beispiel: »3503« steht für die 35. Kalenderwoche des Jahres 2003.

Garantie

Für neue Reifen garantiert jeder Reifenhersteller die von ihm zugesagten Qualitätseigenschaften für den Zeitraum von mindestens fünf Jahren. Ein neuer Reifen, der laut Produktionscode vor drei Jahren produziert wurde, gilt als »frisch«.

Bei gebrauchten Reifen gilt: Wenn ein angefahrener Reifen, der noch genügend Profil hat, älter als fünf Jahre ist, sollte er sicherheitshalber gewechselt werden. Dies gilt vor allem bei gebrauchten Reifen ungewisser Herkunft oder beim Kauf einer älteren Gebrauchtmaschine.

Adressen der Reifenhersteller und Importeure

Avon

■ **Cooper-Avon Reifen Deutschland GmbH**
Hans-Böckler-Straße 4 , D-64823 Groß-Umstadt
www.avon-motorradreifen.de

■ **Autoplus GmbH**
Richard-Strauss-Straße 14, A-1232 Wien
www.avonmotorcycle.com

■ **Cooper Avon (Suisse) S.A.**
Hagackerstrasse 12, CH-8953 Dietikon
www.avontyres.com

Bridgestone

■ **Bridgestone Deutschland GmbH**
Du-Pont-Straße1, D-61352 Bad Homburg v.d.H.
www.bridgestone.de

■ **Bridgestone Austria GmbH**
Laxenburgerstraße 252, A-1232 Wien
www.bridgestone.at

■ **Bridgestone Schweiz**
Limmatpark, Pfadackerstrasse 6
CH-8957 Spreitenbach
www.bridgestone.ch

Continental

■ **Continental AG,** Abt. Motorradreifen
Büttnerstraße 25, D-30165 Hannover
www.continental.de

Dunlop

■ **Dunlop GmbH & Co. KG**
Abteilung PM-M
Dunlopstraße 2, D-63450 Hanau
www.dunlop.de

■ **Goodyear Dunlop Tires Austria GmbH**
Richard-Strauss-Straße 19, A-1230 Wien
www.dunlop.at

■ **Goodyear Dunlop Tires Suisse SA**
Industriestrasse 21, CH-8604 Hegnau
www.dunlop.ch

Heidenau

■ **Reifenwerk Heidenau GmbH & Co. KG**
Hauptstraße 44, D-01809 Heidenau
www.reifenwerk-heidenau.de

IRC

■ **Hostettler AG Pneuservice**
Haldenmattstrasse 3, CH-6210 Sursee
www.hostettler.com

■ **NC Reifenservice** Alfred Schenk
Taubenbrunnen 13, D-97534 Theilheim
www.irc-motorradreifen.de

MAXXIS

■ **Cheng Shin Rubber Ind. Co. GmbH**
Kaddenbusch 31, D-25578 Dägeling
www.maxxis.de

Metzeler

■ **Pirelli Deutschland AG**
Metzeler Motorradreifen
Gneisenaustraße 15, D-80992 München
www.metzelermoto.de

■ **Metzeler Motorradreifen**
Salzburger Straße 196, A-4600 Wels

■ **Hostettler AG Pneuservice**
Haldenmattstrasse 3, CH-6210 Sursee
www.hostettler.com

Michelin

■ **Michelin Reifenwerke KGaA**
Michelinstraße 4, D-76185 Karlsruhe
www.michelin-motorrad.de

■ **Michelin Verkaufsgesellschaft**
Wiegelestraße 10, A-1231 Wien

■ **SA des Pneumatiques Michelin**
Route Jo Siffert 36, CH-1762 Givisiez

Pirelli

■ **Pirelli Deutschland AG**
Pirelli Motorradreifen
Gneisenaustraße 15, D-80992 München
www.pirellimoto.de

■ **Pirelli Austria**
Salzburger Straße 196, A-4600 Wels

■ **Hostettler AG Pneuservice**
Haldenmattstrasse 3, CH-6210 Sursee
www.hostettler.com

Reifenfreigaben

■ **Alpha Technik GmbH & Co. KG**
Reifenfreigaben, TÜV-Gutachten
Äußere Salzburger Straße 201
D-83071 Stephanskirchen
www.alphatechnik.de

■ **D. Theobald M & A Reifenhandel**
Reifen-Großhändler
Lindenstraße 4, D-97892 Kreuzwertheim
www.dtheobald.de

Avon

vorne: Azaro AM 43 Distanzia
110/80 R 19 M/C (59V) TL

hinten: Azaro AM 44 Distanzia
150/70 R 17 M/C (69V) TL

Bridgestone

vorne: Trail Wing 101 L
110/80 R 19 M/C (59V) TL

hinten: Trail Wing 152 L
150/70 ZR 17 M/C (69V) TL

Bridgestone

vorne: Battle Wing 501
110/80 R 19 M/C (59V) TL

hinten: Battle Wing 502
150/70 R 17 M/C (69V) TL

Bridgestone

vorne: BT 020 F
110/80 ZR 19 (59W) TL

hinten: BT 020 RU
150/70 ZR 17 (69W) TL

Metzeler

vorne: MCE Karoo 2 Front M+S
110/80 R 19 (59R)

hinten: MCE Karoo M+S
150/70 R 17 (69R)

Michelin

vorne: Anakee*
110/80 R 19 (59V) TL

hinten: Anakee*
150/70 R 17 (69V) TL

* Mischbereifung möglich: vorne: Pilot Road, hinten Anakee oder vorne Anakee, hinten Pilot Road.

Continental

vorne: TKC80 M+S
110/80 B 19 (59Q) TL

hinten: TKC80 M+S
150/70 B 17 (69Q) TL

Metzeler

vorne: Tourance
110/80 R 19 (59V) TL

hinten: Tourance
150/70 R 17 (69V) TL

Michelin

vorne: Pilot Road*
110/80 R 19 (59V) TL

hinten: Pilot Road*
150/70 R 17 (69V) TL

* Mischbereifung möglich: vorne: Pilot Road, hinten Anakee oder vorne Anakee, hinten Pilot Road.

Dunlop

vorne: Trailmax D607 F
110/80 R 19 M/C 59V TL

hinten: Trailmax D607 G
150/70 R 17 M/C 69V TL

Metzeler

vorne: Roadtec Z6*
110/80 R 19 (59V) TL

hinten: Roadtec Z6 (B)*
150/70 R 17 (69V) TL

* Freigabeverfahren noch nicht abgeschlossen. Stand beim Technischen Kundendienst erfragen.

Pirelli

vorne: Scorpion Sync.*
110/80 R 19 (59V) TL

hinten: Scorpion Sync.*
150/70 R 17 M/C (69V) TL

* Freigabeverfahren noch nicht abgeschlossen. Stand beim Technischen Kundendienst erfragen.

Bremsen

In diesem Kapitel: Bremsanlagen · Anzugsdrehmomente · Bremsanlage prüfen · Bremsflüssigkeitsstand Vorderrad- und Hinterradbremse · Vordere Bremssättel ab- und anbauen · Vordere Bremsklötze erneuern · Hinterer Bremssattel · Bremsflüssigkeit wechseln · Bremsscheiben ab-/anbauen · Führungsstifte gängig machen · ABS-Sensorabstand prüfen.

Bremsanlagen

Die Basisversion der R 1200 GS wird ohne ABS angeboten. Allerdings sind die meisten R 1200 GS mit dem BMW Motorrad Integral ABS in der Teilintegralausführung mit Bremskraftverstärker ausgerüstet.

Teilintegral bedeutet: Beim Betätigen des Handbremshebels werden Vorderrad- und Hinterradbremse aktiviert. Der Fußbremshebel hingegen wirkt nur auf die Hinterradbremse.

■ Die Bremsscheiben vorne haben 305 mm Durchmesser, die beiden Festbremssättel je vier betätigte Kolben (ø 32/36 mm).
■ Die hintere Bremsscheibe hat 265 mm Durchmesser, der Schwimmsattel zwei Kolben (ø 28 mm).

Besonders zu beachtende Punkte

1. In diesem Kapitel beschreiben wir wichtige Wartungs- und Pflegearbeiten wie Kontrolle des Bremsflüssigkeitsstandes, Prüfung der Bremsanlage auf Dichtheit, Wechsel der Bremsklötze, Ab- und Anbau der Bremssättel und ihre Reinigung sowie der Wechsel der Bremsscheiben und das Gängigmachen der Führungsstifte des hinteren Bremssattels.

2. Intensivere Wartungs- und Reparaturarbeiten an der Bremsanlage müssen von der BMW-Motorrad-Fachwerkstatt durchgeführt werden.

Bild 1: Farbmarkierung an einer mit dem vorgeschriebenen Anzugsdrehmoment festgezogenen Schraubverbindung.

Sicherheitshinweise Achtung und Tipps für dieses Kapitel

Achtung: Nach jeder Bremssattelmontage Schrauben und Muttern nochmals auf Festsitz kontrollieren! Ganz penible Menschen setzen Farbmarkierungen an die Schraubenköpfe und Muttern (Bild 1), die sie mit dem richtigen Drehmomentwert angezogen haben.

Tipp: Häufige Gebirgstouren mit vielen Passabfahrten oder Reisen in besonders staubigen Gebieten bedeuten extreme Belastungen für die Bremsen. Der Verschleiß der Bremsbeläge ist dabei außergewöhnlich hoch. Bevor Sie mit der R 1200 GS in den Jahresurlaub auf Passtour gehen, machen Sie rechtzeitig vorher einen Check der Bremsanlage (bzw. in der Werkstatt machen lassen).

Achtung: Man kann es nicht oft genug sagen, dass die ABS-Bremsanlage der R 1200 GS kein Fall ist für die Heimwerkstatt:
■ Bei allen Arten von Problemen mit dem ABS konsultieren Sie die BMW-Motorrad-Werkstatt.
■ Versuchen Sie nicht, in das ABS-Bremssystem einzugreifen, lösen Sie keine Bremsschläuche und -leitungen, öffnen Sie keine Bremssättel oder Bremspumpen oder gar die ABS-Zentraleinheit unter dem Tank.
■ Zupfen Sie nicht an den zur ABS-Bremseneinheit zugehörigen Elektrokabeln herum.

Achtung: Bremsflüssigkeit ist giftig. Hautkontakt vermeiden. Nicht in die Augen, Atemwege und auf die Schleimhäute kommen lassen. Nicht trinken! Immer nur geeignete Gefäße verwenden. Gebrauchte Bremsflüssigkeit umweltgerecht entsorgen (bei der Schadstoff-Sammelstelle abgeben).

Achtung: Wenn zum Auffüllen von Bremsflüssigkeit der Deckel des Vorratsbehälters abgenommen und der Behälter offen ist, unbedingt darauf achten, dass kein Schmutz in den Behälter und damit in die Bremsflüssigkeit gelangt.

Achtung: Bremsbelagschacht nur mit Bremsenreiniger reinigen, keinesfalls mit Ölspray. Bremsenreiniger ist ziemlich aggressiv. Bei Benutzung darauf achten, dass die Werkstatträume gut gelüftet sind. Am besten generell im Freien verwenden. Nicht rauchen! Nicht auf die Haut, in die Augen oder Atemwege sprühen! Einatmen vermeiden!

Achtung: Bei Benutzung von Bremsenreiniger alle Teile im Umkreis der einzusprühenden Bremssättel mit Lappen großflächig abdecken. Bremsenreiniger sparsam und nur ganz gezielt einsetzen, Sprühkopf direkt auf die zu reinigende Stelle richten und nicht länger als zwei Sekunden betätigen. Teile nach Benässen mit Bremsbelagreiniger sofort mit weichem, nicht fusselndem Lappen durchputzen. Druckluft beim Bremssattel nur sehr sparsam und ganz gezielt einsetzen.

Tipp: Neue Bremsbeläge müssen eingefahren werden. Deswegen die neuen Bremsbeläge auf den ersten 50 bis 100 Kilometern sanft einfahren und der Bremse nicht die maximale Leistung abfordern.

Achtung: Speziell den ABS-Sensor pfleglich behandeln. Niemals harte Schläge auf den Sensor geben, nie am Sensorkabel ziehen. Alle Kabel müssen scheuer- und knickfrei montiert sein, die Kontakte der Kabelanschlüsse müssen sauber und frei von jeglicher Korrosion sein.

Achtung: Bremsflüssigkeit ist ätzend. Hautkontakt vermeiden. Nicht in die Augen, nicht in die Atemwege, nicht auf die Schleimhäute kommen lassen. Nicht trinken! Immer nur geeignete Gefäße verwenden. Bremsflüssigkeit umweltgerecht beseitigen (bei einer Entsorgungsstelle abgeben).

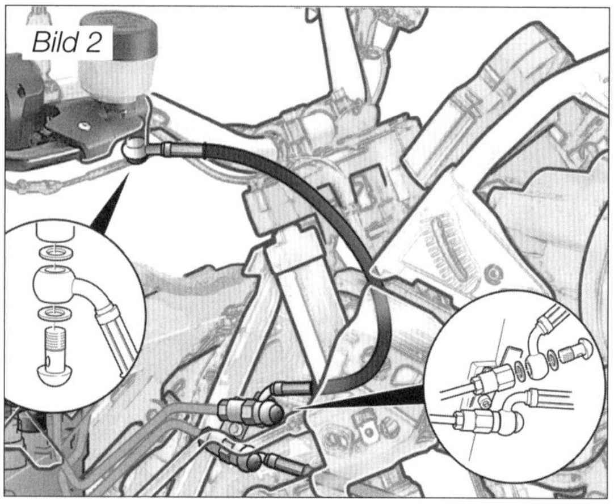

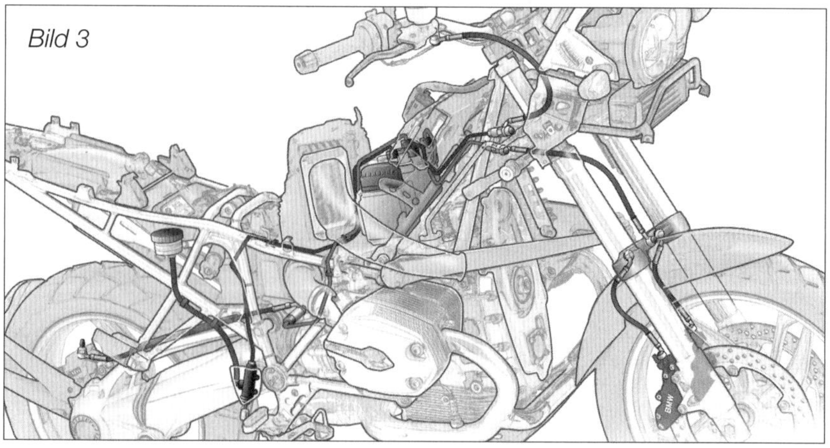

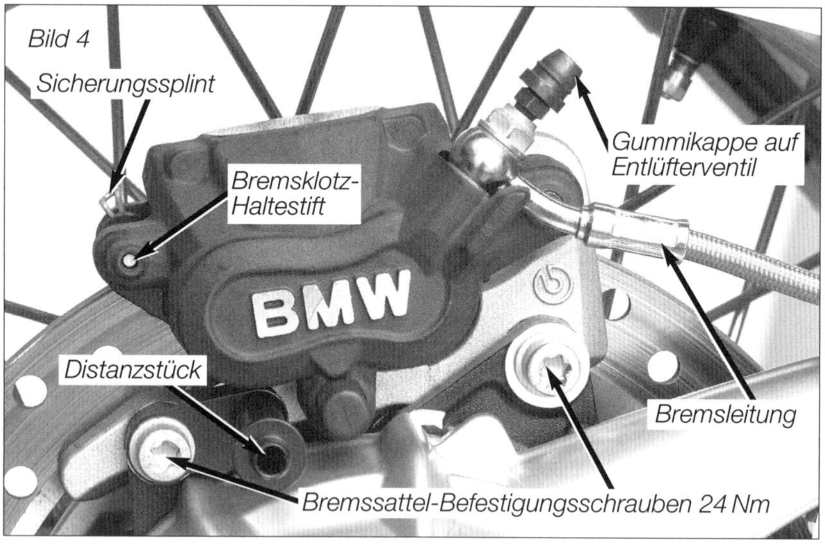

Dies gilt ganz besonders für die ABS-Bremsanlage. Denn nur eine BMW-Motorradwerkstatt verfügt über die notwendigen Prüf- und Einstellgeräte sowie ausgebildete Mechaniker, die im BMW-Werk oder beim BMW-Importeur auf die Bremsen entsprechend geschult wurden.

3. Entlüften der Bremsanlage sowie Wechsel der Bremsflüssigkeit ist für Hobbyschrauber mit genügend Schrauberkenntnissen nur bei der Bremse ohne ABS möglich, sofern die nötigen Spezialwerkzeuge und Werkstatthilfsmittel zur Verfügung stehen.

4. Eine Zerlegung der Bremssättel und Bremspumpen ist nur bei einer echten Beschädigung erforderlich. Dies kann z. B. bei einem Sturz der Fall sein, wenn Schmutz in sie hineingekommen ist. Dann muss die komplette Bremsanlage zer-

Bilder 2 und 3: Verlegung der Bremsschläuche, Details der vorderen Schlauchanschlüsse.

Bilder 4, 5 und 6: Korrekt angebrachte Bremse hinten und vorne mit Bezeichnung wichtiger Bauteile, auf die im Verlauf dieses Kapitels eingegangen wird.

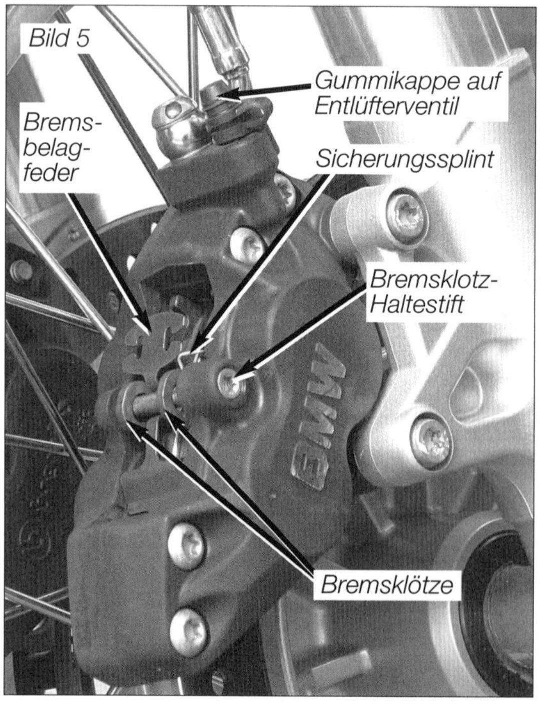

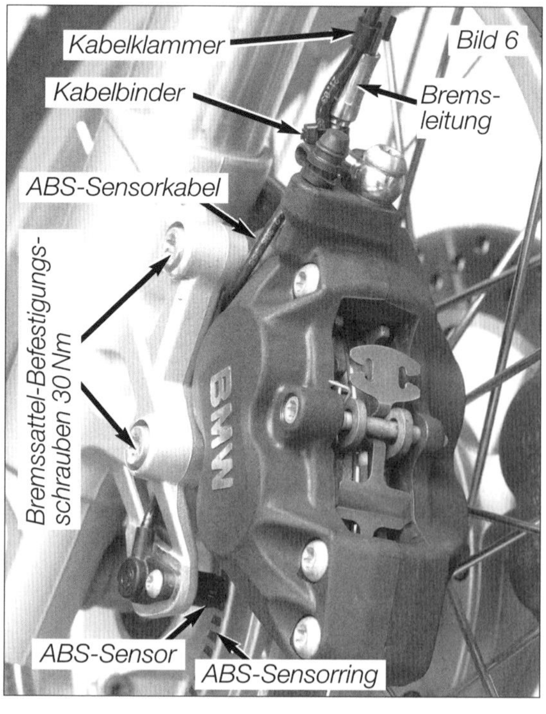

legt, gereinigt und ggf. mit neuen Bauteilen bestückt werden.

5. Dies muss auch dann gemacht werden, wenn eine Maschine über eine sehr lange Zeit (mehrere Jahre) abgestellt war, die Bremsflüssigkeit sich verdickt hat und die Bremskolben fest sitzen. Dann müssen die Bremskolben und ihre Bohrungen intensiv gereinigt sowie neue Kolbendichtringe eingebaut werden. Solche Arbeiten müssen in einer BMW-Motorradwerkstatt durchgeführt werden, denn verschiedene Bremsenersatzteile werden vom BMW-Werk nur für den Gebrauch in BMW-Werkstätten geliefert, sind also nicht für den freien Verkauf an Kunden bestimmt.

6. In die Bremssättel der R 1200 GS sollten nur original BMW-Bremsbeläge eingebaut werden. Im Schacht des Bremssattels ist eine Farbmarkierung aufgebracht, die sich auf der Trägerplatte des Bremsbelags wiederfindet. Dies ist das äußerlich sichtbare Zeichen, dass der Belag zur Bremse passt.

■ Wenn neue Bremsbeläge nötig werden und die Farbmarkierung nicht mehr sichtbar oder nicht vorhanden ist, dann legen Sie beim Kauf neuer Bremsbeläge dem BMW-Händler den Kfz-Schein vor bzw. nennen Sie das Modelljahr Ihrer Maschine sowie die Fahrgestellnummer.

Anzugsdrehmomente

Bremssattel an Gabeltauchrohr	30 Nm
Bremssattel an Hinterachsgehäuse	24 Nm
Bremsscheibe Vorderrad	24 Nm
Bremsscheibe Hinterrad	30 Nm

■ *neue Schrauben verwenden*

Bremsanlage prüfen

1. Alle Bremsschläuche und Bremsleitungen auf Risse, Knicke und Scheuerstellen überprüfen. Wenn defekt, erneuern (Verlegung der Bremsleitungen siehe Bilder 2 und 3).

2. Alle Hydraulikanschlüsse der Bremsleitungen sowie die Dichtmanschetten an den Bremspumpen und Radbremszylindern müssen in einwandfreiem Zustand sein, also staubtrocken. Wenn eine feuchte Stelle entdeckt wird, sofort in die BMW-Motorradwerkstatt: Der BMW-Motorradmeister entscheidet dann, ob die entsprechenden Bauteile repariert werden können oder ob neue Teile nötig sind.

3. Verglaste, riefige und abgenutzte Bremsbeläge reduzieren die Bremswirkung und sollen deshalb durch Neuteile ersetzt werden.

4. Verschmierte Bremsscheiben dürfen nur mit Bremsenreiniger gereinigt werden.

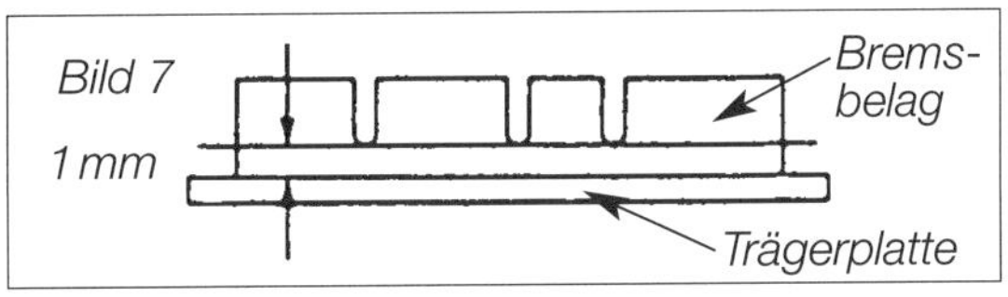

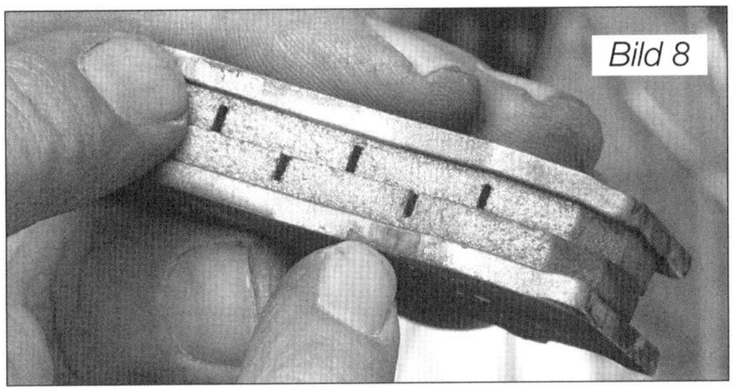

Bilder 7 und 8: Der Bremsbelag ist auf einer Trägerplatte aus Stahl aufgeklebt, beide zusammen bilden den Bremsklotz. Spätestens bei 1 mm Dicke des Bremsbelags müssen neue Bremsklötze eingebaut werden.

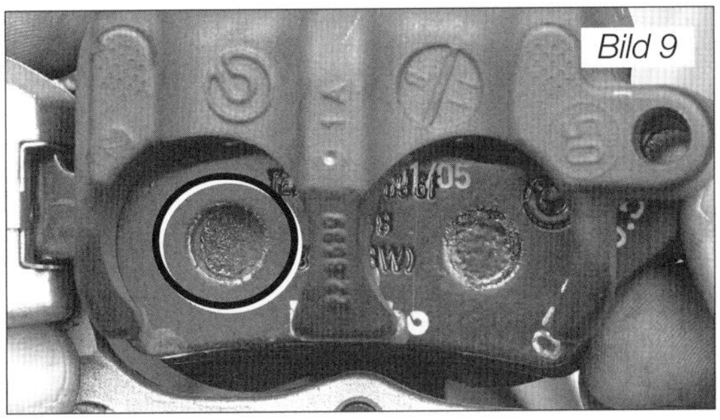

Bild 9: Blick von hinten auf den hinteren Bremssattel. Wenn der Bremsbelag auf 1 mm Dicke abgefahren ist, gibt die Bohrung im Kreis den Blick auf die Bremsscheibe frei.

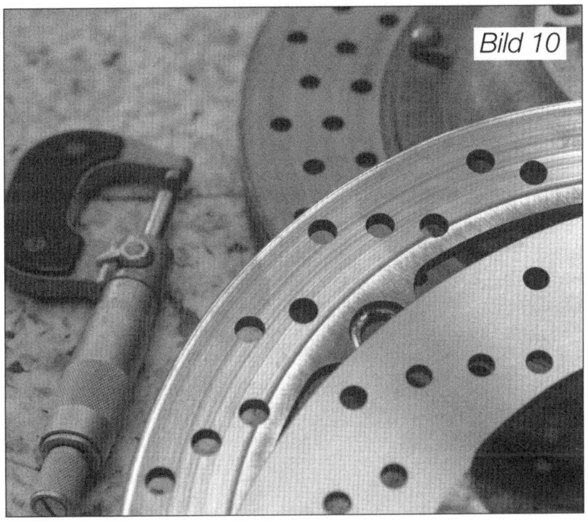

Bild 10: Im Bild vorne eine nachgeschliffene Bremsscheibe mit einwandfreier Scheibenoberfläche, dahinter zwei mit deutlichen Gebrauchsspuren.

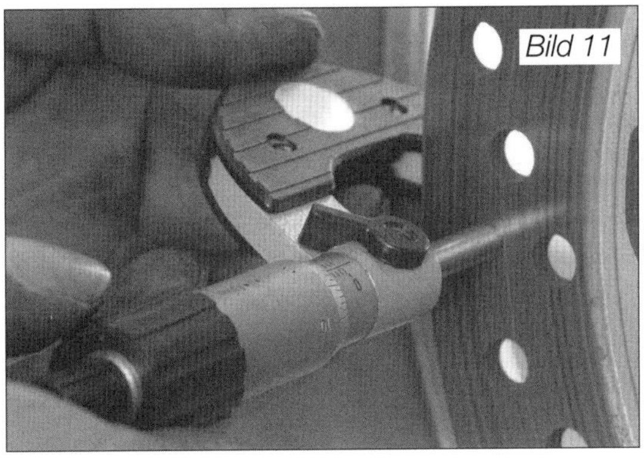

Bild 11: Dicke der Bremsscheiben an mehreren Stellen messen.

Verschleißgrenzen:
■ *vorne 4,0 mm (Neuteil ist 4,5 mm dick)*
■ *hinten 4,5 mm (Neuteil ist 5 mm dick)*

Sichtprüfung Messen

Bilder 12 und 13: Der Stand der Bremsflüssigkeit lässt sich vorne und hinten am durchsichtigen Behälter erkennen.

Bild 14: BMW schreibt Bremsflüssigkeit der Qualität DOT 4 vor.

5. Ältere Bremsscheiben haben Riefen, die man beim Drüberfahren mit dem Fingernagel spürt (Bild 10). Bis zu einer gewissen Tiefe ist das ganz normal. Wenn der Nagel von Riefe zu Riefe deutlich stolpert, ist die Bremsscheibe verschlissen.

6. Weisen die Bremsscheiben im Übergang zur Fläche, die nicht vom Bremsbelag berührt wird (außen am Rand und innen zu den Befestigungsbohrungen hin), tiefe Riefen oder Absätze auf, ist es ebenfalls höchste Zeit für neue Bremsscheiben.

■ Die Beantwortung der Frage, wann eine riefige Bremsscheibe ausgetauscht werden muss, sollte dem BMW-Motorradmechaniker überlassen werden.

7. Die Dicke der Bremsscheiben wird mit einem Mikrometer an mehreren Punkten gemessen (Bild 11). Die Verschleißgrenze beträgt vorne 4,0 mm, hinten 4,5 mm.

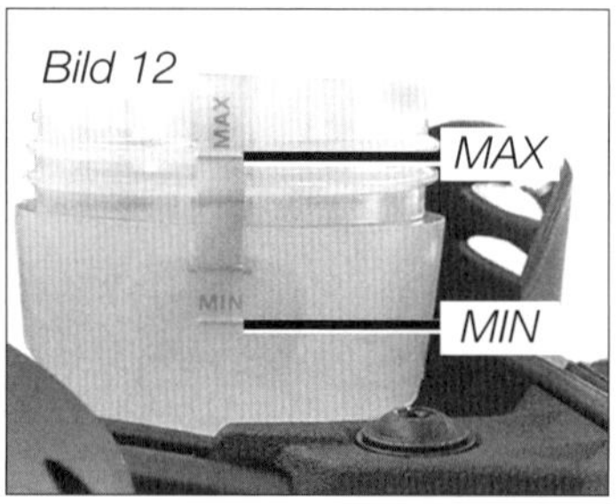

Bild 12

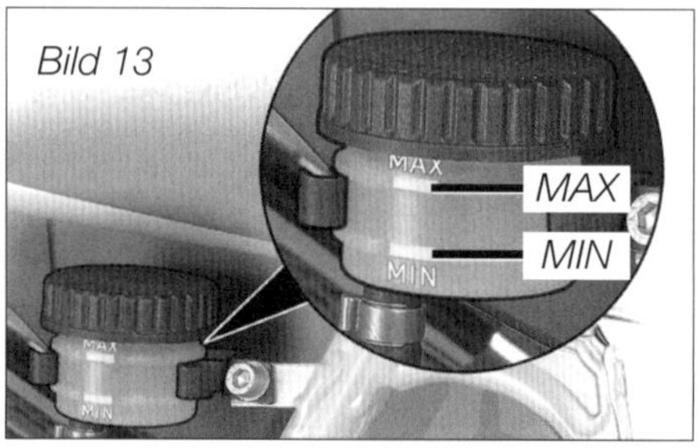

Bild 13

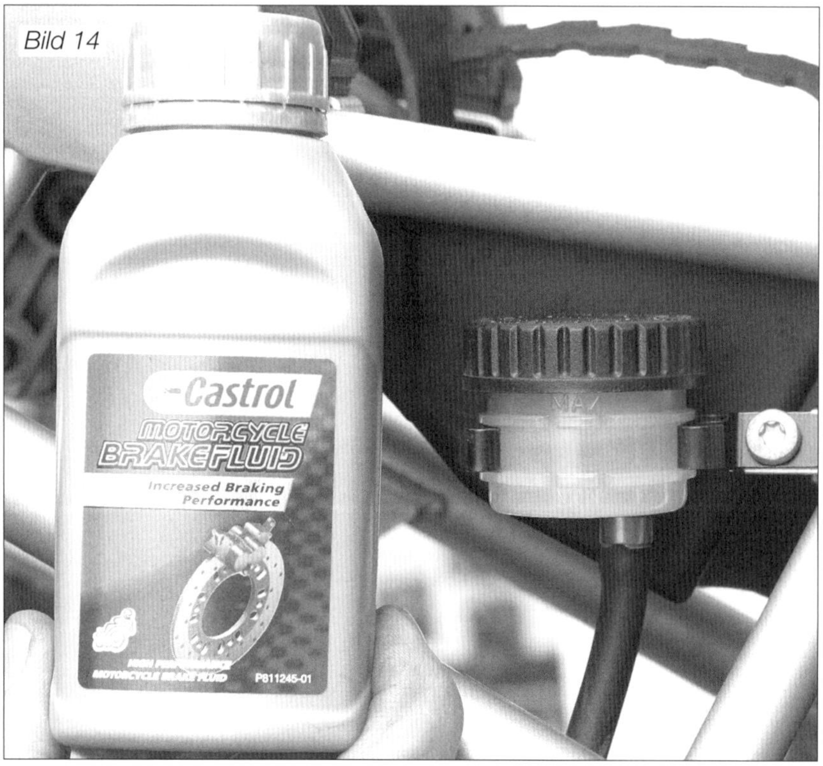

Bild 14

8. Der Verzug (Schlag) der Bremsscheibe wird mit einer Messuhr am äußeren Durchmesser ermittelt. Der erlaubte Schlag beträgt vorne 0,13 mm, hinten 0,10 mm.

■ Der Ab- und Anbau der Bremsscheiben ist in Kapitel 9 »Räder« beschrieben.

Bremsbeläge prüfen

1. In den Belägen der Vorderradbremse sind an der Belagkante von außen Querschlitze zu sehen, so genannte Verschleißmarkierungen (Bilder 7 und 8). Wenn die Schlitze nicht mehr zu sehen sind, ist der Bremsbelag nur noch 1,0 mm dick (oder dünner).

2. Kontrolle der Dicke der Bremsbeläge in der Hinterradbremse: In der Trägerplatte des Bremsbelags befindet sich eine Bohrung, die normalerweise vom ausreichend dicken Bremsbelag abgedeckt ist. Wenn der Belag bis auf ca. 1,0 mm abgefahren ist, gibt er die Bohrung frei und man sieht durch das jetzt offene Loch auf die Bremsscheibe (Bild 9).

Für Vorder- und Hinterradbremse gelten folgende Ratschläge:

■ Bremsbeläge sollten spätestens bei Erreichen der Verschleißgrenze erneuert werden!

■ Da am Vorderrad zwei Bremssättel mit jeweils zwei Belägen montiert sind, braucht man für eine Neubestückung der Vorderradbremse zwei Sätze Bremsbeläge. »Ein Satz Bremsbeläge« enthält zwei Stück pro Bremssattel, für die Doppelscheiben-Bremsanlage braucht man also zwei Sätze Bremsbeläge.

■ Wenn einer der beiden Bremsbeläge in einem Bremssattel stärker verschlissen ist als der andere, müssen beide Bremsbeläge erneuert werden. Also nicht einen neuen und einen gebrauchten Bremsbelag einsetzen.

■ Wenn ein Bremsbelag pro Bremssattel weit stärker verschlissen ist als der andere, liegt wahrscheinlich ein Fehler in der Bremsanlage vor. Womöglich ist auf der Seite, wo der weniger verschlissene Bremsbelag sitzt, ein Bremskolben fest. Das sollte schnellstmöglich behoben werden und ist Sache der BMW-Werkstatt.

■ Weiterhin verweisen wir beim Thema »Probleme mit der Bremse« auf Kapitel 28 »Störungssuche«. Darin sind alle möglichen Fehlerquellen der Bremsanlage aufgelistet.

Bremsflüssigkeit

Bei Betätigung des Bremshebels wird vom Kolben im Hauptbremszylinder ein Druck auf die

Bremsflüssigkeit aufgebaut, der von dieser auf die Kolben in den Radbremszylindern weitergegeben wird. Diese Kolben fahren aus ihren Bohrungen aus, sie pressen die Beläge gegen die sich drehenden Bremsscheiben, eine Reibkraft wird aufgebaut und das Rad bremst ab.

Um den Betrag, den die Bremsbeläge verschleißen, wandern die Kolben immer weiter aus ihren Bohrungen hinaus. Dementsprechend läuft Bremsflüssigkeit nach. Damit sinkt auch der Pegelstand im Flüssigkeitsbehälter. Daher muss der Bremsflüssigkeitsstand regelmäßig überprüft und ggf. ergänzt werden.

Stand der Bremsflüssigkeit

Die Bremsflüssigkeitsstände vorne und hinten lassen sich einfach kontrollieren und ggf. ergänzen.

- Vorgeschriebene Qualität der Bremsflüssigkeit ist DOT 4 (Bild 14).
- Keine Flüssigkeiten anderer Art verwenden oder dazumischen und nie ältere Bremsflüssigkeitsreste einfüllen.
- Bremsflüssigkeit in der Qualität DOT 4 nicht mit DOT 5 oder DOT 5.1 mischen!
- Wenn höherwertige Bremsflüssigkeit in der Qualität DOT 5 oder DOT 5.1 verwendet werden soll, muss die Bremsanlage vorher komplett von DOT 4 entleert, zerlegt und gereinigt werden. Dies ist Sache der BMW-Motorradwerkstatt.
- Weiterhin wird dringend empfohlen, neue Kolbenmanschetten und Dichtringe einbauen zu lassen, weil Bremsmanschetten, die längere Zeit mit DOT 4 betrieben wurden, bei Kontakt mit DOT 5 oder DOT 5.1 aufquellen können, was zum Festgehen der Bremskolben führt.

Bremsflüssigkeit gibt es in kleinen, preiswerten Gebinden (Bild 14). Möglichst immer neue

Bild 15: Zum Auffüllen von Bremsflüssigkeit Deckel abnehmen, dazu die beiden Rastennasen eindrücken und den Deckel abdrehen.

Bild 16: Membran langsam ausziehen, damit Bremsflüssigkeit nicht herausspritzt.

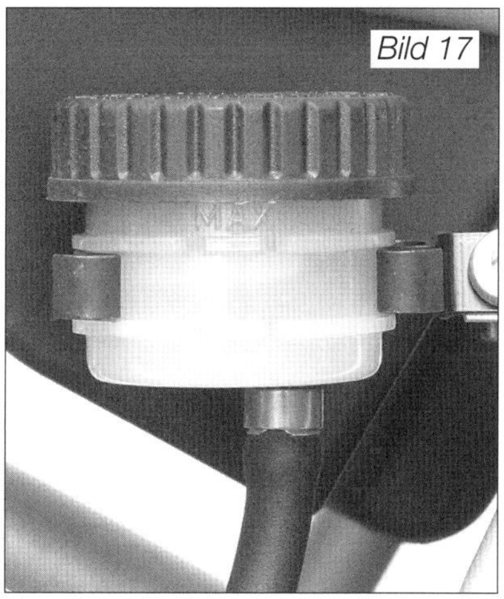

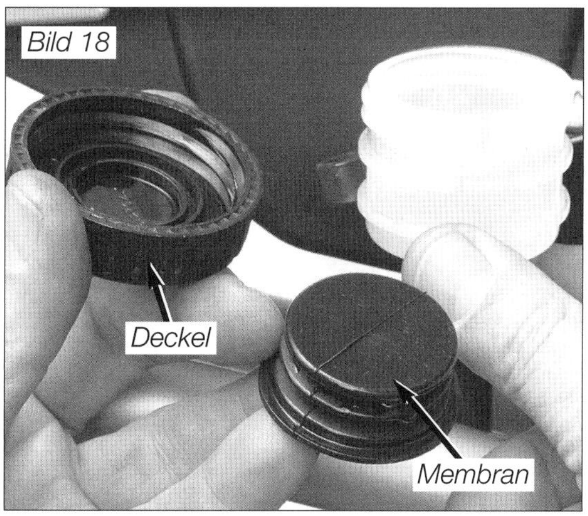

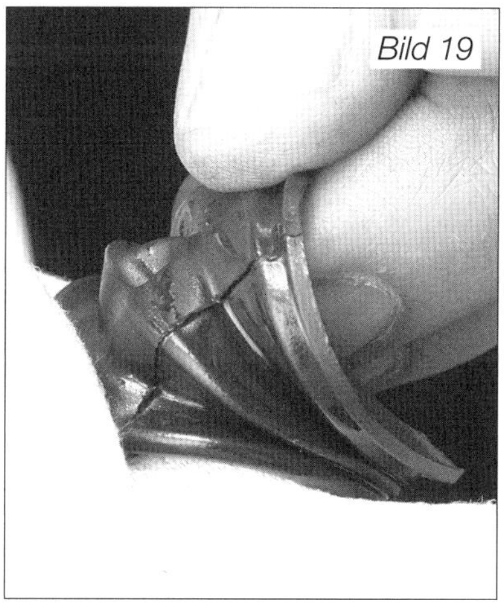

Bilder 17 bis 19: Der hintere Bremsflüssigkeitsbehälter hat eine transparente Wandung. Zum Auffüllen des Behälters diesen aus seiner Federklammer ziehen. Deckel abschrauben, Membran langsam herausnehmen. Gut reinigen, in Form bringen, exakt wieder einsetzen und Deckel aufdrehen.

Sichtprüfung Messen

Bremsflüssigkeit aus einer neuen, ungeöffneten Dose benutzen. Bremsflüssigkeit verhält sich hygroskopisch, zieht also Wasser aus der Luft an. Damit sinkt der Siedepunkt.

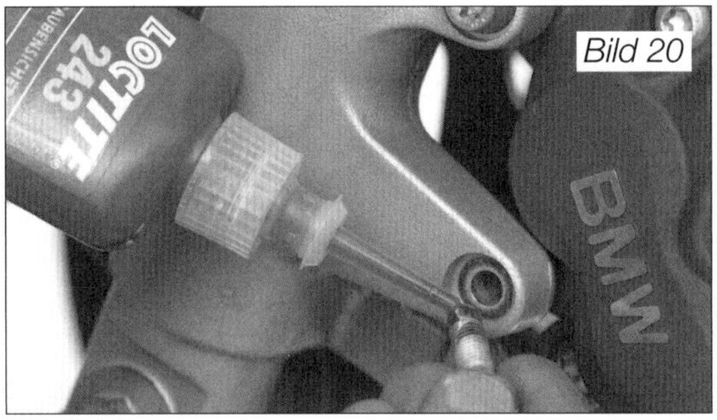

Bild 20

Bild 20: Loctite »mittelfest« kann an die Befestigungsschrauben der Bremssättel gegeben werden.

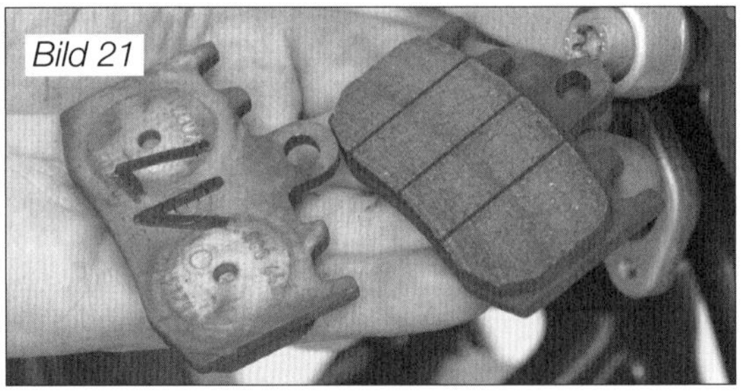

Bild 21

Bild 21: Wenn Bremsbeläge wieder eingebaut werden sollen, gleich nach dem Ausbau mit einem fetten Filzstift zeichnen. »LV« steht für »links vorne«.

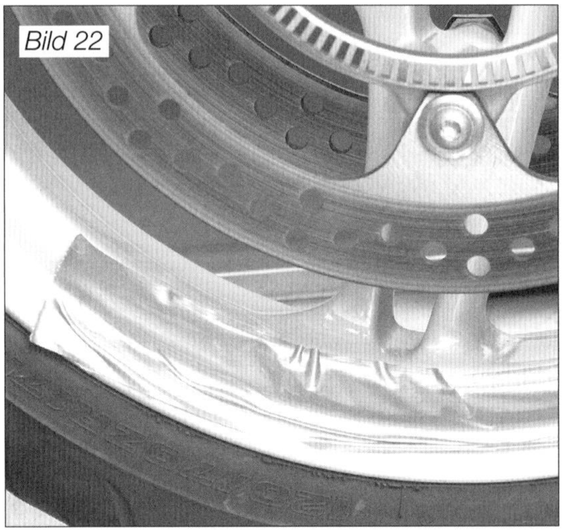

Bild 22

Bild 22: Felge vor dem Abbau der Bremssättel mit Klebeband abkleben.

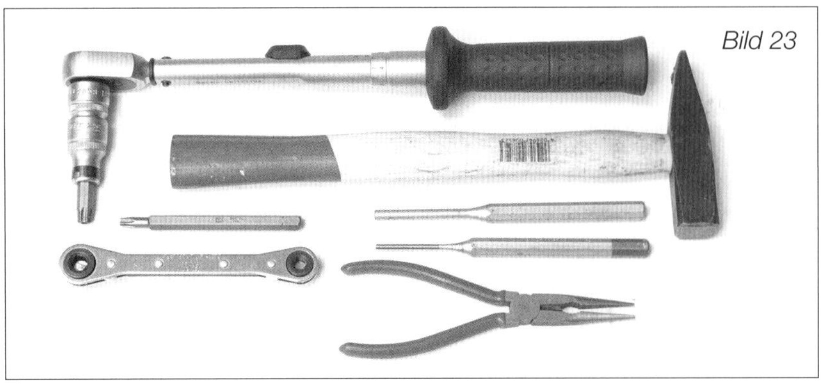

Bild 23

Bild 23: Werkzeuge zum Abbau der Bremssättel und Ausbau der Bremsbeläge.

Vorderradbremse

1. Motorrad steht auf ebenem Untergrund auf Hauptständer. Lenker etwas nach links einschlagen, damit der Bremsflüssigkeitsbehälter waagerecht steht. Vorderrad mit einem Gummiband so verspannen, z. B. gegen einen kalten (!) Zylinder, dass die Lenkung in dieser Position bleibt.

2. Der Bremsflüssigkeitsbehälter ist transparent. Rechts außen sind Markierungen für MIN und MAX angebracht. Der Stand der Bremsflüssigkeit sollte sich zwischen diesen beiden Markierungen befinden, keinesfalls unterhalb von MIN (Bild 12).

3. Wenn Bremsflüssigkeit aufgefüllt werden muss, zuerst den Behälter mit einem weichen, saugfähigen Lappen umwickeln, damit eventuell ausschwappende Hydraulikflüssigkeit aufgesaugt wird und nicht an Lackteile kommt.

4. Zum Abnehmen des Deckels die beiden Rastennasen des Stützrings vorsichtig mit den Fingernägeln eindrücken (Bild 15) und den Deckel links herum auf- und ganz abdrehen.

5. Stützring und innenliegende Membran vorsichtig herausnehmen (Bild 16). Bremsflüssigkeit auffüllen.

■ Nicht über MAX auffüllen (Bild 12)!

6. Membran mit einem sauberen, nicht fusselnden Lappen reinigen (Bild 19), in Form bringen und einsetzen. Stütz-Innenring aufsetzen, Zapfen müssen in Nuten eingreifen. Deckel aufdrehen und handfest anziehen.

Hinterradbremse

Motorrad steht senkrecht und waagerecht auf dem Hauptständer. Der Bremsflüssigkeits-Behälter befindet sich auf der rechten Seite am Rahmenrohr. Der Bremsflüssigkeitsstand lässt sich leicht am transparenten Behälter ablesen. Er sollte am oberen Markierungsring oder kurz darunter stehen.

Wenn der Behälter nur halb voll ist oder die Bremsflüssigkeit gar beim unteren Ring steht, muss aufgefüllt werden:

1. Behälter aus Haltefeder ziehen, senkrecht halten (Bild 17).

2. Behälter mit einem Lappen umwickeln, Deckel aufdrehen und abnehmen, innenliegende Membran vorsichtig herausnehmen (Bild 18).

3. Bremsflüssigkeit bis zum oberen Markierungsring auffüllen.

4. Membran reinigen (Bild 19), in Form bringen, vorsichtig einsetzen, Deckel aufschrauben und handfest anziehen. Behälter in Haltefeder eindrücken.

Vordere Bremssättel

Zu allen Arbeiten an den Bremsen die Maschine auf dem Mittelständer abstellen. Zündung ausschalten, Zündschlüssel am besten abziehen.

Vordere Bremssättel abbauen
Die vorderen Bremssättel müssen zum Aus- und Einbau des Vorderrads abgebaut werden. Die Bremsklötze bleiben dabei eingebaut.

Tipp: Vor dem Ausbau der Bremssättel die Felge mit Klebeband abkleben, damit ihr Lack beim versehentlichen Anstoßen mit dem Bremssattel nicht beschädigt wird (Bild 22).
■ Dies gilt besonders für die Gussräder.

Wenn die gebrauchten Bremsklötze wieder eingebaut werden, unbedingt darauf achten, dass sie in der ursprünglichen Position wieder eingebaut werden, denn der Bremsbelag hat sich auf die Scheibenoberfläche eingeschliffen: Innerer Bremsklotz innen, äußerer Bremsklotz außen.

Tipp: Gleich nach dem Ausbau der Bremsklötze diese mit einem fetten Filzstift entsprechend der Einbaulage zeichnen (Bild 21).
■ Gebrauchte Bremsklötze vor dem Wiedereinbau mit Bremsenreiniger reinigen.

Achtung: Bremsklotz immer mit der Belagseite zur Bremsscheibe hin einbauen!

Arbeitsschritte zum Ab- und Anbau der Bremssättel
Abbau:
1. Unteren Kabelbinder des ABS-Sensorkabels aufzwicken (Bild 24). Obere Kabelklemmen lösen (Bild 25).
2. Beide Torxschrauben, mit denen der Bremssattel am Gabeltauchrohr befestigt ist, lösen und ausdrehen (Bild 26).
3. Bremssattel vorsichtig nach oben von der Bremsscheibe abziehen, dabei weder am ABS-Kabel noch am Bremsschlauch ziehen oder diese abknicken!

Anbau:
Sportliche Fahrer und BMW-Spezialisten schwören auf das Festkleben der Schrauben mit Loctite »mittelfest« (Bild 20). Dies ist keine Werksvorschrift, sondern eine freiwillige Leistung, die man tun oder lassen kann.

1. Schraubengewinde mit einer Messingbürste

Bild 24: Kabelbinder unten aufzwicken.

Bild 25: Kabelklemmen vom Bremsschlauch lösen.

Bild 26: Befestigungsschrauben des Bremssattels lösen und ausdrehen. Beim Anbau mit 30 Nm festziehen.

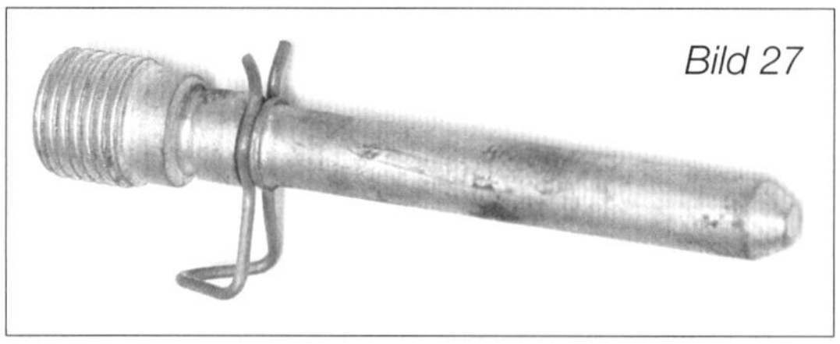
Bild 27

Bild 28

Bilder 27 und 28: Der Bremsklotz-Haltestift ist mit einem Stecksplint gesichert.

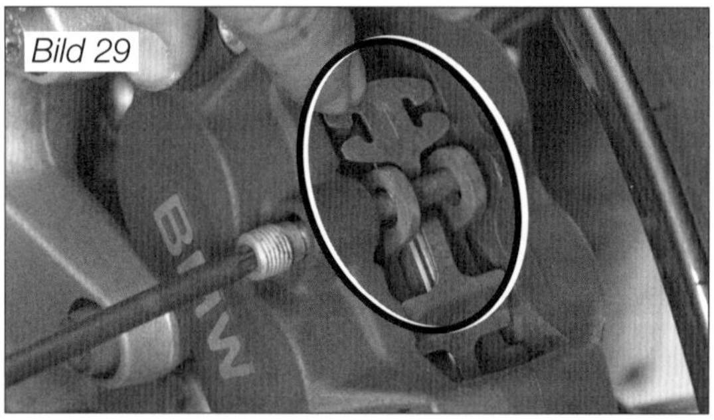
Bild 29

Bild 29: Bremsklotz-Haltestift mit einem Torxschlüssel lösen und ausdrehen. Dabei die Bremsbelagfeder mit einem Finger leicht nach unten drücken (Kreis).

Bild 30

Bild 30: Beim Ausschrauben des Bremsklotz-Haltestifts die Bremsbelagfeder etwas nach unten drücken.

Bild 31

Bilder 31 und 32: Bremsklötze ausziehen.

reinigen. Entweder etwas Öl auf das Gewinde und die Anlagefläche oder einen Tropfen Loctite »mittelfest« nur an das Gewinde geben (Bild 20).
2. Bremssattel auf die Bremsscheibe schieben, Befestigungsbohrungen zur Deckung bringen.
3. Schrauben eindrehen und in mehreren Schritten bis auf 30 Nm festziehen.
4. Kabel des ABS-Sensors oben mit den Kabelklemmen an der Bremsleitung festklicken (Bild 25), unten mit einem Kabelbinder an der Bremsleitung festbinden (Bild 24).

Vordere Bremsklötze wechseln

Bremsklötze ausbauen

Die Bremsklötze können bei angeschraubtem Bremssattel gewechselt werden. Allerdings ist beim Erneuern der Bremsklötze eine intensive Reinigung des Bremssattels zu empfehlen, wozu dieser abgebaut werden sollte, denn nur im abgebauten Zustand kann der Schacht im Bremssattel richtig und gut durchgeputzt werden.
1. Sicherungssplint vom Bremsklotz-Haltestift abziehen (Bilder 27 und 28).
2. Bremsklotz-Haltestift mit einem Torxschlüssel lösen und ausdrehen (Bild 29).
■ Dabei die Bremsbelagfeder mit einem Finger leicht nach unten drücken (Kreis in Bild 29).
3. Bremsklotz-Haltestift herausziehen, Bremsbelagfeder herausnehmen, Bremsklötze aus dem Bremssattel herausziehen (Bilder 30 und 31).

Bremssattel reinigen

1. Abgeschraubten Bremssattel mit einem dicken Lappen in die Hand nehmen und so drehen, dass der Bremsbelagschacht sichtbar ist. Bremsschlauch dabei weder stark verdrehen noch abknicken!
2. Bremssattel satt mit Bremsenreiniger einsprühen (Bild 33, siehe dazu auch »Achtung und Tipps« am Anfang dieses Kapitels!).
3. Den eingesprühten Bremssattel umgehend mit sauberem, nicht fusselnden Lappen durchputzen.

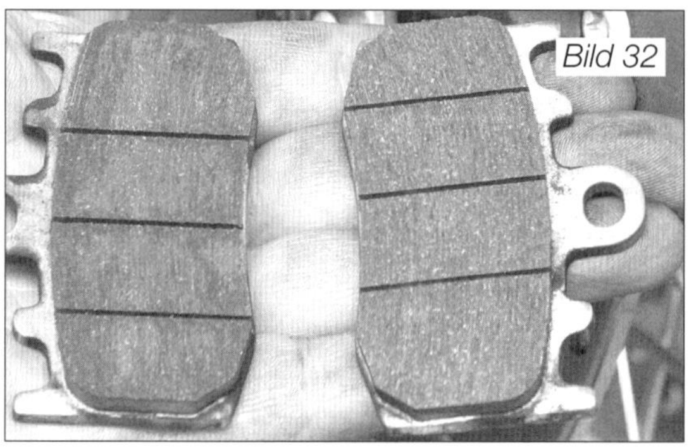
Bild 32

Bremskolben zurückdrücken

Vor dem Einbau der neuen Bremsklötze müssen die Bremskolben in ihren Bohrungen zurückgedrückt werden, damit die neuen Bremsklötze, deren neuer Bremsbelag ja bedeutend dicker ist als der abgefahrene, auch genügend »Luft« zueinander haben, und später der Bremssattel problemlos auf die Bremsscheibe geschoben werden kann.

BMW schreibt zum Zurückdrücken der Bremskolben das Spezialwerkzeug »Bremskolben-Rücksetzwerkzeug« (Bilder 34 und 35) vor. Dieses muss zwingend verwendet werden, wenn zum Wechsel der Bremsklötze der Bremssattel nicht abgebaut wurde, denn man darf unter keinen Umständen irgendwelche Hebelwerkzeuge gegen die Bremsscheibe drücken und diese als Widerlager zum Zurückdrücken der Bremskolben benutzen!

Wie man die Bremskolben mit einfachen Hausmitteln fachlich korrekt zurückdrücken kann, beschreiben wir nachstehend:

1. Die beiden alten Bremsklötze in den (gereinigten) Bremssattel einsetzen. Bremsbelag-Haltestift provisorisch eindrehen.

2. Bremsflüssigkeitsbehälter oben am Lenker öffnen (siehe Text weiter vorne in diesem Kapitel). Einen Lappen um den Behälter wickeln.

3. Stand der Bremsflüssigkeit checken:

- Wenn er niedrig ist, also knapp über MIN steht, ist das in Ordnung.
- Wenn er bei MAX steht, mit einer kleinen Spritze Bremsflüssigkeit absaugen, bis der Spiegel knapp über MIN steht – sonst läuft beim Zurückdrücken der Bremskolben der Behälter über!

4. Mit einem Reifenmontiereisen (zur Not geht auch ein dicker Schraubenzieher!) zwischen die alten Bremsklötze fahren und die Bremskolben auf beiden Seiten gleichmäßig vorsichtig und langsam ganz zurück drücken.

- Dabei immer den Stand der Bremsflüssigkeit im Auge behalten, damit der Behälter nicht überläuft.
- Nach jeder zurückgedrückten Bremskolbenseite den Pegelstand prüfen. Steigt dieser bis zur Oberkante, etwas Bremsflüssigkeit absaugen.

5. Wenn die Bremskolben ganz zurückgedrückt sind, die alten Bremsbeläge herausnehmen.

Bremsklötze einbauen

1. Gewinde des Bremsbelag-Haltestifts mit einer Messingbürste reinigen (Bild 37). Einen Tropfen Kupferpaste an das Gewinde geben.

2. Vordere und hintere Kanten und Fläche der Bremsbelag-Trägerplatte ganz leicht mit Kupferpaste einschmieren (Bild 36).

3. Neuen äußeren Bremsklotz in den Schacht der Bremszange einschieben.

4. Bremsbelag-Haltestift durch die äußere Bohrung im Bremssattel und die Bohrung im äußersten Bremsklotz einstecken.

5. Inneren Bremsklotz einschieben, mit den Fingern einer Hand halten.

6. Bremsbelagfeder aufsetzen (Pfeil muss nach vorne weisen!), etwas nach unten drücken (Bild

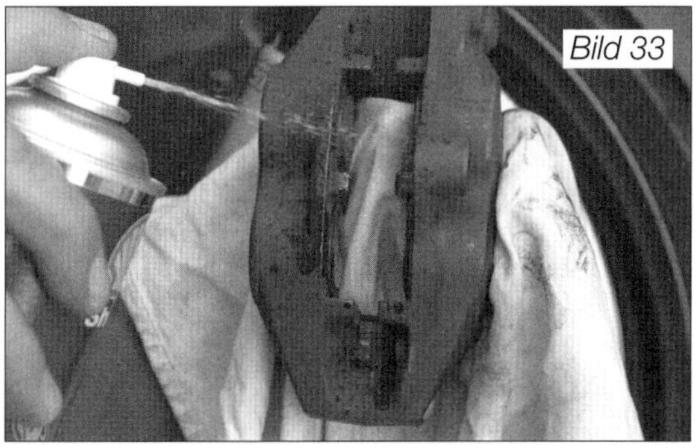

Bild 33: Abgebauten Bremssattel mit Bremsenreiniger und Lappen sauber durchputzen.

Bilder 34 und 35: Zurückdrücken des Bremskolbens mit BMW-Spezialwerkzeug.

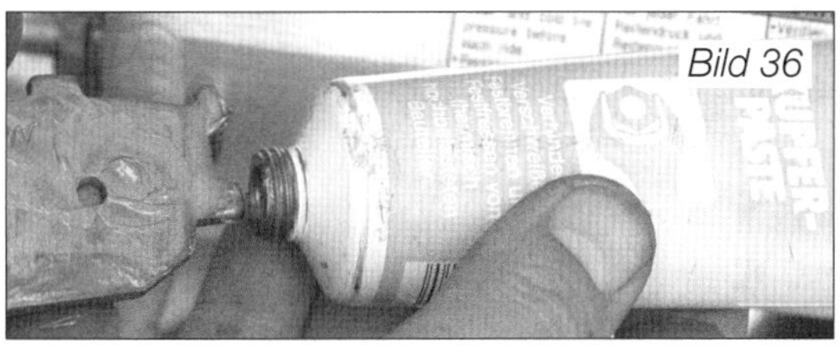

Bild 36: Vordere und hintere Kanten und Flächen der Bremsbelag-Trägerplatte leicht mit Kupferpaste einschmieren.

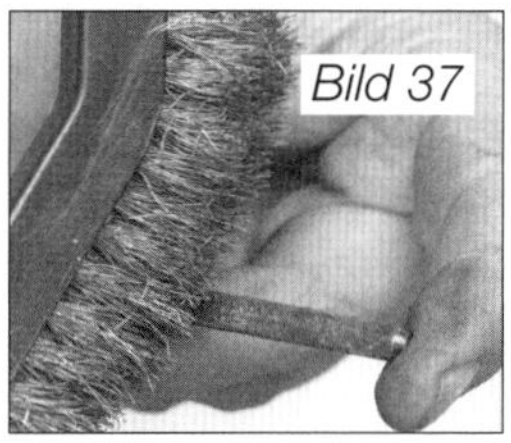

Bild 37: Bremsbelag-Haltestift vor Einbau mit einer Messingbürste reinigen.

Bild 38

Bild 38: Radabdeckung abschrauben.

Bild 39

Bild 39a

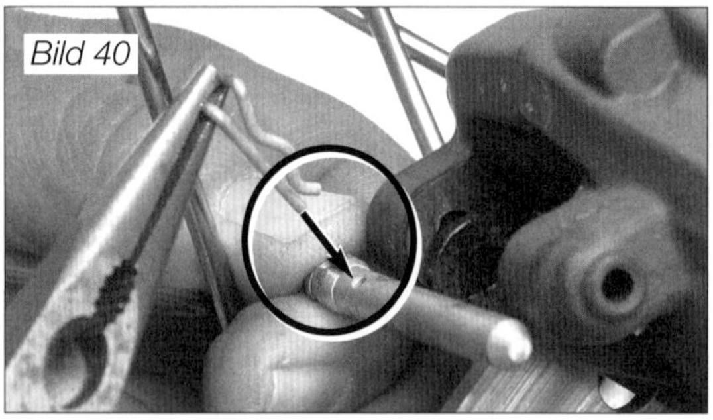

Bild 40

Bilder 39 und 41: Zum Ausbau der hinteren Bremsbeläge den Sicherungssplint ausdrehen, Bremsklotz-Haltestift abziehen und dann den Bremsklotz-Haltestift mit einem kleinen Durchschlag austreiben.

■ Der Bremsklotz-Haltestift wird von einer kleinen Spannhülse (Pfeil in Bild 40) in seiner Bohrung gehalten.

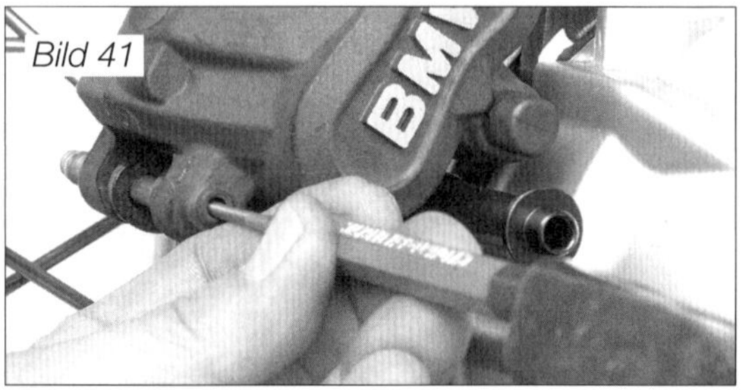

Bild 41

Bild 42

Bild 42: Bremsbeläge nach hinten herausnehmen.

30), Bremsbelag-Haltestift durch Feder und inneren Bremsklotz ganz durchstecken, ins Gewinde eindrehen (Bild 29) und mit 7 Nm festziehen.
7. Sicherungssplint (Bilder 27 und 28) einsetzen.

Jetzt werden die Bremszangen angeschraubt:
1. Bremszange auf die Bremsscheibe fädeln. Gewindebohrungen im Bremssattel mit den Durchgangsbohrungen am Gabeltauchrohr zur Deckung bringen.
2. Gereinigte Bremssattel-Halteschrauben eindrehen, in mehreren Schritten abwechselnd bis auf 30 Nm festziehen.
3. Wenn beide Bremszangen mit neuen Bremsklötzen bestückt und die Bremszangen angeschraubt sind, den Stand der Bremsflüssigkeit im Vorratsbehälter kontrollieren und ggf. bis auf MAX auffüllen.
4. Bremshebel NICHT betätigen!
5. Zündung einschalten, Eigendiagnose des Bremssystems abwarten. Motor starten und bei laufendem Motor den Bremshebel einige Male langsam betätigen, bis Widerstand spürbar wird.
■ Sicherstellen, dass alle vier Bremsbeläge an den Bremsscheiben anliegen.
6. Motor ausschalten. Stand der Bremsflüssigkeit kontrollieren, ggf. etwas auffüllen.
■ NICHT über MAX auffüllen!
7. Behälter schließen (siehe Text weiter vorne).
8. Vorderrad mit der Hand drehen und im Wechsel die Bremse betätigen und wieder lösen:
■ Damit kontrollieren, ob sich alle vier Bremsbeläge gleichzeitig an die Scheibe anlegen und wieder lösen, das Rad also sicher abbremst bzw. die Bremsbeläge die Bremsscheiben gleichmäßig frei geben.

Hinterer Bremssattel

Beim Erneuern der hinteren Bremsklötze gilt das bei den vorderen Bremssätteln Gesagte: Eine intensive Reinigung des hinteren Bremssattels ist zu empfehlen.

Hinterradbremsklötze wechseln

1. Radabdeckung abschrauben: Die beiden Befestigungsschrauben mit Torxschlüssel lösen und ausdrehen (Bild 38).
2. Sicherungssplint aus dem Bremsbelag-Haltestift ausziehen (Bilder 39, 39a und 40).
3. Bremsbelag-Haltestift zur Radseite hin durchschlagen: Dünnen Durchschlag nehmen, sauber ansetzen, mit kleinem Hammer leichte Schläge darauf geben und den Stift austreiben (Bild 41).

4. Bremsbeläge an der Bremsscheibe entlang nach hinten herausziehen (Bild 42).
5. Bremssattel abschrauben: Beide Torxschrauben ausdrehen (Bild 52), Bremssattel von der Bremsscheibe abziehen.
6. Bremssattel umdrehen und mit Bremsenreiniger reinigen (siehe Text weiter vorne bei »Vorderradbremsklötze wechseln«).

Neue Bremsklötze einbauen

Zum Zurückdrücken der Bremskolben nach BMW-Vorschrift wird auch am hinteren Bremssattel das BMW-Spezialwerkzeug »Bremskolben-Rücksetzwerkzeug« vorgeschlagen. Es geht bei abgebautem Bremssattel aber auch mit der Hand:
1. Bremsflüssigkeitsbehälter vorne am Rahmen öffnen (siehe Text weiter vorne in diesem Kapitel). Einen Lappen um den Behälter wickeln.
2. Stand der Bremsflüssigkeit checken:
■ Wenn er niedrig ist, also knapp über MIN steht, ist das in Ordnung.
■ Wenn er bei MAX steht, mit einer kleinen Spritze Bremsflüssigkeit absaugen, bis der Spiegel knapp über MIN steht – sonst läuft beim Zurückdrücken der Bremskolben der Behälter über!
3. Den äußeren alten Bremsklotz in den (gereinigten) Bremssattel einsetzen.
4. Bremssattel in beide Hände nehmen und über den alten Bremsklotz die Bremskolben gleichmäßig vorsichtig und langsam ganz zurückdrücken.
■ Dabei immer den Stand der Bremsflüssigkeit im Auge behalten, damit der Behälter nicht überläuft. Steigt die Bremsflüssigkeit bis zur Oberkante, etwas Bremsflüssigkeit absaugen.
5. Wenn die Bremskolben ganz zurückgedrückt sind, den alten Bremsklotz herausnehmen.
6. Neue Bremsklötze an der Vorder- und Hinterkante und auf der Trägerplatte dünn mit Kupferpaste einschmieren, in den Schacht des Bremssattels einschieben. Die Vorderseite der Bremsklötze muss in das U-förmige Blech eingeführt werden (Bild 47).

Bild 43

Bilder 43 bis 45: Beim Einbau der Bremsbeläge unbedingt darauf achten, dass das Federblech richtig sitzt, der Pfeil (Kreis in Bild 43) muss nach vorne zeigen.

Bild 45

Bild 44

Sichtprüfung Messen

Bild 46

Bild 46: Die Bremsklötze passen nur in einer Position.

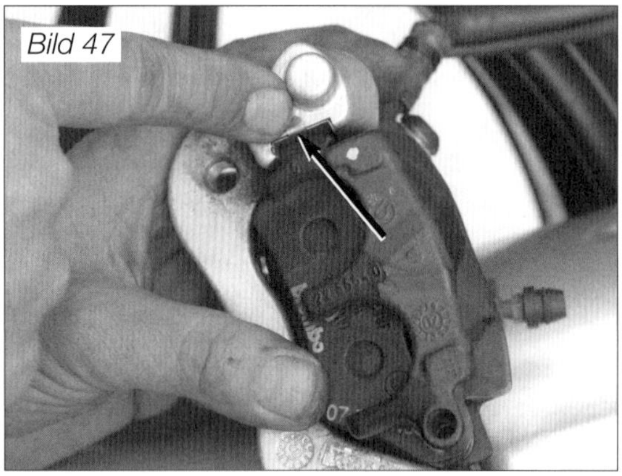
Bild 47

Bild 47: Die Bremsklötze werden vorne in ein U-Blech eingesetzt.

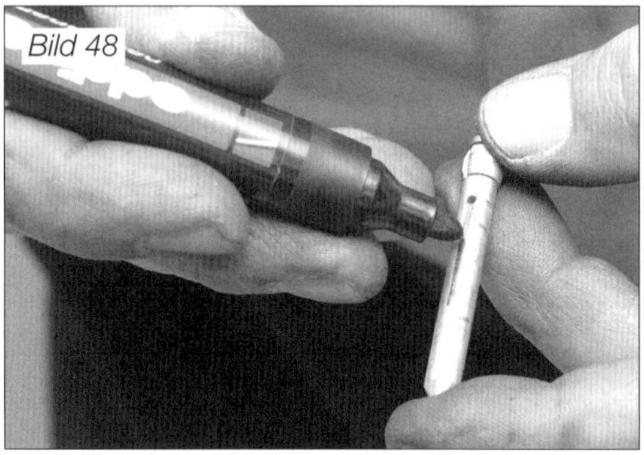
Bild 48

Bild 49

Bilder 48 und 49: Damit die Bohrung für den Sicherungssplint richtig sitzt, einen Strich auf den Bremsbelag-Haltstift zeichnen und nach oben weisend eintreiben.

Wichtig: Das oben zwischen den Kanten der Bremsklötze und dem Grund des Schachts eingesetzte Federblech muss mit dem Pfeil nach vorne eingesetzt sein (Bilder 43, 44 und 45).

■ Normalerweise fällt das Federblech nicht heraus, aber wenn doch, muss es wieder exakt eingesetzt werden, sonst lassen sich die Bremsklötze nicht korrekt montieren!

7. Bremsklötze am hinteren Ende nach oben gegen die Federkraft des innen sitzenden Federblechs drücken.

8. Mit einem fetten schwarzen Filzstift mittig auf dem Bremsklotz-Haltestift in Verlängerung der Sicherungsbohrung einen Strich ziehen (Bild 48), Bremsklotz-Haltestift mit dem Strich nach oben von hinten in die Bohrung im Bremssattel und durch die Bohrungen der Bremsklötze einschieben, mit kleinem Hammer etwas nachhelfen – der Stift muss satt sitzen!

9. Sicherungssplint einschieben (Bild 50).

10. Bremssattel auf Bremsscheibe aufsetzen, vordere Schraube eindrehen und handfest anziehen.

Dabei beachten: Das Zwischenstück, an dem der hintere Spritzschutz befestigt wird, richtig montieren:

■ Zwischenstück auf die Bremssattel-Halteschraube schieben,

■ Bremssattel-Halteschraube lose eindrehen,

■ M6-Schraube handfest eindrehen (Bild 51)…

■ …und erst dann die Bremssattel-Halteschrauben festziehen (Bild 51) mit 24 Nm.

■ M6-Schraube wieder ausdrehen.

11. Bremsanlage auf Funktion überprüfen (wie Vorderradbremse, siehe Text oben).

■ Erst danach den Spritzschutz anschrauben: Schraubengewinde mit einer Messingbürste reinigen, etwas Loctite »mittelfest« auf das Gewinde geben, eindrehen, mit 8 Nm festziehen (Bild 53).

Bild 50

Bild 50: Sicherungssplint einsetzen.

Bremsflüssigkeit wechseln

Alle 20 000 Kilometer (spätestens alle zwei Jahre!) sollte die Bremsflüssigkeit erneuert werden. Sie zieht im Laufe ihres Lebens Wasser und wird dadurch anfällig für »Kochen« – es können sich bei Hitze regelrechte Dampfblasen in ihr bilden. Schnelle Fahrer oder pässebegeisterte Biker lassen die Bremsflüssigkeit alle 12 Monate wechseln, denn durch den ständigen Wechsel von Erhitzen und Abkühlen wird die Bremsflüssigkeit thermisch besonders stark belastet.

Je älter Bremsflüssigkeit wird, desto mehr Wasser nimmt sie aus der Luft auf. Ihre Temperaturstabilität sinkt, sie beginnt schon früh zu kochen. Es besteht die Gefahr, dass die Bremsen bei extremem Einsatz, etwa bei schnellen Passabfahrten, plötzlich versagen: Auftretende Dampfblasen verhindern dann, dass der vom Bremshebel aufgebaute Druck an die Bremskolben weitergegeben wird, der Bremshebel fällt regelrecht durch.

Wie schon mehrmals gesagt, ist ein Wechsel der Bremsflüssigkeit mit Entlüften der Bremsanlage zumindest bei den mit ABS ausgerüsteten Maschinen Sache der BMW-Motorradwerkstatt, weil er nicht mit normalen Werkzeugen und Werkstatthilfsmitteln durchgeführt werden kann, sondern BMW-Spezialwerkzeug sowie das BMW-eigene Werkstatt-Computerprogramm dazu benötigt werden. Die nachfolgenden Arbeitsschritte gelten deswegen nur für die Bremsanlage ohne ABS – und hier auch nur für Notfälle, wenn z. B. auf einer Tour unterwegs durch ein Zusammentreffen unglücklicher Umstände Luft in einen Radbremskreis kommt und ein Weiterfahren damit ein Sicherheitsrisiko wäre.

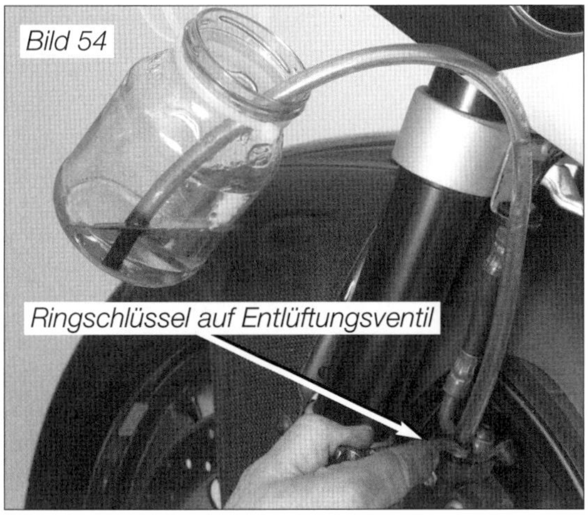

Bremsflüssigkeit wechseln, Bremse entlüften

1. Deckel des Behälters abnehmen, Membran und Stützring herausnehmen.
2. Alte Bremsflüssigkeit aus dem Behälter absaugen, z. B. mit einer Einwegspritze. Behälterinnenseite mit einem sauberen, nicht fusselnden Lappen reinigen.
3. Frische Bremsflüssigkeit einfüllen.
4. Gummikappe am Entlüftungsnippel des

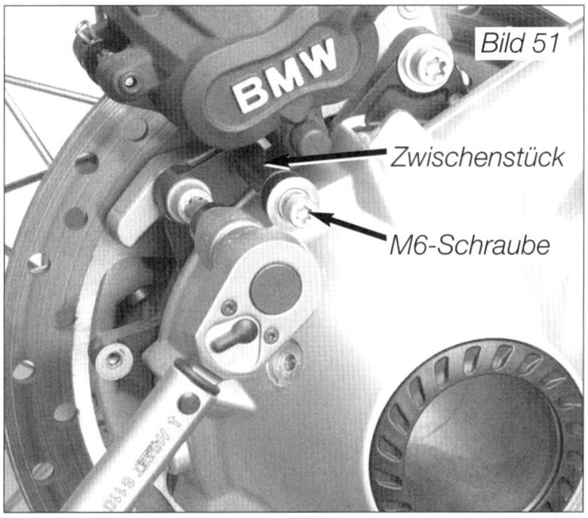

Bild 51: Vor dem Festziehen der hinteren Schraube das Zwischenstück einsetzen, M6-Schraube handfest eindrehen.

Bild 52: Bremssattel-Befestigungsschrauben mit 24 Nm festziehen.

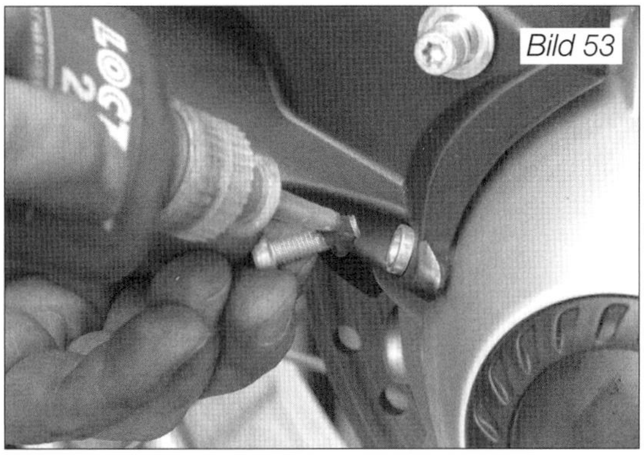

Bild 53: Schrauben der Radabdeckung mit Loctite »mittelfest« einschrauben.

Bild 54: Systemanordnung für die Bremsentlüftung per Hand.

Bremssattels entfernen, einen Ringschlüssel auf das Sechskant des Entlüftungsnippels aufstecken und danach einen passenden durchsichtigen Schlauch, der in einem Auffanggefäß endet, über den Entlüftungsnippel stülpen.
5. Etwas Bremsflüssigkeit in das Auffanggefäß geben, Schlauchende muss in die Bremsflüssigkeit eintauchen (Bild 54).
■ Niveau der Bremsflüssigkeit im Auffanggefäß

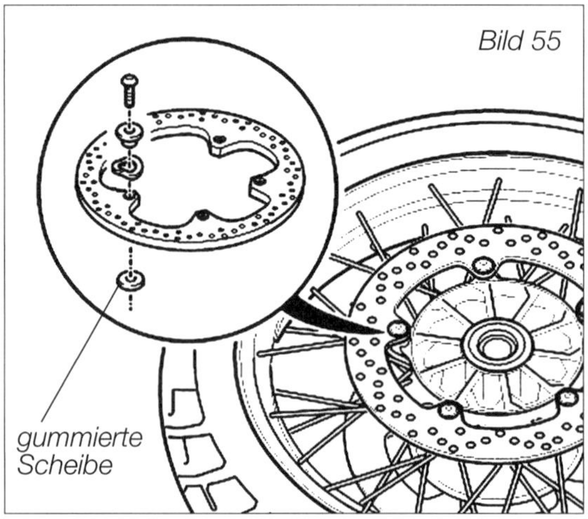

Bild 55: Unter die linke Bremsscheibe wird der ABS-Sensorring montiert. Bei Maschinen ab Baumonat 10/2005 ist eine gummierte Unterlagscheibe zwischen Bremsscheibe und Radträger eingesetzt.

Bild 56: Korrekt eingebaute hintere Bremsscheibe.

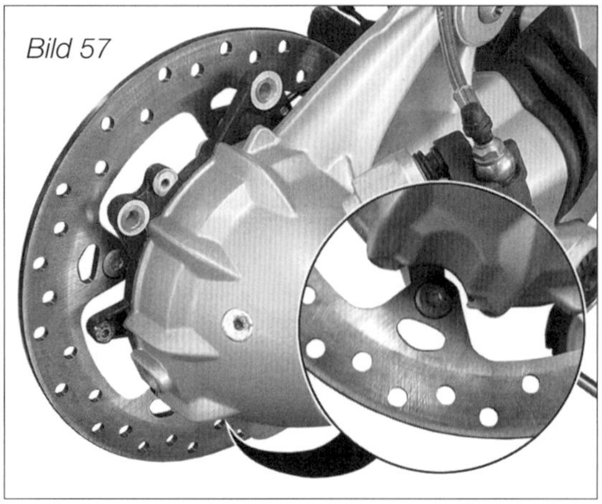

Bild 57: Der Ausschnitt am Hinterachsgehäuse gibt die Schraubköpfe frei.

muss etwas höher stehen als der Entlüftungsnippel.
6. Bremshebel bzw. Bremspedal ein paar Mal anziehen/runterdrücken, bis Widerstand spürbar ist. Schön langsam pumpen und den Hebel/das Pedal zwischendurch immer einige Sekunden in Ruhestellung lassen, um zu gewährleisten, dass Bremsflüssigkeit luftfrei nachläuft.
7. Hebel/Pedal betätigen und am Widerstandspunkt gezogen/gedrückt halten.
8. Entlüftungsnippel 1/4 bis 1/3 Umdrehung öffnen, Hebel bzw. Bremspedal ganz durchziehen/durchdrücken, Ventil sofort wieder schließen.
9. Hebel langsam wieder loslassen. Einige Male pumpen, Hebel in Druckposition halten, das Ventil aufdrehen und wieder schließen.
■ Diese Vorgänge so lange wiederholen, bis aus dem Schlauch nur noch saubere Bremsflüssigkeit kommt. Dazwischen immer wieder nachsehen, ob der Vorratsbehälter noch genügend Bremsflüssigkeit enthält. Der Pegelstand sollte nicht unter die Minimum-Marke fallen. Rechtzeitig nachfüllen, damit keine Luft ins System gelangt.
10. Tritt am Entlüftungsschlauch nur noch frische Bremsflüssigkeit ohne Luftbläschen aus, den Bremshebel nochmals durchziehen/durchdrücken und gleichzeitig den Entlüftungsnippel zudrehen (vorne 5 Nm, hinten 10 Nm).
11. Abschließend Bremsflüssigkeitsstand nochmals prüfen und ggf. bis zur Markierung auffüllen.

Bremsscheiben ab-/anbauen

Laut BMW-Vorschrift dürfen die Befestigungsschrauben der Bremsscheiben nur einmal verwendet werden. Das Gewinde einer neuen Befestigungsschraube ist mikroverkapselt, was bedeutet, dass Schraubensicherung schon aufgebracht ist. Beim Anbau neuer Bremsscheiben sollten also neue Befestigungsschrauben verwendet werden.

Wir beschreiben in diesem Kapitel den Anbau der Bremsscheiben mit den alten Schrauben, was in Notfällen (wenn z. B. kein BMW-Händler in der Nähe ist, wo neue Schrauben gekauft werden können) technisch korrekt ist. Es wird empfohlen, die gebrauchten Schrauben bei nächster Gelegenheit gegen neue Schrauben auszuwechseln.

Bremsscheiben am Vorderrad
Vorderrad Aus- und Einbau siehe Kapitel 9 »Räder«.

Bremsscheiben abschrauben

1. Die Bremsscheibenschrauben sind eingeklebt und deswegen sehr fest. Vor dem Öffnen die Schrauben mit einem Heißluftföhn vom Kopf her etwas erwärmen (maximal 80 °C), der Schraubenkleber wird durch die Hitze gelöst. Exakt passenden Torxschlüssel verwenden, sonst vermurkst man die Schraubenköpfe!

2. Drehrichtung der Bremsscheiben mit Pfeil (Filzstift) aufzeichnen, dann erst abmontieren: Die fünf Torxschrauben über Kreuz Schritt für Schritt lösen und ausdrehen, Bremsscheibe abnehmen.

■ Auf den ABS-Sensorring unter der linken Bremsscheibe achten, dieser darf weder verbogen noch anderweitig beschädigt sein. Wenn doch, ersetzen!

3. Gewindebohrungen und Anlageflächen der Bremsscheiben gut mit Bremsenreiniger reinigen.

Bremsscheiben montieren

1. Rad waagerecht ablegen. Drehrichtung der Bremsscheiben beachten.

■ Mit der Schrift nach außen montieren.

2. Bremsscheibe auflegen, Wellenscheiben und Buchsen an- und einsetzen.

■ Bei ABS-Maschinen kommt unter die linke Bremsscheibe der ABS-Sensorring.

3. Befestigungsschrauben der Bremsscheiben mit einer Messingbürste reinigen, Gewinde mit Loctite »hochfest« bestreichen, eindrehen, Schritt für Schritt anziehen:

■ Voranzug alle Schrauben 12 Nm

■ Endanzug alle Schrauben 24 Nm

4. Vor dem Radeinbau die Bremsscheiben mit Bremsenreiniger reinigen.

Bremsscheibe am Hinterrad

Die Befestigungsschrauben der hinteren Bremsscheibe sind eingeklebt. Vor dem Lösen der Schrauben diese vom Kopf her mit einem Heißluftföhn erwärmen (maximal 80 °C).

1. Hinterrad-Befestigungsschrauben lösen, aber noch nicht ausdrehen (siehe Kapitel 9 »Räder«). Radabdeckung und Bremssattel abschrauben (siehe Text weiter vorne in diesem Kapitel).

2. Rechts hinten unten am Hinterachsgehäuse ist ein Ausschnitt angebracht (Bild 57): Rad drehen, bis ein Schraubenkopf mit dem Torxschlüssel erreicht werden kann, Schraube lösen und ausdrehen.

3. Rad Schritt für Schritt weiter drehen, eine Schraube nach der anderen lösen und ausdrehen. Wenn alle Schrauben ausgedreht sind, »klebt« die Bremsscheibe an den Anlageflächen fest. Nicht lösen!

4. Hinterrad-Befestigungsschrauben ganz ausdrehen, Hinterrad abnehmen.

5. Bremsscheibe mit einem kräftigen Ruck von der Anlagefläche lösen und so verdrehen, dass sie über die Ausschnitte des Radträgers abgenommen werden kann.

6. Gewinde und Anlageflächen am Radträger mit Bremsenreiniger sorgfältig reinigen.

7. Neue Bremsscheibe auffädeln.

8. Befestigungsschrauben der Bremsscheibe mit einer Messingbürste reinigen, Gewinde mit Loctite »hochfest« bestreichen, eindrehen, Schritt für Schritt über Kreuz anziehen:

■ Voranzug alle Schrauben 12 Nm

■ Endanzug alle Schrauben 30 Nm

9. Bremsscheibe mit Bremsenreiniger reinigen. Bremssattel aufbauen.

10. Rad und Radabdeckung anbauen.

Führungsstifte gängig machen

Bei einer Schwimmsattelbremse, wie sie hinten an der R 1200 GS verbaut ist, gleitet (»schwimmt«) der Bremssattel auf zwei Führungsstiften. Diese sind fest im Bremssattelhalter verschraubt, der wiederum am Hinterachsgehäuse angeschraubt ist.

Im radinneren Teil des Bremssattels ist der innere Bremsklotz eingebaut, im äußeren Teil (»Kolbengehäuse«) sitzen die beiden Bremskolben und der äußere Bremsklotz. Wird die Bremse betätigt, dann drücken die Bremskolben den äußeren Bremsbelag gegen die Bremsscheibe. Das Bremssattelgehäuse mit dem inneren Belag wird nachgezogen, es gleitet dabei auf den beiden Führungsstiften. Wird die Bremse gelöst, fahren die Kolben in den Bohrungen etwas zurück und geben sowohl den Bremsklotz als auch das Bremssattelgehäuse frei, die Bremsbeläge lösen sich auf beiden Seiten von der Bremsscheibe.

Zum Schutz vor Nässe und Schmutz sind ziehharmonikaartige Faltenbälge über den Führungsstiften angebracht. Sie sitzen auf beiden Seiten über einem Bund; innen ist Silikonfett eingefüllt.

Wenn nun durch eine mechanische Einwirkung die Faltenbälge löchrig geworden sind oder durch entsprechendes Alter der Maschine porös, dann tritt das Silikonfett aus, und es gerät Schmutz hinein. Es bildet sich rasch Korrosion, die Stifte können nicht mehr frei gleiten und der

Sichtprüfung Messen

Bremssattel wird fest. Dieses passiert nicht plötzlich, sondern ist ein »schleichender Prozess«.

Festgegangene Führungsstifte werden folgendermaßen aufgespürt:

1. Sensible Fahrer spüren am veränderten Druckpunkt der Bremse, dass etwas nicht stimmt.

2. Bremsscheibe und Bremssattel werden heißer als üblich, weil die Bremsbeläge beim Lösen des Bremshebels nicht mehr freigängig zur Scheibenoberfläche hin werden, sondern andauernd an ihr schleifen.

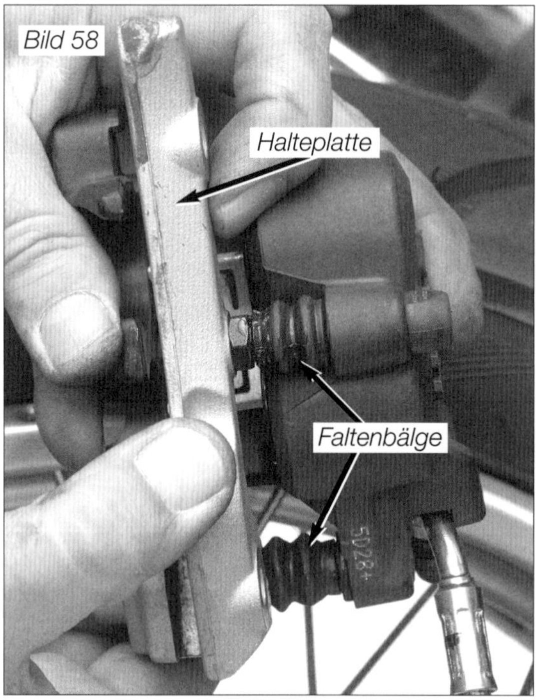

Bild 58: Die Führungsstifte müssen leicht gleiten.

3. Die Bremse quietscht, auch wenn der Bremshebel nicht betätigt wird.

Um einem solchen Übel vorzubeugen, gibt es zwei Möglichkeiten:

- Beim Waschen der Maschine und beim Wechsel der Bremsbeläge sollte man die Faltenbälge über den Führungsstiften auf Sicht kontrollieren, ob sie noch ihre einwandfreie Ziehharmonikaform haben, ringsum dicht sind und exakt auf dem Bund sitzen!
- Bei abgebautem Bremssattel sollte man die Halteplatte des Bremssattels mit der Hand hin und her bewegen. Man spürt, ob die Führungsstifte gleichmäßig gleiten, sehr schwer gehen oder schon fest sind.

Wenn die Führungsstifte wegen Fettmangel schwer gehen oder schon in ihren Bohrungen korrodiert sind, müssen sie ausgebaut, gangbar gemacht und neu gefettet eingebaut werden. Beim Zusammenbau unbedingt neue Faltenbälge einbauen!

Dabei beachten:

1. Korrodierte Stifte in noch zusammengebautem Zustand der Bremse in ihren Gewindebohrungen lösen (Bild 61).

- Exakt passenden Gabelschlüssel auf dem Sechskant des Stiftes ansetzen, denn dessen Gewinde ist mit Loctite »hochfest« eingeklebt, es löst sich also nur sehr zäh! Ggf. etwas anwärmen (max. 80 °C).

2. Bremssattel abschrauben, Bremsbeläge ausbauen, Stifte ganz ausschrauben, Halteplatte und Bremssattel trennen.

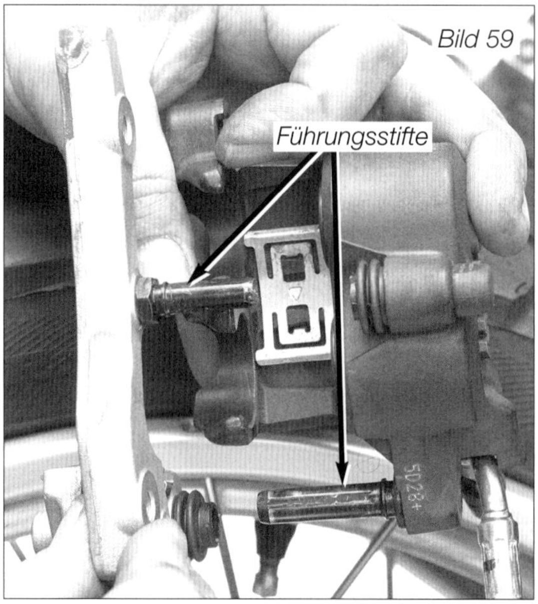

Bild 59: Beim Zusammenbau Silikonfett in die Faltenbälge geben.

Bild 60: Ausgezogene Halteplatte.

3. Jegliche Korossion von den Stiften und aus den Bohrungen im Bremssattel bzw. der Halteplatte mit entsprechend körnigem Schleifpapier entfernen.

■ Wenn die Korrosion so stark war, dass die Bohrungen im Aluminium des Bremssattels übermäßig gelitten haben und z. B. unrund sind oder der Führungsstift mehr als 0,2 mm Spiel hat, muss eine neue Bremse verbaut werden.

4. Gewinde der Führungsstifte reinigen und mit einem Tropfen Loctite »hochfest« einschrauben. Anzugsdrehmoment 23 Nm.

5. Halteplatte und Bremssattel zusammenstecken. Reichlich Silikonfett an Stifte, in Gleitbohrungen des Bremssattels und in Faltenbälge geben.

6. Enden der Faltenbälge vorsichtig über die Bünde der Stifte schieben.

7. Bremsklötze einbauen, Bremssattel anschrauben.

ABS-Sensorabstand prüfen

Die am Vorderrad und Hinterachsgehäuse angebauten ABS-Sensoren messen die Radumdrehung in Relation zur Geschwindigkeit und geben diese an das ABS-Steuergerät weiter. Wenn die Radumdrehung vorne oder hinten mit der gefahrenen Geschwindigkeit nicht übereinstimmt, also z. B. das Vorder- oder Hinterrad bei einer Bremsung gerade dabei ist zu blockieren, meldet dies der Sensor an das Steuergerät. Das ABS nimmt den Bremsdruck des betreffenden Rades zurück, ein Blockieren wird vermieden.

Der vordere ABS-Sensorkranz läuft in einem definierten Abstand am ABS-Sensor vorbei, er beträgt 0,2 bis 1,7 mm.

Dieses Maß braucht bei einem Motorrad, bei dem die maßbestimmenden Teile wie Telegabeltauchrohre, Vorderrad, Bremsscheibe und ABS-Sensorkranz immer zusammenbleiben, nicht korrigiert bzw. eingestellt zu werden.

Anders sieht es aus, wenn der Vorderbau aus verschiedenen Neu- oder Gebrauchtteilen zusammengebaut oder neue ABS-Sensoren eingebaut werden. Dann sollte der Abstand mit einer Fühlerlehre gemessen werden.

Sollte der ABS-Sensorabstand zu eng oder zu weit sein, muss er korrigiert werden. Beim BMW-Händler gibt es verschieden dicke Abstandsscheiben.

Bild 61: Wenn die Führungsstifte der hinteren Bremse festgefressen sind, sie lösen, wenn der Bremssattel noch angebaut ist.

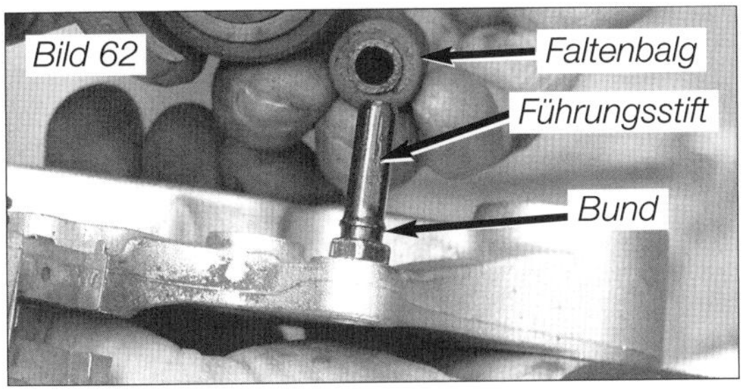

Bild 62: Der Faltenbalg muss unbeschädigt sein und über dem Bund sitzen. Dann bleibt das Silikonfett drin und es kann sich keine Korrosion bilden.

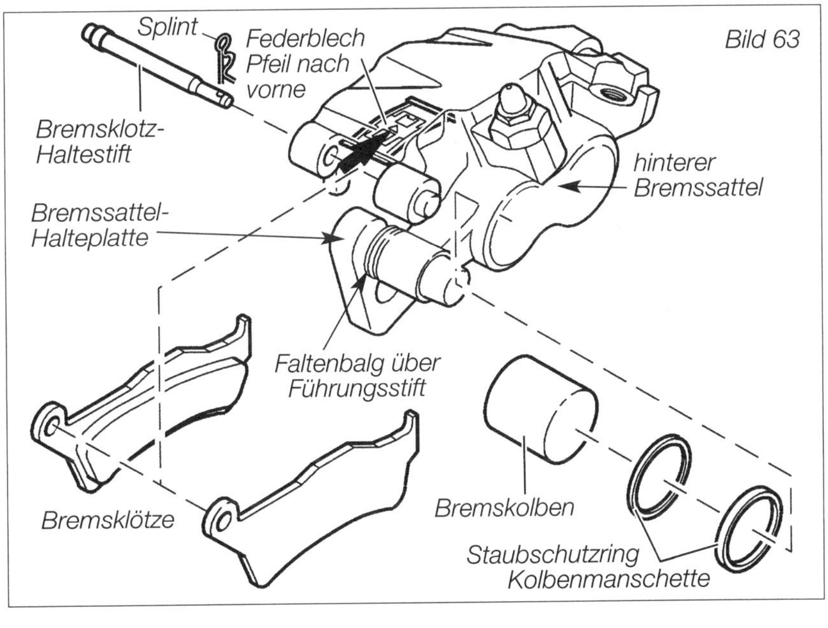

Bild 63: Explosionszeichnung des hinteren Bremssattels.

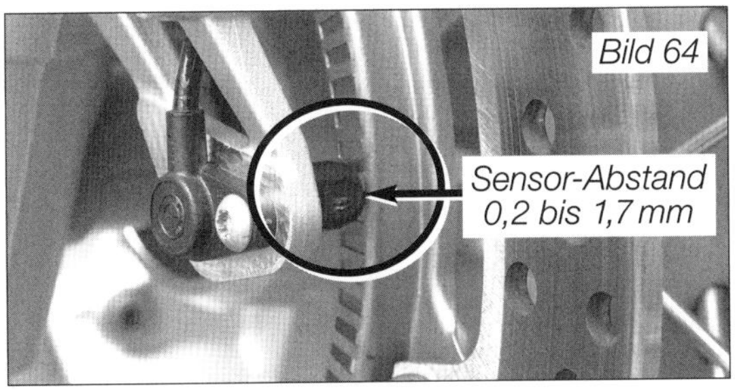

Bild 64: Der Abstand zwischen ABS-Sensor und ABS-Sensorring muss zwischen 0,2 und 1,7 mm betragen.

Räder

In diesem Kapitel: Anzugsdrehmomente und Werkzeug · Vorderrad aus- und einbauen · Hinterrad aus- und einbauen · Vorderachse und Räder prüfen · Räder auf Rundlauf prüfen · Radlager prüfen und erneuern.

Zu diesem Kapitel empfehlen wir die Korrespondenzkapitel:
- 7 »Reifen«
- 8 »Bremsen«

Bild 1: Wenn keine 19er-Stecknuss zur Verfügung steht, kann man sich ein Notwerkzeug basteln: Mutter auf Schraube mit 22er-Kopf fest aufdrehen und mit einem Schweißpunkt sichern.

Bild 2: Werkzeuge zum fachgerechten Aus- und Einbau von Vorder- und Hinterrad.

Bild 3: Zum Ausbau des Vorderrads den Motor mit einem Wagenheber unterbauen, Mittelständer mit Riemen sichern.

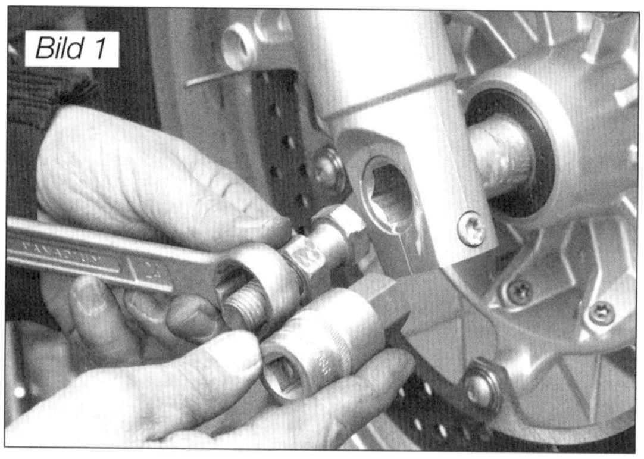

Bild 1

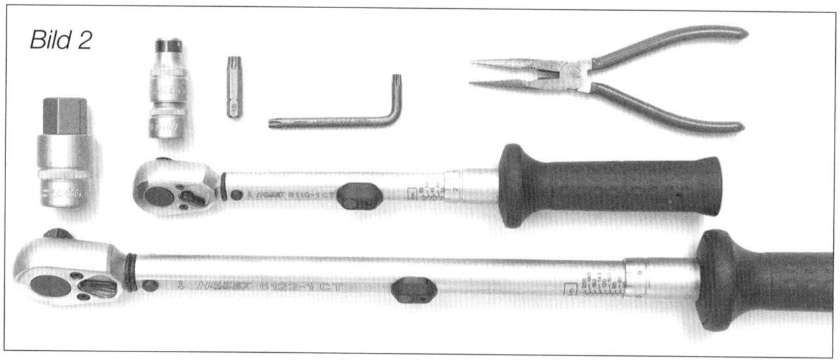

Bild 2

Bild 3

Räder aus- und einbauen

Wenn Sie die Räder aus- und wieder einbauen wollen, um diese zum Reifenwechsel zum BMW-Händler oder zum Reifendienst zu bringen, versichern Sie sich, dass Sie die nötigen Werkzeuge bereit haben. Wir gehen deswegen so ausführlich auf dieses Thema ein, weil immer wieder zu beobachten ist, dass beim Radausbau und Radeinbau sehr blauäugig vorgegangen wird.

Die Teile aus dem Bordwerkzeug reichen nicht aus, um die Räder unterwegs aus- und wieder einzubauen. In Bild 2 sind die zum Rad-Aus- und -Einbau benötigten Werkzeuge abgebildet inklusive der zum Ab- und Anbau der Bremssättel. Für den Aus- und Einbau der Räder zu Hause sollten Sie sich zwei Drehmomentschlüssel besorgen: Einen mit Anzugsbereich 0 bis 40 Nm (Vorderrad) und den anderen mit 40 bis 200 Nm (Hinterrad). Organisieren Sie auch entsprechende Nussaufsätze für die Drehmomentschlüssel.

Werkzeuge fürs Vorderrad:
Vorderachse .... Stecknuss SW 22
Achsklemmschraube .... Torx T40
Bremssattel an Gabeltauchrohr............. Torx T40

Anzugsdrehmomente Vorderrad:
Vorderachse... 50 Nm
Achsklemmschraube (M8)........................ 19 Nm
Bremssattel an Gabeltauchrohr (M10) .... 30 Nm

Werkzeuge fürs Hinterrad:
Radschrauben .... Torx T50
Bremssattel an Hinterachsgehäuse........ Torx T50
Radabdeckung an Hinterachsgehäuse .. Torx T25
Anmerkung: Bremssattel und Radabdeckung müssen zum Ausbau des Hinterrads nicht abgebaut werden

Anzugsdrehmomente Hinterrad:
Radschrauben .... 60 Nm
- *kreuzweise anziehen*

Bremssattel an Hinterachsgehäuse .... 24 Nm

Beim Rad-Aus- und -Einbau muss für besten Stand der Maschine gesorgt werden. Niemals beide Räder gleichzeitig ausbauen, wenn die Maschine ohne zusätzliche Sicherung nur auf dem Mittelständer abgestellt ist! Wenn man unterwegs auf Tour ist und es muss ein Rad ausgebaut werden, kann ein Helfer das aufgebockte Motorrad vorne oder hinten entsprechend belasten, damit das jeweilige Rad frei kommt und die Maschine nicht nur bei der Radmontage, sondern auch bei ausgebautem Rad sicher steht.

Vorderrad

Zum Ausbau des Vorderrads müssen die Bremssättel abgebaut werden. Ab- und Anbau der Bremssättel ist in Kapitel 8 »Bremsen« beschrieben.

Achtung: Den Handbremshebel niemals betätigen, wenn die Bremssättel abgebaut sind! Sonst rutschen die Klötze in die Sättel und man kann sie nicht mehr montieren.

Tipp: Einen Lappen so dick um den Gasgriff wickeln, dass der Bremshebel nicht bewegt werden kann.

Vorderrad ausbauen

1. Motorrad auf Mittelständer aufbocken. Motor vorne entsprechend unterbauen, damit das Vorderrad vom Boden frei kommt (Bild 3).

2. Bremssättel abbauen (Kapitel 8 »Bremsen«).
■ Bremssättel rechts und links nach oben mit einem Gummispannband außerhalb der Räder weghängen (Bild 4).

3. Klemmschraube in rechter Achsfaust öffnen, mindestens zwei Umdrehungen lösen (Bild 5).

4. Achse von rechts lösen und ausschrauben.
■ Rad dabei mit einer Hand etwas nach oben halten (Bild 6).

5. Wenn das Gewinde der Achse ganz aus der rechten Gabel-Achsfaust ausgeschraubt ist, die Achse ausziehen. Rad dabei etwas hoch halten, Distanzbuchse links (Bilder 9 und 10) herausnehmen, Rad nach vorne herausziehen.

Achtung: Darauf achten, dass beim Herausnehmen des Rades der ABS-Sensor nicht berührt wird (Bild 7) und auch der ABS-Sensorkranz keinen harten Kontakt zur Gabel

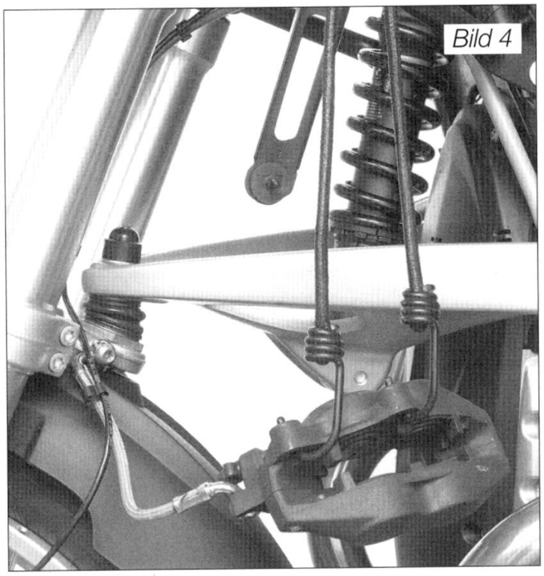
Bild 4

Bild 4: Abgebaute Bremssättel nach rechts vom Rad weghängen. Darauf achten, dass der Bremsschlauch nicht stark geknickt oder verdreht wird.

Bild 5

Bild 5: Achsklemmschraube lösen und ausdrehen. Festgezogen wird sie mit 19 Nm.

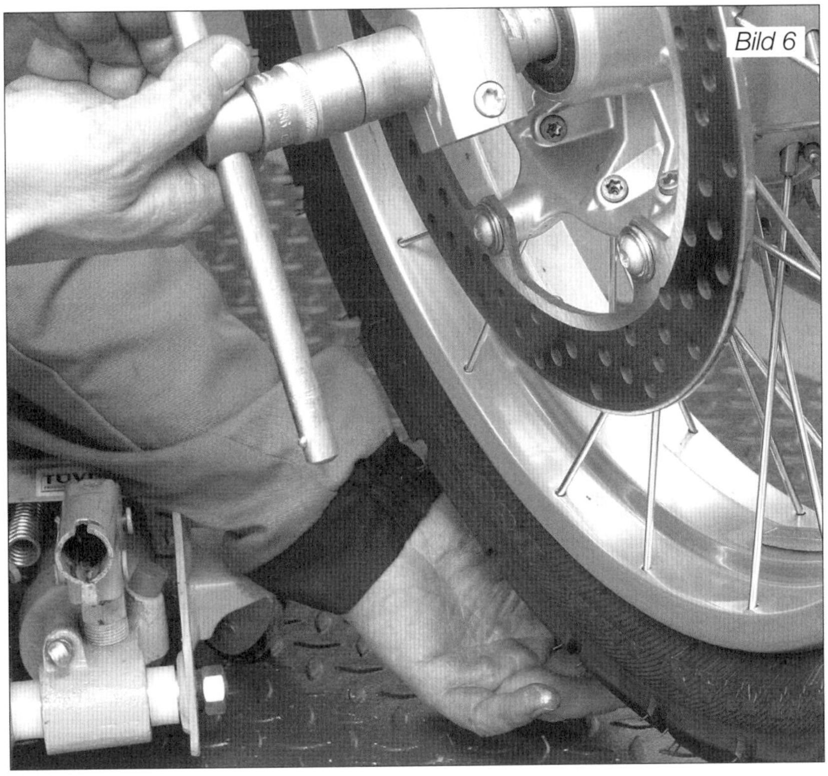
Bild 6

Bild 6: Achse mit Stecknuss SW 22 lösen und ausdrehen. Achse bei leicht angehobenem Rad unter leichtem Drehen ausziehen.

Bild 7 unten: Vorsicht, den ABS-Radsensor beim Rad-Aus- und -Einbau nicht hart berühren.

Bild 7

Sichtprüfung Messen

Bild 8: Vor dem Radeinbau den Radsimmerring reinigen, etwas Fett in den Simmerring geben.

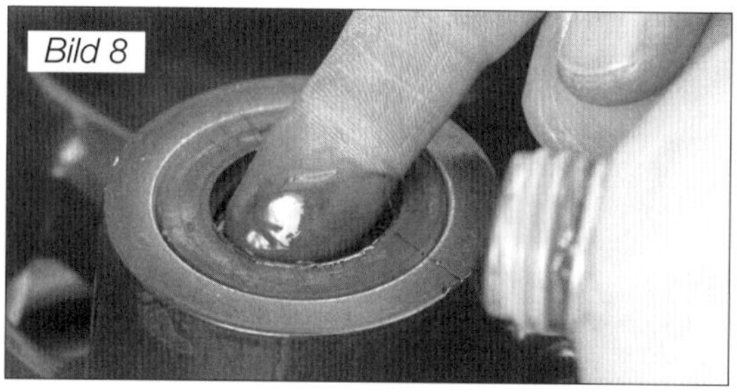

Bild 8

Bild 9: Achse reinigen und etwas einfetten.

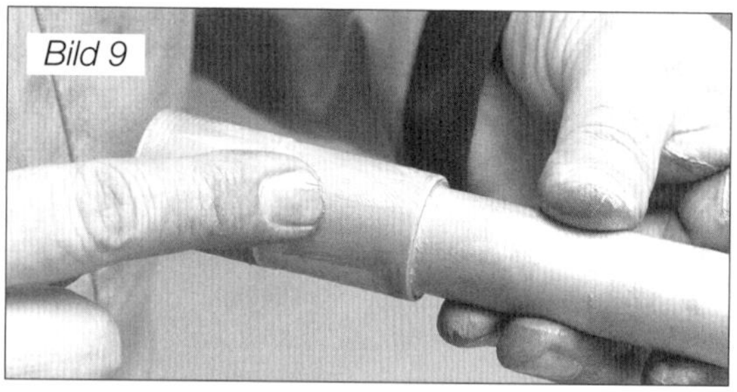

Bild 9

Bilder 10 und 11: Die Distanzhülse wird links eingesetzt.

Bild 10

Bild 11

Bild 12: Die Vorderachse wird mit 50 Nm festgezogen.

Bild 12

bekommt. Dies gilt auch und ganz besonders beim Radeinbau. Das Rad unter keinen Umständen auf dem ABS-Radkranz ablegen!

Radlager prüfen

Wenn die Lager spielfrei sind und ohne fühlbares Knacken und Rubbeln laufen, sind sie in Ordnung. Wenn sie beschädigt sind, müssen sie ausgebaut und neue Radlager eingebaut werden (siehe weiter hinten in diesem Kapitel).

Vorderrad einbauen

1. Radlager-Simmerringe (Bild 8) auf beiden Seiten und Achse (Bild 9) säubern und etwas einfetten bzw. einölen, z. B. mit Fett Shell RETINAX; Ölspray genügt auch. BMW empfiehlt Optimoly TA.
2. Bremssättel mit Bremsenreiniger säubern. Verschleißzustand der Bremsbeläge kontrollieren!
3. Rad von vorne in die Vordergabel einführen.
4. Vorderachse von rechts durch die Achsfaust in die Radlager einschieben, Rad dabei etwas hoch halten.
5. Distanzbuchse links auf die Achse aufstecken, Achse ganz durchschieben und gefühlvoll am Gewinde in der linken Achsfaust andrehen.
6. Achse festziehen mit 50 Nm.
7. Bremssättel anschrauben (siehe Kapitel 8 »Bremsen«).
8.1. Bei Maschinen ohne ABS: Motorrad vom Ständer nehmen, senkrecht stellen und mit gezogener Vorderradbremse einige Male ein- und ausfedern. Dadurch »setzt« sich die Vorderachse in der rechten Achsfaustbohrung, die Gabel ist nicht verspannt zur Vorderachse.
8.2. Bei ABS-Maschinen: Handbremshebel nicht betätigen! Zündung einschalten, damit das ABS seine Eigendiagnose starten kann. Nach Abschluss der Eigendiagnose die Handbremse einige Male betätigen und damit die Bremsbacken an die Scheibe anlegen. Erst jetzt das Motorrad abbocken und Schritte wie in 8.1. beschrieben durchführen.
9. Motorrad wieder aufbocken. Klemmschraube in der rechten Achsfaust endgültig mit 19 Nm festziehen (Bild 5).

Hinterrad

Wenn das Motorrad zum Hinterradausbau auf dem Mittelständer aufgebockt wird, den Ständer mit einem Riemen gegen das Vorderrad absichern. Dann kann er nicht plötzlich wegklappen, wenn das Motorrad beim Rad-Aus oder -Einbau aus Versehen von hinten etwas zu hart geschoben wird.

Hinterrad aus- und einbauen

Achtung: Zum Lösen und Festziehen der Hinterradschrauben einen exakt passenden Torxschlüssel T60 bester Qualität verwenden!
- Alle Schraubenköpfe müssen, wie die Schraubengewinde und die Konusflächen auch, einwandfrei sein.
- Im Zweifelsfall neue Schrauben verwenden!

Achtung: Radschrauben niemals einölen oder einfetten! Radschrauben trocken eindrehen! Die Radschrauben für Guss- und Speichenrad sind unterschiedlich lang:
- Gussradschrauben M10x40
- Speichenradschrauben M10x53

Immer nur zum Radtyp passende, originale BMW-Radschrauben verwenden!

Hinterrad ausbauen

Zum Aus- und Einbau des Hinterrads muss der hintere Bremssattel nicht abgebaut werden.

1. Gang einlegen, Hinterradbremse betätigen, Radschrauben lösen (Bild 16).

2. Radschrauben ganz ausschrauben.

3. Rad nach links unten abnehmen (Bild 13).

Hinterrad einbauen

1. Anlageflächen der Radnabe und des Hinterachsantriebes säubern, sie müssen vollkommen frei sein von Schmutz und Fett.

2. Gewinde der Radschrauben mit einer Messingbürste säubern – KEINE Stahlbürste verwenden!

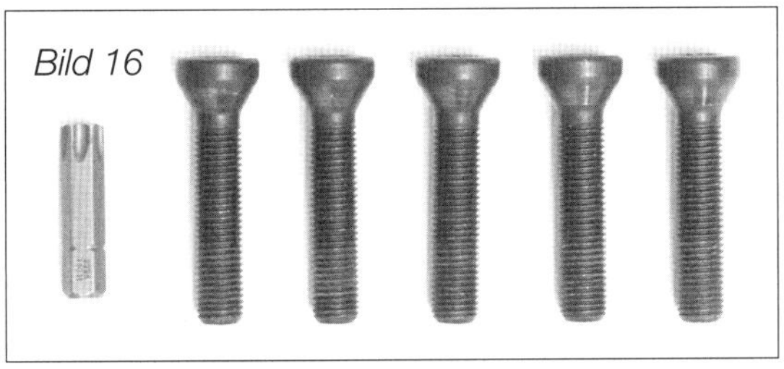
Bild 16

Bild 17

Bild 13

Bild 13: Das Hinterrad kann ohne Abbau des Bremssattels ausgebaut werden.

Bild 14

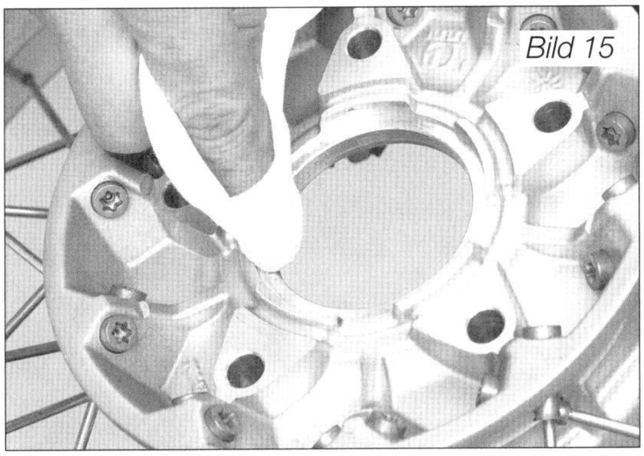
Bild 15

Bilder 14 und 15: Anlageflächen von Radträger und Hinterrad gut und fettfrei reinigen.

Bilder 16 und 17: Nur Radschrauben verwenden, die zum Radtyp passen!
- *Die Radschrauben für Gussräder sind 40 mm lang*
- *Die Radschrauben für Speichenräder sind 53 mm lang*
- *Radschrauben vor dem Einbau mit einer Messingbürste reinigen (Bild 17)*

Bild 18

Bild 18: Radschrauben über Kreuz mit 60 Nm festziehen.

4. Rad von schräg hinten-unten einfädeln und auf den Bund des Radträgers aufsetzen: Bohrungen im Rad zu den Gewindelöchern im Radträger zur Deckung bringen, Radschrauben mit der Hand einschrauben.
5. Radschrauben über Kreuz mit 60 Nm festziehen. Dabei bleibt ein Gang eingelegt und die Bremse wird betätigt, um das Rad zu blockieren.

Vorderachse und Räder prüfen

Vorderachse prüfen und vermessen

Radachse in Prismenblöcke legen und Achsschlag mit Messuhr feststellen (Bild 20).
■ Verschleißgrenze: 0,25 mm.
Bei Verzug Achse erneuern. Niemals versuchen, eine krumme Achse gerade zu richten!

Räder auf Rundlauf prüfen

Taster der Messuhr beim Gussrad auf die bearbeitete Innenseite anführen.
1. Rad in Zentrierständer einhängen.
■ Alternativ in eingebautem Zustand prüfen, Messuhr am Gabelholm befestigen oder Achse in einen Schraubstock spannen und den Messuhrhalter auf der Werkbank befestigen.
2. Seiten- und Höhenschlag mit Messuhr prüfen.
3. Maximal zulässiger Höhen- und Seitenschlag:
Vorderrad und Hinterrad .... 1,5 mm
4. Maximal zulässige Unwucht am
Vorder- und Hinterrad (mit Reifen) .... 25 Gramm

Anmerkung: Zur Aufnahme des Speichen- und Guss-Hinterrads der R 1200 GS auf einen Wuchtbock werden spezielle Aufnahmeadapter benötigt. Erhältlich sind sie beim BMW-Händler oder im Zubehörhandel *(www.mobil-tech.de)*.

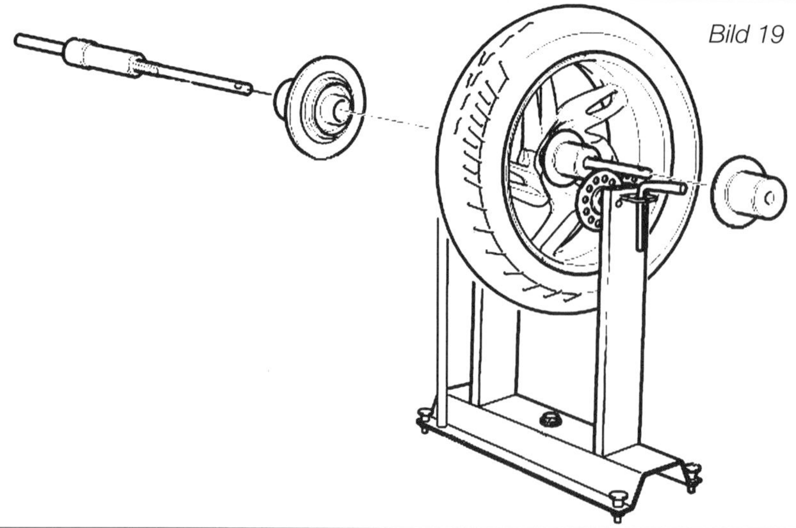

Bild 19

Bild 19: Zur Rundlauf- und Schlagprüfung des Hinterrads werden ein Zentrierbock und spezielle Aufnahmen benötigt.

Achtung: Unrunde **Gussräder** nicht versuchen zu richten, sondern ersetzen! Geringfügig unrunde **Speichenräder** können durch Nachspannen der Speichen zentriert werden. Diese Arbeiten sollten entweder in der BMW-Motorradwerkstatt oder einer speziellen Radspannerei durchgeführt werden (Adressen siehe Kapitel 31 »Adressen«).

Radlager prüfen

Radlager prüfen

Zur Prüfung der Lager den Zeigefinger in den Innenring des Lagers stecken und den Innenring drehen. Man spürt im Finger, wie das Lager läuft. »Fingerprobe« nennt man dies. Wenn die Lager spielfrei sind und ohne fühlbares Knacken und Rubbeln laufen, sind sie in Ordnung. Wenn die Lager beschädigt sind, also Luft haben oder deutlich knackend laufen, müssen sie ausgebaut und durch Neuteile ersetzt werden.

Radlager erneuern

Wir beschreiben nachstehend einen Wechsel der Radlager nach der in Hobbywerkstätten üblichen Handwerkermethode mit Heizgerät, Dorn, Hammer und Kühlschrank. Dies gilt für Notfälle, denn besser ist es allemal, die Radlager mit den dafür vorgesehenen BMW-Spezialwerkzeugen aus- und einzubauen. Ob ohne oder mit Spezialwerzeugen gearbeitet wird, sehr wichtig ist auf alle Fälle, dass die Bremsscheiben abgebaut sind und die Räder auf Hartholzunterlagen so abgelegt werden, dass Radnaben und Radaußenseiten nicht beschädigt werden können.

Im später folgenden Textabschnitt »Radlager einbauen« empfehlen wir, neue Lager vor dem Einbau einige Zeit in den Kühlschrank zu legen, weil sie sich duch die Kälte zusammenziehen und so leichter eingebaut werden können.

Wem die zwei Stunden Kühlschrankzeit zu lang dauern, der kann auch das von BMW angebotene Kältespray nehmen: Damit werden Lageraußenringe kurz eingesprüht (zwei bis drei Sekunden), sie ziehen sich durch den Kälteschock zusammen. Wichtig bei Verwendung von Kältespray ist, dass ein damit eingesprühtes Lager nicht gedreht werden soll!

Hinweise zu neuen Radlagern

■ Verwenden Sie am besten originale BMW-Radlager, diese haben Abdeckscheiben auf

beiden Seiten (Lagerbezeichnung siehe Bild 22).
■ Diese werden mit der Bezeichnung nach außen eingebaut.

Falls andere Lager eingebaut werden, achten Sie beim Kauf darauf, dass diese beidseitig abgedeckt sind.
■ KEINE beidseitig offenen Lager verwenden!

Falls einseitig abgedeckte Lager verwendet werden:
■ Offene Lagerseite gut mit speziellem Radlagerfett füllen (Shell RETINAX).
■ Einseitig abgedeckte Lager werden mit der Abdeckscheibe nach außen eingebaut.

Radlager ausbauen

1. Bremsscheiben abschrauben: Die Bremsscheibenschrauben sind eingeklebt und deswegen sehr fest. Vor dem Öffnen die Schrauben vom Schraubenkopf her mit einem Heißluftföhn etwas erwärmen, der Schraubenkleber wird durch die Hitze gelöst. Exakt passenden Torxschlüssel verwenden, sonst vermurkst man die Schraubenköpfe!
2. Drehrichtung der Bremsscheiben mit Pfeil (Filzstift) aufzeichnen, dann erst abmontieren: Die fünf Torxschrauben über Kreuz Schritt für Schritt lösen und ausdrehen. Bundbuchsen, Wellenscheiben, Bremsscheibe und ggf. gummierte Scheiben abnehmen.
■ Auf den ABS-Sensorring unter der linken Bremsscheibe achten, dieser darf weder verbogen noch anderweitig beschädigt sein. Wenn doch, ersetzen!
3. Simmerring mit Schraubenzieher oder Reifenmontiereisen vorsichtig aushebeln, Sicherungsring ausbauen.
4. Lagersitz mit einem Heißluftföhn auf maximal 80 °C erwärmen. Radlager mit einem langen Dorn schrittweise über Kreuz austreiben.
■ Schrittweise deswegen, weil dadurch das Lager immer ein kleines Stück weit ausgetrieben und ein Aufweiten der Lagersitze vermieden wird.
5. Distanzbuchse und Lagersitze gut reinigen. Eventuelle Grate in den Lagersitzen, die beim Ausschlagen der alten Lager entstanden sind, punktgenau mit einem kleinen Dreikantschaber und feinem Schmirgel entfernen. Lagersitze dabei nicht aufweiten!

Radlager einbauen

1. Beide neuen Radlager für eine oder zwei Stunden ins Tiefkühlfach des Kühlschranks legen, sie ziehen sich durch die Kälte zusammen.
2. Kurz bevor sie aus dem Kühlschrank geholt werden, mit dem Heißluftföhn einen Lagersitz des Rades auf maximal 80 °C erwärmen.
3. Jetzt ein kaltes Radlager in seinen Lagersitz einschieben. Wenn es nicht wie von selbst bis nach ganz unten in der Lagersitzbohrung rutscht, mit passendem Dorn und kurzen Hammerschlägen ein wenig nachhelfen. Dorn nur auf den Lageraußenring ansetzen. Einige Minuten warten, bis Radlager und Lagersitz die gleiche Temperatur haben und das Lager fest sitzt.
4. Rad umdrehen. Distanzhülse einsetzen. Lagersitz der Radnabe etwas erwärmen. Kaltes Radlager in seinen Lagersitz einschieben, nach unten in den Lagersitz drücken bzw. einschlagen.
5. Simmerringe mit passender Nuss einschlagen: Oberfläche muss rundum bündig sein mit der Außenseite des Lagersitzes.

6. Bremsscheiben montieren:
■ Drehrichtung der Bremsscheiben beachten.
■ Mit der Schrift nach außen montieren.
■ Unter die linke Bremsscheibe kommt der ABS-Sensorring.
■ Wellenscheiben und Bundbuchsen auf- bzw. einsetzen.
Wenn gummierte Scheiben:
■ Befestigungsschrauben mit flüssiger Schraubensicherung Loctite »hochfest« bestreichen, eindrehen, über Kreuz anziehen:
■ Voranzug alle Schrauben 12 Nm
■ Endanzug alle Schrauben 21 Nm
7. Vor dem Radeinbau die Bremsscheiben mit Bremsenreiniger reinigen.

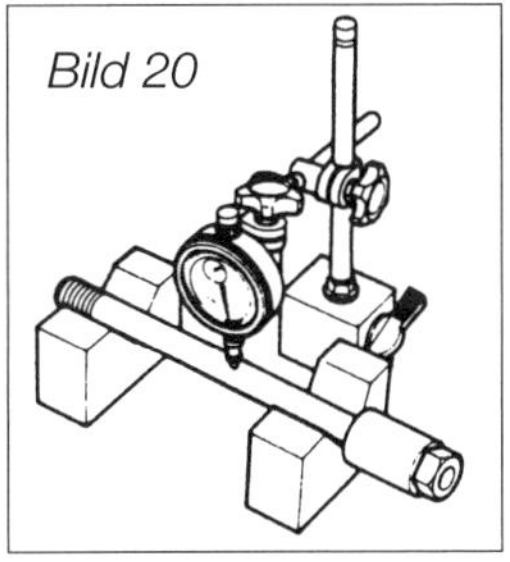

Bild 20 oben: Zum Vermessen der Vorderachse diese in Prismenböcke legen und mit einer Messuhr den Schlag messen. Bis zu 0,25 mm sind erlaubt.

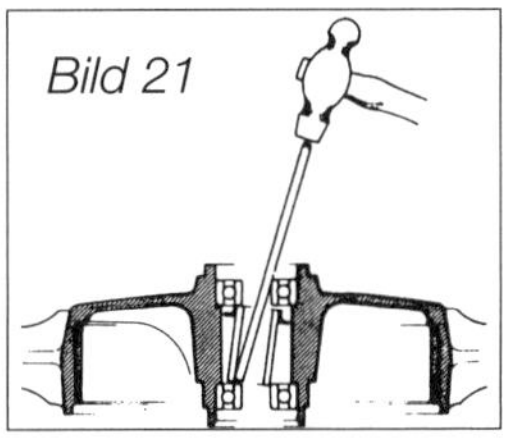

Bild 21: Radlager mit einem langen Dorn über Kreuz austreiben.

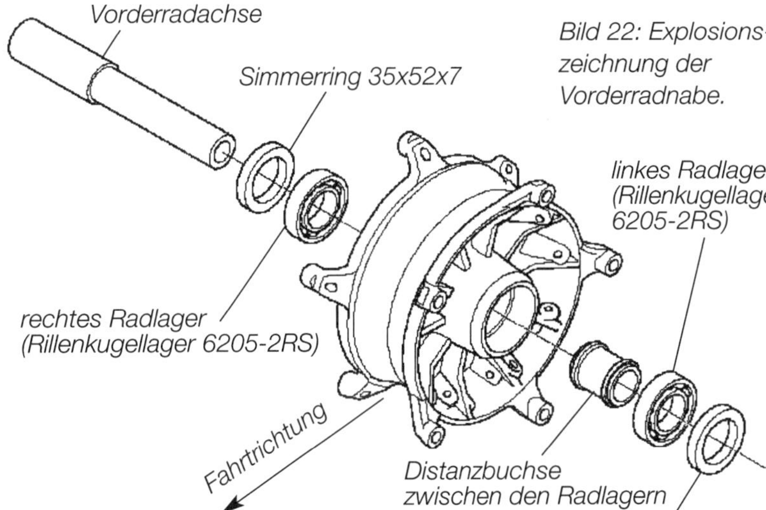

Bild 22: Explosionszeichnung der Vorderradnabe.

Sichtprüfung Messen

Federung · Dämpfung

In diesem Kapitel: Vorderradfederung prüfen, einstellen · Hinterradfederung prüfen und einstellen · Standardeinstellung · Telelever · Vorderes und hinteres Federbein aus- und einbauen.

Federungssystem

Das Federungssystem der R 1200 GS ist großen Belastungen ausgesetzt. Plötzliche Richtungswechsel belasten vor allem den Vorderbau mit den Bauteilen Vorderradachse, Radlager, Gabelbeine, Längslenker und beide Gabelbrücken. Vor allem beim Bremsen wirken hohe Biegemomente auf den Vorderbau ein. Harte Stöße von der Fahrbahn wirken in die Federung ein und von dort über die Gelenkstellen und Schraubverbindungen in den Rahmen und die Lager.

Bild 1: Übersicht der Bauteile der Vorderrad- und Hinterradfederung.

Stabile, gut funktionierende Fahrwerkskomponenten, wie sie in die R 1200 GS eingebaut sind, bedeuten nicht nur gute Spurhaltung, Federungskomfort und Fahrgenuss, sondern gewährleisten auch die Fahrsicherheit. Deswegen müssen Telelever und Hinterradaufhängung jederzeit in technisch einwandfreiem Zustand sein.

Die Ölfüllung in den Gabelbeinen dient lediglich der Schmierung der aufeinander gleitenden Teile (Stand- und Tauchrohr); die Dämpfung wird vom Federbein übernommen. Alle Ölvolumen in den beiden Gabelbeinen, dem vorderen und hinteren Federbein sind als Dauerfüllung ausgelegt und brauchen nicht gewechselt zu werden. BMW spricht von »Wartungsfrei bis 100 000 km« für die Vorderradführung. Wenn nach dieser Zeit die Feder- oder Dämpfkraft nachlässt, kann z. B. ein neues Originalfederbein oder ein Fremdfabrikat eingebaut werden. Dies gilt auch für das hintere Federbein.

Federung einstellen

Vorder- und Hinterradfederung lassen sich entsprechend der Zuladung und/oder dem Untergrund einstellen:

- Am vorderen und hinteren Federbein kann die **Federvorspannung** eingestellt werden.
- Die Dämpferzugstufe (»Ausfedergeschwindig-

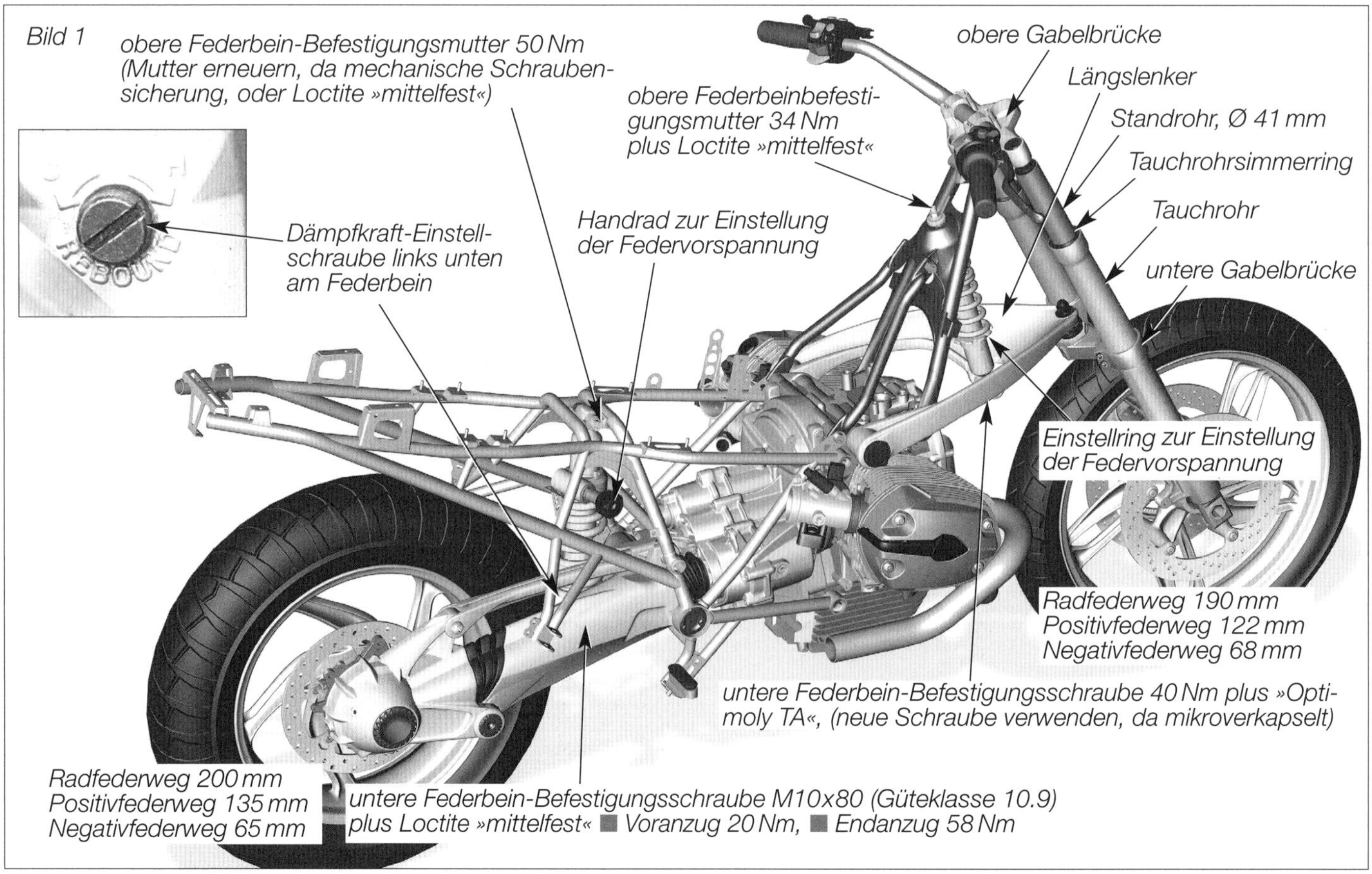

keit«) kann am hinteren Federbein zusätzlich eingestellt werden.

Merke 1: Beim Einstellen der Federvorspannung (am Federbein vorne oder hinten) wird die Feder weder »härter« noch »weicher«, sondern es wird nur die Höhe der Vorderfront bzw. des Hecks entsprechend höher oder niedriger eingestellt.

Merke 2: Vorder- und Hinterradfederung müssen immer passend zueinander eingestellt sein.

- Es darf z. B. nicht sein, dass die Feder des vorderen Federbeins auf die höchste Vorspannstufe eingestellt ist und die hintere Feder auf die niedrigste. Dadurch steht die Maschine vorne zu hoch und hinten zu niedrig.
- Umgekehrt gilt dies genauso!

Vorderradfederung

Vorderradfederung prüfen

1. Sichtprüfung: Dichtringe der Tauchrohre und des Federbeines dürfen keine Undichtheiten zeigen, es darf kein Öl auslaufen. Standrohre und Dämpferstange dürfen keine Riefen haben.

2. Dynamische Prüfung: Maschine steht dabei frei auf den Rädern (also weder auf Seiten- oder Mittelständer), Mechaniker steht über der Sitzbank mit beiden Füßen platt auf der Erde, drückt seinen Unterleib gegen den Tank, umfasst die Lenkerenden und betätigt die Vorderradbremse. Mit stoßenden Bewegungen wird der Vorderbau nach unten gedrückt.

3. Dabei zeigt sich, ob der Telelever leicht und frei einfedert und die Dämpfung einwandfrei funktioniert: der Vorderbau muss langsamer zurückfedern, als er einfedert. Man kann damit auch feststellen, ob die Tauchrohre zueinander verspannt und in ihrer Beweglichkeit behindert sind.

4. Einfedern muss schneller gehen als Ausfedern (ca. 1:3). Der Vorderbau darf nicht nachschwingen, sondern muss über den gesamten Einfederweg »saugend« wieder ausfedern. Ganz zum Schluss muss der Telelever wieder auf den Tragenullpunkt zurückfedern.

Vorderradfederung einstellen

1. Zur Verstellung der **Federvorspannung** das Motorrad auf dem Mittelständer abstellen (also nicht auf dem Seitenständer!).

2. Die Federvorspannung kann am Einstellring am Federbein unten in 9 verschiedenen Stufen eingestellt werden (Bild 2).

- Geringe Federvorspannung (Einstellring auf niedrigster Vorspannstufe) bedeutet, dass die Fahrzeugfront tiefer steht, das Vorderrad hat viel negativen und wenig positiven Federweg.
- Hohe Federvorspannung (Einstellring auf höchster Vorspannstufe) bedeutet, dass die Fahrzeugfront höher steht, das Vorderrad hat viel positiven und wenig negativen Federweg.

3. Einstellung der Feder nach Fahrer und Zuladung auf normalen Straßen:

- Für **Solofahrer** liegt die Standardeinstellung bei Vorspannstufe **1** (leichter Fahrer) **bis 4** (schwerer Fahrer).
- Bei **solo mit Gepäck** liegt die Standardeinstellung bei Vorspannstufe **3** (leichter Fahrer, wenig Gepäck) **bis 6** (schwerer Fahrer, viel Gepäck) auf normalen Straßen.
- Bei **Soziusfahrten ohne oder mit Gepäck** liegt die Standardeinstellung bei Vorspannstufe **6** (leichter Fahrer/Beifahrer, wenig Gepäck) **bis 9** (schwerer Fahrer/Beifahrer, viel Gepäck).

Bild 2

Bilder 2 und 3: Über den Einstellring kann die Vorspannung der Feder entsprechend der Beladung eingestellt werden. Dazu genügen der Hakenschlüssel und die Verlängerung (Bild 3) aus dem Bordwerkzeug.

- *Vor dem Einstellen einen Schuss Öl aus der Spraydose an den Einstellring und die Federauflage geben.*

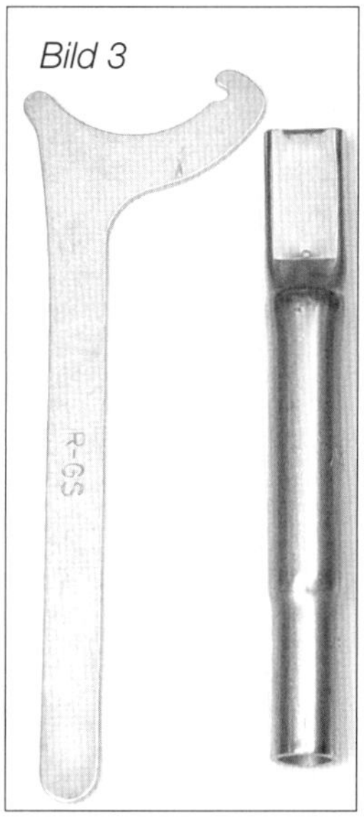
Bild 3

4. Es empfiehlt sich, eine entsprechende Standardstufe zu finden, die dem Gewicht des Solofahrers angepasst ist. Wenn dann für kürzere Strecken leichtes Gepäck oder ein Sozius zugeladen werden, kann mit dieser Einstellung sicher gefahren werden, man braucht also das Werkzeug nicht herauszukramen und die Federbasis nicht einstellen.

5. Wichtig: Wird die Zuladung jedoch drastisch verändert, also z. B. ein Sozius aufgesetzt und schweres Gepäck zugeladen, muss die Einstellung der Zuladung angepasst werden, sonst verändert sich das Fahrverhalten negativ.

Hinterradfederung

Hinterradfederung prüfen

Federung und Dämpfung des Zentralfederbeins durch mehrmaliges Einfedern prüfen. Dazu muss das Motorrad senkrecht frei stehen, also weder auf dem Seitenständer noch auf dem Mittelständer abgestellt sein. Der Fahrer steht dabei mit gespreizten Beinen über der Maschine und lässt sein Körpergewicht immer wieder in den Sitz fallen. Wer fit ist im Umgang mit seinem Motorrad, stellt sich dahinter und drückt mit beiden Händen wippend auf den Gepäckträger.

Bild 3: Das Handrad mit der Aufschrift »Preload Adjustment« ist rechts oben direkt am hinteren Federbein angebracht. Damit lässt sich die Federvorspannung des Federbeins einfach und bequem verändern.

■ Drehung nach rechts erhöht die Vorspannung; in der Gegenrichtung nach links wird sie verringert. Die momentane Einstellung lässt sich an einer an der Hülse angebrachten Skala ablesen, sie reicht von »High« (volle Vorspannung) bis »Low« (geringste Vorspannung).

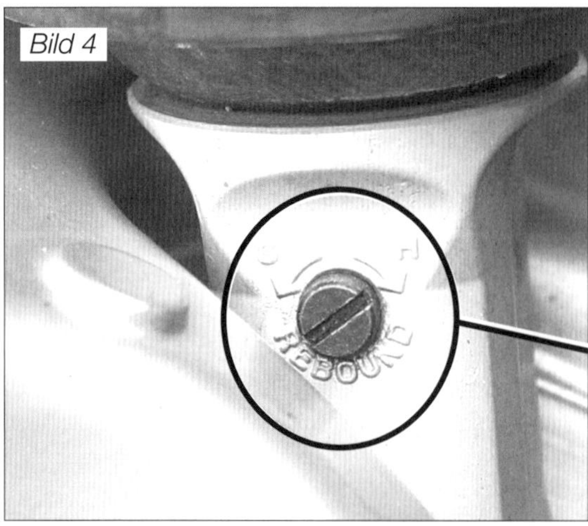

Bild 4: An der Einstellschraube unten kann die Dämpferzugstufe eingestellt werden; rechts drehen bewirkt »härtere Dämpfung« und links herum »weicher«.

Bild 5: Einbaulage des hinteren Federbeines von links gesehen.

Dabei zeigt sich auch, ob sich die Schwinge frei bewegen kann oder in ihrer Beweglichkeit behindert ist, etwa durch ein falsch angezogenes Schwingenlager, eine beschädigte oder falsch montierte Momentstrebe, defekte Lagerstellen der Federbeinanlenkung, defektes Federbein.

1. Das Federbein darf keine Ölundichtigkeit aufweisen und die Schwinge an beiden Lagerstellen kein Spiel haben.
2. Fahrzeugheck eindrücken und ausfedern lassen: Einfedern geht bei korrekter Dämpferwirkung schneller als Ausfedern, das Heck darf nicht nachschwingen.
3. Alle Befestigungen, besonders die der Federbeinanlenkung, auf festen Sitz prüfen. Sie dürfen weder lose noch verzogen sein, die Befestigungsbohrungen dürfen nicht ausgeschlagen sein.

Hinterradfederung einstellen
Federvorspannung sowie **Zugstufendämpfung** können der Belastung und dem Fahrstil angepasst werden.

Die **Federvorspannung** kann stufenlos eingestellt werden. Das Einstell-Handrad sitzt rechts oben direkt am Federbein. Durch Drehen dieses Handrads nach rechts wird die Feder mehr vorgespannt, durch Drehen nach links entspannt. Dabei verändert sich die Lage des Hecks, es wird höher bzw. niedriger gestellt. Beim Drehen am Handrad sind Klicks zu spüren.

Die Einstellschraube für die **Zugstufendämpfung** sitzt unten links am Federbein. Für die Einstellung der Dämpferzugstufe gilt:
- Hineindrehen der Schraube im Uhrzeigersinn: Zugstufen-Dämpfkraft wird stärker, Heck federt langsamer aus (leichter Fahrer, solo unterwegs).
- Herausdrehen der Schraube entgegen dem Uhrzeigersinn: Zugstufen-Dämpfkraft wird schwächer, Heck federt also schneller aus (schwerer Fahrer, zwei Personen mit Gepäck).

Um seine individuelle Einstellung zu finden, geht man in kleinen Schritten von 1/4-Drehung vor.
- Beim Einstellen immer bei der härtesten Position beginnen (= »ganz eingedreht«), dann Schritt für Schritt in den gleichen kleinen Abstufungen vorgehen. Veränderungen notieren!

Für die Einstellung der Dämpferzugstufe in Abhängigkeit von der Federvorspannung gilt:
1. Im Solobetrieb und Feder auf den Vorspannstufen 1 bis 4:
- Dämpfkraftschraube ca. 1 1/2 bis 2 Umdrehungen ausgedreht (Dämpfung »weich« im untersten Drittel).

2. Im Zweipersonenbetrieb und Feder auf Vorspannstufe 3 bis 6: Dämpfkraftschraube ca. 1 bis 1 1/2 Umdrehungen ausgedreht (Dämpfung »mittelstark« im mittleren Drittel).
3. Für zwei Personen plus Gepäck, Feder auf Vorspannstufe 6 bis 9: Dämpfkraftschraube 1/2 bis 1 Umdrehung ausgedreht (Dämpfung »stark« im oberen Drittel).

Standardeinstellung

Es muss keinesfalls sein, dass Federung und Dämpfung vor jeder Solo- oder Soziusfahrt entsprechend eingestellt werden. Vorausgesetzt, Sie wiegen als Fahrer ca. 85 kg und Ihre Sozia ca. 65 kg, empfehlen wir folgende Fahrwerks-Standardeinstellung:
Vorderes Federbein:
- Federvorspannung auf Stufe 3

Hinteres Federbein:
- Federvorspannstufe »17 Klicks ausgedreht«
- Dämpferzugstufe »1 1/2 Umdrehungen offen«

(Siehe dazu auch Punkte 4. und 5. im Textabsatz »Vorderradfederung einstellen«)

Telelever

Zerlegung sowie Zusammenbau des BMW-Telelever-Systems und der Lenkung erfordern BMW-Spezialwerkzeuge. Diese Arbeiten sollten deswegen der BMW-Fachwerkstatt vorbehalten bleiben – sofern sie überhaupt nötig werden, denn eine Zerlegung muss nur nach einem Unfall vorgenommen werden, um Schäden festzustellen, die Maßhaltigkeit bestimmter Bauteile zu überprüfen oder Neuteile einzubauen.

Das Aus- und Einbauen des Federbeins dagegen kann man selbst erledigen, vorausgesetzt, man verfügt über gutes Werkzeug und etwas schrauberisches Geschick.

Vorderes Federbein

Vorderes Federbein aus- und einbauen
Zum Ausbau des Federbeins Motorrad auf dem Mittelständer aufbocken und den Motor mit einem Wagenheber so unterbauen, dass das Vorderrad gerade eben frei ist (siehe dazu auch Kapitel 9 »Räder«).
1. Tank abbauen (Kapitel 6), vorderen Motor-

deckel über dem Lichtmaschinenriemen abschrauben (Kapitel 16).

2. Bundmutter der oberen Federbeinbefestigung abschrauben mit Schlüssel SW 15. Scheibe und Gummipuffer abnehmen (s. Zeichnung Bild 6).

3. Torxschraube der Federbeinbefestigung unten am Längslenker mit Torxzapfenschlüssel T50 einige Umdrehungen lösen, *NOCH NICHT ausschrauben*.

4. Jetzt die Maschine mit dem Wagenheber so weit hochbocken, dass das Vorderrad vom Boden frei kommt und das Hinterrad gerade eben noch Bodenkontakt hat.

5. Federbein mit einer Hand halten, Torxschraube ganz ausdrehen, Federbein herausnehmen.

Einbau in umgekehrter Reihenfolge. Dabei besonders beachten:

1. Anzugsdrehmomente

■ Federbein oben an Rahmen .... 34 Nm
Gewinde reinigen, Loctite »mittelfest« an Gewinde

■ Federbein vorn an Längslenker.............. 40 Nm
Schraube erneuern, da mikroverkapselt, mit »Optimoly TA« fetten

2. Wenn es keine Möglichkeit gibt, eine neue originale BMW-Schraube einzubauen, und die alte Schraube noch einwandfrei in Ordnung ist: Gewinde der alten Schraube reinigen, etwas Loctite »mittelfest« dran geben, eindrehen und mit 34 Nm festziehen.

3. Beim Einbau der Schraube darauf achten, dass kein Loctite an die untere Federbeinbuchse gelangen darf!

■ Deswegen ist es besser, den nötigen Tropfen Loctite »mittelfest« kurz vor dem Einbau des Federbeins (bzw. vor dem Eindrehen der Schraube) in das Innengewinde im Längslenker zu geben und dann die gereinigte Schraube »trocken« einzudrehen.

Bild 6: Explosionszeichnung der Vorderradfederung.

Bild 6

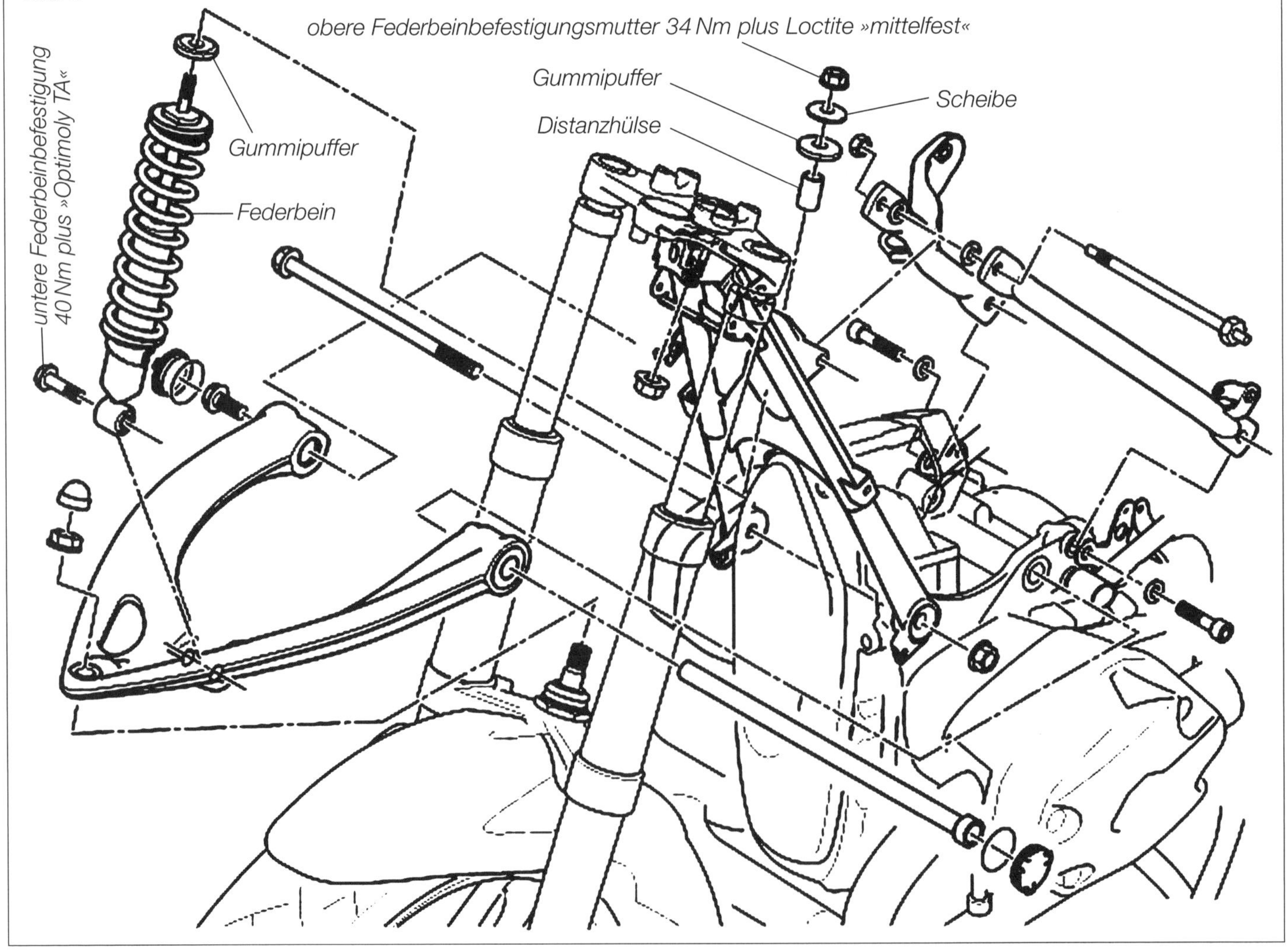

Hinteres Federbein

Hinteres Federbein aus- und einbauen

1. Motorrad auf Mittelständer aufbocken. Hinterradschwinge mit einem Wagenheber leicht abstützen.
2. Abgebaut werden müssen Auspufftopf (Kapitel 20) und Hinterrad (Kapitel 9).
3. Mutter (SW 15) der oberen Federbein-Befestigungsschraube (Torx T50) abdrehen, dabei Schraubenkopf gegenhalten. Schraube *NOCH NICHT* ausziehen.
4. Untere Federbein-Befestigungsschraube (Torx T 50) lösen und ausdrehen.
■ Darauf achten, dass die Hinterradschwinge so weit mit dem Wagenheber entlastet ist, dass sich die Schraube leicht ausziehen lässt.
5. Federbein mit einer Hand halten, obere Federbeinhalteschraube ausziehen. Federbein nach unten-seitlich herausnehmen.

Einbau in umgekehrter Reihenfolge. Dabei besonders beachten:
1. Anzugsdrehmomente
■ Bundmutter auf Federbein-Halteschraube
oben an Rahmen .... 50 Nm
Mutter erneuern
■ Schraube Federbein unten an Schwinge
Voranzug .... 20 Nm
Endanzug .... 58 Nm
Gewinde reinigen, Loctite »mittelfest« an Gewinde
2. Wenn es keine Möglichkeit gibt, eine neue originale BMW-Bundmutter einzubauen, und die alte Mutter noch einwandfrei in Ordnung ist:
■ Mutterngewinde reinigen, etwas Loctite »mittelfest« in das Mutterngewinde geben, Mutter aufdrehen und mit 50 Nm festziehen.

Sehr wichtig: Sowohl für das vordere wie das hintere Federbein gilt:
■ Nur originale Schrauben und selbstsichernde Muttern von BMW verwenden.
■ Niemals Schrauben undefinierbarer Herkunft aus einer typischen Werkstatt-Schraubenkiste einbauen!
■ Gummilager im Federbeinkopf darf nicht porös oder ausgebrochen sein.

Nachrüstfederbeine

Auf Federung und Dämpfung für die BMW R 1200 GS haben sich einige Firmen spezialisiert, wie z. B. Öhlins (Zupin), Wilbers oder White Power. Ein echter BMW-Federungsspezialist ist z. B. der Dortmunder BMW-Motorradhändler Helmut Wüstenhöfer (Wüdo). Fachleute seines Kalibers haben umfassende Kenntnisse von Federung und Dämpfung und entsprechende Fach- und Spezialwerkzeuge.

Wenn Sie entweder mit den Serienfederbeinen nicht zufrieden oder diese verschlissen sind, ist der Kauf eines Nachrüstfederbeines oft billiger als die Reparatur eines Serienteils (Adressen siehe Kapitel 31 »Adressen«).

Gabelbeine defekt?

Sollten die Gabelbeine defekt sein, wenn etwa die Gabelsimmerringe undicht sind und Gabelöl austritt, kann man diese gegen Neuteile wechseln. Die nötigen Arbeitsschritte dazu sind in Kapitel 11 »Lenkung« beschrieben.

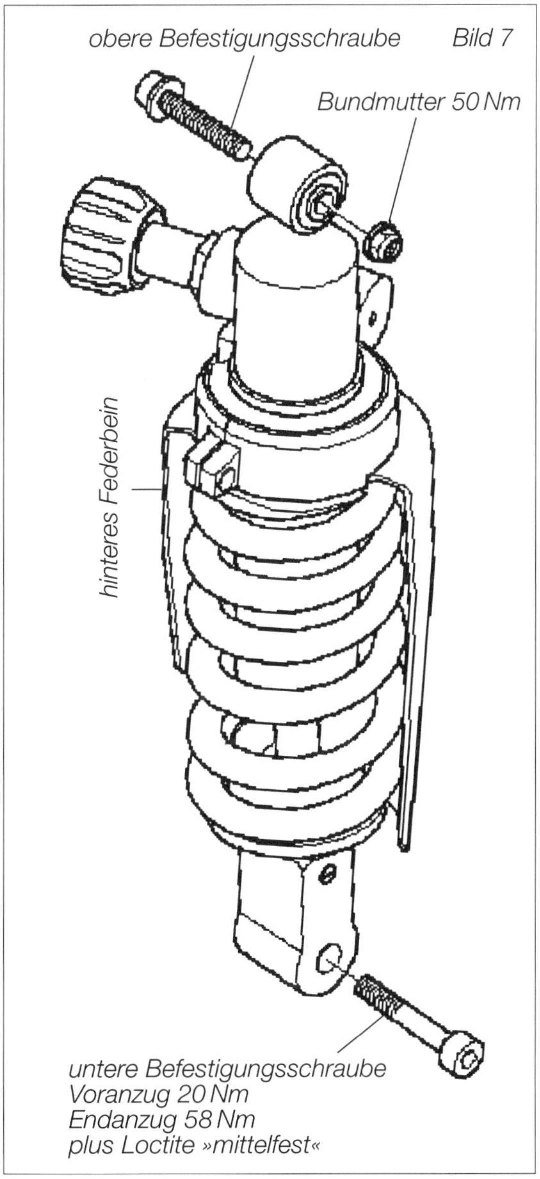

Bild 7: HInteres Federbein mit oberer und unterer Befestigung.

Sichtprüfung Messen

Bilder 1 und 2: Skizze und Explosionszeichnung von Telelever und Längslenker.

Lenkung

In diesem Kapitel: Lenksystem · Mögliche Defekte · Lenker und Armaturen ab- und anbauen · Telelever prüfen · Gabelbeine: Spezialwerkzeuge, aus- und einbauen, Gabelsimmerringe wechseln · Längslenker.

Bild 1

Bild 2

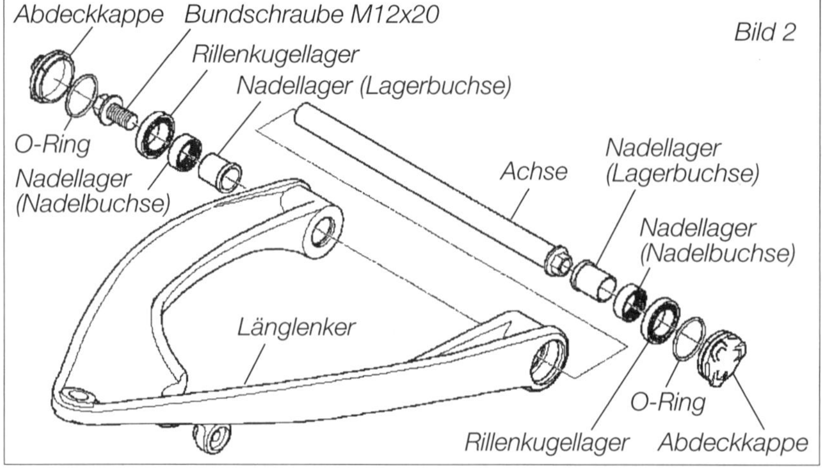

Lenksystem

Die Lenkung der R 1200 GS wird von BMW als »Telelever« bezeichnet. Es ist eine Kombination von Telegabel und Schwinge. Zu Lenkungen von Motorrädern anderer Marken besteht keinerlei Verwandtschaft. Der Telelever besteht aus folgenden Bauteilen:

Gabelbeine: Zwei Gabelbeine, bestehend aus Stand- und Tauchrohr (Bilder 1 und 4).

Obere Gabelbrücke: Die obere Gabelbrücke ist über ein eingepresstes Schrägkugellager, das über einen Bolzen im Vorderrahmen verschraubt ist, mit dem Rahmenvorderteil schwenkbar verbunden (Bilder 1, 3 und 4).

■ Rechts und links in der oberen Gabelbrücke sitzen Topfgelenke, in denen die oberen Enden der Gabelstandrohre eingesteckt und mit Muttern verschraubt sind (Bilder 3 und 4).

■ Auf der oberen Gabelbrücke ist der Lenker befestigt: Die unteren Lagerböcke sind fest an der Gabelbrücke angebracht, die beiden oberen Klemmböcke werden über Torxschrauben befestigt (Bild 12).

Untere Gabelbrücke: Die untere Gabelbrücke ist über ein Kugelgelenk mit dem Längslenker verbunden (Bilder 1 und 3).

■ Rechts und links sind die Gabeltauchrohre in der unteren Gabelbrücke geklemmt.

Längslenker: Der Längslenker ist über je zwei Rillenkugellager und Nadellager auf einer langen Achse gelagert, die am Motor befestigt ist.

Federbein: Das Federbein ist unten am Längslenker und oben am Rahmen befestigt (Bild 1). Es übernimmt Federung und Dämpfung des Vorderbaus (Einstellung und Wechsel siehe Kapitel 10 »Federung · Dämpfung«).

Mögliche Defekte

Laut BMW sind alle Bauteile des Telelever lebenslang wartungsfrei. Dies kann man nun glauben oder auch nicht, Tatsache allerdings ist, dass alle Lager verschleißfest und sehr gut gegen Staub und Nässe abgedichtet sind.

Auch das Öl in den beiden Gabelholmen muss nie gewechselt werden, denn es dient nur der Schmierung der aufeinander gleitenden Teile (also die in den Tauchrohren eingepressten

Gleitbuchsen, die auf den Standrohren gleiten). Weil die Dämpfung vom Federbein übernommen wird, ist das Öl in den Gabelbeinen keinen Schwerkräften ausgesetzt und verschleißt deswegen nicht.

Generell gilt für das komplette Lenksystem der R 1200 GS: Defekte am Telelever treten nur durch Unfälle oder falsche Montage auf.

Bild 3

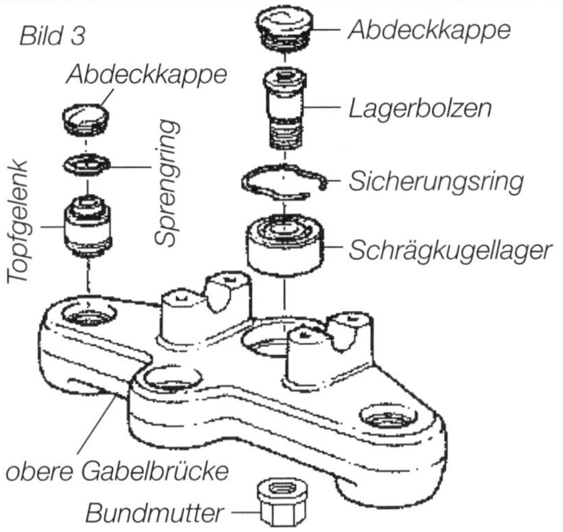

Gabelsimmerringe und Gabelgleitbuchsen

Die oben in die Gabeltauchrohre eingepressten **Gabelsimmerringe** (Bild 18) sind unter normalen Umständen ebenfalls unkaputtbar. Anormale Umstände sind z. B. Betrieb mit krummen oder riefigen Standrohren. Undichte Simmerringe erkennt man am Öl, das während der Fahrt austritt und die Gabelbeine hinunter läuft.

Auch die **Gabelgleitbuchsen** sind Bauteile, die niemals kaputt gehen. Wenn allerdings ein Gabelsimmerring gewechselt werden muss, sollte man nicht nur an beiden Gabelbeinen die Simmerringe, sondern auch die Gabelgleitbuchsen in den Gabeltauchrohren wechseln.

Doch wie oben schon beschrieben sind Defekte an den Simmerringen nur dann zu erwarten, wenn die Gabelstandrohre krumm oder riefig sind. Dies kann eigentlich nur dann vorkommen, wenn die Maschine einen Unfall hatte oder durch einen anderen mechanischen Einfluss von außen die Oberfläche der Standrohre defekt wurde.

Aus- und Einbau der Gabelbeine und ihre Zerlegung zum Erneuern von Gabelsimmerringen und Gabelgleitbuchsen werden in diesem Kapitel weiter hinten beschrieben.

Weitere mögliche Defekte

Wenn an Ihrer Maschine ein Defekt am Telelever auftreten sollte, z. B. durch einen heftigen Sturz oder Unfall die Gabelstandrohre oder die Gabelbrücken verbogen sind, und am Telelever intensiv geschraubt werden muss, sind sehr viele BMW-Spezialwerkzeuge nötig. Meisterliches Können ist eine weitere wichtige Voraussetzung zu fachgerechter Instandsetzung des Telelever.

Bilder 3 und 4: Explosionszeichnungen Telelever und obere Gabelbrücke.

Bild 4

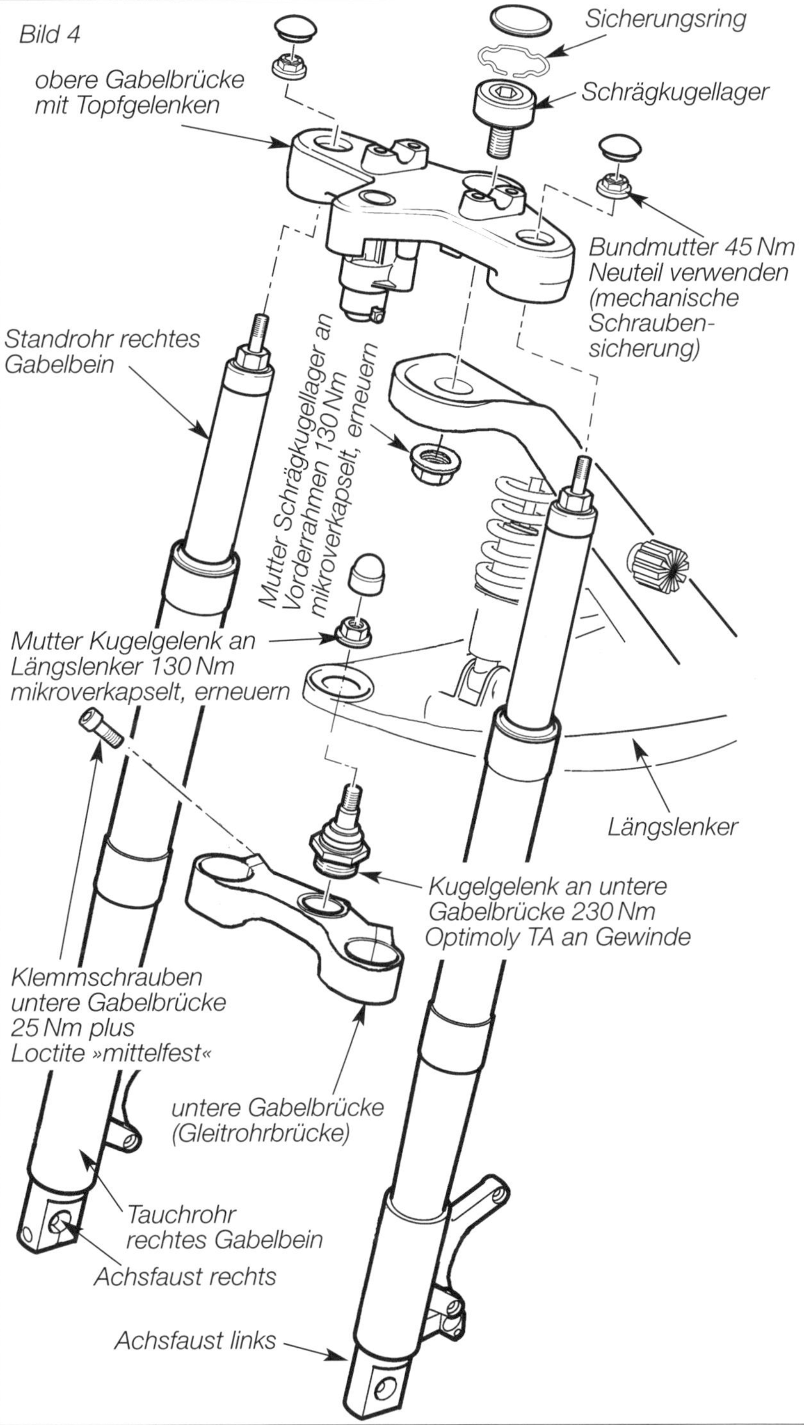

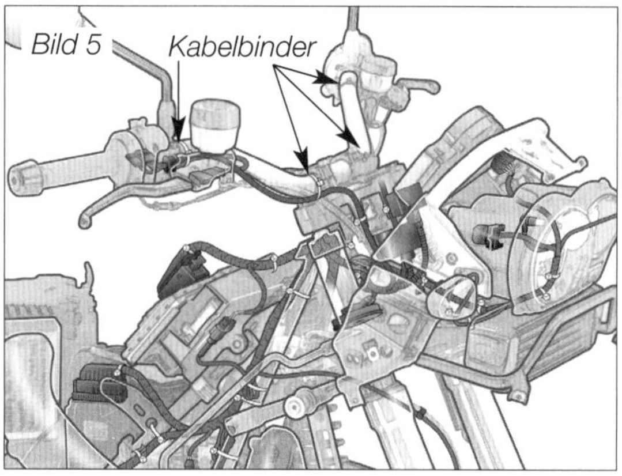

Bild 5: Verkabelung vom Lenker aus und Lage der Kabelbinder.

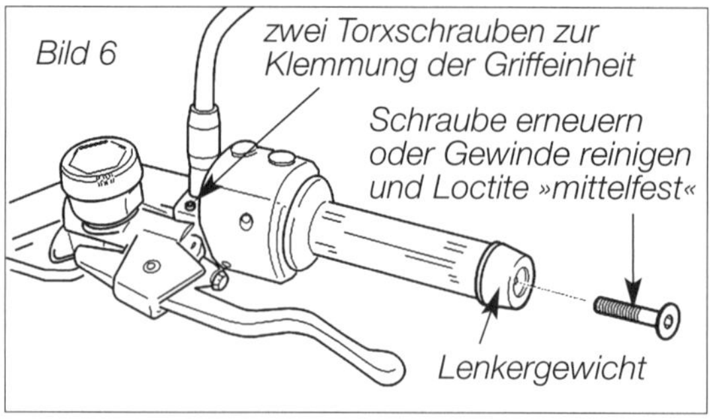

Bild 6: Linkes Lenkerende mit Lenkergewicht und Befestigungsschraube sowie Klemmung der Griffeinheit.

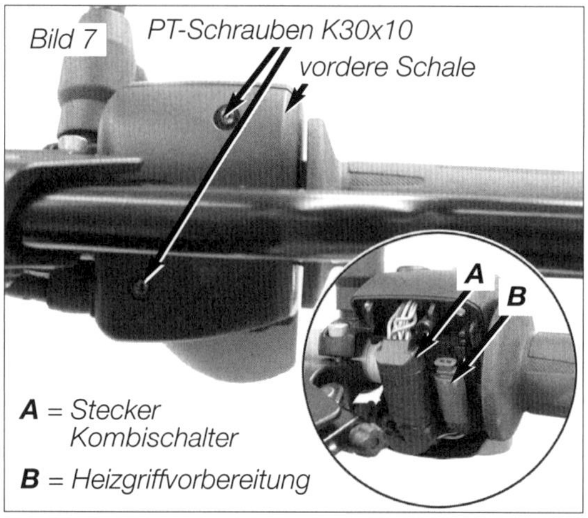

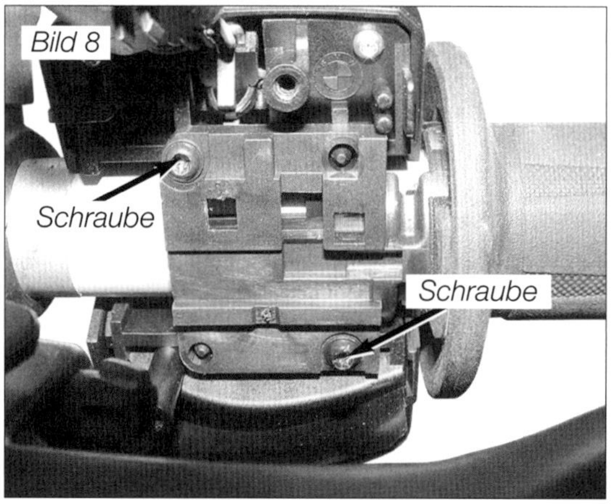

Bilder 7 und 8: Linker Lenkerschalter. Wenn die vordere Schale abgenommen ist, gelangt man an die Kabelstecker sowie die Befestigungsschrauben.

Bild 9: Um an die Senkschraube des Gummilenkergriffs zu kommen, muss man den Rand etwas umwalzen.

Deswegen der ernst gemeinte Ratschlag: Lassen Sie nach einem heftigen Sturz die komplette Maschine in einer BMW-Motorradwerkstatt überprüfen, also vermessen und ggf. reparieren. Das geht schneller, ist billiger und, was die Fahrzeug- und Fahrsicherheit angeht, der bessere Weg als zu glauben, man müsse jetzt selbst Hand anlegen.

Achtung: Verbogene Gabelbauteile dürfen niemals gerichtet werden, es müssen Neuteile eingebaut werden. Dies gilt ganz besonders für die Gabel-Stand- und -Tauchrohre!

Notfall

Sollte es in entlegenen Gebieten dieser Welt wirklich einmal nötig werden, die Lenkung zu reparieren, dann helfen die Explosionszeichnung in Bild 4 sowie die anderen Detailzeichnungen.

Wichtiger Hinweis: Falls in einem solchen Notfall keine neuen Muttern für die Schraubzapfen von oberem Schrägkugellager, unterem Kugelgelenk und Befestigung der Standrohre in den Topfgelenken besorgt werden können, müssen die Gewinde gereinigt, mit Loctite »mittelfest« bestrichen und mit dem vorgeschriebenen Anzugsdrehmoment zusammengebaut werden.

Doch wenn man unterwegs einen solch heftigen Sturz produziert, dass sich die Lenkung heftig verbiegt, hat sich der Fahrer wahrscheinlich die Knochen gebrochen – dann hilft nur noch der Auslands-Rückholdienst!

Lenker und Armaturen

Die richtige Anbringung und Einstellung des Lenkers, der elektrischen Schaltereinheiten und der Kupplungs- und Bremsarmatur ist in Kapitel 4 »Einstellungen« beschrieben. Wenn der Lenker

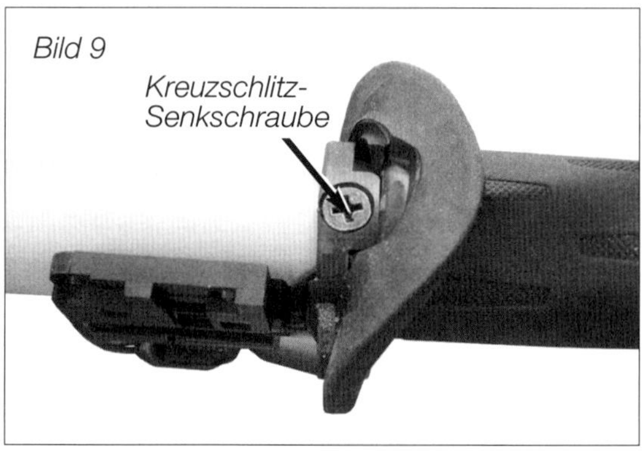

z. B. nach einem Sturz verbogen ist und gewechselt werden muss, sind garantiert auch die Schrauben der Lenkergewichte krumm – neue Schrauben also zusammen mit dem neuen Lenker kaufen.

Achtung: Beim Abbau des Lenkers immer darauf achten, dass die Brems- und Kupplungsarmaturen so abgelegt werden, dass sie nicht »auf dem Kopf« stehen und dadurch Luft in das Hydrauliksystem gelangt. Ggf. vorher Hydraulikflüssigkeit auffüllen, dass die Behälter voll sind und so auch bei einem unbeabsichtigten Kopfstand keine Luft in die Leitungen gelangt (siehe dazu Kapitel 8 »Bremsen« und 25 »Kupplung«). Nach dem Anbau die Armaturen in der Neigung einstellen (Kapitel 4 «Einstellungen«), Kupplungshydraulik befüllen und entlüften (Kapitel 25 »Kupplung«).

Wichtig: Bei Maschinen mit ABS weder die Bremsflüssigkeit ablassen noch die Bremsleitung von der Bremsgriffarmatur trennen!

Linke Lenkerarmatur

1. Kabelbinder am Lenker aufknipsen (Bild 5). Lenkergewicht abschrauben (Bild 6).
2. Griffeinheit abbauen: Beide Torxschrauben der Klemschelle (Bild 6) lösen und ausschrauben. Griffeinheit nach vorne weglegen.
3. An der Vorderseite des Schaltergehäuses beide Schrauben lösen und ausdrehen, vordere Abdeckung abnehmen (Bild 7).
4. Stecker des Kombischalters und Stecker der Heizgriffvorbereitung aus der Halterung ziehen (Kreis in Bild 7). Steckverbindungen trennen.
5. Die beiden Schrauben des Schaltergehäuses ausschrauben (Bild 8), Schaltergehäuse vom Lenker abnehmen.
6. Wulst des Gummi-Lenkergriffs etwas umwälzen und die Kreuzschlitz-Senkschraube ausschrauben (Bild 9). Lenkergriff abziehen.

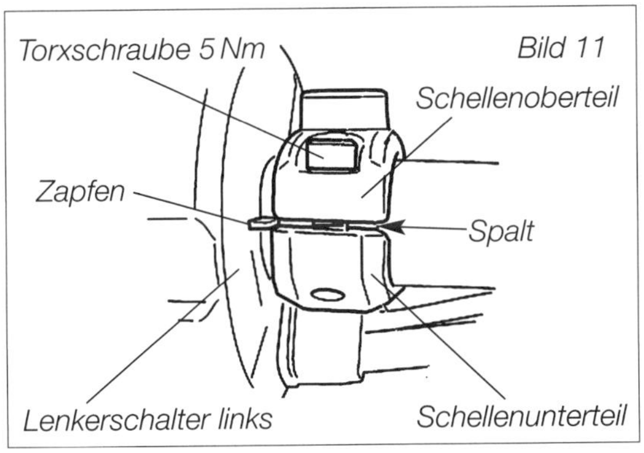

Bild 11

Rechte Lenkerarmatur

Die Arbeitsschritte zum Abbau der rechten Griffeinheit und des Schaltergehäuses gleichen denen der linken.

Zusätzlich muss der Gasgriff abgenommen werden:

■ Wenn nur der Lenker gewechselt wird, genügt es, die beiden Klemmschraube des Gasgriffgehäuses (**G** in Bild 10) leicht zu lösen, die oberen Lenkerklemmböcke abzuschrauben und den abgenommenen Lenker dann aus dem Gasgriff zu ziehen.

■ Beim Anbau zuerst den Lenker in den Gasgriff stecken und ihn dann auf die Lenkerböcke aufschrauben.

Soll der Gasgriff ersetzt oder ein neuer Gaszug eingebaut werden, folgendermaßen vorgehen.

1. Rändel-Kontermutter (**A** in Bild 10) von der Gaszug-Einstellschraube (**B** in Bild 10) lösen, ganz nach vorne drehen. Gaszug-Einstellschraube nachdrehen, damit der Gaszug genügend »Luft« zum Ausbau bekommt.
2. Befestigungsmutter des Gaszug-Fühungsbogens (**C** in Bild 10) ganz losschrauben.
3. Klemmschrauben des Gaszuggehäuses (**D** in Bild 10) lösen und ausdrehen, Oberteil des Gaszuggehäuses (**E** in Bild 10) abnehmen.
4. Nippel des Gaszugs (**F** in Bild 10) aushängen, Gaszug nach unten herausziehen.
5. Klemmschraube des Gasgriffs (**G** in Bild 10) lösen, Gasgriff vom Lenker abziehen.

■ Anbau in umgekehrter Reihenfolge. Dabei

Bild 10: Gasgriff abnehmen (Teilebezeichnung in der Reihenfolge des Abbaus):
***A** = Rändel-Kontermutter*
***B** = Gaszug-Einstellschraube*
***C** = Befestigungsmutter des Gaszug-Führungsbogens*
***D** = Klemmschrauben des Gasgriffgehäuses*
***E** = Oberteil des Gasgriffgehäuses*
***F** = Nippel des Gaszugs*
***G** = Klemmschraube des Gasgriffs*

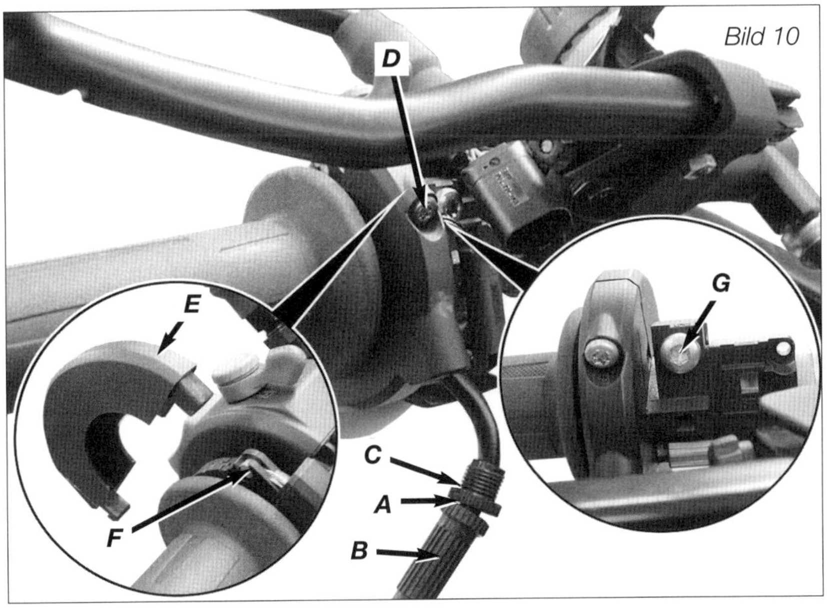

Bild 10

beachten, dass der kleine Zapfen am Schaltergehäuse (Bild 11) in den Spalt der Lenkerarmatur ragt. Torx-Klemmschrauben mit 5 Nm festziehen.

Aufbau des Lenkers (Bild 12)
1. Lenker in die unteren Lenkerböcke einsetzen.
2. Körnermarkierung vorne links beachten, sie muss neben der Klemmstelle in Flucht mit der Oberseite des Lenkerbocks sitzen.
3. Obere Klemmböcke aufsetzen, vordere Schrauben eindrehen und handfest anziehen.
3. Hintere Schrauben eindrehen.
4. Vordere Schrauben mit 21 Nm festziehen, dann hintere Schrauben mit 21 Nm festziehen.
■ Luftspalt muss hinten zu sehen sein, vorne müssen beide Klemmböcke bündig auf den Lenkerböcken aufsitzen.
5. Kabel mit Kabelbindern befestigen (Bild 5).
■ Kabelbinder nicht zu stark anziehen, Kabel nicht quetschen!

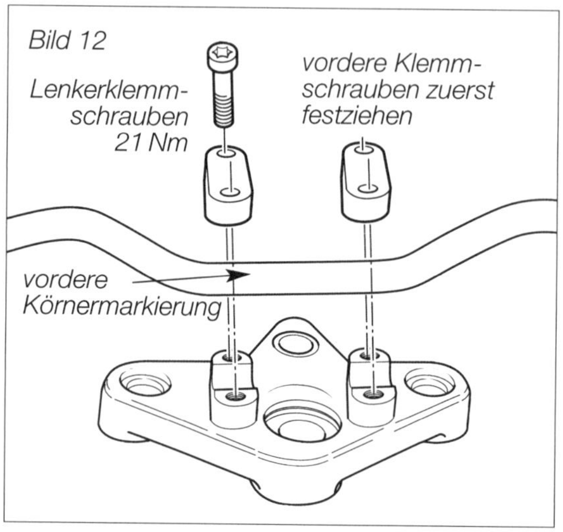

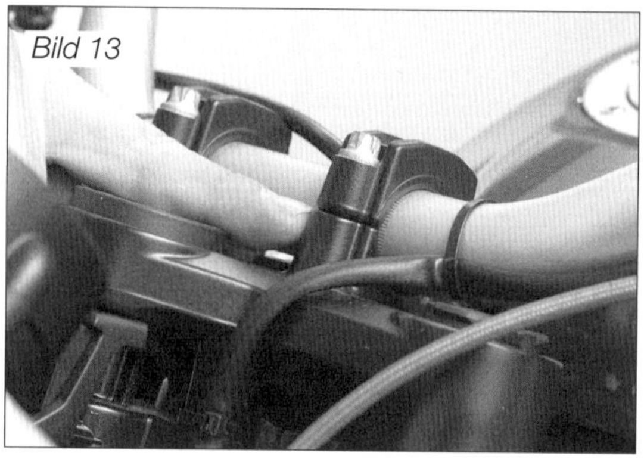

Bilder 12 und 13: Obere Klemmböcke müssen vorne auf den unteren Klemmböcken aufsitzen.

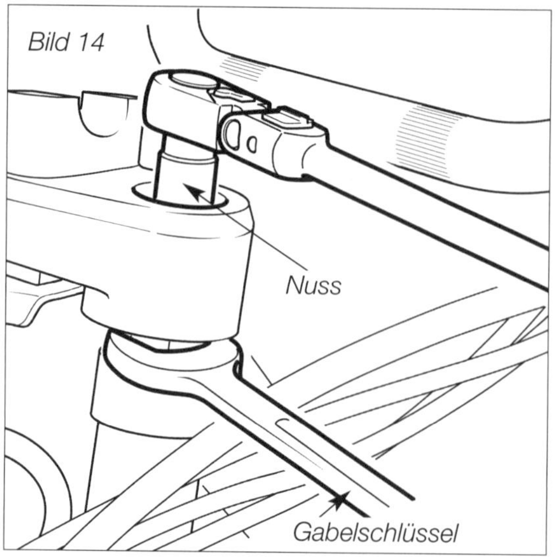

Bild 14: Obere Standrohrverschraubung lösen: Unten mit Gabelschlüssel einfahren und gegenhalten, oben Mutter mit Nuss lösen und abdrehen.

Telelever prüfen

Schrägkugellager und Kugelgelenk prüfen
Ob sich oberes Schrägkugellager und unteres Kugelgelenk leicht bewegen, wird in zusammengebautem Zustand des Telelevers geprüft.
1. Motorrad auf Mittelständer aufbocken, Motor so unterbauen, dass der Vorderbau frei ist. Lenker steht absolut waagerecht, Vorderrad in Geradeausstellung.
2. Lenker ganz leicht antippen, der Vorderbau muss sich dann von selbst in die gewünschte Richtung bewegen und ohne zu hakeln bis zum Lenkanschlag schwenken.
3. Durch schnelles Hin- und Herbewegen der Lenkung bis zum Anschlag prüfen, ob sich die Lager ohne Knacken und Haken frei bewegen.
■ Falls »nein«, steht jetzt schon fest, dass sie erneuert werden müssen.
4. Als letzte Prüfung die Gabel unten an den Achsfäusten packen und versuchen, sie ruckartig nach vorne und hinten zu bewegen. Es darf dabei in keinem der beiden Lager knacken oder Luft spürbar sein.

Gabelbeine

Streng nach BMW-Montageanleitung werden zum Zerlegen der Gabelbeine zwecks Aus- und Einbau neuer Gabelsimmerringe und Gabelgleitbuchsen folgende Spezialwerkzeuge benötigt (Bilder 15 und 16):

Innenabzieher	Nr. 008561
Adapter	Nr. 008564
Zugstange	Nr. 135251
Schlaggewicht	Nr. 135253
Buchse (Eintreibbuchse)	Nr. 311511
Schlagdorn (Schlaggewicht)	Nr. 313650

Wenn diese BMW-Spezialwerkzeuge nicht zur Verfügung stehen, kann man sich mit einfacheren

Werkzeugen helfen. Wir gehen im nachstehenden Text darauf ein.

Gabelöl

Als Gabelöl ist BMW-Telegabelöl vorgeschrieben, die Füllmenge je Gabelholm beträgt 0,65 Liter. Wenn dieses nicht zur Verfügung steht, kann man auch anderes Gabelöl verwenden, es sollte die Viskosität SAE 5 bis 10 haben. In der allergrößten Not kann man auch dünnes Motoröl verwenden.

Gabelbein ausbauen

Motorrad auf den Hauptständer stellen und mit Spannriemen so sichern, dass es weder seitlich noch nach vorne wegkippen kann.

1. Vorderrad und Bremssättel aus- und abbauen (Kapitel 8 und 9). ABS-Sensor, Kabel- und Bremsleitungs-Halterungen am Gabeltauchrohr abbauen, Kabelbinder aufknipsen.

2. Verschraubung des Standrohrs in der oberen Gabelbrücke lösen:

■ Abdeckkappe oben aus der Gabelbrücke mit einem kleinen Schraubenzieher aushebeln.

■ Gabelschlüssel am Sechskant des Standrohres unter der Gabelbrücke ansetzen, gegenhalten und von oben die Mutter mit Nuss lösen (Bild 14).

3. Gabelbein von unten abstützen. Klemmschrauben der Gabeltauchrohre in der unteren Gabelbrücke lösen, Stützen wegnehmen, Gabelbeine nach unten herausziehen.

Gabelbein zerlegen

1. Belüftungsschraube ausdrehen (A in Bild 19). Dichtring (***B*** in Bild 19) abnehmen und entsorgen.

2. Gabelbein über ein Ölablassgefäß halten. Standrohr vorsichtig aus dem Tauchrohr ziehen. Öl aus Tauchrohr ablassen.

3. Tauch- und Standrohr grob reinigen.

4. Staubmanschette (***C*** in Bild 19) ausziehen: Mit einem kleinen Schraubenzieher ringsum von außen zwischen die Staubmanschette und den oberen Rand des Gabelbeins fahren und so die Manschette Stück für Stück aushebeln (Bild 17).

5. Sicherungsring (***D*** in Bild 10) ausbauen.

6. Gabelsimmerring (***E*** in Bild 10) mit großem Schraubenzieher oder Reifenmontiereisen vorsichtig ringsum Stück für Stück aushebeln, Scheibe (***F*** in Bild 10) herausnehmen.

7. Gabelbein umdrehen, mit dem oberen Bund leicht auf ein mit Lappen abgepolstertes Hartholz aufstoßen: Buchsen und Distanzrohre rutschen heraus.

■ Wenn sie nicht herauskommen wollen: Tauchrohr mit einem Heißluftföhn ringsum leicht und gleichmäßig anwärmen (maximal 80 °C), mit einem Gummihammer ringsum leicht beklopfen und immer wieder kopfüber auf das Hartholz aufstoßen.

8. Alle Teile gut reinigen.

Gabelbein zusammenbauen

1. Buchsen und Distanzrohre leicht einölen, nacheinander einführen (Reihenfolge siehe Bild 19), mit einem Hartholzstab ganz nach unten drücken.

■ Darauf achten, dass sich kein Span vom Holz ablöst und die Buchsen sich nicht verkanten!

2. Scheibe (***F*** in Bild 19) einsetzen.

3. Tauchrohr senkrecht in Schraubstock einspannen, Öl einfüllen: BMW-Telegabelöl, Füllmenge je Gabelholm 0,65 Liter.

4. Gabelstandrohr einölen und ganz in das Tauchrohr einführen.

5. Neuen Gabelsimmerring leicht einölen, in der richtigen Einbaurichtung (siehe Bild 18) von oben vorsichtig über das Standrohr und langsam bis ganz nach unten schieben.

■ Ringsum exakt ansetzen und entweder mit dem BMW-Eintreibwerkzeug (Bild 16) eintreiben oder ringsum Stück für Stück und vorsichtig zuerst mit starkem Daumendruck in seinen Sitz einpressen, ggf. mit einem Durchschlag vorsichtig (!) nachhelfen.

6. Sicherungsring (***D*** in Bild 19) über das Standrohr nach unten schieben, in seine Nut einsetzen.

7. Neue Staubmanschette (***C*** in Bild 19) leicht einölen, über das Standrohr nach unten schie-

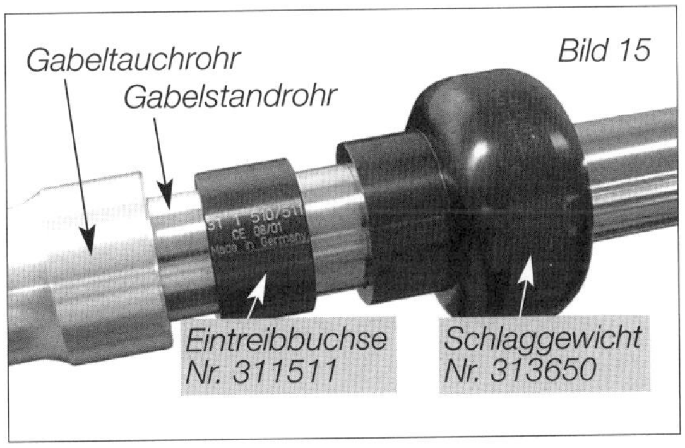

Bilder 15 und 16: BMW-Spezialwerkzeuge zum fachgerechten Aus- und Einbau von Gabelsimmerringen.

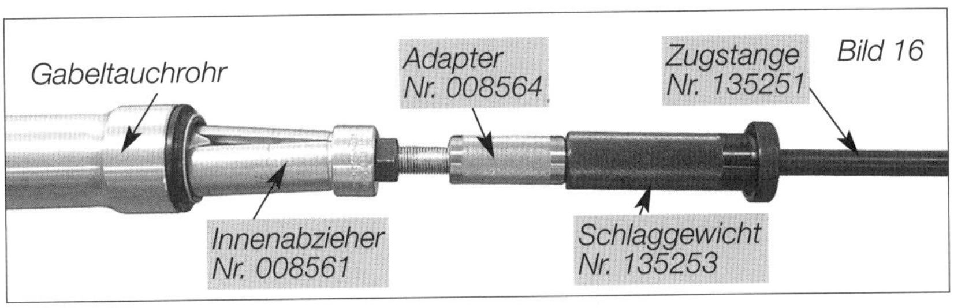

Sichtprüfung Messen

Bild 17: Vorsichtiges Ausheben der Staubmanschette mit einem kleinen Schraubenzieher.

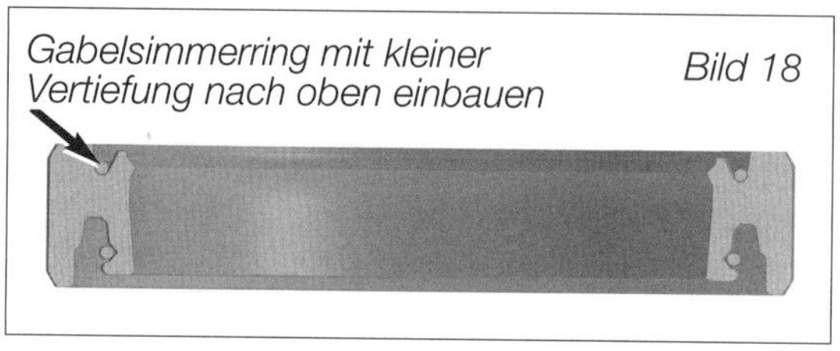

Bild 18: Einbaurichtung des Gabelsimmerrings.

Bild 19: Explosionszeichnung eines Gabelbeines.

ben, mit starkem Daumendruck in seinen Sitz einpressen.

8. Das Standrohr ist jetzt immer noch ganz in das Tauchrohr eingeschoben! Belüftungsschraube (***A*** in Bild 19) mit neuem Dichtring (***B*** in Bild 19) eindrehen, noch nicht festziehen.

Gabelbeine einbauen und belüften

1. Rechtes Gabelbein in die untere Gabelbrücke einführen, bis der Bund am Tauchrohr mittig in der Klemmung der Gabelbrücke sitzt (Bild 20).

■ Das Standrohr ist immer noch in das Tauchrohr eingeschoben.

■ Darauf achten, dass die Achsfaust unten am Tauchrohr nach vorne zeigt (bzw. die Halterung des Bremssattels nach hinten).

2. Beide Klemmschrauben in der unteren Gabelbrücke in etwa handfest anziehen.

3. Belüftungsschraube ausdrehen. Standrohr mit

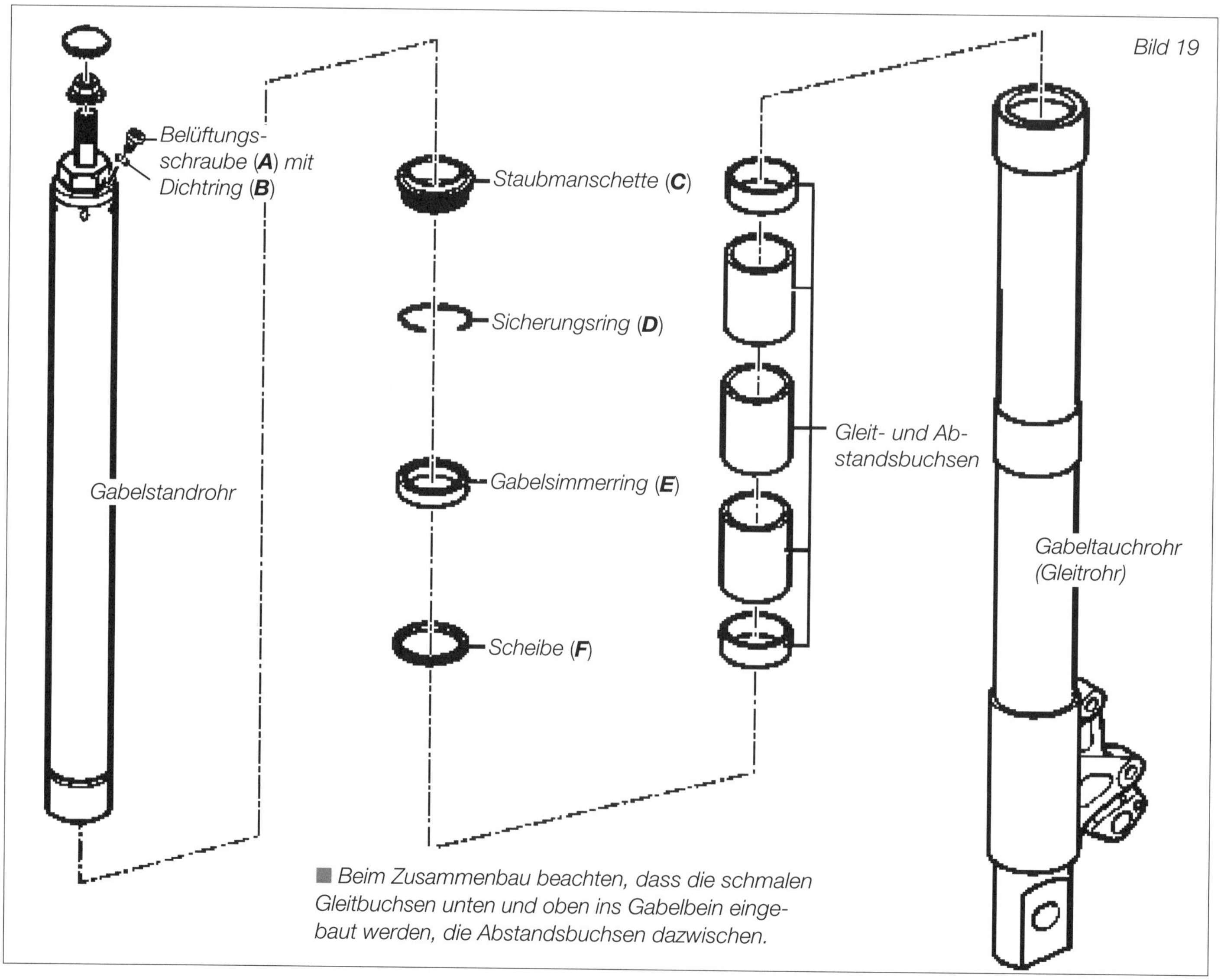

der Hand nach oben ziehen, Gewindebolzen auf dem Standrohr in das Topflager einführen, Standrohr bis zum Anschlag an das Topfgelenk hochziehen. Neue Bundmutter aufdrehen, aber noch nicht festziehen.
4. Belüftungsschraube mit neuem Dichtring eindrehen und mit 3 Nm festziehen (entspricht »in etwa handfest«).
5. Das linke Gabelbein ebenfalls so einschieben und befestigen wie von 1. bis 4. beschrieben.
6. Radachse von rechts einstecken und in das Gewinde der linken Achsfaust einschrauben.
■ Darauf achten, dass sich die Achse leicht eindrehen lässt. Ggf. die Klemmschrauben in der unteren Gabelbrücke nochmals lösen und die Gabelbeine zueinander exakt ausrichten!
7. Alle Klemmschrauben in der unteren Gabelbrücke endgültig mit 25 Nm festziehen.
8. Beide Standrohre an der oberen Gabelbrücke festziehen: mit Gabelschlüssel unten am Sechskant gegenhalten, Mutter von oben mit einer Nuss mit 40 Nm festziehen (Bild 14).
9. Steckachse ausdrehen und dabei prüfen, ob sie sich gleichmäßig leicht ausdreht.
■ Wenn »ja«, fluchten die Bohrungen in der rechten und linken Achsfaust und das Vorderrad sowie die Bremssättel können ein- bzw. angebaut werden.
■ Wenn »nein«, fluchten die Bohrungen nicht gut zueinander: Klemmung der Gleitrohre in der unteren Gabelbrücke wieder lösen und die Gabelbeine exakt und sauber zueinander ausrichten.

Restliche Teile anbauen: Rad einbauen siehe Kapitel 9 »Räder«, Bremssättel und ABS-Sensor anbauen siehe Kapitel 8 »Bremsen«.

Endkontrolle: Nach der Rad- und Bremsenmontage die Maschine vom Mittelständer nehmen und mehrmals kräftig einfedern. Dabei kontrollierten, ob der Telelever ohne zu haken einfedert und auch leicht wieder ausfedert!

Längslenker

Der Längslenker des Telelever-Systems ist samt seiner Lager ein vollkommen unproblematisches Bauteil, das weder Wartung noch Pflege bedarf. Wenn bei einer Unfallmaschine der Verdacht besteht, dass der Längslenker krumm, gerissen oder anderweitig defekt sein könnte, dann war der Crash sehr heftig. Guter Rat: Lassen Sie nicht nur den Längslenker, sondern auch den Rest der Maschine in der BMW-Fachwerkstatt begutachten und vermessen, das spart die Anschaffung teurer Spezialwerkzeuge und gibt die Sicherheit, keinen Schrott zu reparieren und in der Maschine zu haben.

Bild 20: Beim Einbau der Gabelbeine in die untere Gabelbrücke beachten, dass die Klemmstellen der Tauchrohre mittig in den Klemmungen der unteren Gabelbrücke sitzen.

Kardan · Schwinge

In diesem Kapitel: Hinterradschwinge · Hinterradantrieb abbauen und anbauen · Kardanwelle ausbauen, prüfen und einbauen · Hinterradschwinge aus- und einbauen.

Hinterradschwinge

Das Hinterrad der R 1200 GS wird von einer gegossenen Aluminium-Einarmschwinge mit zwei Schwinggelenken geführt. Das von BMW »Paralever« genannte System bietet neben einer steifen Radführung und einer Reduzierung der Lastwechselreaktionen des Kardanantriebs vor allem einen enormen Servicevorteil durch einfachen Radaus- und -einbau.

Schwinge und Hinterradantrieb sind wartungsfrei, es ist noch nicht einmal ein Ölwechsel im Hinterradantrieb nötig. Mit einer Einschränkung: Falls die Maschine längere Zeit außergewöhnlich hohen Belastungen ausgesetzt war, wie sie etwa bei tagelangen Fahrten im tiefen Wüstensand auftreten können, soll das Öl im Hinterradantrieb gewechselt werden. Dazu muss der Hinterradantrieb nicht komplett abgebaut, sondern nur an der hinteren Verschraubung der Momentstrebe gelöst und nach unten geklappt werden. Dann kann das Öl über die Einlassöffnung abgelassen und (nach erfolgtem Hochklappen und Befestigen der Momentstrebe) neues Öl eingefüllt werden. 0,23 bis 0,25 Liter SAE 90 API GL5 (Castrol SAF-XO).

Wenn die Kardanwelle gewechselt werden soll, muss ebenfalls nur der Hinterradantrieb heruntergeklappt werden. Wir gehen im Lauf des Kapitels auf diese Arbeit ein.

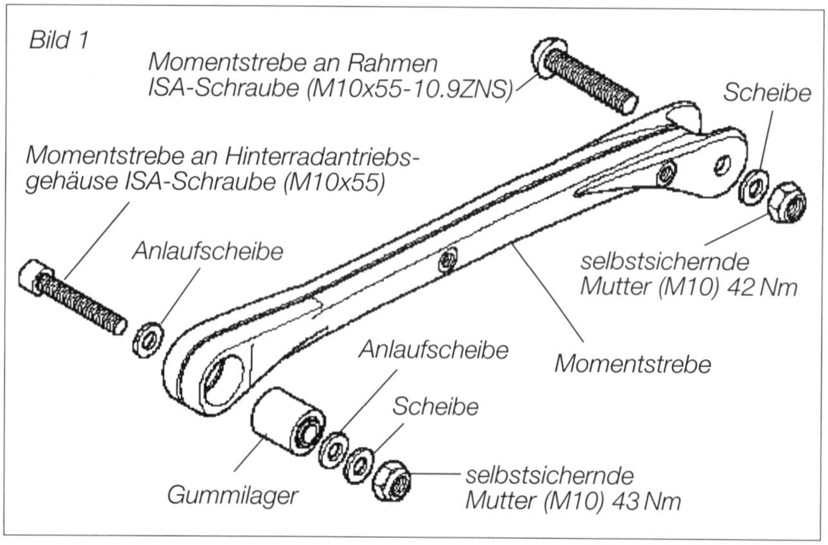

Bild 1: Momentstrebe mit Anbauteilen.

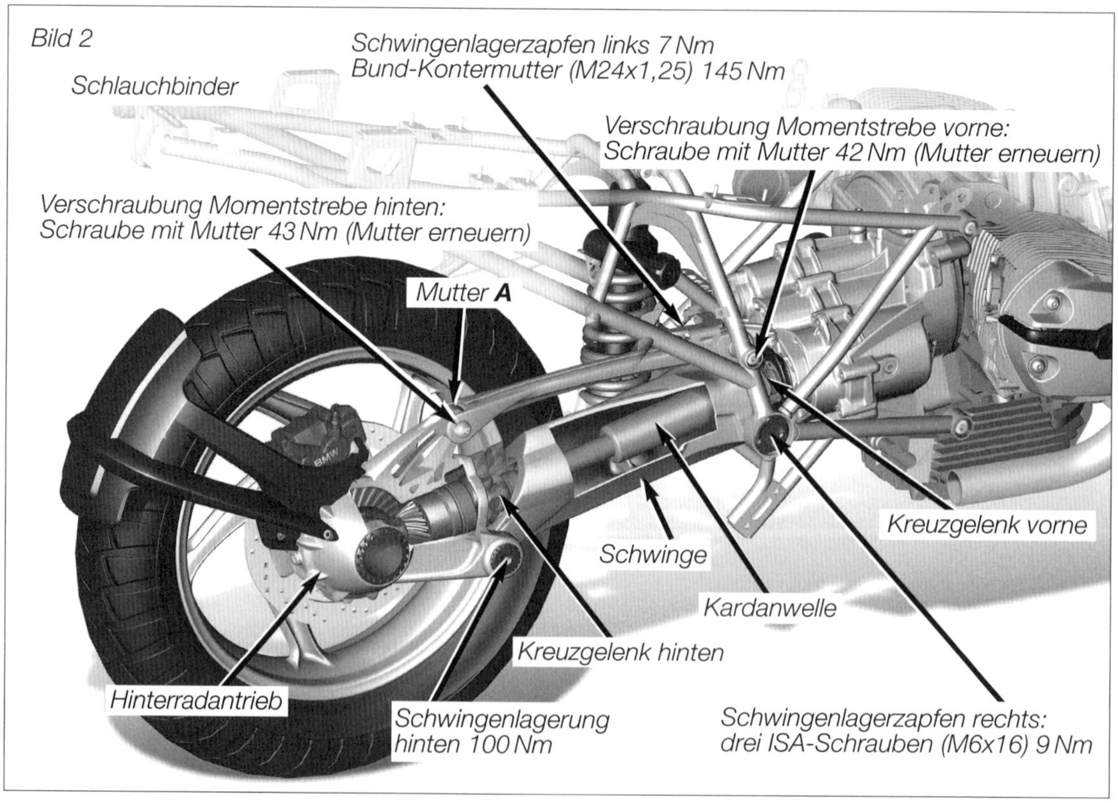

Bild 2: Hinterradschwinge mit Kardan und Hinterradantrieb.

Bekannte Störungsherde am Hinterradantrieb gibt es keine. Die im Langstreckentest von MOTORRAD (siehe Kapitel 1) aufgetretenen Schäden waren Kinderkrankheiten der ersten Serie und sind behoben.

Falls sich am Hinterradantrieb Ihrer Maschine ein Defekt ankündigt, etwa durch übermäßige Laufgeräusche oder Spiel, überlassen Sie Zerlegung, Reparatur und Zusammenbau einer BMW-Motorradwerkstatt. Es werden nämlich sehr viele Spezialwerkzeuge benötigt, um den Hinterradantrieb zu zerlegen und wieder zusammenzubauen. Außerdem ist zum Ausdistanzieren von Kegel- und Tellerrad sehr viel Erfahrung nötig.

BMW empfiehlt zur Schmierung der Verzahnung des hinteren Wellenzapfens, der Nadellager und der Bünde am hinteren Faltenbalg das Montagefett Staburags NBU 30 PTM. Wenn dieses spezielle Fett nicht zur Verfügung steht, kann auch ein anderes, hochwertiges Wälzlagerfett verwendet werden.

Hinterradantrieb ab-/anbauen

Hinterradantrieb abbauen
Vorbereitende Arbeiten: Maschine sicher auf einen Montageständer stellen. Zur Not genügt es, wenn sie auf dem Hauptständer abgestellt und das Vorderrad mit einem Spanngurt gegen den Mittelständer gezogen wird, damit beim Arbeiten an der Schwinge das Motorrad nicht vom Hauptständer nach vorne abrollen kann (siehe Kapitel 9 »Räder«)!

Wenn der Hinterradantrieb nicht zerlegt werden muss und später wieder angebaut wird, muss das Öl aus dem Hinterradantrieb nicht abgelassen werden. Bremssattel abschrauben und mit Gummiband am Heckrahmen verspannen, Spritzschutz abbauen, Hinterrad ausbauen, ABS-Sensor aus Hinterradgehäuse ausbauen. Gummistöpsel in die Bohrung stecken!

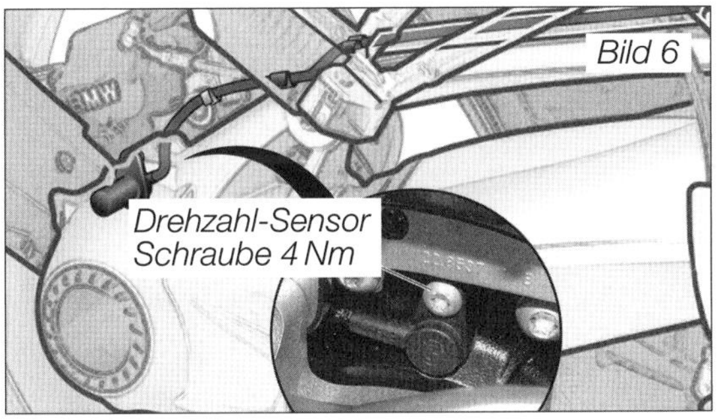

1. Hinterradantrieb mit Riemen nach oben am Rahmenhinterteil fixieren (Bild 3).
2. Mutter (***A*** in Bild 2) der Schraube der Momentstrebe am Hinterradantrieb abdrehen, Schraube ausziehen.
3. Hinterradantrieb nach unten absenken, dabei den Riemen langsam lösen.
4. Faltenbalg abnehmen: Mit kleinem Schrau-

Bilder 3 und 4: Hinterradantrieb mit Befestigungsteilen.

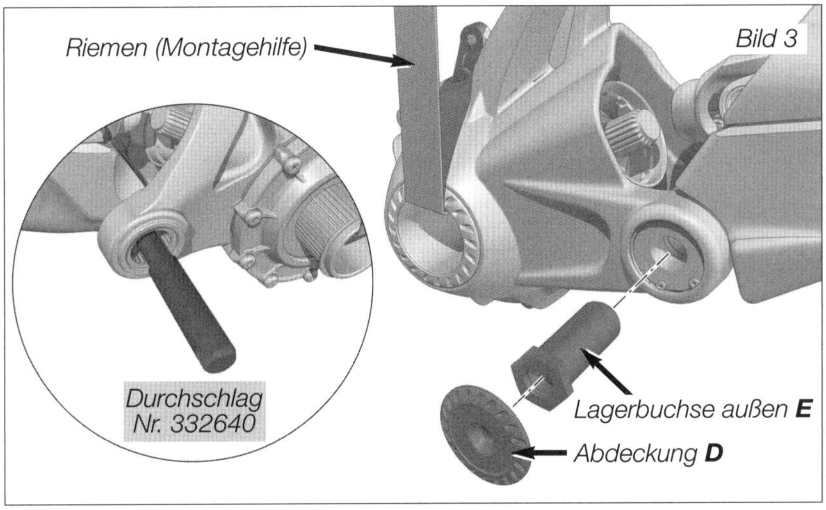

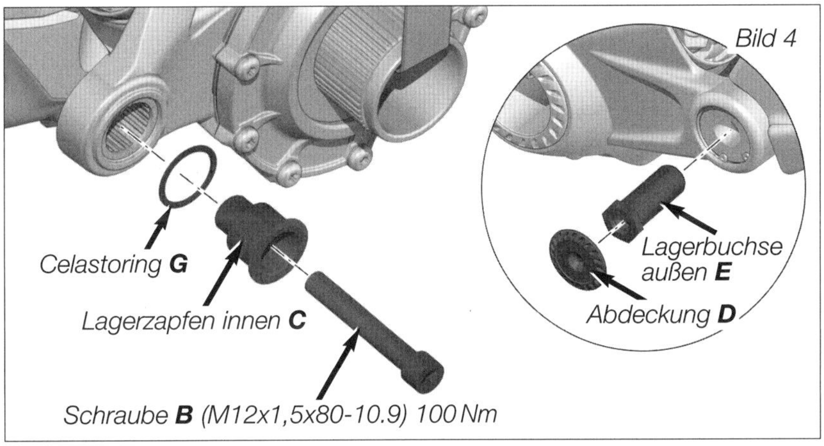

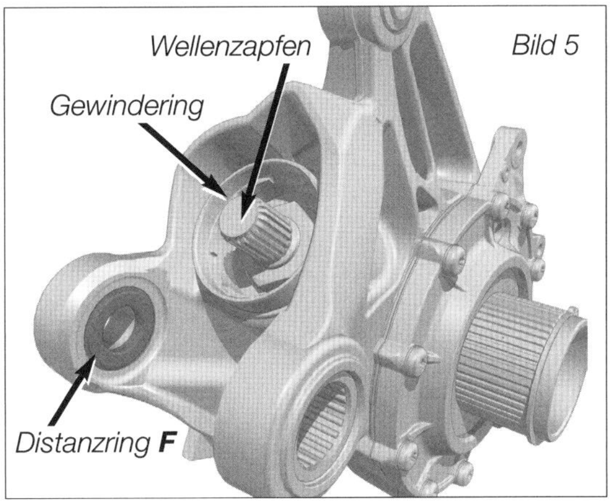

*Bild 5: Distanzring **F** mit unterlegtem O-Ring hier einbauen.*

Bild 6: Der Drehzahl-Sensor (ABS-Sensor) ist von hinten eingebaut.

Bild 7: Faltenbalg hinten mit Anbauteilen.

benzieher zwischen Faltenbalg und Ende der Schwinge einfahren und vorsichtig abdrücken.

Wichtig: Wenn nur die Kardanwelle gewechselt werden soll, braucht der Hinterradantrieb nicht weiter abgebaut zu werden.

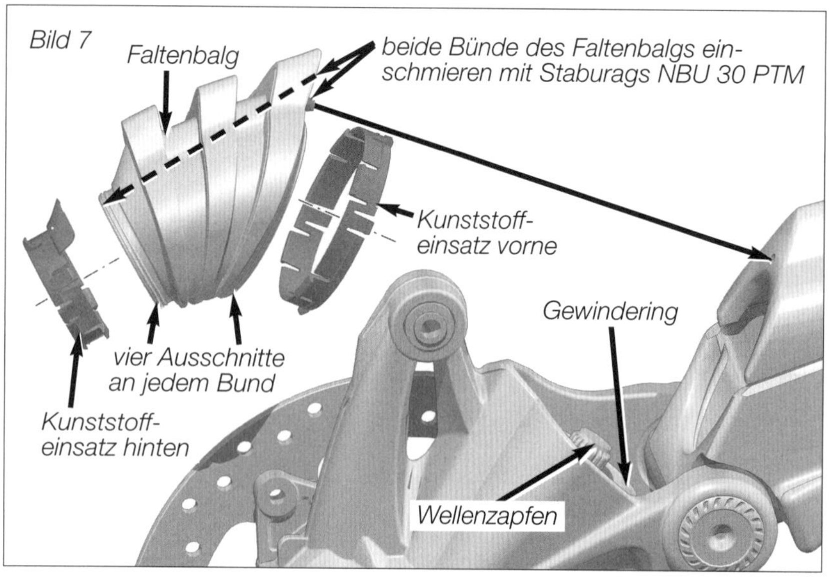

Bild 8: Faltenbalg vorne am Getriebe.

Bilder 9 bis 11:
■ Kreuzgelenk abdrücken (Bild 10)
■ kontrollieren (Bild 9)
■ aufdrücken (Bild 11).

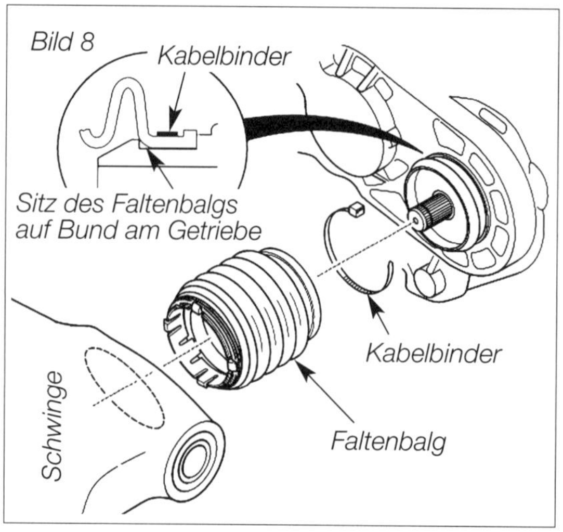

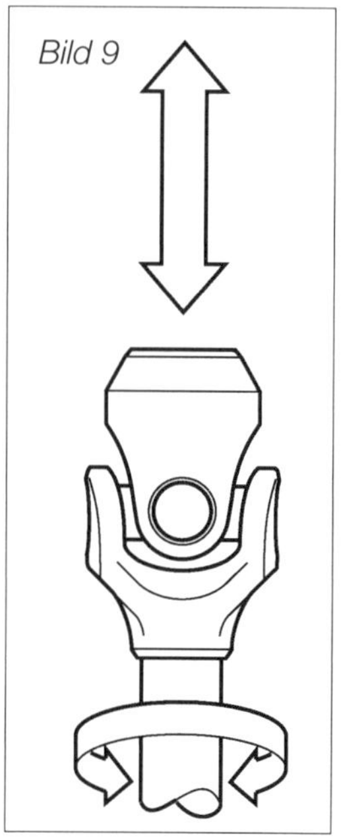

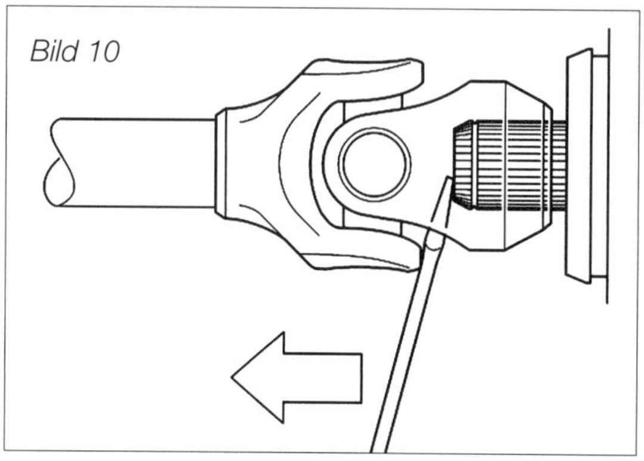

5. Schraube der Schwingenlagerung hinten lösen und ausdrehen. Lagerzapfen innen (***C*** in Bild 4) herausnehmen.
6. Abdeckung (***D*** in Bildern 3 und 4) mit geeignetem Dorn (Durchmesser max. 9 mm) ausschlagen.
7. Lagerbuchse außen (***E*** in Bildern 3 und 4) mit BMW-Dorn (Nr. 332640) oder einem Aludorn (Durchmesser max. 15 mm) ausschlagen.
8. Hinterradantrieb abnehmen. Distanzring (***F*** in Bild 5) aushebeln, O-Ring herausnehmen.

Wichtig: Hinterradantrieb nach außen ablegen! Nicht nach innen, sonst läuft Öl aus der Bohrung des Drehzahl-Sensors (ABS-Sensors) aus!

Hinterradantrieb anbauen

⚠ **Achtung:** Bei Nichteinbau der Distanzscheibe (***F*** in Bild 5) wird der Hinterradantrieb an der Schwinge geklemmt! Deswegen auf korrekten Einbau der Distanzscheibe und Leichtgängigkeit der Lagerung achten!

1. Distanzscheibe mit O-Ring vor das Lager im Hinterradantriebsgehäuse rechts einsetzen (***F*** in Bild 5).
2. Hinterradantrieb an der Schwinge ansetzen, Lagerbohrungen in Flucht zueinander bringen.
3. Celastoring auf den Lagerzapfen stecken (***G*** in Bild 4).
4. Lagerzapfen innen (***C*** in Bild 4) und außen (***E*** in Bildern 3 und 4) einstecken.
5. Schraube (***B*** in Bild 4) einbauen, handfest eindrehen.
6. Jetzt den Hinterradantrieb mit einem Riemen nach oben hin zum Rahmen aufhängen.
7. Schraube (***B*** in Bild 4) anziehen, an der Lagerbuchse außen (***E*** in Bildern 3 und 4) gegenhalten. Anzugsdrehmoment 100 Nm.

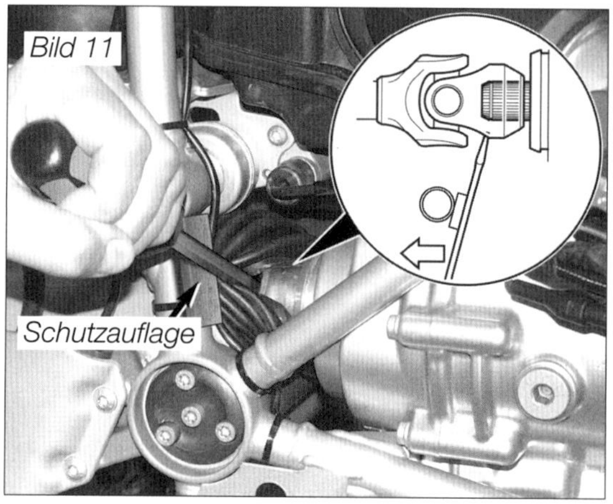

8. Verzahnung am Wellenzapfen reinigen, etwas Staburags NBU 30 PTM an die Verzahnung geben. Hinterradantrieb hochklappen, dabei Kreuzgelenk auf Wellenzapfen ansetzen und ganz aufschieben, Riemen nachziehen.
9. Faltenbalg anbringen:
■ Sitzen die Kunststoffeinsätze (Bild 7) vorne und hinten korrekt im Faltenbalg? Wenn »nein«, Zapfen der Kunststoffeinsätze auf Nuten im Faltenbalg ausrichten und eindrücken.
■ Faltenbalg innen mit Staburags NBU 30 PTM einschmieren, an Gewindering des Hinterradantriebs ansetzen (Bild 5) und einrasten lassen.
■ Faltenbalg an Schwinge einrasten lassen.
10. Momentstrebe hinten einbauen: Anlaufscheiben rechts und links am Gummipuffer ansetzen (Bild 1), Unterlagscheibe auf Schraube schieben, Schraube von außen durchstecken, neue Mutter aufdrehen und mit 43 Nm festziehen.

Restliche Teile anbauen:
■ O-Ring in der Bohrung für den Drehzahl-Sensor (ABS-Sensor) kontrollieren, ggf. erneuern, etwas Fett daran geben.
■ Sensor in Hinterradantriebs-Gehäusedeckel einstecken, Schraube mit 4 Nm festziehen, Sensorkabel einclipsen.
■ Bremssattel anbauen siehe Kapitel 8 »Bremsen«, Hinterrad einbauen siehe Kapitel 9 »Räder«, Spritzschutz anbauen.

Kardanwelle ausbauen, prüfen, einbauen

Kardanwelle ausbauen

1. Arbeitsschritte 1. bis 4. wie im Textabschnitt »Hinterradantrieb abbauen« durchführen.
2. Kabelbinder am vorderen Faltenbalg (Bild 8) durchknipsen.
3. Mit einem breiten Schraubenzieher den vorderen Faltenbalg vom Getriebegehäuse abschieben, in das Kreuzgelenk einfahren und dieses von der Getriebeausgangswelle abdrücken (Bild 10).
4. Kardanwelle nach hinten aus der Schwinge herausziehen.
5. Kreuzgelenke der Kardanwelle kontrollieren (Bild 9): Versuchen, Vorder- und Hinterteil gegeneinander (radial) zu verdrehen sowie axial auseinander zu ziehen und zusammenzudrücken. Die Bewertung des Spiels ist Erfahrungssache.

Wichtiger Hinweis: Defekte Nadellager in den Kreuzgelenken können zwar repariert werden, wir empfehlen jedoch, bei einem Defekt des Kreuzgelenks ein komplett neues Teil einzubauen.

Kardanwelle einbauen

1. Kardanwelle von hinten in die Hinterradschwinge einschieben.
2. Kreuzgelenk auf die Getriebeausgangswelle ansetzen und aufschieben, bis Widerstand spürbar wird.
3. Mit einem breiten Schraubenzieher das Kreuzgelenk aufdrücken, bis es einrastet (Bild 11).
4. Vorderen Faltenbalg mit säurefreiem Wälzlagerfett einfetten und auf den Bund schieben (exakter Sitz siehe Bild 8).
5. Faltenbalg mit einem neuen Kabelbinder sichern.
6. Weiter mit den Arbeitsschritten ab 8. aus dem Textabschnitt »Hinterradantrieb anbauen«.

Hinterradschwinge aus- und einbauen

Hinterradschwinge ausbauen

Vorbereitende Arbeiten wie beim Abbau des Hinterradantriebs. Auch den Auspufftopf abbauen. Hinterradantrieb ausbauen wie im Text weiter vorne beschrieben. Die Kardanwelle kann eingebaut bleiben.

Wichtig: Zum korrekten Anziehen des linken Schwingenlagerzapfens und seiner Bund-Kontermutter werden die BMW-Spezialwerkzeuge »Inbusschlüssel« (Nr. 336642) und »Spezialnuss«

Bild 12: Spezialwerkzeuge zum korrekten Anziehen der Bund-Kontermutter mit 145 Nm.

(Nr. 336641) benötigt. Falls Sie diese Spezialwerkzeuge nicht haben, besteht die Gefahr, dass sich beim Festziehen (Kontern) der Bund-Kontermutter mit 145 Nm der Lagerzapfen verdreht und sein vorgeschriebenes Anzugsdrehmoment von 7 Nm überschritten wird, was auf Dauer gesehen zu Beschädigung der beiden Kegelrollenlager führen kann.

1. Untere Federbeinbefestigung lösen. Besser ist es jedoch, das Federbein ganz auszubauen.
2. Schwingenlager rechte Seite: Mittlere Schraube ausdrehen, die drei Befestigungsschrauben des Lagerzapfens ebenfalls.
3. Schwingenlager linke Seite: Abdeckkappe aushebeln. Bund-Kontermutter lösen, Lagerzapfen mit Inbusschlüssel lösen und ausdrehen.
4. Schwingenlager rechte Seite: BMW-Spezialwerkzeuge »Zugstange« (Nr. 008581) mit »Schlaggewicht« (Nr. 008582) in die mittlere Bohrung des Lagerzapfens einschrauben.
5. Schwinge etwas anheben, Lagerzapfen ausziehen.
6. Schwinge nach hinten herausnehmen.

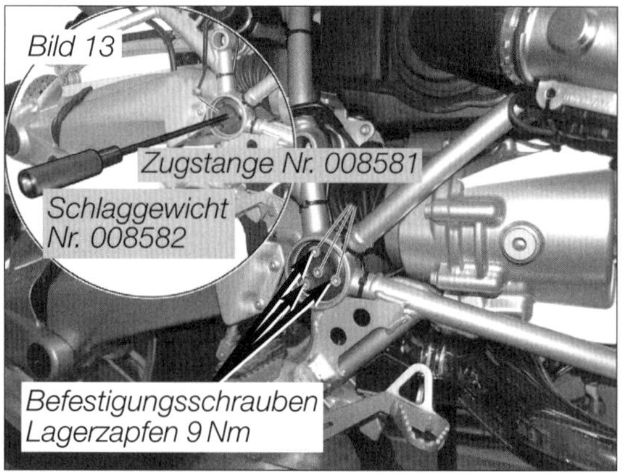

Bild 13: Die BMW-Spezialwerkzeuge »Zugstange« und »Schlaggewicht« kann man sich selbst machen, aus einer langen M6-Schraube und einem durchbohrten Eisenstück.

Hinterradschwinge einbauen

1. Schwinge über die Kardanwelle schieben. Faltenbalg in Schwinge drücken, auf korrekten Sitz achten.
2. Schwinge ausrichten, rechten Lagerzapfen eindrücken.
3. Linken Lagerzapfen einschrauben.
4. Mit den drei M6-Schrauben den rechten Lagerzapfen festschrauben, Anzugsdrehmoment 9 Nm.
■ Mittlere Schraube (M6x8) mit 9 Nm festziehen.
5. Linken Lagerzapfen mit 7 Nm festziehen.
6. Bund-Kontermutter mit 145 Nm festziehen.
■ Jetzt die Beweglichkeit der Schwingenlager prüfen, die Schwinge muss sich leicht und ohne zu hakeln nach oben und unten bewegen lassen. Lager müssen leichtgängig und spielfrei sein.
7. Abdeckkappe links eindrücken.
8. Restliche Teile anbauen: Einbau des Federbeins siehe Kapitel 10 »Federung · Dämpfung«.

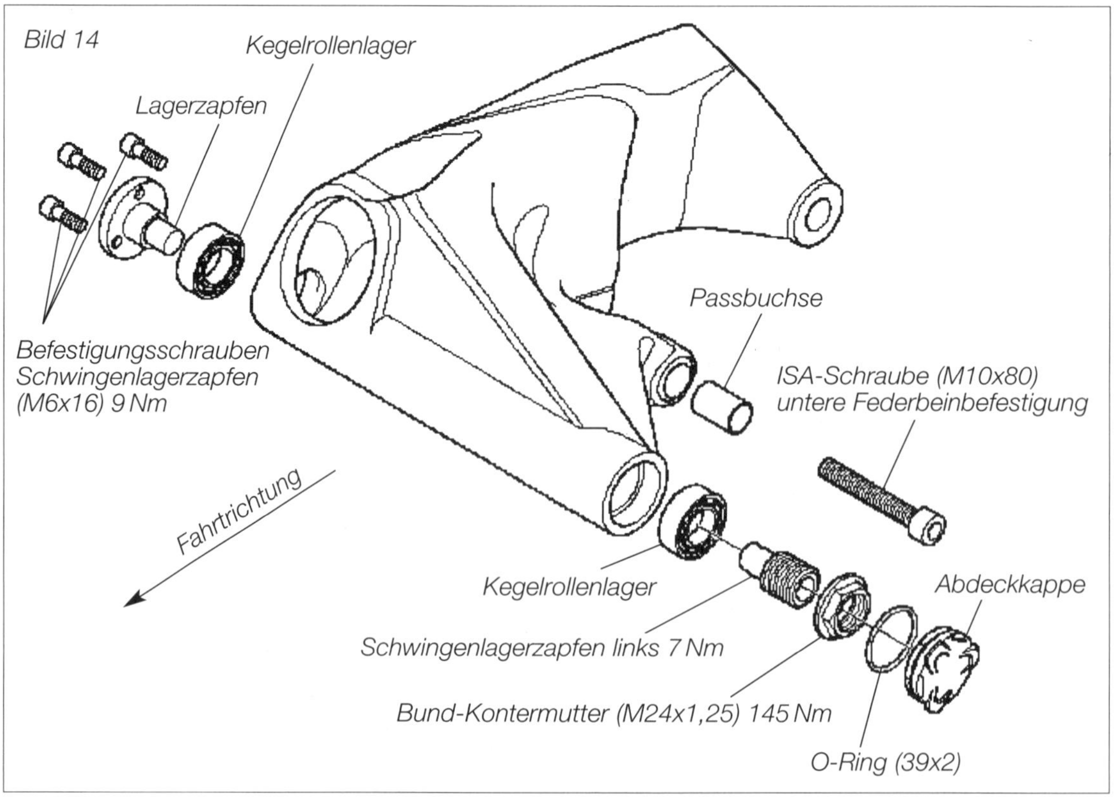

Bild 14: Hinterradschwinge, Lager und Befestigungsteile.

Elektronik

In diesem Kapitel: Ein Wort zuvor zur Elektronik · Fehlersuche · SWS und CAN-Bus · Identifier · Bus-Technologie · Echtzeit · Leitungspfad · Drei Steuergeräte · Keine Schmelzsicherungen · Elektronische Wegfahrsperre (EWS) · Instrumente · Instrumentenkombi in Digitaltechnik · Motorsteuerung · Einspritzung · Leerlaufanhebung · Doppelzündung · Klopfregelung · Lichtmaschine · Batterie · Zusammenfassung der Bauteile · Wichtige Tipps.

Ein Wort zuvor zur Elektronik

Die Motor- und Fahrzeugelektronik der BMW R 1200 GS repräsentiert modernsten fahrzeugtechnischen Stand mit deutlichen Anleihen aus dem Automobilbau. Sie weicht sichtbar radikal von allen bisherigen Motorradelektriksystemen ab, denn sie hat keine einzige Schmelzsicherung. Weiterhin ist der Kabelbaum der R 1200 GS kein kilometerlanges Gewirr mit allen möglichen verschiedenen Verzweigungen und Anschlüssen, sondern besteht, bildlich gesprochen, aus ein paar Strippen mit verschiedenen Steckern, deren Enden zu den Steuergeräten führen, worin die Daten verarbeitet werden. Entgegen aller Befürchtungen, die bei der Markteinführung (Januar 2004) vor allem von Traditionalisten geäußert wurden, sind Motor- und Fahrzeugelektronik der R 1200 GS sehr betriebssicher.

Fehlersuche

Das meiste am Bordelektrik- und Motorsteuerungs-System lässt sich nicht mit herkömmlichen Mitteln überprüfen, diagnostizieren oder gar reparieren. Dazu wird das speziell für BMW-Motorräder entwickelte BMW-Motorrad-Diagnosesystem benötigt, das aus einem Computer mit entsprechender Software und verschiedenen Anschlusssteckern besteht. Dieses ist nur in autorisierten BMW-Motorradwerkstätten zu finden, denn BMW gibt es weder an freie Werkstätten noch an Privatleute heraus. Deswegen müssen Probleme in der Motorsteuerung und Fahrzeugelektrik zwingend in der BMW-Motorradwerkstatt gesucht und behoben werden (siehe auch Textkasten am Ende dieses Kapitels »Sieben wichtige Tipps zur elektronischen Fehlersuche«).

Bild 1: Schemazeichnung des Kabelbaums.

Bild 1

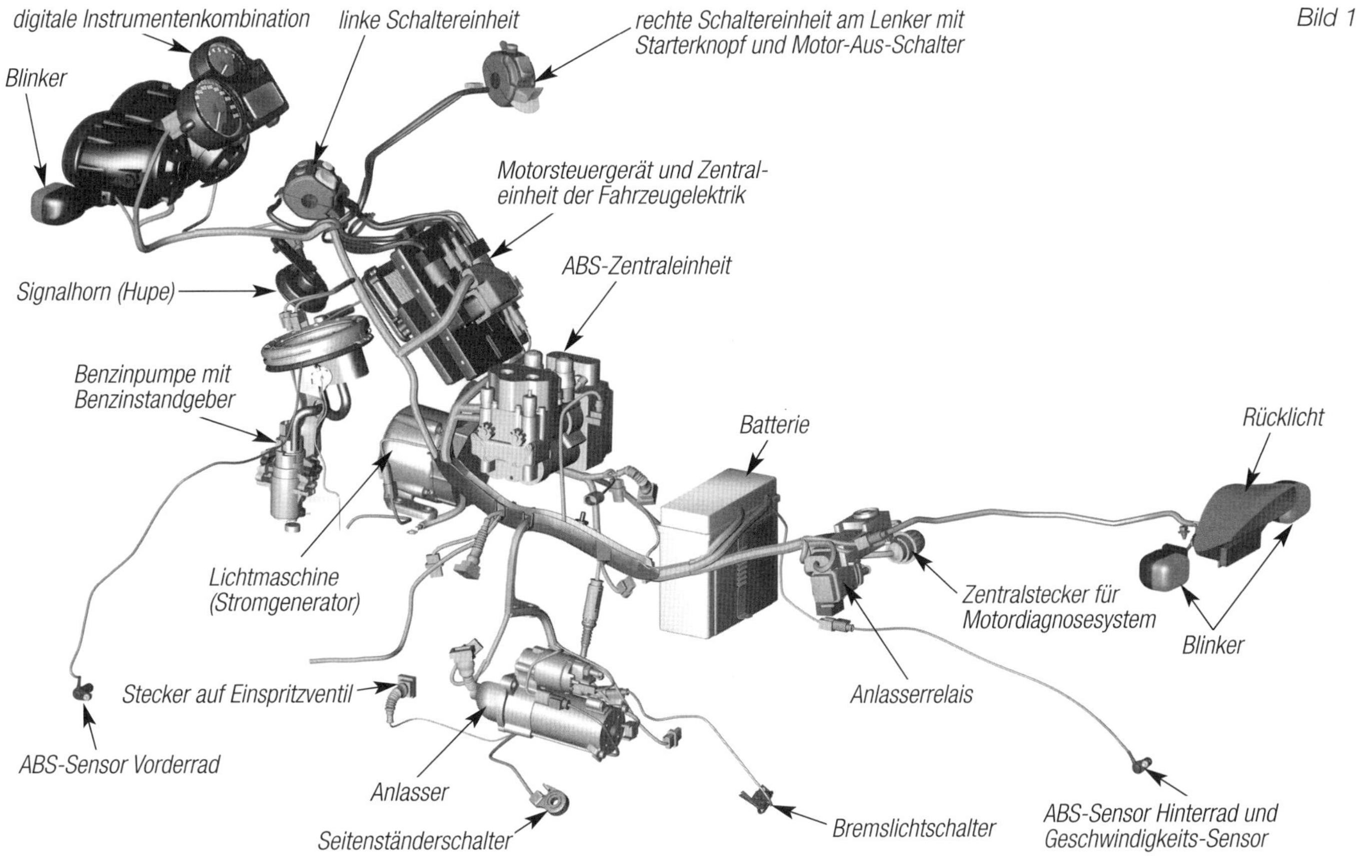

Sichtprüfung Messen

Fahrzeugelektronik

SWS und CAN-Bus

Das elektrische Bordnetz der R 1200 GS ist ein Single-Wire-System (SWS): Ein Daten-Vernetzungskonzept, das unter Einsatz von Elektronik und der so genannten CAN-Bus-Technologie (Controller Area Network) die Steuergeräte im Fahrzeug miteinander verbindet. Dieses Netz bietet bei erheblich reduziertem Kabelaufwand einen stark erweiterten Funktionsumfang gegenüber herkömmlichen Bordnetzen. Informationen werden in diesem Netz nur noch über einen Pfad (daher »single-wire«) übertragen. Dieser Pfad ist allerdings als Zweileitungssystem ausgeführt, deren Litzen miteinander verdrillt sind.

Identifier

Bei der Can-Bus-Datenübertragung werden keine Empfänger adressiert, sondern der Inhalt einer Nachricht (z. B. Motordrehzahl oder Motortemperatur) wird durch einen netzweit eindeutigen Identifier gekennzeichnet. Bei diesen Identifiers handelt es sich um Zahlenschlüssel, die von den empfangenden Steuergeräten erkannt und zugeordnet werden können. Diejenigen Steuergeräte, für die diese Daten relevant sind, verarbeiten die bereitgestellten Nachrichten. Sind dagegen Nachrichten nicht relevant, werden sie vom empfangenden Steuergerät nicht beachtet.

Bus-Technologie

Der Name »Bus-Technologie« kommt daher, dass die Steuergeräte an der CAN-Bus-Leitung wie Bushaltestellen an einer Buslinie nacheinander liegen. Im CAN-Bus-System kann stets nur ein Steuergerät senden. Die anderen Steuergeräte sind in diesem Moment auf Empfangsmodus. Denn Daten lassen sich im digitalen Bus bidirektional, also in beiden Richtungen, austauschen.

Echtzeit

Um Daten in Echtzeit verarbeiten zu können, müssen sie schnell übertragen werden. Dies setzt einerseits eine physikalische Datenübertragungsstrecke mit 500 Kilobites pro Sekunde voraus, andererseits aber auch eine rasche Bus-Zuteilung, sofern mehrere Stationen gleichzeitig Daten übertragen wollen.

Bei der Echtzeit-Verarbeitung können die Dringlichkeiten von Informationen, die über den Bus ausgetauscht werden, sehr unterschiedlich sein: Eine sich schnell ändernde Größe, wie z. B. die Motordrehzahl, muss häufiger und deshalb mit geringerer Verzögerung übertragen werden, als eine andere, sich weniger rasch ändernde Größe, z. B. die Motortemperatur. Die Priorität, mit der eine dringliche Botschaft vor einer anderen, weniger dringlichen übertragen wird,

Bild 2: Blick von oben bei abgenommenem Tank.

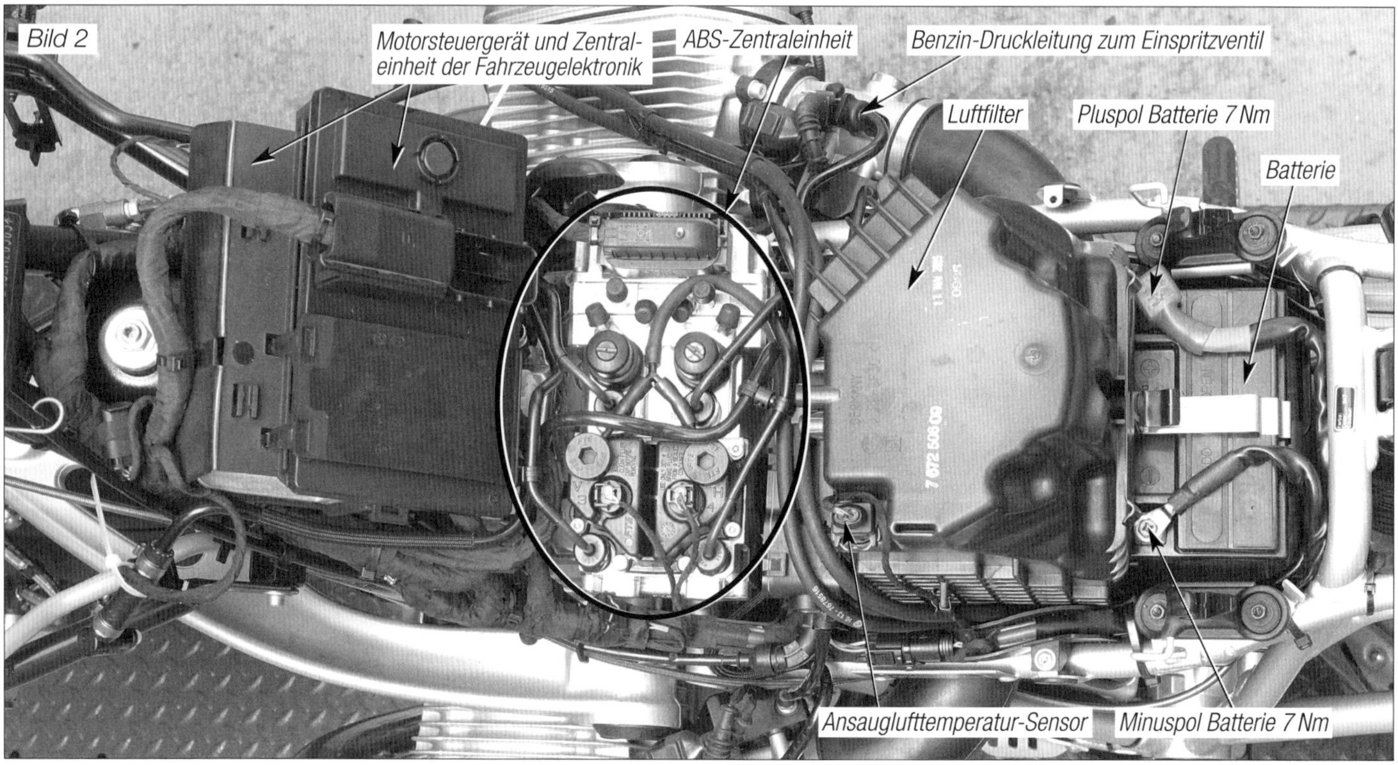

ist ebenfalls durch den Identifier der jeweiligen Botschaft festgelegt. Sicherheitsrelevanten Signalen wird eine höhere Priorität eingeräumt als weniger wichtigen Signalen (»priorisiert«).

Alle aufgelaufenen Übertragungsanforderungen werden in der Reihenfolge der Wichtigkeit, die sie für das Gesamtsystem darstellen, abgearbeitet. Dabei wird die vorhandene Übertragungskapazität für die zu übertragenden Nutzdaten in effizienter Weise genutzt, da zeitliche Lücken bei der Bus-Vergabe sehr klein gehalten werden können. Ein Kollaps aufgrund von Überlastung ist bei CAN ausgeschlossen. CAN erlaubt somit die Realisierung eines schnellen, bedarfsabhängigen Bus-Zugriffs. Bei einer Übertragungsgeschwindigkeit von 500 Kbits/s auf dem CAN-Bus können um die 4500 Nachrichtentelegramme pro Sekunde übertragen werden.

Neben der Funktionsvielfalt sind Gewichtseinsparungen beim Kabelbaum, Störsicherheit und volle Diagnosefähigkeit die wesentlichen Vorzüge dieser Kombination von Elektrik und Elektronik. Möglichkeiten zu einer flexiblen Systemerweiterung bestehen teilweise schon durch einfache Neuprogrammierung (»update«), die jedoch ausschließlich beim BMW-Motorradhändler durchgeführt werden kann.

Leitungspfad
Im Grundprinzip sind bei der CAN-Bus-Technologie alle Steuergeräte, Sensoren und Verbraucher über einen einzigen, gemeinsamen Leitungspfad zu einem Netz zusammengeschaltet, durch das alle Signale unabhängig von ihrer späteren Funktion laufen. In diesem Netz stehen damit sämtliche Informationen für alle angeschlossenen Komponenten immer zur Verfügung.

Die Signalzuordnung und gezielte Weiterleitung an die Verbraucher erfolgt an Knotenpunkten in der Elektronik eines jeweiligen Steuergerätes. Dort werden die Signale (beziehungsweise die Informationen) verarbeitet und danach die gewünschten Funktionen im Verbraucher angesteuert.

Die aufwändige Verkabelung jeder Einzelfunktion mit einer eigenen Leitung entfällt also. Damit reduzieren sich auch potentielle Fehlerquellen herkömmlicher Bordnetze aufgrund ihrer Leitungsvielfalt; ein wichtiger Faktor für hohe Zuverlässigkeit.

Bild 3: Instrumentenkombination.

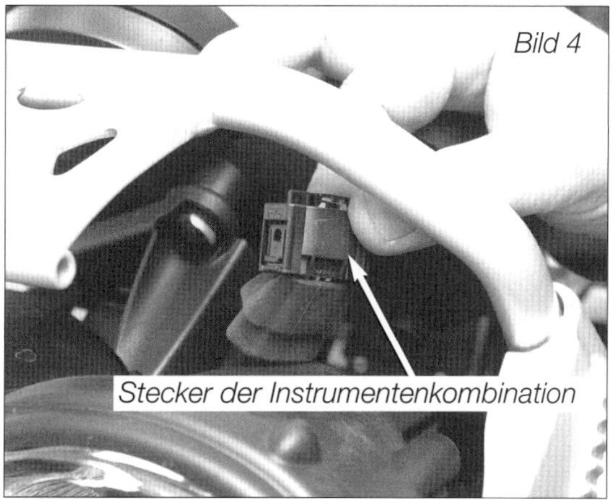

Bild 4: Der Zentralstecker der Instrumentenkombi ist hinten am Gehäuse.

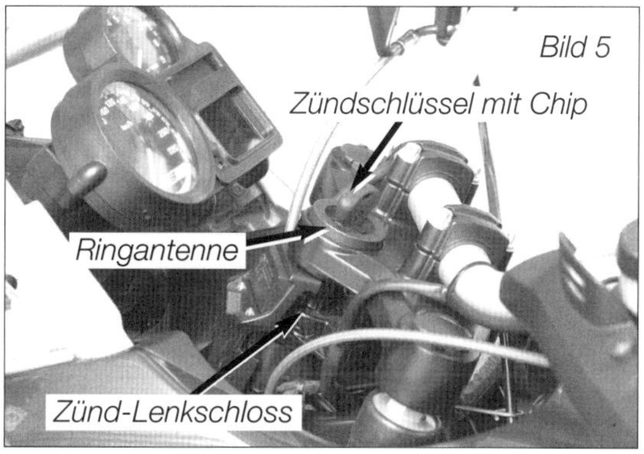

Bild 5: Im Zündschlüssel ist ein Chip eingebaut, der beim Einschalten der Zündung über die Ringantenne mit dem Steuergerät kommuniziert. Wenn dieses erkennt, dass der Zündschlüssel zum Fahrzeug gehört, gibt es den Startvorgang frei.

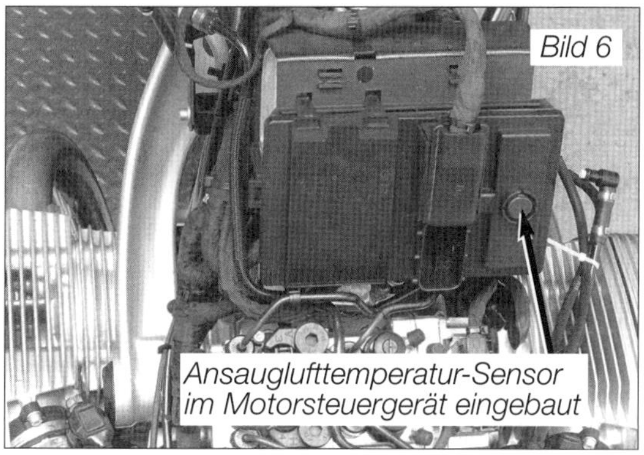

Bild 6: Die beiden Steuergeräte für Motor und Fahrzeugelektrik sitzen unter dem Tank.

Drei Steuergeräte

Insgesamt hat die R 1200 GS drei Steuergeräte:

- Die Instrumentenkombination hat die Funktion eines Steuergerätes. In ihr sind die Fahrzeugdaten genau wie in der zentralen Fahrzeug-Elektronik (ZFE) hinterlegt, wodurch eine Identifikation der Steuergeräte zum Fahrzeug gewährleistet ist.
- Das Steuergerät der Digitalen Motorelektronik (BMS-K) ist nicht nur für die Motorsteuerung zuständig, es übergibt auch sämtliche Daten der zentralen Diagnose.
- Die zentrale Fahrzeug-Elektronik (ZFE) ist für die Steuerung der nicht-motorspezifischen Elektrik zuständig, z. B. Licht und Hupe. Ist eine R 1200 GS mit Integral-ABS und Diebstahlwarnanlage ausgerüstet, sind deren Steuergeräte ebenfalls in das Netz eingebunden.

Bild 7

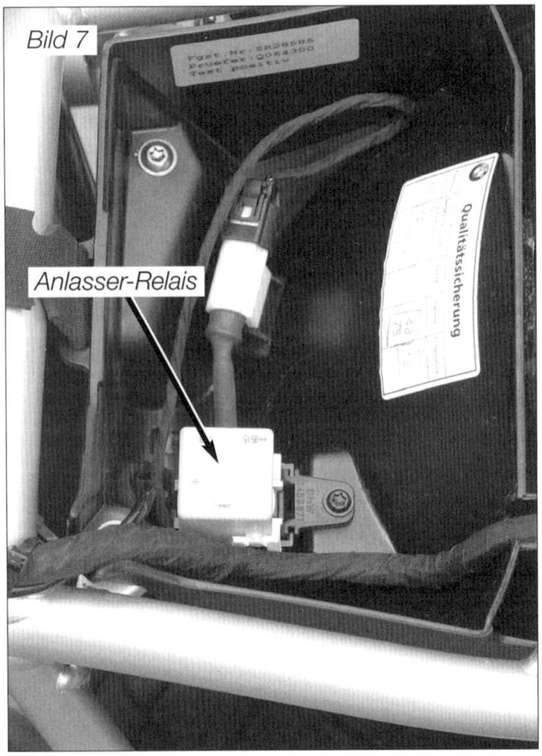

Bild 8

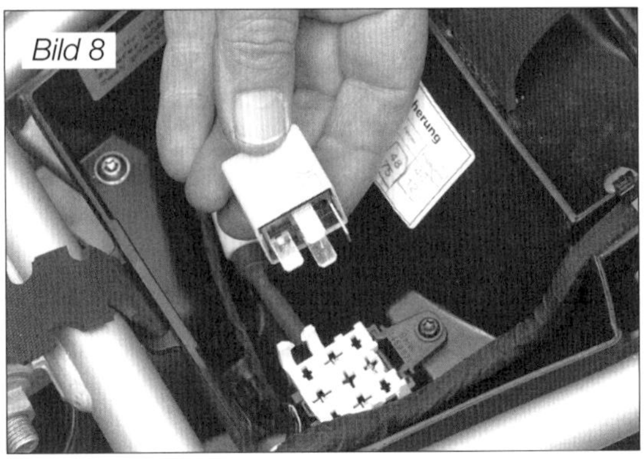

Bilder 7 und 8: Das Anlasser-Relais sitzt im Kasten unter dem Fahrersitz.

- *Wenn der Anlasser nicht funktioniert, die Abdeckung entfernen und hören, ob das Relais beim Betätigen des Starterknopfes klickt. Wenn es nicht klickt, ist das Relais wahrscheinlich defekt.*
- *Vor dem Kauf eines neuen Relais probehalber ein erwiesenermaßen funktionstüchtiges Relais einstecken und erneut versuchen.*
- *Der Austausch ist einfach: Altes Relais einfach ausziehen, neues Relais einstecken.*

Alle Steuergeräte stehen untereinander in einem Verbund, sie können miteinander kommunizieren und bidirektional Daten austauschen. Eine einfache und umfassende Diagnose des Gesamtsystems wird somit zentral durchgeführt. Die Elektronik filtert durch entsprechende Programmierung unwichtige Daten und Störsignale innerhalb einer definierten Toleranz aus, was die Unempfindlichkeit zum Beispiel gegen elektromagnetische Einstreuungen erhöht.

Keine Schmelzsicherungen

Das gesamte Bordnetz hat keinerlei der bei Motorrädern bislang bekannten Schmelzsicherungen. Bei Kurzschluss oder Fehlfunktion schaltet die Elektronik die betreffende Funktion einfach ab. Der Fehler muss dann beim BMW-Händler mit dem BMW-Motorrad-Diagnosesystem geortet werden. Bei einer bestimmten Störung sind die anderen Funktionen nicht betroffen. Relaisfunktionen werden ebenfalls von den Steuergeräten übernommen. Lediglich der Anlasser wird weiterhin über ein herkömmliches Relais angesteuert.

Elektronische Wegfahrsperre (EWS)

Die elektronische Wegfahrsperre (EWS) gehört zum Serienumfang: Beim Einstecken des Zündschlüssels und Einschalten der Zündung kommuniziert ein Chip im Schlüssel über die integrierte Ringantenne im Zündschloss mit der EWS, die im Steuergerät der Digitalen Motorelektronik integriert ist. Dabei findet ein Austausch und Vergleich zwischen den codierten Chipdaten und den EWS-Daten statt. Stimmen die Daten überein, findet »Handshake« statt zwischen EWS und BMS-K und das Motorsteuergerät schaltet Anlasser, Zündung und Benzineinspritzung frei, der Motor kann gestartet werden. Dieser Vorgang erfolgt bei jedem Einschalten der Zündung. **Service-Anmerkung:** Das Zündschloss übernimmt über den Zündschlüssel sowohl die Lenkschloss-Funktion wie auch das Ein- und Ausschalten der Zündung. Jedoch ist der eigentliche »Zündschalter« unterhalb des Zündschlosses getrennt von diesem angebracht. Wenn sich die Zündung beim Drehen des Zündschlüssels auf ON nicht einschaltet, obwohl der Zündschlüssel zweifelsfrei zum Fahrzeug gehört, kann der Zündschalter defekt sein. Erneuern ist Sache der BMW-Motorradwerkstatt.

Instrumentenkombi in Digitaltechnik

Die Bordelektronik der R 1200 GS ermöglicht ein komplett auf Digitaltechnik basierendes, leichtes

Instrumentenkombi mit Tachometer, Drehzahlmesser und einem Informationsdisplay, dem so genannten Info-Flatscreen. Dieses informiert den Fahrer permanent über Öltemperatur, Tankinhalt, restliche Reichweite, Uhrzeit und den eingelegten Gang. Abrufbar sind Kilometerstand und Tageskilometer. Störungen werden über entsprechende Hinweise angezeigt. Die Instrumenteneinheit wird bei einsetzender Dunkelheit, von einer Fotozelle gesteuert, automatisch beleuchtet.

In der I-Kombi sind die Fahrzeugdaten genau wie in der ZFE (Zentrale Fahrzeug-Elektronik) hinterlegt. Hierdurch ist eine eindeutige Identifikation zum Fahrzeug gewährleistet.
Service-Anmerkung: Bei zeitweiligen Aussetzern der Anzeigen zuerst die Steckverbindung der Instrumentenkombination (sitzt hinter dem Tachometer) auf Wackelkontakt überprüfen.
Wichtig: Betrieb ohne oder mit einer anderen, nicht zur R 1200 GS gehörenden Instrumentenkombination, ist nicht möglich.

Zentraleinheit der Bordelektrik
Diese sitzt beim Motorsteuergerät unter dem Tank und steuert alle elektrischen Verbraucher (Licht, Blinker, Heizgriffe, etc.).
Service-Anmerkung: Wenn die Bordelektrik nicht richtig funktioniert, z. B. das Licht nicht brennt, obwohl alle Kabelverbindungen und die Lampen in Ordnung sind, kann der Fehler in der Zentraleinheit der Bordelektrik liegen: Zuerst deren Steckverbindung kontrollieren!

Bild 9: Der Blick von hinten auf den Motor als Schemaskizze der Motor-Einspritzung und Zündelektronik mit allen Bauteilen und Anbaulage.

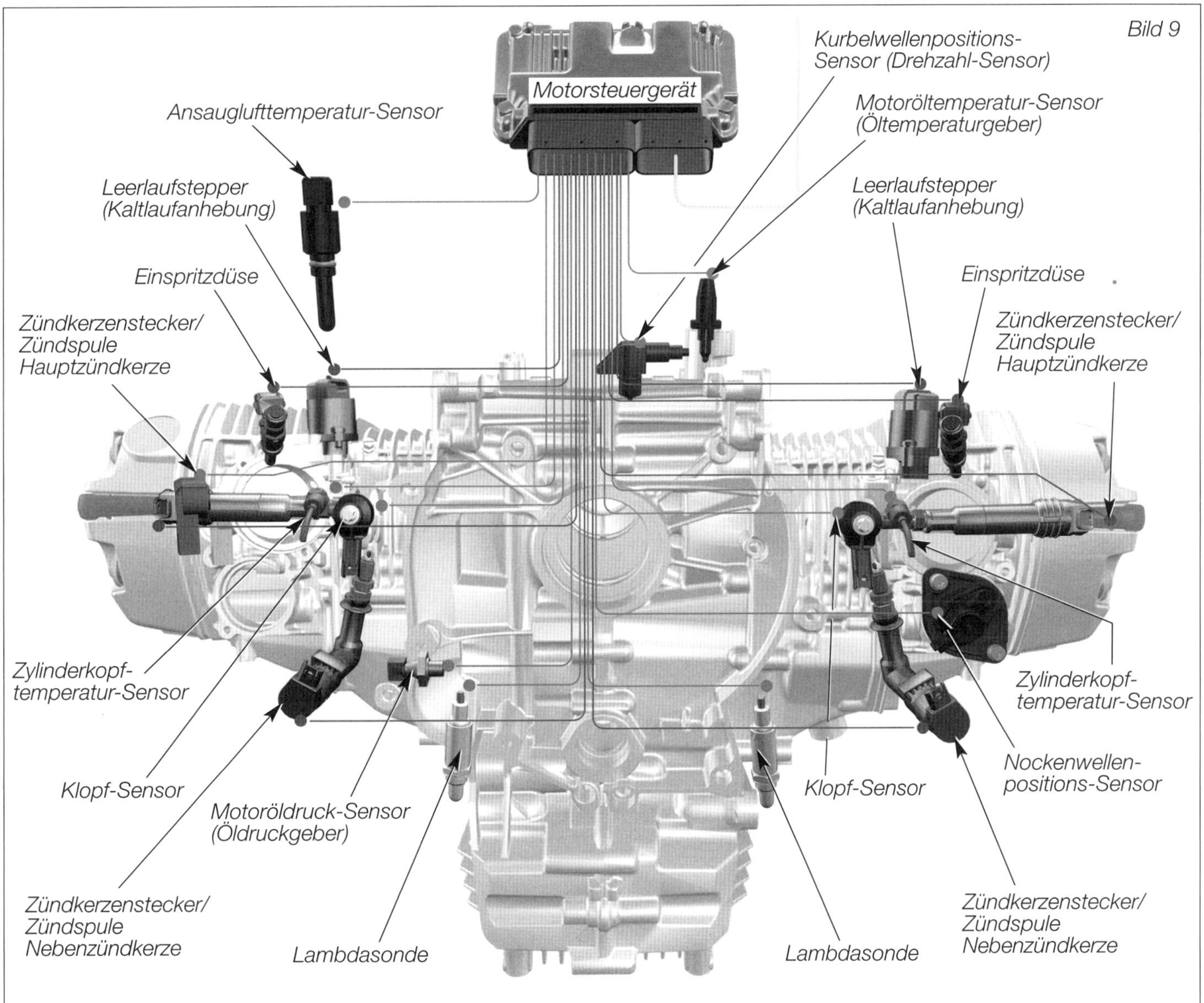

Motorsteuerung

Die digitale Motorelektronik wird BMS-K (BMW Motor-Steuerung) genannt. Diese BMW-Eigenentwicklung wurde speziell für die Anforderungen von Motorrädern ausgelegt. Vollsequentielle Einspritzung, integrierte Klopfregelung, schnellere Verarbeitung umfangreicher Sensorsignale durch modernste Mikroelektronik, ein kompaktes Layout und geringes Gewicht sind ihre wichtigsten Kennzeichen.

Basisgrößen für den Motorbetriebspunkt sind die Motordrehzahl und der Drosselklappenwinkel, der über ein Potentiometer an der linken Drosselklappe erfasst wird. Drei verschiedene Sensoren erfassen die Temperaturen von Motor, Ansaugluft und den Umgebungsluftdruck. Diese Daten werden als weitere Kenngrößen an die Motorsteuerung geliefert. Im Motorsteuergerät sind Kennfelder abgespeichert und Korrekturfunktionen hinterlegt. Mit den von den Sensoren gelieferten Daten werden die Werte für Einspritzmenge und Zündzeitpunkt bestimmt.
Service-Anmerkung: Wird ein neues Motorsteuergerät montiert, muss es in der BMW-Motorradwerkstatt codiert und auf das Zündschloss und den Zündschlüssel (und damit auf die Wegfahrsperre) codiert werden. Es ist nicht möglich, mit einem nicht zum Fahrzeug gehörenden Motorsteuergerät den Motor in Betrieb zu nehmen!

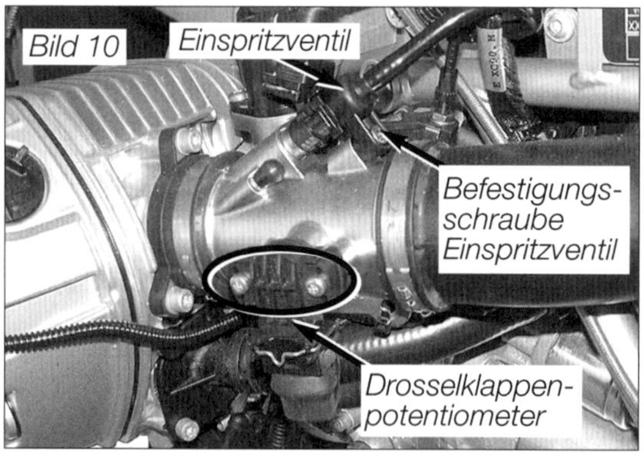

Bild 10: Linkes Drosselklappengehäuse mit Einspritzventil und Drosselklappenpotentiometer.

■ NIEMALS die beiden Befestigungsschrauben (Oval) lösen und das Potentiometer verstellen!

Bild 11: Stecker des Leerlaufsteppers abgezogen. Gut zu sehen ist der Gummischutz, der das Innere des Steckers zuverlässig gegen Nässe und Schmutz schützt.

Einspritzung

Die vollsequentielle Einspritzung liefert die optimale Einspritzmenge individuell und passend zum Ansaugtakt des jeweiligen Zylinders. Zylinderselektiv regelt je eine Lambdasonde für jeden Zylinder die Gemischzusammensetzung. Die Lambdasonden sind motornah im rechten und linken Abgaskrümmer platziert und können deswegen die Abgaszusammensetzung präzise erfassen. Korrekturen der Gemischzusammensetzung werden sehr rasch für jeden Zylinder eingesteuert. Vorbildliche Abgasemissionen, geringer Verbrauch, bestes Fahrverhalten bei feinem Ansprechverhalten sind die Ergebnisse.

Leerlaufregelung, Kaltstartanreicherung

Die BMS-K integriert zusätzlich die Funktionen einer automatischen Leerlaufregelung sowie eine Kaltstartanreicherung mit einer Warmlaufregelung. Die notwendige Leerlaufanhebung (besonders beim Kaltlauf wichtig) erfolgt automatisch und wird über so genannte »Leerlaufstepper« gesteuert; das sind gesteuerte Bypass-Kanäle für Zusatzluft, die in den Drosselklappengehäusen integriert sind, und eine entsprechend angepasste Kraftstoffeinspritzung.

Schubabschaltung

In die Motorsteuerung ist weiterhin eine Schubabschaltung programmiert. Bei geschlossenen Drosselklappen (»Gas zu«) und einer Motordrehzahl von mehr als 2000/min wird die Ansteuerung der Einspritzventile unterbrochen. Sinkt die Motordrehzahl unter 1400/min, wird die Einspritzung wieder aktiviert. Die Schubabschaltung ist nur in Funktion, wenn die Motoröltemperatur einen bestimmten Wert erreicht hat (ca. 60 °C).

Doppelzündung

Die seit 2003 in allen 1150er- und 1200er-Boxern eingesetzte Doppelzündung wurde für die R 1200 GS stark modifiziert. Die Nebenkerze ist am äußeren Rand des Zylinders angeordnet. Der Zündzeitpunkt beider Zündkerzen wird jeweils frei programmiert. Er kann abhängig von Last und Drehzahl einen Zeitunterschied haben, um Laufkultur, Schadstoffemission und Verbrauch zu optimieren. Diese Phasenverschiebung erfolgt kontinuierlich von Teillast zu Volllast. In der Praxis bedeutet dieses unterschiedliche Zündzeitpunkte an beiden Zündkerzen innerhalb definierter Kennfeldbereiche. Hin zur Volllast, bei der eine Doppelzündung keine Vorteile mehr bringt, ist die Phasenverschiebung so groß gewählt, dass der Funkenüberschlag an der Nebenkerze erst im Expansionstakt (60 Grad nach OT) stattfindet. Faktisch entspricht das dann einer Einfachzündung an der zentralen Zündkerze bei Volllast.

Klopfregelung
Die R 1200 GS ist mit einer Klopfregelung ausgestattet, die in dieser Form erstmals im Motorrad-Motorenbau zum Einsatz kommt. Zur Erkennung klopfender Verbrennung dient jeweils ein Körperschallsensor, der hinten an den Zylindern angebracht ist. Auf entsprechende Signale reagiert die Motorelektronik mit einer Rücknahme des Zündwinkels (Verstellung in Richtung »spät«) und schützt damit den Motor vor möglichen Schäden. Eine zusätzliche Temperaturerfassung geht in die Signalauswertung mit ein und ergänzt die Schutzfunktion. Durch die Klopfregelung konnte die geometrische Verdichtung des Motors auf 11,0:1 erhöht werden, was einen beachtlichen Wert für einen luft-/ölgekühlten Motor dieser Zylindergröße darstellt.

Regulär auf bleifreies Superbenzin (ROZ 95) ausgelegt, kann der Motor dank Klopfregelung ohne manuelle Eingriffe auch mit Normalbenzin (ROZ 91) betrieben werden. Entsprechend schlechtere Kraftstoffqualitäten, wie sie in fernen Ländern manchmal anzutreffen sind, schaden dem Motor auch nicht, denn die Klopfregelung passt (innerhalb der möglichen Grenzen) die Zündzeitpunkte selbsttätig an den jeweiligen Kraftstoff an. Auch auf extremste Bedingungen, wie zum Beispiel die sehr hohe thermische Belastung des Motors in Wüstengegenden, stellt sich die Klopfregelung im Zusammenspiel mit der umfangreichen Sensorik ein.

Wenn bei sehr schlechtem Sprit der Zündzeitpunkt von der Motorelektronik zwar weit zurückgenommen wurde, der Motor aber dennoch weiter klingelt oder klopft, steigt dadurch die Temperatur im Verbrennungsraum stark an. Wenn dies von den Zylinderkopftemperatur-Sensoren festgestellt und an die Motorsteuerung gemeldet wird, verstellt diese die Zündung weiter in Richtung »spät« oder »früh«.
Wichtig: Deswegen gilt bei Verwendung von schlechtem Benzin der generelle Hinweis: Lassen Sie den Motor nicht untertourig »ziehen«, sondern gehen Sie dann dosiert ans Gas und lassen den Motor möglichst zugfrei drehen!

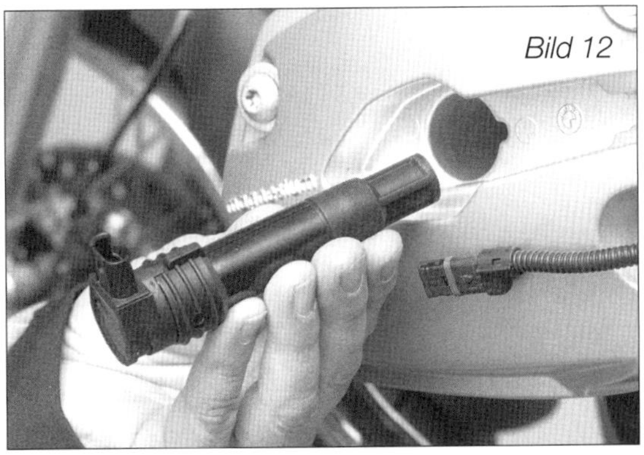

Bild 12: Kombinierte Kerzenstecker-Zündspule der zentralen Hauptzündkerze.

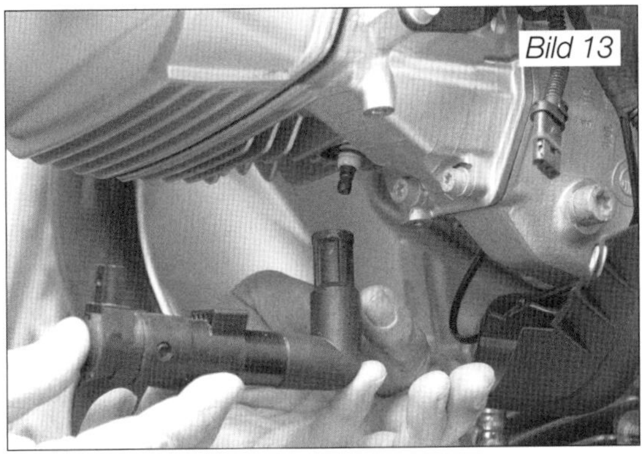

Bild 13: Abgewinkelte Kerzenstecker-Zündspule der unten eingebauten Nebenzündkerze.

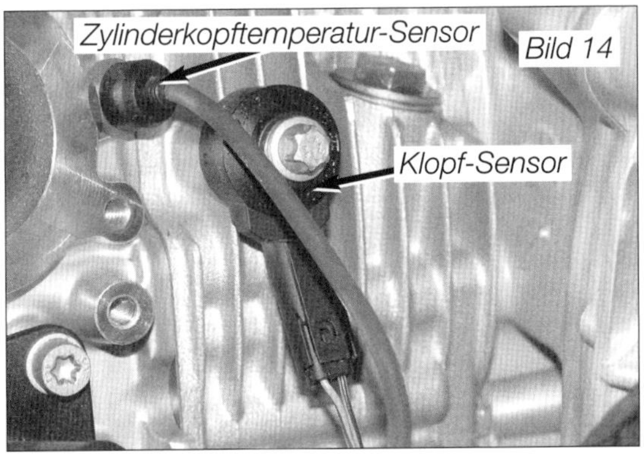

Bild 14: An jedem Zylinderkopf ist hinten ein Zylinderkopftemperatur-Sensor und ein Klopf-Sensor eingebaut.

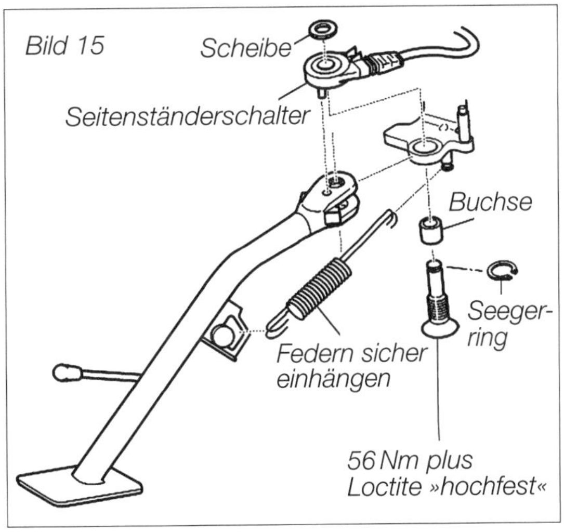

Bild 15: Der Seitenständerschalter muss zuverlässig verhindern, dass mit ausgeklapptem Seitenständer losgefahren werden kann. Andererseits kann ein defekter Schalter das komplette Zündsystem lahm legen, so dass der Motor überhaupt nicht gestartet werden kann.

Seitenständerschalter

Am Seitenständer angebracht, verhindert ein Starten bei eingelegtem Gang und ein Losfahren mit ausgeklapptem Seitenständer.
Service-Anmerkung: Wenn der Motor trotz eingeklapptem Seitenständer nicht startet, kann der Schalter defekt sein. Wenn der Motor zeitweilige Aussetzer hat (»stottert«), kann der Grund ebenfalls ein defekter Seitenständerschalter sein.

Lichtmaschine, Batterie

Versorgt wird die elektrische Anlage der R 1200 GS durch eine gewichtsoptimierte Lichtmaschine mit einer Leistung von 600 Watt bei 40 Ampere. Der Regler ist in die Lichtmaschine integriert. Die wartungsfreie Batterie hat eine Kapazität von 14 Ah.
Service-Anmerkung: Die Batterie sitzt über dem Motor unter Tank/Fahrersitz zwischen den Rahmenrohren. Mindestspannung 12,4 Volt. Liegt die Spannung bei oder unter diesem Wert, dann startet der Motor wahrscheinlich überhaupt nicht, weil weder der Anlasser durchgedreht wird noch die Motorelektronik in Funktion treten kann.

Starterschalter

Rechts am Lenker in der elektrischen Schaltereinheit (»Anlasserknopf«).
Service-Anmerkung: Kurzschluss oder Wackelkontakt kann ggf. selbst behoben werden (Sache des Elektrofachmanns).

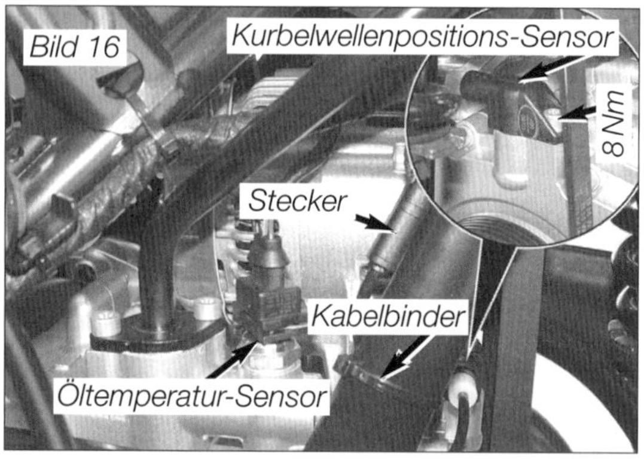

Bilder 16 und 17: Einbaulage des Öltemperatur- und Kurbelwellenpositions-Sensors rechts oben bzw. vorne oben im Motorgehäuse.

Motorstoppschalter

Rechts am Lenker in der elektrischen Schaltereinheit. Motor kann damit ausgeschaltet werden.
Service-Anmerkung: Kurzschluss oder Wackelkontakt kann ggf. selbst behoben werden (Sache des Elektrofachmanns).

Zusammenfassung der Bauteile

- **Kombiinstrument:** Zentralstecker auf der Rückseite des Gehäuses.
- **Zündschloss mit Ringantenne:** Zentralstecker unter der vorderen Abdeckung des Zündschlosses.
- **Steuergerät Zentrale Fahrzeug-Elektronik (ZFE) und Steuergerät Motorelektronik:** Beide sitzen zusammen unter dem Tank auf dem oberen Rahmenrohr.
- **Batterie:** sitzt hinter dem Tank im Rahmen, Minuspol links, Pluspol rechts.
- **Lichtmaschine (Stromgenerator) mit Regler:** Denso Dreiphasen-Wechselstromgenerator mit integriertem vollelektronischem Regler, sitzt vorne oben auf dem Motor.

Service-Anmerkung 1: Lichtmaschine wird durch Vielkeilriemen angetrieben, Übersetzungsverhältnis 1:1,5, Elastriemen 4PK592, Länge 592 mm ± 4 mm.
Service-Anmerkung 2:
Höchstleistung: 14 Volt/660 Watt
Höchststrom bei Motordrehzahl 4000/min: 55 A
Nennstrom bei Motordrezahl 1000/min: 16 A.
Service-Anmerkung 3: Ladebeginn bei Generatordrehzahl 1100/min (entspricht einer Motordrehzahl von ca. 735/min).

- **Diagnosestecker:** sitzt auf dem Hinterradkotflügel, daran wird das BMW-Motorrad-Diagnosesystem angesteckt.
- **Kupplungsschalter:** sitzt an der Kupplungshebelarmatur.
- **Bremslichtschalter:** je einer an der Handbrems- und der Fußbremsarmatur.
- **Benzinpumpe und Benzinstandsanzeige:** links vorne in den Tank eingebaut.
- **Einspritzventile:** rechts und links oben im Drosselklappengehäuse eingebaut.
- **Leerlaufsteller (Kaltlauf-Anreicherung oder Kaltlauf-Drehzahlanhebung):** im linken und rechten Drosselklappengehäuse eingebaut, sie regeln auch bei warmem Motor den Leerlauf.
- **Drosselklappen-Potentiometer:** am linken Drosselklappengehäuse links außen.

- **Ansaugluftdruck-Sensor:** kein einzelnes Bauteil, sondern im Motorsteuergerät integriert.
- **OT-Sensor (Kurbelwellenpositions-Sensor):** rechts oben vorne am Motorgehäuse.
- **Drehzahlgeber Nockenwelle (Nockenwellenpositions-Sensor):** rechts hinten am Zylinderkopf in der Nockenwellenabdeckung unterhalb des Ansaugstutzens.
- **Lufttemperaturfühler (Ansauglufttemperatur-Sensor):** oben im Luftfilterkasten.
- **Motortemperatur-Fühler (Sensor):** rechts oben am Zylinderkopf beim Ansaugstutzen.
- **Öltemperatur-Sensor:** rechts oben am Motorgehäuse neben der Lichtmaschine (Stromgenerator).
- **Öldruckschalter:** links vorne am Motorgehäuse oberhalb des Ölschauglases.
- **Lambdasonden:** je eine im Auspuffkrümmer rechts und links neben dem Motor.
- **Ganganzeige (Getriebepotentiometer):** hinten unten am Getriebegehäuse.
- **Geschwindigkeits-Sensor:** in Kombination mit **ABS-Sensor** eingebaut in Hinterradantrieb.
- **Klopf-Sensoren:** am rechten und linken Zylinderkopf hinten neben dem Ansaugstutzen.
- **Massekabel:** am rechten und linken Zylinderkopf unter den Ansaugstutzen.
- **Anlasser:** links hinten unten am Motorgehäuse.

Service-Anmerkung: Anlasserbauart mit Vorgelege, Planetengetriebe 5,66:1; Anlasserleistung 1,2 kW (1,63 PS).

- **Zündung:** Elektronische Kennfeldzündung, in Motorsteuerung integriert.
- **Zündauslöser:** Über Signale vom Nockenwellen- und Kurbelwellenpositions-Sensor bestimmt das Motorsteuergerät, in welchem Zylinder wann gezündet wird.

Service-Anmerkung: Der Zündzeitpunkt kann nicht manuell verstellt werden.

- **Zündkerzen:** Haupt- und Nebenzündkerze Bosch YR5LDE, Gewinde M12x1,25, Elektrodenabstand 0,8 mm (± 0,1 mm), Verschleißgrenze 1,0 mm.
- **Zündspulen:**
  Hauptzündspule (BREMI-Kerzenschachtzündspule).

Service-Anmerkung:
Primärwiderstand in kaltem Zustand zwischen Klemme 15 und 1: 0,87 Ω.
Sekundärwiderstand in kaltem Zustand zwischen Klemme 4a und 4b: 6,0 kΩ.

Nebenzündspule (BREMI-Winkelzündspule).

Service-Anmerkung:
Primärwiderstand in kaltem Zustand zwischen Klemme 15 und 1: 0,87 Ω.
Sekundärwiderstand in kaltem Zustand zwischen Klemme 4a und 4b: 6,0 kΩ.

Bild 18

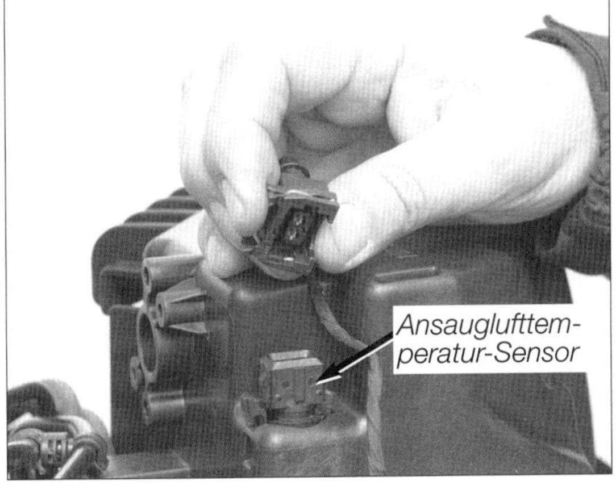

Bild 18: Der Ansauglufttemperatur-Sensor ist oben in den Luftfilterkasten eingebaut.

Sieben Tipps zur elektronischen Fehlersuche

1. Jegliche elektronische Störung hat ihre Ursache. Nach Praxiserfahrungen von Fachwerkstätten liegt dies meistens nicht an wirklich defekten Bauteilen, sondern zu mehr als 90 Prozent an Kontaktschwächen, die ausschließlich auf schlechte Kontakte in den Steckverbindungen zurückzuführen sind.

2. Wenn Sie ein Bauteil in Verdacht haben, ziehen Sie den betreffenden Stecker am Bauteil ab und kontrollieren diesen auf Korrosion, Nässe und Schmutz.

3. Zum Reinigen eines Steckers benutzen Sie eine Messingbürste mit sehr feinen Borsten oder eine harte (trockene!) Zahnbürste sowie Kontaktspray und Druckluft, die jedoch sehr leicht und zielgerichtet angewendet werden muss.
- Harte Korrosion mit kleiner Feile (Schlüsselfeile) entfernen.

4. Sorgen Sie jederzeit dafür, dass kein Kabel gequetscht oder geknickt am Fahrzeug montiert ist. Wenn Sie bei der Suche nach einem Problem auf ein solches Kabel stoßen, liegt der Fehler meist in einer fehlerhaften Montage. Zur Problembehebung müssen Sie in die BMW-Motorradwerkstatt gehen, denn nur unter Zuhilfenahme des BMW-Werkstatt-Computersystems ist es möglich, gebrochene Kabel und/oder schadhafte Bauteile wie Stecker und Sensoren zu lokalisieren.

5. Beim Single-Wire-System ist es nicht möglich, einzelne Kabelstücke des Kabelbaums zu ersetzen, also z. B. ein Stück aus dem Kabelbaum herausschneiden und durch ein neues Stück Kabel zu ersetzen!
- Auch Anlöten von abgebrochenen Anschlüssen sollte nicht erfolgen!

6. Wenn die entsprechenden Bauteile ausgetauscht sind, wird mit dem BMW-Motorrad-Computersystem ein weiterer Check gemacht: Nur wenn der Computer sein OK signalisiert, ist auch wirklich alles ok.

7. Wichtig: Bei allen Arbeiten am elektronischen System muss die Zündung AUSgeschaltet sein – Zündschlüssel VOR jedem Arbeitsschritt abziehen!

Licht · Hupe

In diesem Kapitel: Lichtanlage kontrollieren · Scheinwerfereinstellung · Grundeinstellung Scheinwerfer · Lampen wechseln in Scheinwerfer, Standlicht, Blinker, Rück-/Bremslicht · Lichthupe · Blinker ab- und anbauen · Hupe.

Bilder 1 und 2: Leuchtweiten-Schnelleinstellung.

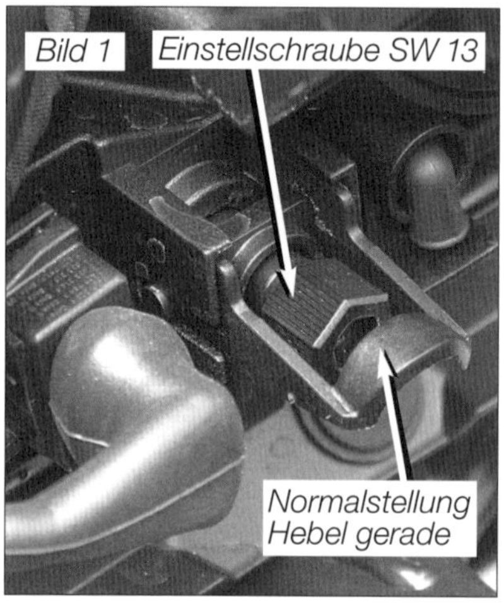

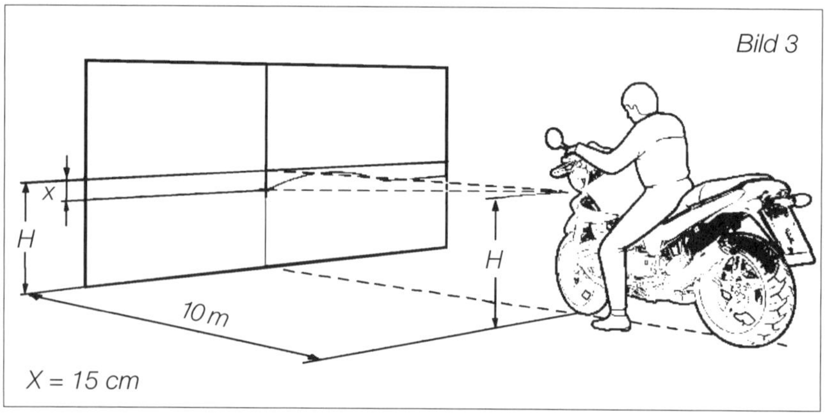

Bild 3: Schemazeichnung des Aufbaus zur Scheinwerfereinstellung. H = Mitte des Scheinwerfers, X = 15 cm.

Lichtanlage kontrollieren

Die Kontrolle der Beleuchtungs- und Signalanlage ist keine periodische Wartungsarbeit starr nach Wartungsplan, sondern gehört zu den sicherheitsrelevanten Tätigkeiten, die vom Fahrer regelmäßig leicht selbst durchgeführt werden können. Ein Check der Beleuchtung ist schnell gemacht. Aufwand und Nutzen stehen in günstiger Relation und bringen ein unverzichtbares Maß an Sicherheit.

Die R 1200 GS ist mit einem markanten Doppelscheinwerfer ausgestattet: Der rechte Scheinwerfer beherbergt das Abblendlicht, es brennt als Fahrlicht bei laufendem Motor permanent und kann nicht abgeschaltet werden. Im linken Scheinwerfer ist das Fernlicht untergebracht, bei Betätigen des linken Lenkerschalters schaltet sich das Fernlicht dem Abblendlich zu. Die beiden Halogenlampen für Abblend- und Fernlicht sind gleich: H7, 12 Volt/55 Watt.

Unter dem linken Fernlichtscheinwerfer sitzt die Standlichtlampe (12 Volt/5 Watt). Eine Brems-/Rücklichtlampe (12 Volt/21/5 Watt) sitzt unter dem Rücklichtglas, durch dessen farbloses unteres Feld das Nummernschild beleuchtet wird. Vier Blinker mit je einer Lampe (12 Volt/10 Watt) komplettieren die Lichtanlage.

Scheinwerfereinstellung

Eine Prüfung und ggf. Einstellung des Scheinwerfers muss bei korrektem Reifenluftdruck vorgenommen werden. Besonders eine Zuladung mit zwei Personen und großem Gepäck hat

Sicherheitshinweise ⚠ Achtung und ☞ Tipps

☞ Wenn Sie an einer roten Ampel zufällig vor einem Schaufenster stehen und Ihr Spiegelbild darin betrachten, betätigen Sie abwechselnd die Hand- und Fußbremse und checken das Bremslicht.

⚠ Wenn Lampen ersetzt werden, müssen grundsätzlich Motor und Zündung ausgeschaltet sein! Dies gilt auch für alle anderen Arbeiten an der Lichtanlage.

⚠ Brennende Halogenlampen werden bis einschließlich Metallsockel sehr heiß. Bevor eine Lampe herausgenommen wird, immer sicherstellen, dass sie genügend abgekühlt ist.

☞ Beim Einbau einer Lampe unbedingt Folgendes beachten:

- Steckkontakte und Glaskörper einer Lampe nicht mit bloßen Fingern anfassen! Sonst setzen sich Hautfette ab und brennen sich ins Glas ein, was Leuchtkraft und Lebensdauer mindert.
- Lampe immer nur mit einem sauberen Lappen in die Hand nehmen. Schmutz oder Fingerabdrücke mit Spiritus und fusselfreiem Tuch abwischen!

☞ Halten Sie die Gläser der Lampen möglichst sauber und fettfrei. Eine Reinigung unterwegs an der Tankstelle mit Wasser und Schwamm wirkt Wunder und sichert die volle Leuchtkraft des Scheinwerfers. Bei Reisen in ferne Länder und entlegene Gebiete nehmen Sie genügend Reservelampen mit, denn H7-Lampen gibt es nicht überall.

großen Einfluss auf die Leuchtweite, weil die Maschine hinten tiefer in die Federung sinkt als vorne. Vor einer Urlaubsfahrt sollte die Leuchtweite mit der Urlaubs-Beladung kontrolliert und ggf. angepasst werden, um eine Blendung des Gegenverkehrs zu vermeiden. Auch die Federbeineinstellung beeinflusst die Höhe des Hecks und damit die Leuchtweite, was aber meist innerhalb der Einstelltoleranz ist. Doch spätestens beim Einbau eines anderen Federbeins sollte die Scheinwerfereinstellung kontrolliert und ggf. neu justiert werden.

Leuchtweiten-Schnelleinstellung

Die R 1200 GS ist sinnigerweise mit einer Leuchtweiten-Schnelleinstellung ausgestattet, diese sitzt links unterhalb des Tachometers am Scheinwerfergehäuse und ist gut erreichbar (Bilder 1 und 2).

■ **Normalstellung:** Der kleine Hebel steht waagerecht in Fahrtrichtung (Bild 1). Wenn die Grundeinstellung der Scheinwerfereinstellung stimmt (siehe Bild 3), dann ist die Fahrbahn gut ausgeleuchtet und der Gegenverkehr wird nicht geblendet.

■ **Beladestellung:** Wird die Maschine mit zwei Personen und Gepäck beladen, dann sinkt das Heck übermäßig weit in die hintere Federung ein. Als Folge stellt sich der Scheinwerferstrahl nach oben: Die Fahrbahn wird nun nicht mehr gut ausgeleuchtet und eine Blendung des Gegenverkehrs ist möglich.

Abhilfe: Hebel der Scheinwerfer-Schnelleinstellung um 90° nach unten umklappen (Bild 2), dadurch werden die Reflektoren im Scheinwerfergehäuse etwas um ihre Achse nach unten gekippt: Abblendlicht und Fernlicht senken sich etwas nach unten.

Scheinwerfereinstellung prüfen

1. Scheinwerfer-Schnelleinstellung auf Normalstellung, der kleine Hebel steht also in Fahrtrichtung nach oben geklappt (Bild 1).

2. Motorrad mit sitzendem Fahrer (85 kg) in 10 Metern Abstand vor einer Wand aufstellen. Der Boden sollte eben sein, Maschine steht auf den Rädern, Fahrer stützt sich mit den Füßen nur leicht auf dem Boden ab (Bild 3).

3. Abstand vom Boden bis zur Mitte des Scheinwerfers messen. Dieses Maß mit einem Kreidekreuz auf die Wand übertragen.

4. Unter dieses Kreuz im Abstand von 15 cm ein weiteres Kreuz anzeichnen.

5. Abblendlicht einschalten: Die Hell-/Dunkelgrenze soll in der Mitte des unteren Kreuzes beginnen, bis zur Höhe des oberen Kreuzes nach rechts ansteigen und dann wieder abfallen.

Scheinwerfereinstellung korrigieren

1. Wenn sich bei der Prüfung der Scheinwerfereinstellung herausstellt, dass der Lichtkegel zu weit nach unten oder oben strahlt, muss die Einstellung korrigiert werden.

2. Der Scheinwerfer lässt sich entsprechend einstellen. Die Einstellschraube befindet sich innerhalb der Schnellverstellung, eine Kunststoff-Sechskantschraube SW 13 (Bild 1).

■ Man kann sie zwar mit den Fingern verdrehen, besser ist es jedoch, eine 13er-Nuss aufzusetzen und mit dieser zu drehen.

3.1. Einstellschraube nach links drehen, stellt den Scheinwerfer höher ein, das Licht leuchtet weiter.

3.2. Einstellschraube nach rechts drehen, stellt den Scheinwerfer niedriger ein, das Licht leuchtet weniger weit.

Lichtkegel rechts/links einstellen

Wenn der Lichtkegel nicht exakt in der Fahrzeugachse nach vorne leuchtet, kann man ihn an einer Schraube einstellen, sie findet sich rechts hinten oben am Scheinwerfer und ist gut erreichbar. Man kann die Schraube entweder mit einem kurzen Kreuzschlitzschraubenzieher oder einer

Bild 4: Einstellschraube zum Einstellen des Lichtkegels nach rechts oder links.

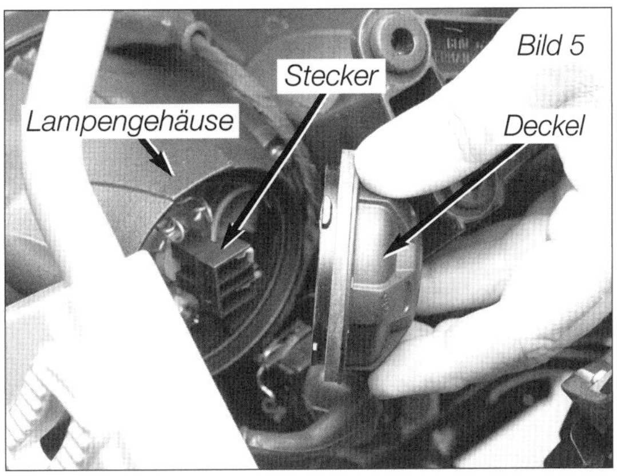

Bild 5: Zum Ausbau der Lampen den runden Deckel etwas nach links drehen und abnehmen.

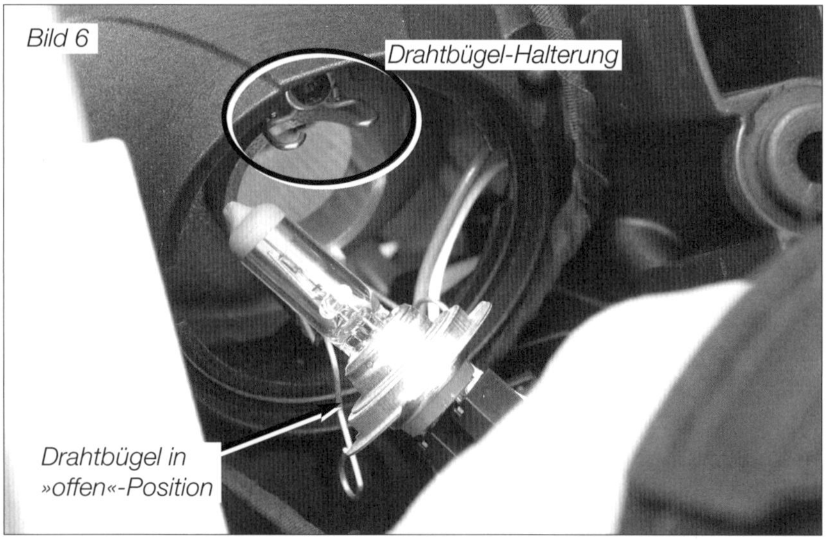

Bild 6

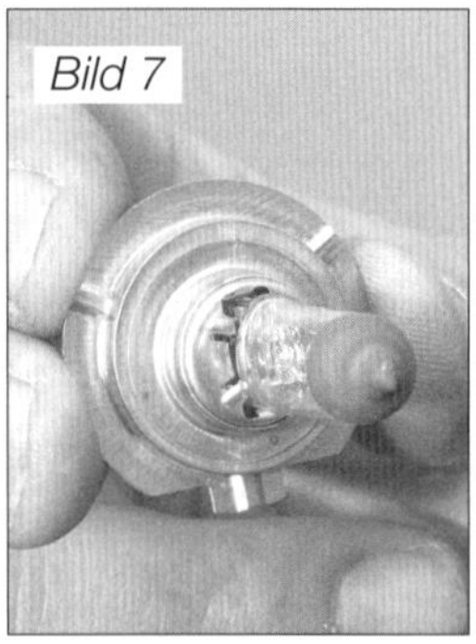
Bild 7

Bild 8

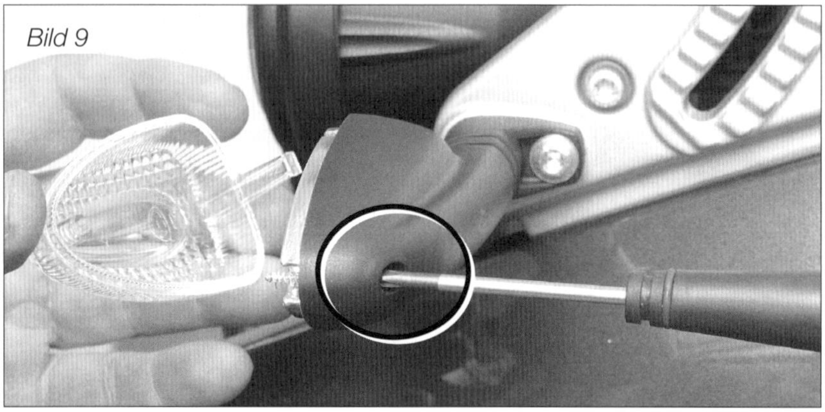
Bild 9

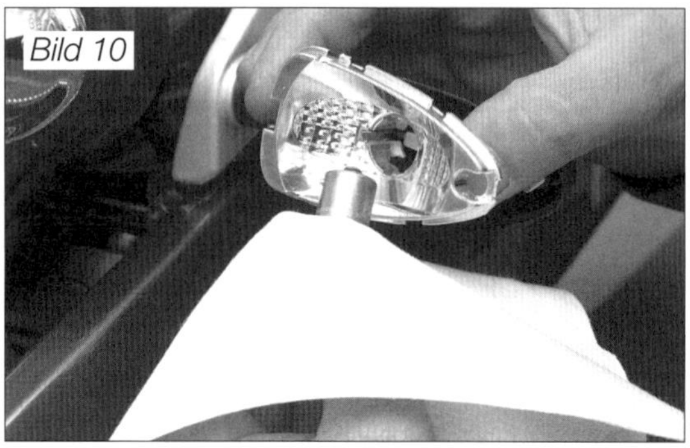
Bild 10

Bilder 6, 7 und 8: Lampen wechseln. Flache Seite am Lampensockel zeigt nach unten (Bild 7).

Bild 9: Blinklampe wechseln.

Bild 10: Lampe nur mit Tuch anfassen.

13-er Nuss drehen (Bild 4). Erst wenn beide Lichtkegel (Fein- und Abblendlicht) korrekt in Fahrzeugachse nach vorne leuchten, erfolgt eine Einstellung der Leuchtweite wie weiter vorne beschrieben.

Lampen wechseln

Abblend- und Fernlichtlampen wechseln
In Abblend- und Fernlicht sind die selben Lampen verbaut: Halogen H7, 12 Volt/55 Watt. Ist eine defekt, wird sie folgendermaßen erneuert, wobei man dazu kein Werkzeug braucht, sondern mit einer Hand hinten in das Leuchtengehäuse hineinfasst:
1. Den runden Deckel durch leichtes Drehen nach links lösen und abnehmen (Bild 5).
2. Stecker abziehen.
■ Wenn er sehr fest sitzen sollte, etwas hin und her wackeln und gleichzeitig ziehen.
■ NICHT am Kabel ziehen, sondern nur am Stecker!
3. Haltedrahtbügel der Lampe aus oberen Halterungen lösen und nach unten klappen (Bild 6).
4. Lampe herausziehen.

Einbau in umgekehrter Reihenfolge, dabei auf Folgendes achten:
■ Abgeflachte Seite mit Zapfen am Lampensockel muss nach unten weisen (Bild 7).
■ Haltedrahtbügel der Lampe müssen oben sicher einrasten.
■ Stecker richtig herum aufstecken: Kabel laufen zur Fahrzeugmitte weg.
■ Etwas Silikonpaste an die Kanten des runden Deckels geben (Bild 8), dann lässt er sich leichter aufdrehen (und das nächste Mal auch leichter abnehmen!).

Standlichtlampe (12 Volt/5 Watt)
Die Standlichtlampe sitzt links unter dem Fernlichtgehäuse. Einfach die komplette Fassung herausziehen, Lampe durch gleichzeitiges Hineindrücken und Linksdrehen lösen. Einbau in umgekehrter Reihenfolge.

Blinklampen (12 Volt/10 Watt)
Alle vier Blinklampen werden auf die gleiche Art und Weise gewechselt:
■ Schraube am Plastikgehäuse des Blinkers ausdrehen und Blinkerglas abnehmen (Bild 9). Die Blinklampe sitzt in einem Bajonettverschluss: Unter leichtem Druck mit einer Vierteldrehung nach links aus ihrer Fassung nehmen (Bild 10).

Beim Zusammenbau in umgekehrter Reihenfolge bitte beachten:
■ Schraube des Blinkerglases nicht zu stark anziehen, sonst reißt das Glas.

Rücklicht/Bremslichtlampe (12 Volt/21/5 Watt)
1. Beide Schrauben, mit denen das Rücklichtglas von hinten befestigt ist, ausdrehen, Gehäuse nach hinten abnehmen.
2. Lampe in der Fassung etwas eindrücken und gleichzeitig nach links drehen, ausziehen. Lampe wechseln.

Beim Zusammenbau in umgekehrter Reihenfolge bitte beachten:
■ Schrauben des Rücklichtglases rechts und links in mehreren Schritten gleichmäßig und nicht zu stark anziehen, sonst reißt das Glas.

Lichthupe

Die Lichthupe wird betätigt, indem der Abblend-/Fernlichtschalter nach unten gedrückt wird. Das Fernlicht muss aufleuchten, solange der Schalter gedrückt bleibt.
■ Falls nicht, den Schalter zur Kontrolle auf Fernlichtstellung bringen.
■ Leuchtet das Fernlicht auch in dieser Stellung nicht, Lampe überprüfen, ggf. wechseln.
■ Ist die Lampe in Ordnung, Kabel und Steckverbindungen kontrollieren.

Blinker ab- und anbauen

Die Blinkerarme sind mit M6-Torxschrauben am vorderen Lampenhalter bzw. am Heck befestigt.

Ausbau:
1. Lampenglas abschrauben, Reflektoreinsatz vorsichtig ein Stück weit herausziehen (Bild 12).
2. Kabelstecker abziehen.
3. Torxschraube ausdrehen.
■ Hinterer Blinkerarm kann jetzt abgenommen werden. Dabei die beiden (zu einem zusammengefassten) Kabel sorgsam ausziehen.
■ Vorderen Blinkerarm um 180° nach rechts drehen und aus der Bohrung ziehen (Kreis in Bild 12). Kabel sorgsam ausziehen.

Einbau:
1. Kabel in Blinkerarm einführen.
2. Blinkerarm vorne entsprechend ansetzen und um 180° nach rechts drehen.
■ Der hintere Blinkerarm wird nur angesetzt.
3. Schraube eindrehen und mit 5 Nm (vorne) bzw. 3 Nm (hinten) festziehen (enstpricht in etwa »handfest«).
4. Kabel vorsichtig nachziehen. Stecker auf Kontakte am Reflektoreinsatz stecken und diesen in das Gehäuse einsetzen.
5. Ggf. Lampe einsetzen, Blinkerglas einsetzen.

Hupe

Die Hupe sitzt unten am Lenkkopf des Frontrahmens (Bild 11). Wenn sie nicht ordnungsgemäß funktioniert, liegt es meist an defekten Kabeln oder Steckverbindungen.
■ Kabel auf Bruch und durchgescheuerte Stellen kontrollieren.
■ Steckverbindungen säubern, Kontakte mit feinem Schleifpapier von Korrosionsschicht befreien, ggf. mit Kontaktspray behandeln.
■ Steckverbindung der Hupe prüfen: Spannungsmesser an kabelbaumseitige Kontakte anlegen. Bei Betätigung des Hupenschalters muss Batteriespannung anliegen.
■ Falls die Hupe trotz funktionierender Stromversorgung keinen Laut von sich gibt, Bauteil ersetzen: Stecker abziehen, Befestigungsschraube lösen und Hupe abnehmen.
■ Einbau in umgekehrter Reihenfolge.

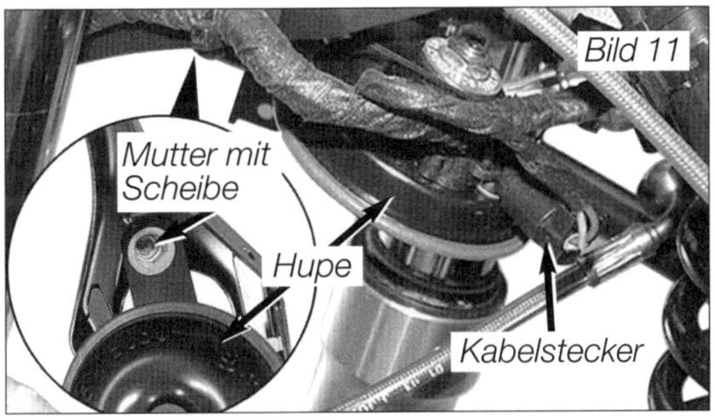

Bild 11: Die Hupe sitzt unterhalb vom Lenkkopf am Rahmen.

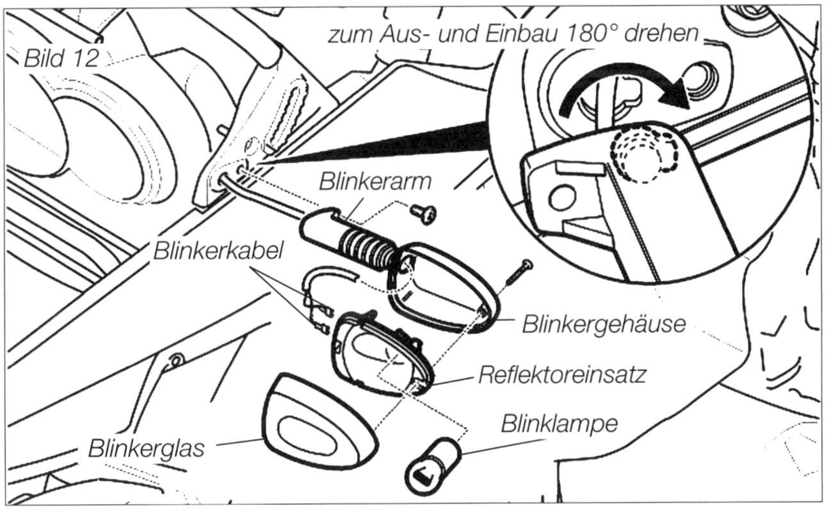

Bild 12: Explosionszeichnung des Blinkers. Der Kreis im Bild gilt nur für die Befestigung der vorderen Blinkerarme.

Sichtprüfung · Messen

Batterie

In diesem Kapitel: Basisinformationen zur Batterie · Batterie prüfen, ausbauen, laden, einbauen.

Batterie

Die R 1200 GS ist serienmäßig mit einer wartungsfreien AGM-Gelbatterie (AGM – Absorptive Glass Matt-Batterie) ausgestattet, die sehr langlebig ist. Die Batterie muss immer in bestem Zustand sein, damit sie auch bei kalter Witterung ausreichend Energie für den Startvorgang (Elektrostarter, elektrische Anlage) liefern kann.

Die Gelbatterie hat keinen Entlüftungsschlauch und es braucht kein destilliertes Wasser nachgefüllt zu werden, weil bei normaler Ladung nur Sauerstoff entsteht (im Gegensatz zu herkömmlichen Batterien, die auch Wasserstoff freisetzen). Dieser reagiert an der Minusplatte mit dem dort gebundenen Wasserstoff und verwandelt sich wieder in Wasser. So bleibt der Flüssigkeitsstand der Batterie immer konstant. Bei Überladung kann jedoch auch Wasserstoff entstehen.

Vorteil dieses Prinzips ist die bessere Ausnutzung des Raumes, denn es wird kein Ausdehnungsvolumen gebraucht. Zur Sicherheit ist ein Ventil eingebaut, das bei Überdruck öffnet und bei Erreichen des Normaldrucks wieder schließt. Zusätzlich befindet sich unter dem Deckel auf dem Sicherheitsventil ein Keramikfilter, der als Schutz gegen Entzündung oder Explosion dient. Sollte eine neue Batterie notwendig werden, dann kaufen Sie wieder eine Gelbatterie.

Wenn die R 1200 GS länger als einen Monat nicht bewegt wird, soll laut Batteriehersteller die Batterie ausgebaut, nachgeladen und außerhalb der Maschine in einem trockenen, kühlen Raum gelagert werden. Dies ist deshalb notwendig, weil über Verbraucher, die auch bei abgeschalteter Zündung aktiv sind, (Uhr, Dienstahlwarnanlage) die Batterie entladen wird. Wird die Maschine über Winter stillgelegt, die Batterie ausbauen, laden und lagern. Vor Inbetriebnahme im Frühjahr die Batterie erst laden, dann einbauen.

Batterie prüfen

Die Batterie muss geladen werden, wenn ihre Spannung weniger als 12,4 Volt beträgt. Dies ist am »müden« Elektrostarter zu spüren, wenn dieser den Motor nicht mehr richtig durchdreht. Spannung der Batterie mit einem Multimeter messen, Batteriekabel bleiben angeschlossen.

- Ausreichend geladene Batterie: 13,0 bis 13,2 Volt
- Nicht ausreichend geladene Batterie: weniger als 12,3 Volt

Eine Prüfung kann auch direkt über das Bordnetz mit Hilfe des BMW Motorrad Batterieladegerätes erfolgen (Ersatzteilnummer 611581).

1. Dazu für ca. 10 Sekunden die Zündung einschalten, die Motorsteuerung schaltet sich ein.

Sicherheitshinweise ⚠ Achtung und ☞ Tipps für dieses Kapitel

⚠ Zu allen Arbeiten an der Batterie muss die Zündung ausgeschaltet sein! Zündschlüssel am besten abziehen.

⚠ Sollten Sie einmal gezwungen sein, eine nicht wartungsfreie Bleibatterie einzubauen, wird ein Entlüftungsschlauch benötigt.

- Dieser muss knickfrei nach unten verlegt werden, sein Ende muss so ins Freie ragen, dass die aus der Batterie austretenden Dämpfe mit keinem Teil der Maschine in Berührung kommen, sonst gibt es an der Maschine in kürzester Zeit hässliche Säureschäden, was bis zum Bruch tragender Rahmenbauteile führen kann!
- Eine nicht wartungsfreie Batterie sollte nur im echten Notfall eingebaut und umgehend durch eine wartungsfreie Batterie ersetzt werden.
- Wenn Sie eine neue Batterie brauchen, kaufen Sie die serienmäßige Gelbatterie beim BMW-Händler. Bei billigen Nachrüstbatterien besteht die Gefahr, dass diese sich nicht mit der Ladeelektronik vertragen und deswegen frühzeitig defekt werden.

⚠ Beim Laden der Batterie können aus der Batterie explosive Gase entweichen. Offenes Feuer, Funkenflug und brennende Zigaretten in weitem Umkreis von der am Ladegerät hängenden Batterie fern halten. Für ausreichende Belüftung des Raumes sorgen, in dem die Batterie geladen wird!

☞ Kaufen Sie sich ein Ladegerät speziell für wartungsfreie Motorradbatterien, bei dem sich kleine Ladespannungen und die maximale Ladezeit einstellen lassen. Wenn das zu teuer ist, dann lassen Sie die Batterie beim BMW-Händler laden.

⚠ Hängen Sie die Gelbatterie der R 1200 GS nicht über Winter an ein so genanntes Batterie-Frischhaltegerät, bei dem die Batterie fortwährend im Wechsel geladen und entladen wird. Das schadet der Gelbatterie mehr als es ihr nutzt.

☞ Beim Überwintern Ihrer Maschine bauen Sie die Batterie aus, laden sie fachgerecht und lagern sie in einem kühlen Raum. Im Frühjahr vor dem ersten Start die Batterie erneut laden und einbauen.

☞ Dies gilt auch für eine neue Batterie: Vor dem Einbau laden, eine halbe Stunde ruhen lassen, einbauen und losfahren!

2. Zündung wieder ausschalten. Durch die Abschaltverzögerung von rund 2 Minuten bleibt die zentrale Motorsteuerung eingeschaltet.
3. Innerhalb dieser Zeitspanne das Batterieladegerät zuerst an die Bordsteckdose anschließen und den Ladezustand der Batterie kontrollieren.
Wichtig: Ist die Batteriespannung in diesem Fall kleiner oder gleich wie die Bordnetzunterspannung (mind. 7 V!), dann die Batterie keinesfalls über die Bordsteckdose laden, sondern ausbauen und über die Pole laden.

Batterie ausbauen

Wichtig: Durch Abklemmen der Batterie werden in der BMW-Motorsteuerung BMS-K alle Einträge im Fehlerspeicher gelöscht und die Adaptionswerte zurückgesetzt. Dadurch kann es bei der Wiederinbetriebnahme zu kurzzeitigen Beeinträchtigungen des Motorlaufes kommen.
1. Sitzbank abbauen. Schraube des Batterie-Haltebügels lösen (Bild 1), Bügel abnehmen.
2. Zuerst den Minuspol der Batterie abschrauben, dann den Pluspol (Bild 2).
3. Batterie nach oben herausnehmen (Bild 4).

Batterie laden

1. Batterie an Ladegerät anschließen:
■ Zuerst Pluspol anklemmen, dann Minuspol.
2. Mit maximal 10 % der Nennkapazität laden: 1,4 Ampere längstens 10 Stunden.

Sehr wichtig:
■ Die auf der Batterie angegebenen Ladeströme und Ladezeiten nicht überschreiten, sonst kann die Batterie beschädigt werden, was bis zum Platzen der Batterie führen kann.
■ Von einer Schnellladung der Gelbatterie wird grundsätzlich abgeraten!

Neue Batterie laden

Eine neue Batterie ist vorgeladen und wird von den Herstellern meist als »sofort einbaufertig« angeboten. Da man jedoch nicht weiß, wie lange die neue Batterie schon auf Lager steht, sollte sie vor dem Einbau geladen werden. Für die Erstladung lautet die allgemeine Regel: Ladestrom A (in Ampere) gleich 10 % der Nennkapazität (in Amperestunden, Ah), Ladezeit 5 bis 10 Stunden. Für die Batterie der R 1200 GS mit ihren 14 Amperestunden bedeutet dies einen maximalen Ladestrom von 1,4 Ampere.

Batterie einbauen

Der Einbau der frisch geladenen Batterie erfolgt in der umgekehrten Reihenfolge des Ausbaus.
Zuerst das Pluskabel anschließen (Bild 3), dann das Massekabel (minus). Schrauben der Batteriepolklemmen gut handfest anziehen (3,5 Nm).
Wichtig: Vor dem Anschluss der Kabel beide Batteriepole und Anschlusskabel mit Batteriepolfett bestreichen!

Wichtig: Nach dem ersten Einschalten der Zündung die Eigendiagnose des ABS-Systems abwarten. Bremshebel vorher nicht betätigen! Vor dem Betätigen des Starterknopfes den Gasdrehgriff bei stehendem Motor ein- bis zweimal ganz öffnen, damit die Motorsteuerung die Drosselklappenstellung erfassen kann. Erst dann starten.

Bilder 1 bis 4: Aus- und Einbau der Batterie.

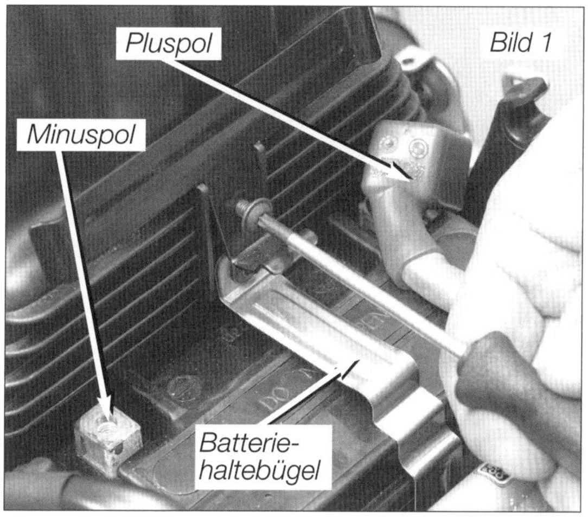

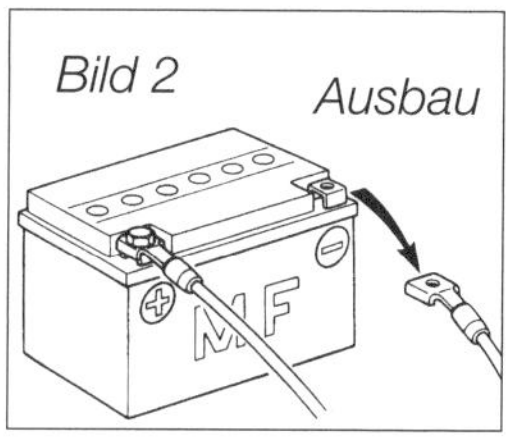

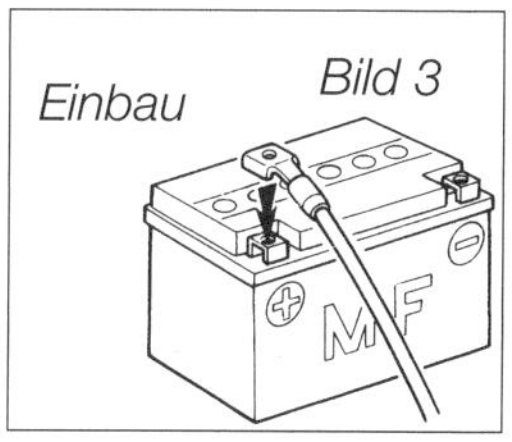

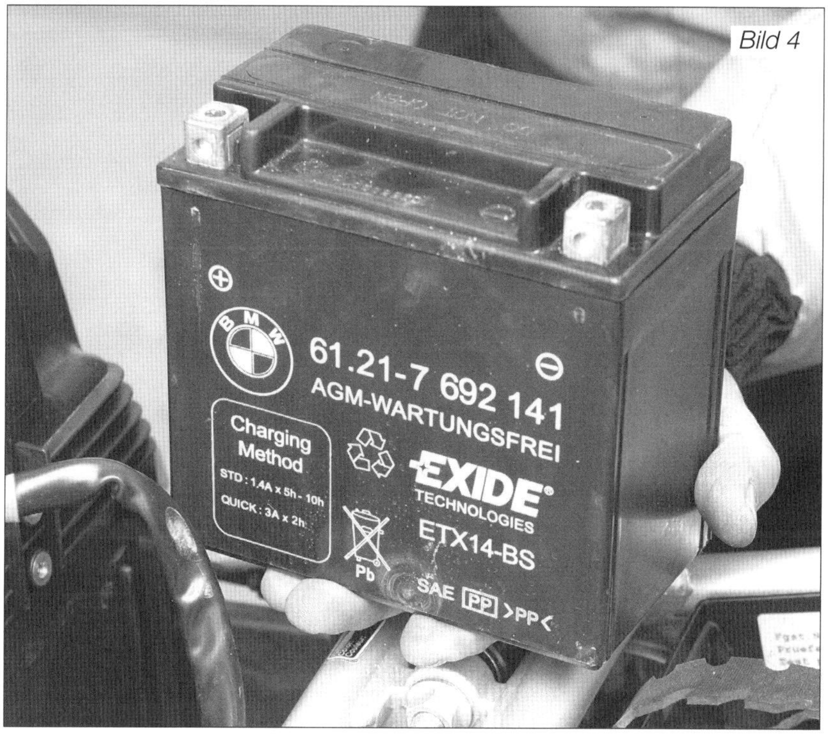

Ladesystem

In diesem Kapitel: Ladesystem · Kriechstrom messen · Ladespannung messen · Keilrippenriemen: Spannung prüfen, aus- und einbauen.

Ladesystem

Wichtig: Beim Single-Wire-System ist es nicht möglich, einzelne Kabelanschlüsse herkömmlich durchzumessen. Weiterhin ist der Regler in die Lichtmaschine eingebaut, er kann also nicht in Heimarbeit in eingebautem Zustand mit einem Multimeter von außen überprüft werden. Deswegen muss die Elektrik zur Lokalisierung eines möglichen Kabelbruchs, Kurzschlusses oder defekter Lichtmaschine/Regler mit dem BMW-Diagnosesystem durchgeprüft werden.

Deswegen raten wir, bei Problemen mit der Ladestromversorgung möglichst rasch die BMW-Motorradwerkstatt aufzusuchen.

Tipp: Wenn die Lichtmaschine defekt ist, in der BMW-Motorradwerkstatt nach einer Austauschlichtmaschine nachfragen. Diese gibt es von verschiedenen Lieferanten. Sie sind grundsätzlich nahezu neuwertig und günstiger als eine neue Lichtmaschine.

Tipps zur Selbsthilfe

Wenn die Batterie immer wieder von selbst leer wird, wenn die Maschine über längere Zeit abgestellt ist, zuerst die Batterie überprüfen (Kapitel 15 »Batterie«), ob sie defekt ist.

Wenn die Batterie in Ordnung ist und der Verdacht besteht, dass sie, während der Motor läuft, von der Lichtmaschine nicht geladen wird, zuerst überprüfen, ob die Kabel an den Batteriepolen fest genug angeschlossen sind und keine Korrosion haben.

Wenn die Batteriepole sicher fest angeschlossen sind und die Batterie immer noch nicht geladen wird, das Ladesystem mit einem Multimeter überprüfen. Die Batterie muss dazu in gutem Zustand sein und mehr als 13,0 Volt liefern.

Wichtig: Wenn die Batterie aufgrund eines Defekts im Ladesystem leer ist, eine voll geladene Batterie zur Prüfung des Ladesystems einbauen. Weiterhin muss sichergestellt werden, dass alle Steck- und Masseverbindungen sauber, korrosionsfrei und ohne Wackelkontakte sind.

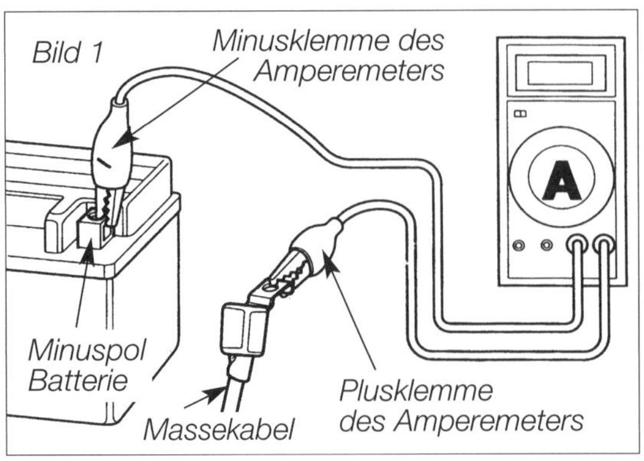

Bild 1: Kriechstrom der Batterie messen:

■ Massekabel ist von der Batterie abgeklemmt und mit der Plusklemme des Ampeteremeters verbunden.

■ Minusklemme des Amperemeters ist auf dem Minuspol der Batterie angeklemmt.

Kriechstrom der Batterie messen

1. Zündung ausschalten. Massekabel vom Minuspol der Batterie abnehmen.
2.1. Plusklemme des Amperemeters an das abgenommene Massekabel anklemmen.
2.2. Minusklemme des Amperemeters an Minuspol der Batterie anklemmen.
3. Tester auf hohen Bereich einstellen, dann auf ein geeignetes Niveau herunterregeln.
4. Maximal zulässiger Kriechstrom 0,1 mA.
■ Wenn der Kriechstrom höher ist, liegt womöglich ein Kurzschluss in Kabelbaum oder Zündschloss vor.

Ladespannung messen

1. Motor starten und auf Betriebstemperatur bringen (ca. 80 °C Öltemperatur).
2. Motor ausschalten und Multimeter anschließen: Plusklemme auf Pluspol der Batterie, Minusklemme auf Minuspol (beide Batteriepole bleiben an der Batterie angeschlossen!).
3. Batteriespannung ablesen (Beispiel: 13,1 Volt).
4. Motor starten, Licht einschalten.
5. Motor auf 5000/min hochdrehen und die auf dem Multimeter angezeigte Spannung ablesen. Sie muss größer sein als die zuvor gemessene Spannung (14 bis 15 Volt).
6. Ergebnis bewerten:
6.1. Ist die gemessene Spannung größer als die Batteriespannung, ist die Ladespannung in Ordnung und damit auch die Lichtmaschine sowie der Regler.
6.2. Ist die Spannung kleiner oder gleich, können Lichtmaschine oder Regler defekt sein.
■ Es kann auch ein Defekt im Kabelbaum oder Kabelsteckern vorliegen. Diese auf Bruch oder fehlerhafte Kontakte überprüfen!

Keilrippenriemen

Die Lichtmaschine (»Stromgenerator«) wird von der Kurbelwelle aus über einen Keilrippenriemen angetrieben. Im Prinzip besteht der Keilrippenriemen aus vier feinen Keilriemen, die zu einem gemeinsamen Riemen zusammengefasst sind.

Die Riemenspannung muss laut Wartungsplan alle 10 000 km geprüft werden. Nachgespannt werden kann der Keilrippenriemen nicht, denn es ist keine Spanneinrichtung vorhanden. Alle 60 000 km muss ein neuer Riemen montiert werden.

Befürchtungen, dass der Keilrippenriemen während der 60 000 km garantierten Lebensdauer reißt oder durchrutscht, sind unbegründet, denn er ist keinen übermäßig großen Knickbelastungen ausgesetzt, weil die beiden Keilriemenräder relativ groß sind. Weiterhin ist der Riemenantrieb gegen Schmutz und Nässe, die von außen eindringen könnte, gut abgedeckt. Von innen könnte höchstens dann Öl auf den Riemen geraten, wenn der Simmerring des Kurbelwellenstumpfs, auf dem die untere Riemenscheibe sitzt, undicht wird, aber auch das ist eher unwahrscheinlich.

Keilrippenriemen und Spannung prüfen

Damit der Riemen die Lichtmaschine ohne durchzurutschen zuverlässig antreibt, darf er weder gelängt, noch verschmutzt, verölt oder anderweitig beschädigt sein. Eine Prüfung von Zustand und Spannung wird sinnvollerweise im Rahmen des Ventileinstellens gemacht, denn dazu sind ja die Zündkerzen ausgebaut und der Frontdeckel abgeschraubt.

1. Der Riemen muss überall unbeschädigt sein, er darf an keiner Stelle eingerissen oder ausgefranst sein.

■ Alle vier Keilriemenbahnen müssen auf ihrer ganzen Länge unbeschädigt sein. Um dies zu prüfen, die Kurbelwelle an der Mutter des unteren Riemenrads rechts herum durchdrehen und den Riemen genau begutachten.

■ Unteres und oberes Riemenrad müssen fest auf ihren Wellenzapfen sitzen. Dazu einfach am jeweiligen Riemenrad wackeln.

3. Mit einem gefühlvollen Daumendruck prüfen, ob sich der Riemen in der Mitte zwischen den Riemenrädern ca. 7 mm eindrücken lässt.

4. Ergebnis werten:

■ Ist der Riemen unbeschädigt und die Spannung in Ordnung, kann man sicher sein, dass der Riemen weitere 10 000 km sicher seinen Dienst verrichtet.

■ Lässt sich der Riemen weit mehr als 7 mm eindrücken oder ist er beschädigt, muss er erneuert werden.

Neuen Keilrippenriemen einbauen

Zur Demontage des alten Riemens wird ein Reifenmontierhebel benötigt, zur Montage eines neuen Keilrippenriemens das BMW-Spezialwerkzeug »Aufziehwerkzeug« (Nr. 123591).

1. Frontdeckel abnehmen und Zündkerzen ausbauen, der Motor muss sich leicht durchdrehen lassen.

2. Alten Riemen abnehmen (Bild 3):

■ Reifenmontiereisen ansetzen.

■ Riemen nach vorne drücken und gleichzeitig mit einer Nuss die Kurbelwelle drehen.

■ Riemen springt von der unteren Riemenscheibe ab.

3. Neuen Riemen oben auf die Riemenscheibe der Lichtmaschine formschlüssig auflegen.

4. Aufziehwerkzeug (Bild 4) auf das untere Riemenrad aufstecken, Riemen auf- bzw. einfädeln.

5. Aufziehwerkzeug (Bild 5) fest auf Riemenrad aufdrücken und gleichzeitig drehen, bis der Riemen komplett auf der Riemenscheibe sitzt. Aufziehwerkzeug abnehmen.

6. Motor über die Mutter auf der Kurbelwelle einmal durchdrehen, Riemenspannung mehrmals kontrollieren. Abgebaute Teile wieder anbringen.

Bild 2: Prüfung der Riemenspannung per Fingerdruck. In der Mitten zwischen den beiden Antriebsrädern darf er sich ca. 7 mm eindrücken lassen.

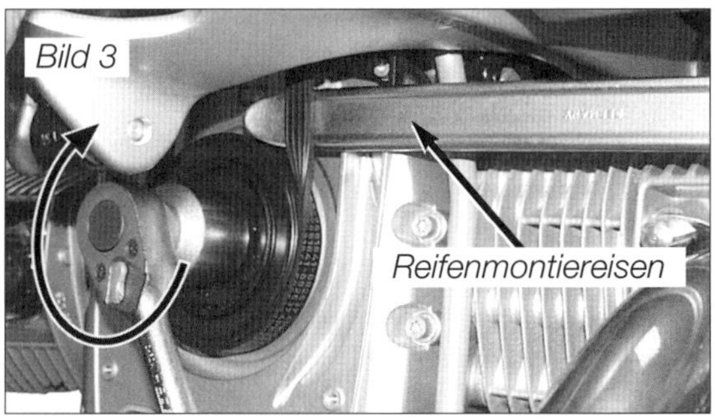

Bild 3: Alten Riemen mit einem Reifenmontierhebel abwalzen, gleichzeitig die Kurbelwelle rechts herum drehen.

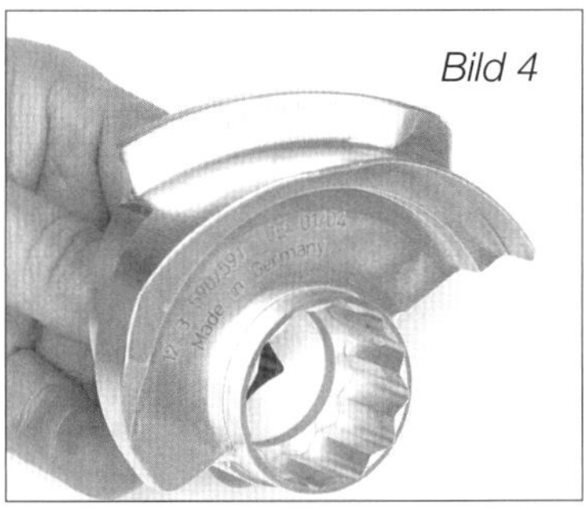

Bild 4: Das BMW-Spezialwerkzeug »Aufziehwerkzeug« wird zwingend benötigt, um einen neuen Keilrippenriemen aufziehen zu können.

Bild 5: Neuen Riemen aufziehen.

Zündkerzen

In diesem Kapitel: Zündkerzen · Werkzeuge und Tipps zum Zündkerzenwechsel · Zündkerzen aus- und einschrauben · Elektrodenabstand messen und korrigieren · Zündkerzengesicht beurteilen · Mögliche Zündprobleme und ihre Ursachen.

Zündkerzen

In der R 1200 GS sind serienmäßig folgende Zündkerzen eingebaut:

- Haupt- und Nebenzündkerze Bosch YR5LDE, Gewinde M12x1,25, Schlüsselweite 16 mm.
- Elektrodenabstand 0,8 mm (± 0,1 mm), Verschleißgrenze 1,0 mm.

Diese Zündkerzen sind Standardkerzen für alle normalen Betriebsbedingungen. Ihre Elektroden werden bei normalen Verbrennungstemperaturen (ca. 400 bis 800 °C) so heiß, dass etwaige Ruß-

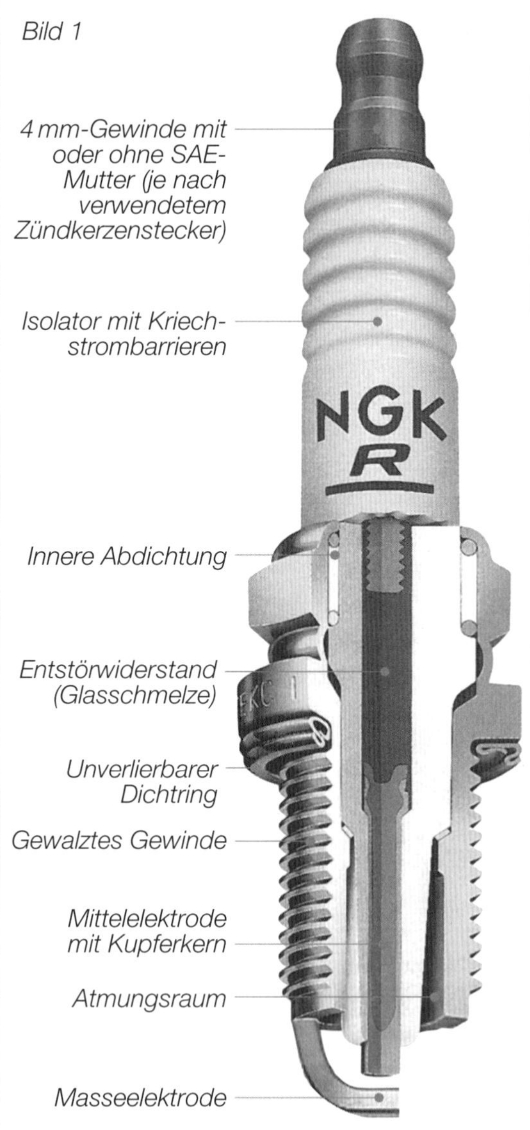

Bild 1: Aufbau einer modernen Motorrad-Zündkerze.

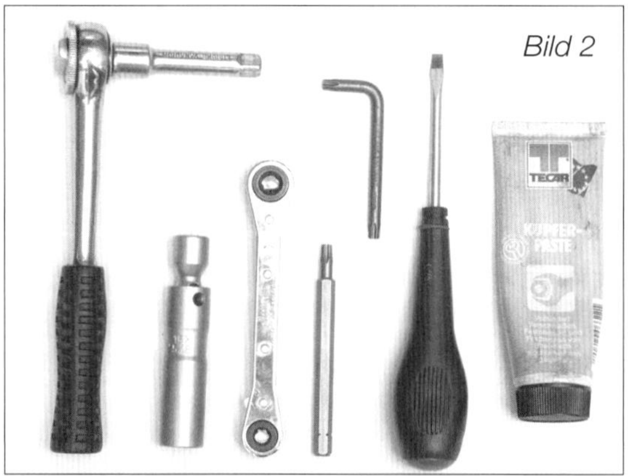

Bild 2: Zum Zündkerzenwechsel benötigte Werkzeuge.

Sicherheitshinweise ⚠ Achtung und ☞ Tipps für dieses Kapitel

⚠ Zu allen Montagearbeiten an den Zündkerzen muss die Zündung zuverlässig ausgeschaltet sein! Zündschlüssel am besten abziehen.

⚠ Zum Abziehen der Zündkerzenstecker immer nur das spezielle Abziehwerkzeug von BMW verwenden, Zange nur im Notfall nehmen! Nicht mit Reifenmontiereisen, Schraubenzieher oder Flacheisen an den Kerzensteckern herumhebeln, denn dadurch kann der Zündkerzenstecker beschädigt werden. Kerzenstecker und Zündkerzen nicht fallen lassen! Dadurch können Teile brechen oder Risse bekommen, wodurch Stromkreisunterbrechungen oder Kurzschlüsse verursacht werden.

⚠ Bei Prüfungen von Bauteilen der Zündanlage keine Stecker bei laufendem Motor abziehen, weil dadurch die Zündanlage beschädigt werden kann.

⚠ Zündkerzenstecker nicht mit Hammer auf Zündkerze auftreiben!

⚠ Kerzenstecker und Zündkerze nicht fallen lassen oder hart anschlagen! Dadurch können Teile innen oder außen brechen bzw. Risse bekommen, was Kurzschlüsse zur Folge hat.

⚠ Halten Sie bei einer Funkenprüfung der Zündkerze bei ausgebauter Zündkerze einen Feuerlöscher betriebsbereit! Es ist schon passiert, dass der Motor »ersoffen« war, sich das aus dem Zündkerzenloch austretende Gemisch entzündet hat und die ganze Maschine sofort in Flammen stand.

ablagerungen stets verbrennen, bleiben aber auch so kühl, dass Motor und Kerze nicht beschädigt werden.

BMW schreibt folgende Wartungsintervalle vor:
- Zündkerzen überprüfen und ggf. reinigen: alle 10 000 km.
- Zündkerzen erneuern: alle 40 000 km.

Wichtig: Das Alter der Zündkerzen ist nicht ausschlaggebend, ob sie ersetzt werden müssen. Es zählen in erster Linie Laufleistung und Belastung. Bei scharf gefahrenen Motoren kann es sein, dass schon nach 30 000 km die Zündkerzen erneuert werden müssen, wenn sich bei der Kontrolle zeigt, dass die Mittelelektrode stark abgebrannt ist. Generell läuft der Boxermotor mit neuen Zündkerzen viel ruhiger, ist leistungsfreudiger und zieht besser durch, weswegen BMW-Spezialisten schon nach 20 000 oder 30 000 km zu neuen Zündkerzen raten.

Werkzeuge und Tipps

Nötige Werkzeuge, Tipps und vorgeschriebene Anzugsdrehmomente:
Abzieher: Der für die Zündkerzenstecker nötige Abzieher (Bild 3) ist ebenfalls nicht im Bordwerkzeug. Das BMW-Spezialwerkzeug »Zündkerzenstecker-Montagewerkzeug« (Nr. 123510) ist für die Werkstatt gedacht und wird vom Hobbyschrauber nicht unbedingt benötigt. Es genügt, den Zündkerzenstecker-Abzieher zu kaufen, der bei den älteren Vierventil-Boxern im Bordwerkzeug enthalten ist (Bild 3). Mit der bloßen Hand ohne Werkzeug lässt sich der Zündkerzenstecker nicht abziehen.
Zündkerzenschlüssel: Das Bordwerkzeug enthält auch keinen Zündkerzenschlüssel. Kaufen Sie sich einen mit SW 16 mm, der lang genug ist (Bild 2), denn der Schacht der Hauptzündkerze ist sehr tief.
- Damit die Zündkerzen mit dem vorgeschriebenen Anzugsdrehmoment von 25 Nm angezogen werden können, wird ggf. auch ein entsprechender Nussaufsatz für den Drehmomentschlüssel benötigt.

Zündkerzen aus-/einbauen

Zündkerzen ausbauen
1. Abdeckung der Hauptzündkerze entfernen: Von hinten unter die Kunststoffabdeckung greifen, etwas anheben und nach vorne abziehen (Bild 4).
2. Kabelstecker vom Zündkerzenstecker abziehen: Verriegelungslasche vorsichtig lösen (Bild 5), Stecker ausziehen (Bild 6).
- Vorsichtig arbeiten, damit die Lasche nicht abbricht!

3. Zündkerzenstecker abziehen.
- **Notfall:** Nur im äußersten Notfall den Zündkerzenstecker mit einer Zange vorsichtig packen und abziehen (Bild 8)
- Bordwerkzeug-Abzieher aufschieben, mit einer

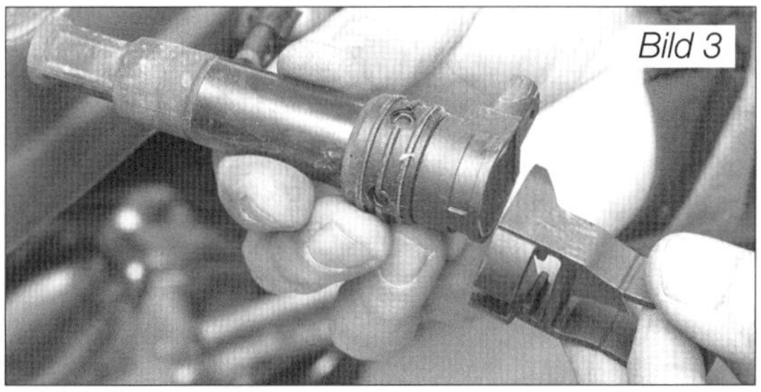
Bild 3

Bild 3: Dieser Zündkerzenstecker-Abzieher ist nötig, um den kombinierten Zündkerzenstecker-Zündspule von der Zündkerze sicher und ohne Beschädigung abziehen zu können. Er ist nicht serienmäßig im Bordwerkzeug vorhanden und muss extra beim BMW-Händler gekauft werden.

Bild 4

Bild 4: Von hinten unter die Zündkerzenabdeckung greifen und nach vorne abziehen.

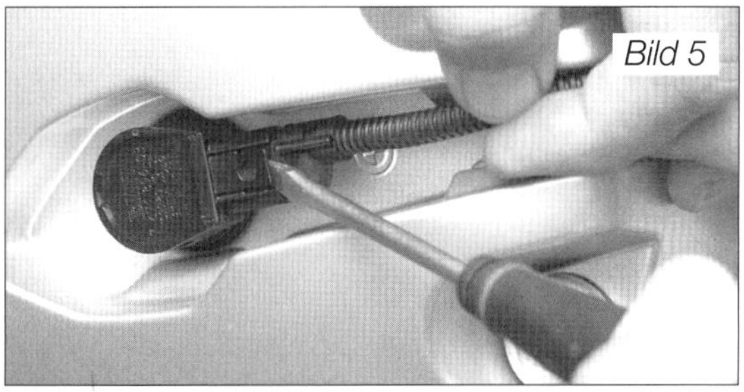
Bild 5

Bild 5: Verriegelung des Kabelsteckers vorsichtig lösen.

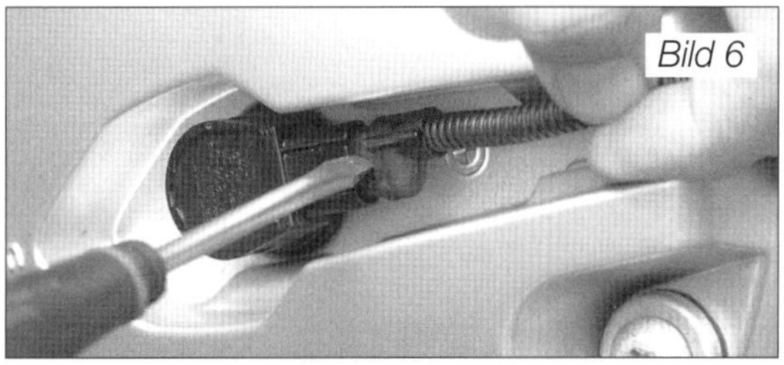
Bild 6

Bild 6: Zum Ausziehen des Steckers nicht am Kabel ziehen, sondern den Stecker mit einem kleinen Schraubenzieher ausschieben.

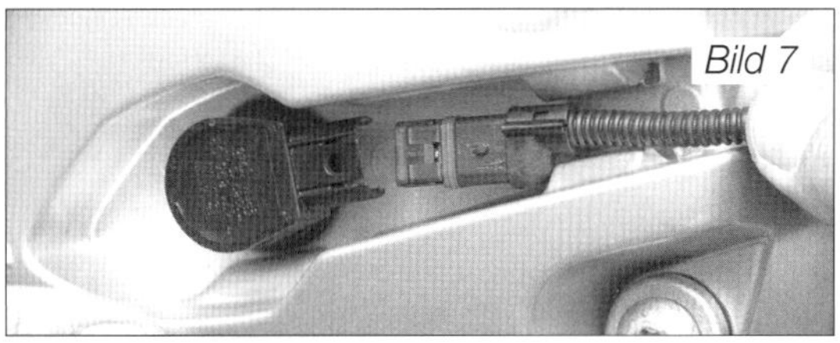
Bild 7

Bild 7: Erst nachdem der Stecker frei ist, kann er am Kabel ganz ausgezogen werden.

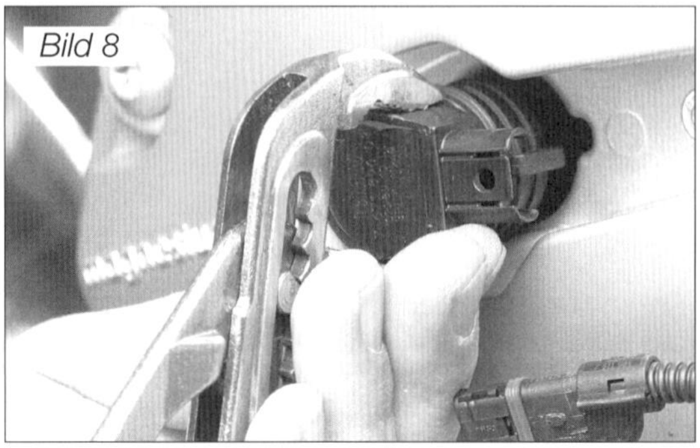

Bild 8: Nur im äußersten Notfall (wenn kein Abzieher zur Verfügung steht), den Kerzenstrecker mit einer Zange packen und abziehen.

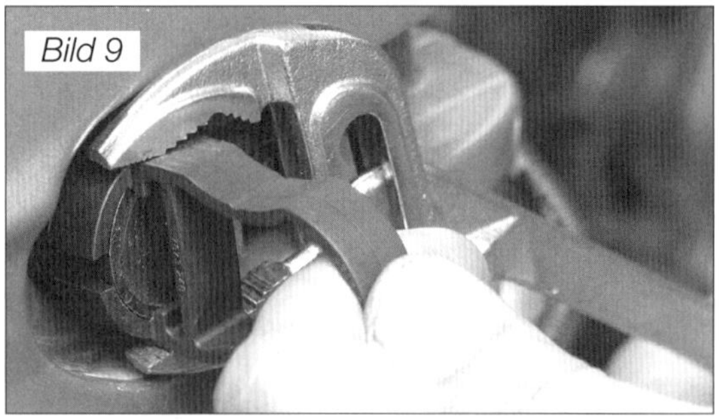

Bild 9: Damit der Abzieher nicht abrutscht, ihn mit einer Zange zusammendrücken und gleichzeitig ziehen.

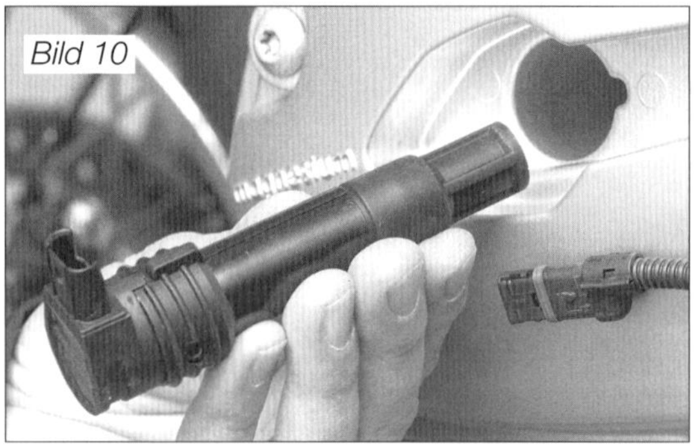

Bild 10: Ausgezogener Zündkerzenstecker der Hauptzündkerze.

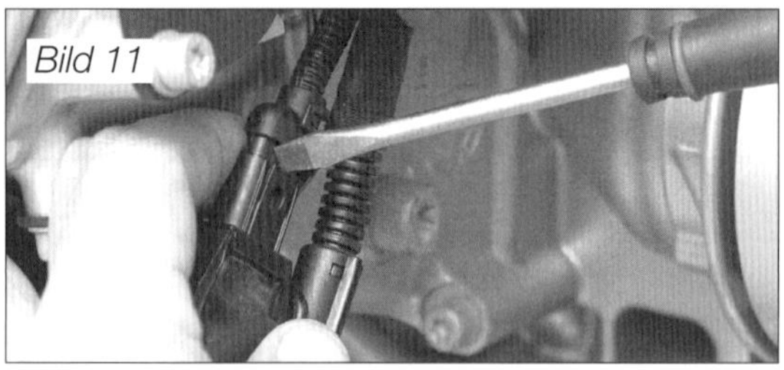

Bild 11: Den Kabelstecker vom unteren Kerzenstecker ebenfalls vorsichtig lösen und ausschieben.

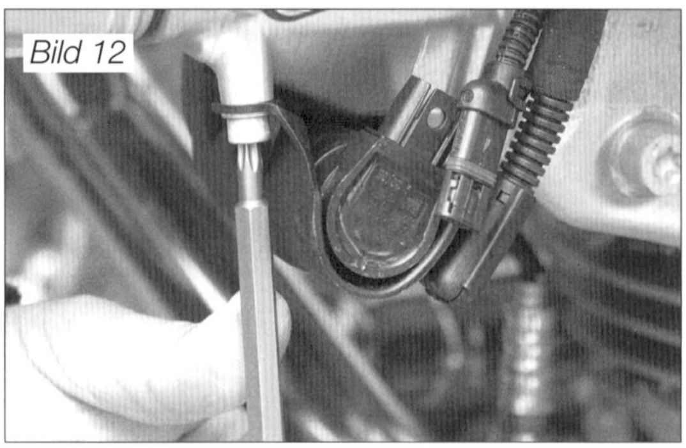

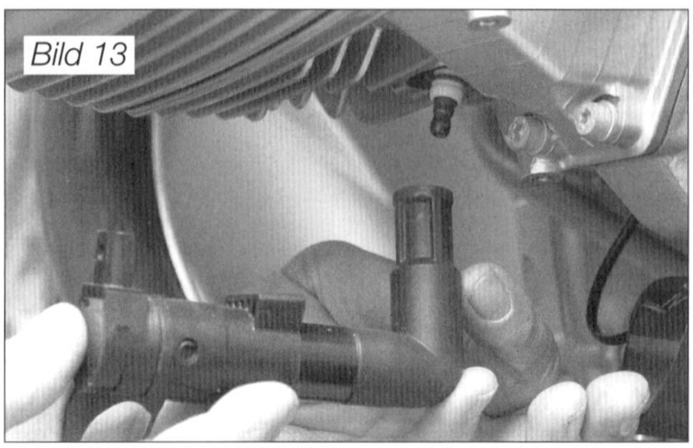

Bilder 12 und 13: Die Abdeckung des Zündkerzensteckers der unteren Zündkerze ist mit zwei M6-Schrauben angebracht; diese ausdrehen und Abdeckung abnehmen. Der abgewinkelte Kerzenstecker kann von Hand abgezogen werden.

Zange etwas zusammenklemmen und gleichzeitig daran ziehen (Bild 9).

4. Zündkerzenstecker untere Zündkerze:

4.2. Kabelstecker vom Zündkerzenstecker abziehen: Verriegelungslasche vorsichtig lösen (Bild 11), Stecker ausziehen.

4.1. Schrauben der Abdeckung ausdrehen (Bild 12), Abdeckung abnehmen.

4.3. Winkelkerzenstecker kann von Hand abgezogen werden (Bild 13).

5. Zündkerze mit dem Zündkerzenschlüssel lösen und herausdrehen (Bild 14).

Zündkerze reinigen, kontrollieren

1. Kerzen mit einer speziellen Zündkerzenbürste reinigen.

■ Eine solche Bürste besitzt engmaschige, zu kleinen Büscheln zusammengefasste Messingdrähte (Bild 15).

■ Zur Not genügt auch eine harte (trockene!) Zahnbürste.

2. Isolator auf Risse oder Absplitterungen untersuchen. Planflächen des Dichtrings müssen einwandfrei sein.

3. Die Zündkerze muss erneuert werden, wenn sie einen Mangel aufweist, wie zum Beispiel:

■ Mittelelektrode stark abgenutzt oder verbrannt
■ Isolator gebrochen
■ Gewinde beschädigt

(Bildbeispiele für Zündkerzenschäden folgen weiter hinten in diesem Kapitel).

Zündkerzen einbauen

1. Etwas Kupferpaste auf das Gewinde der Zündkerze geben, das verhindert ein Festbacken der Kerze im Gewinde (Bild 16).

2. Zündkerzen in Zündkerzenschlüssel einsetzen, von Hand gefühlvoll und ohne irgendwo anzuschlagen in den Zündkerzenschacht einführen, ans Gewinde ansetzen und einschrauben.

3. Zündkerze so weit ins Gewinde einschrauben, bis Widerstand spürbar wird, dann mit 25 Nm festziehen.

Sehr wichtig: Beim Einschrauben der Zündkerzen unbedingt darauf achten, dass schon der erste Gewindegang richtig greift, das Außengewinde der Kerze also richtig am Innengewinde im Zylinderkopf angesetzt ist. Eine schräg angesetzte Kerze ruiniert mit ihrem harten Stahlgewinde das weiche Gewinde im Aluminiumzylinderkopf schon nach einer halben Umdrehung.

Falls kein Drehmomentschlüssel zur Verfügung steht, Zündkerzen folgendermaßen festziehen:
■ **Gebrauchte Zündkerze:** Wenn eine bereits benutzte Zündkerze wieder montiert wird, bei der sich der Dichtring schon gesetzt hat: Zündkerze nach Aufsitzen des Gewindebundes um ca. 1/8 Umdrehung festziehen.
■ **Neue Zündkerze:** Wenn eine neue Kerze mit neuem Dichtring montiert wird: Zündkerze nach Aufsitzen des Gewindebundes um 1/4 bis 1/2 Umdrehung anziehen, wieder lösen und endgültig um 1/8 Umdrehung anziehen.

Elektrodenabstand

Wichtig für die ordnungsgemäße Funktion der Zündkerze ist vor allem ein korrekter Elektrodenabstand. Stimmt dieser nicht, muss er korrigiert werden. Die Elektroden dürfen jedoch nur wenig nachgebogen werden, denn für eine zu heftig oder zu oft verbogene Elektrode besteht im Betrieb höchste Bruchgefahr! Im Zweifelsfall lieber eine neue Kerze verwenden.

Elektrodenabstand messen und korrigieren

1. Elektrodenabstand mit Fühlerlehre messen (Bild 17). Der Sollwert beträgt 0,8 mm, die Verschleißgrenze liegt bei 1,0 mm.
2. Ist der Elektrodenabstand zu weit, was meistens der Fall ist, muss die äußere Elektrode nachgebogen werden. Zündkerze kopfüber halten, einen Schraubenzieher verkehrt herum nehmen und mit dem Griff gaaaanz leicht auf die Elektrode klopfen. Gaaaanz leicht heißt:
Lieber einen Hau zu wenig als einen zu viel!
3. Wenn die Außenelektrode aus Versehen zu stark zusammengeklopft wurde, der Elektrodenabstand also zu eng ist, die Elektrode vorsichtig mit einer kleinen Flachzange hochbiegen.
■ In jedem Falle gilt: Beim Einstellen des Elektrodenabstandes viel Gefühl walten lassen!

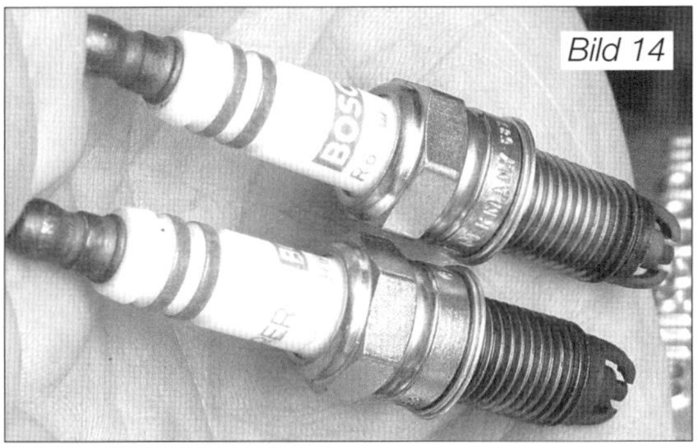

Bild 15: Zündkerze nur mit einer Messingbürste reinigen, nicht mit einer Stahlbürste.

■ *Zur Not kann man auch eine harte (trockene) Zahnbürste verwenden.*

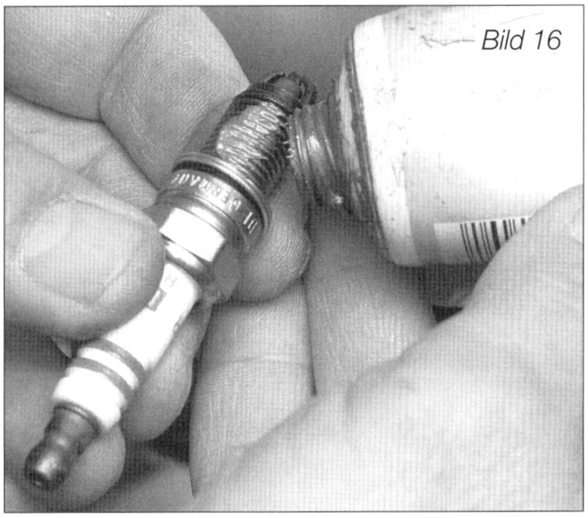

Bild 16: Gewinde der Zündkerze vor dem Einbau leicht mit etwas Kupferpaste einschmieren.

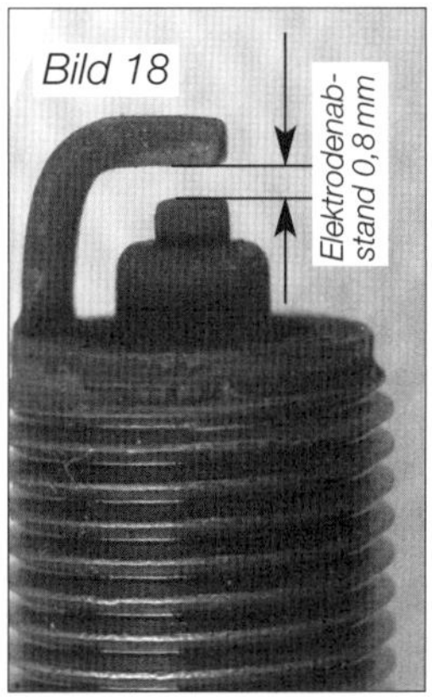

Bilder 17 und 18: Elektrodenabstand zwischen Mittel- und Außen-(Masse-)elektrode messen.

Bild 14 ganz links: Ausgebaute Zündkerzen.

Bilder 19 bis 26:
19 Mittelelektrode herausgefallen
20 normales Zündkerzengesicht
21 Isolator abgebrochen
22 Isolator beschädigt, starke Ablagerungen

Zündkerzengesicht

Aufschluss über den Verbrennungsablauf im Motor gibt das Erscheinungsgesicht der Zündkerze (»Zündkerzengesicht«). Im Normalfall zeigt die Kerze eine rehbraune Färbung und kaum Abbrand der Elektroden. Sieht sie anders aus, ist im Motor möglicherweise etwas nicht in Ordnung.

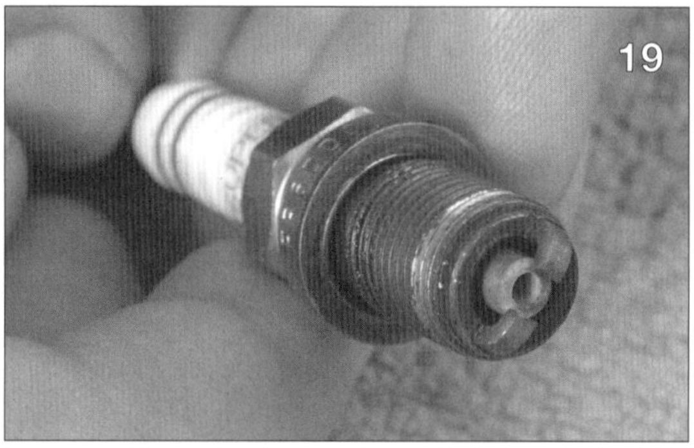

Zur Beurteilung des Zündkerzengesichts genügt es, sich die Hauptzündkerze anzusehen. Das Bild der Nebenzündkerze kann vernachlässigt werden.

Zündkerzengesicht beurteilen
Motor im mittleren Drehzahlbereich etwa zehn Kilometer warm fahren und möglichst ohne Zwischenstopp zur Werkstatt zurück. Dort den Motor sofort abstellen, also nicht längere Zeit im Leerlauf nachlaufen lassen.

1. Zündkerzen herausschrauben.

2. Sind Keramikisolation und Elektrode rußfrei und zeigt das innere Keramikbauteil rehbraunen Farbton, passt der Wärmewert der Zündkerze. Die Zusammensetzung des Benzin-Luft-Gemisches ist korrekt.

3. Bei weißem bis aschgrauem Bild ist das Gemisch zu mager. Dieses Zündkerzengesicht deutet auf mögliche Falschluft im Ansaugsystem hin. So können z. B. die Ansaugstutzen lose oder gerissen oder der Luftfilterkasten am Drosselklappengehäuse nicht richtig festgezogen sein. Eine zu helle, fast weiße Zündkerze beobachtet man auch, wenn ohne Luftfilter gefahren wird.

4. Bei dunkelbrauner bis schwarzer Verfärbung ist das Gemisch zu fett. Dieses Zündkerzengesicht deutet auch auf einen zugesetzten Luftfilter hin. Es soll auch schon vorgekommen sein, dass der Ansaugschnorchel zugestopft war – etwa mit einem bei der Montage vergessenen Putzlappen.

5. Eine verrußte, ölglänzende Kerze deutet auf verschlissene Ventilführungen oder abgenutzte Kolbenringe hin, durch die Motoröl in die Brennräume gelangt.

6. Starke Rußablagerungen verhindern einen korrekten Funken zwischen äußerer und innerer Elektrode. Ruß und andere Ablagerungen an der Zündkerze führen zu einer Kurzschlussbrücke zwischen den Elektroden oder auf der Keramikisolation. Wenn die Zündkerzen verrußt sind, dreht der Motor nur stotternd hoch und zieht nicht richtig.

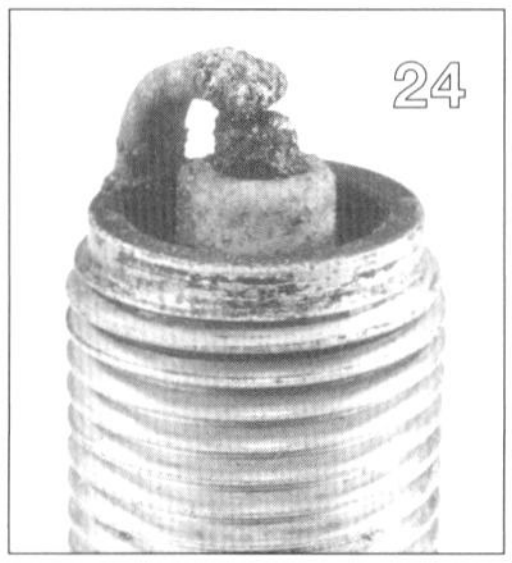

23 verrußte Kerze
24 Anschmelzungen
25 Koronafleck zwischen Isolator und Metallkörper...
26 ...Ursache ist Gas- und Flammdurchgang

■ *Anmerkung zu Bild 25: Es kann durchaus sein, dass eine ausgebaute Zündkerze am Isolator schmutzig ist und nur deswegen ein dunkler Rand (Kreis) vorhanden ist. Wenn der Schmutz nicht festgebacken ist und sich leicht abwischen lässt, ist die Zündkerze nicht defekt.*

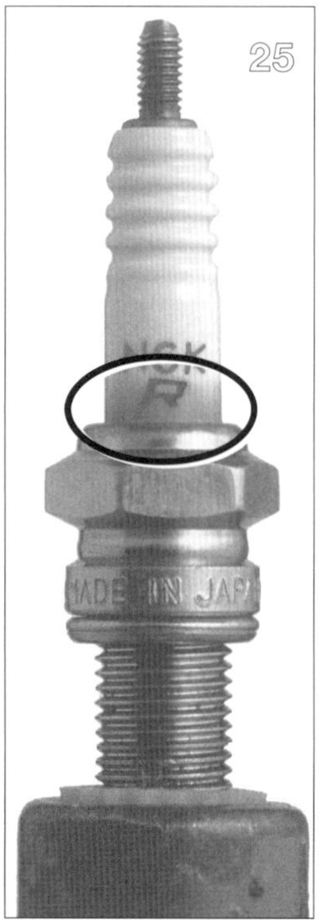

7. Bei trockenen Rußablagerungen können die Elektroden anfangen zu glühen, was zu unkontrollierten Fehlzündungen führt. Diese machen durch »Klopfen« (gut hörbar bei niedrigen Drehzahlen und starkem Beschleunigen) oder »Klingeln« (bei hoher Drehzahl und deshalb kaum zu hören) auf sich aufmerksam. Fehlzündungen führen möglicherweise auch dazu, dass der Kolbenboden durchbrennt oder Ventile und Ventilsitze verschmoren.

»Kalte« oder »heiße« Zündkerze?

Zum Zeitpunkt der Drucklegung dieser Motorradreparaturanleitung im Januar 2006 gab es von BMW keine Empfehlungen für die R 1200 GS bezüglich Zündkerzen mit einem anderen Wärmewert als die serienmäßigen Bosch YR5LDE.

Normalerweise sagt der Fachmann zum benötigten Zündkerzen-Wärmewert Folgendes:
Kältere Zündkerze: Eine kältere Zündkerze als die serienmäßige kann in Erwägung gezogen werden, wenn das Motorrad überwiegend in heißen Gegenden gefahren wird, im Hochsommer längere Autobahnetappen anstehen oder die R 1200 GS auf einer Rennstrecke sehr schnell und vor allem im oberen Drehzahlbereich bewegt werden soll.
■ *Kälterer Zündkerzentyp* heißt: Diese Zündkerze verträgt höhere Temperaturen.

Heißere Zündkerze: Eine *heißere* Zündkerze wird notwendig, wenn die Maschine in kalten Gegenden bewegt wird, wo die Außentemperatur um den Gefrierpunkt oder darunter liegt und ab und zu auf maximal zehn bis fünfzehn Grad ansteigt.
■ Unter einer *heißeren Kerze* versteht man einen Kerzentyp, der höhere Verbrennungstemperaturen erzeugt.

Merke: Kältere Kerzentypen haben meist eine höhere Zahlenangabe zwischen dem Buchstabencode, heißere Kerzen eine niedrigere Zahl.

Zündkerzen im getunten Motor

Die BMW-Empfehlung, nur die Bosch YR5LDE zu verwenden, gilt zumindest für serienmäßige BMW R 1200 GS. Wenn der Motor in irgendeiner Form »getunt« wird, kann es anders aussehen.

Ohne dem Tuner und seiner speziellen Zündkerzen-Empfehlung vorgreifen zu wollen, gilt Folgendes: Ob die gerade montierte Zündkerze für die Umgebungstemperatur und den Betriebszustand (z. B. Autobahn im Sommer mit permanent hohen Drehzahlen) passt, kann man am Kerzenbild (»Kerzengesicht«) ablesen. Beurteilt werden Zustand und Farbe des Keramik-Mittelteils, der Mittelelektrode, der äußeren Bügelelektrode und des äußeren Zündkerzenkörpers.

Generell gilt: Wenn Sie Ihrer R 1200 GS andere Zündkerzen spendieren möchten, fragen Sie vorher den BMW-Meister Ihres Vertrauens, ob neue Empfehlungen vorliegen.

Zündprobleme?

Falls ein Problem mit der Zündung auftaucht, kann dies viele Ursachen haben (siehe Kapitel 13 »Elektronik« und Kapitel 28 »Störungssuche«). Wenn der Motor patscht, nicht richtig läuft oder nicht zieht und Sie Grund zur Annahme haben, dass die Zündkerzen keinen oder nur einen schwachen Funken abgeben, kann folgende Hausmittelprüfung angewendet werden:
1. Zündung ausschalten.
2. ALLE Zündkerzen ausdrehen.
3. Eine Zündkerze nach der anderen auf Funken prüfen:
■ In den zugehörigen Kerzenstecker stecken.
■ Mit dem Sechskant zuverlässig an Masse des Zylinders anlegen.
■ Stecker von beiden Einspritzventilen abziehen.
■ Elektrostarter betätigen und nachsehen, ob die Zündkerze funkt. Dabei KEIN Gas geben!
4. Zeigt keine der vier Zündkerzen einen Funken, das Spiel mit einem anderen Zündkerzenstecker überprüfen. Funkt es dann, ist der zuvor getestete Zündkerzenstecker defekt.

⚠ **Achtung:** Bei einer solchen Prüfung Feuerlöscher betriebsbereit halten! Es ist schon passiert, dass der Motor »ersoffen« war und bei der Zündkerzenprüfung mit ausgebauten Zündkerzen sich das aus dem Zündkerzenloch austretende Gemisch entzündet hat und die ganze Maschine sofort in Flammen stand.

⚠ **Achtung:** Führen Sie eine solche Funkenprüfung nur im äußersten Notfall aus, denn die Motorelektronik reagiert sehr empfindlich auf mangelnde Massekontakte! Besser ist es, bei jedweden Zündproblemen in die Werkstatt zu gehen und mit dem BMW-Diagnosesystem zu prüfen. Im Kapitel 13 »Elektronik« finden Sie Weiteres zu möglichen Zündproblemen.

Luftfilter

In diesem Kapitel: Luftfilter ausbauen, reinigen und einbauen.

Luftfilter

Der Luftfilter muss laut BMW-Vorschrift alle 20 000 km erneuert werden. Bei Fahrten durch staubige Gebiete ist zumindest eine Reinigung des Filters ab und zu nötig, dabei kann nur der grobe Schmutz abgeklopft werden; feiner Staub wird im ölgetränkten Filterpapier gebunden.

Luftfilter ausbauen, reinigen und einbauen
Zum Aus- und Einbau des Luftfilters müssen Sitzbank und rechte Tankabdeckung abgebaut werden (siehe Kapitel 6 »Verkleidung · Tank«).

1. Oberen (Bild 1) und unteren Haltebügel des Ansaugrohres entriegeln:
■ Haken am Ende mit einem Schraubenzieher leicht eindrücken (Bild 2).
■ Zapfen vorne am Ansaugrohr (Kreis in Bild 3) aus der Halterung ziehen, leicht anheben und herausziehen (Bild 3).
2. Luftfilter oben etwas zusammendrücken und aus seinem Sitz herausziehen.
3. Luftfilterkasten und Ansaugrohr mit einem mit Motorradreiniger getränkten Lappen ausreiben und trocken putzen.
4. Luftfilter reinigen: Die Elemente vorsichtig auseinander fächern (Bild 4), den daran haftenden Schmutz mit weicher Druckluft abblasen oder mit einem Staubsauger vorsichtig absaugen.
5. Gereinigten bzw. neuen Luftfilter einsetzen, ihn dabei etwas zusammendrücken.
■ Darauf achten, dass die Dichtung ringsum exakt auf dem Bund des Luftfiltergehäuses sitzt.
6. Ansaugrohr am Luftfiltergehäuse ansetzen und einschieben, bis die Haltebügel hörbar einrasten.
■ Gleichzeitig den vorderen Zapfen am Ansaugrohr vollständig in die Gummimuffe schieben.
■ Darauf achten, dass der Drosselklappenzug in der Führung des Ansaugrohres sitzt (Drosselklappe muss dabei am Anschlag stehen).
7. Tankabdeckung rechts ansetzen und befestigen, Seitenverkleidung anbauen, Sitzbank aufbauen.

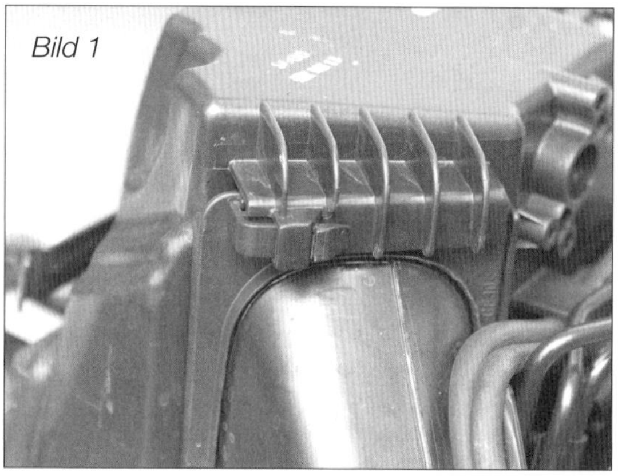

Bild 1: Oberer Haltebügel des Ansaugrohres am Luftfiltergehäuse.

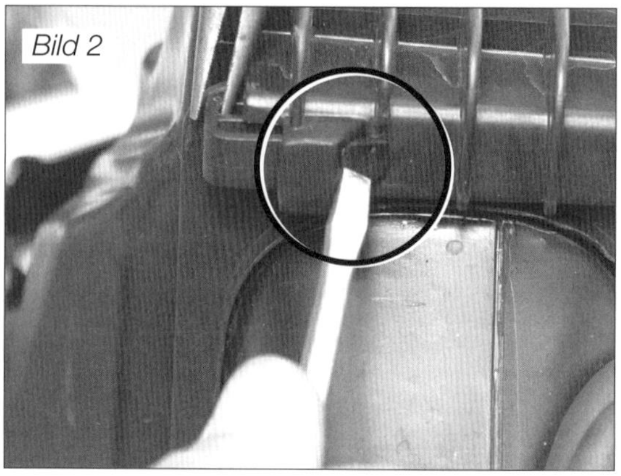

Bild 2: Haken am Haltebügel mit einem Schraubenzieher leicht eindrücken und dabei entriegeln.

Bild 3: Ansaugrohr vorne aus der Zapfenhalterung ziehen und hinten ausschieben.

Bild 4: Wenn das Filterpapier stark verschmutzt ist, muss ein neuer Filter eingebaut werden.

■ Grober Dreck kann mit weichem Pressluftstrahl abgeblasen werden.

Kraftstoffsystem

In diesem Kapitel: Benzineinspritzung · Gaszüge kontrollieren und einstellen · Leerlaufdrehzahl · Drosselklappen synchronisieren · Gaszüge wechseln · Einspritzventile ausbauen, prüfen, einbauen.

Benzineinspritzung

Die Steuerung und Regelung der Benzineinspritzung ist mit der Zündung zu einer Baugruppe zusammengefasst. Eine Überprüfung von Einspritzung und Zündung wird in der BMW-Motorradwerkstatt beim Auslesen des Fehlerspeichers im Rahmen der Inspektionen vorgenommen.

Zur Durchführung des von BMW alle 10 000 km vorgeschriebenen Inspektionspunktes »Synchronisation der Drosselklappen: Prüfen, ggf. einstellen« ist das BMW-Diagnosesystem ebenfalls nötig, denn es erfasst auch, ob die beiden Leerlaufstepper (je einer an jedem Drosselklappengehäuse) sowohl beim Kaltlauf als Gemischanreicherer als auch im Leerlauf bei warmem Motor richtig arbeiten.

Man kann also an Kraftstoffsystem und Einspritzung nicht viel selbst machen oder reparieren, weswegen die nachstehenden Wartungs- und Reparaturtipps in diesem Kapitel nur für Notfälle gelten.

Achtung: Bei allen Arbeiten mit dem extrem gesundheitsschädlichen, feuergefährlichen und explosiven Benzin sind jegliche Wärmequellen, offenes Feuer, Funkenflug und brennende Zigaretten fehl am Platze. Benzin nicht schlucken. Wenn's doch passiert, sofort einen Arzt aufsuchen! Benzin nur in geeigneten Behältern lagern (Benzinkanister). Mit offenem Benzin nur in gut gelüfteten Räumen arbeiten!

Gaszüge

Die R 1200 GS verfügt über drei einzelne Gaszüge (Bilder 1 und 2):

- Ein Bowdenzug führt vom Gasgriff zu dem am Luftfilterkasten sitzenden Gaszugverteiler (Bild 1).
- Zwei weitere Bowdenzüge führen vom Gaszugverteiler nach rechts und links zu den Seilzugrollen der Drosselklappen (Bild 2).

Gaszüge kontrollieren

1. Der Gaszug vom Gasgriff nach unten zum Gaszugverteiler muss frei verlegt sein. Er darf auch bei vollem Lenkeinschlag nach rechts oder links nirgends anstehen, klemmen, gezogen werden oder scheuern.

2. Stehender Motor: Der Gasgriff muss aus jeder Öffnungsstellung und bei jedem Lenkeinschlag von selbst schließen.

3. Stehender Motor: Beim »Gas geben« und »Gas wegnehmen« muss der Gasgriff in jeder Position und bei jedem Lenkeinschlag leicht laufen, es dürfen keine schwergängigen oder hakelnden Stellen zu spüren sein.

4. Laufender Motor: Bei vollem Lenkeinschlag nach rechts und links dürfen sich weder das Standgas noch die momentane Motordrehzahl verändern.

5. Die Einstellung des oberen Gaszugs ist in Kapitel 4 »Einstellungen« genau beschrieben. Das Wichtigste hier in Kürze:

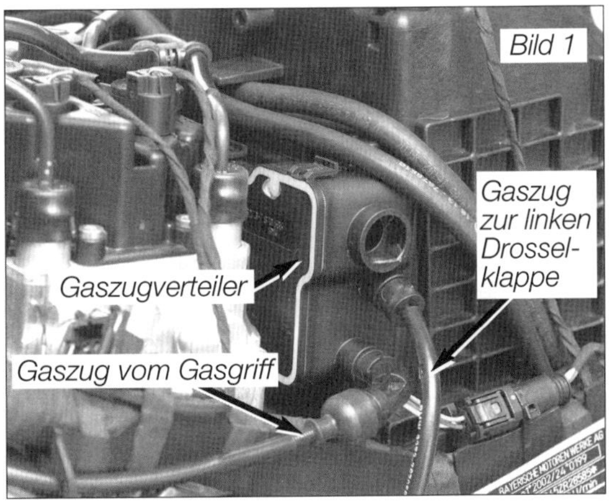

Bild 1: Gaszugverteiler vor dem Luftfilterkasten.

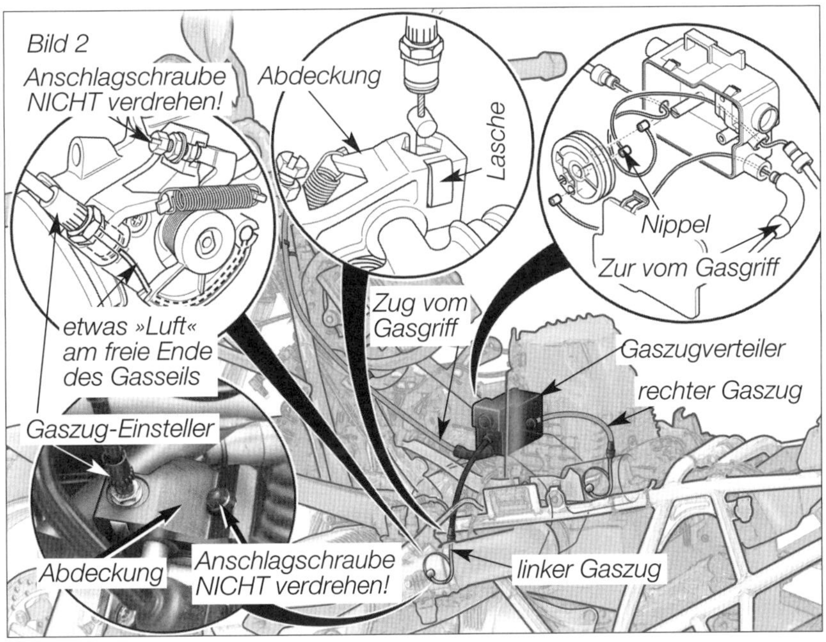

Bild 2: Schemazeichnung von Gaszugverteiler, Gaszugverlegung und Drosselklappenbetätigung.

■ Unter »Gaszugspiel« versteht man den Leerweg des Gasdrehgriffs, bis der Gaszug angezogen wird. Das Spiel im Zug sollte ca. 0,5 mm betragen, am Umfang des Gasgriffgummis zum Gasgriffgehäuse sind es ca. 2 bis 4 mm (genaue Einstellung siehe Kapitel 4 »Einstellungen«).

6. Untere Gaszüge: Bei ganz geschlossenem Gasgriff muss jeder der beiden Gaszüge, die zu den Seilzugrollen der Drosselklappen führen, am freien Ende zwischen Einstellschraube und der Seilzugrolle in sich etwas »Luft« haben.

■ Das Spiel der Gaszüge wird geprüft, wenn der Gasgriff geschlossen und der Motor ausgeschaltet ist: Das Gasseil muss am freien Ende etwas »Luft« haben (Bild 2), darf also nicht unter Spannung stehen.

■ Andersrum gesagt: Keiner der beiden Züge darf Spannung haben, wenn der Gasgriff geschlossen ist.

Anmerkung: Im Normalfall verändert sich das Spiel der Gaszüge nicht ins Negative, denn die Gaszüge werden ja nicht »kürzer«, wodurch sie in sich Spannung bekämen. Dank der guten Qualität der serienmäßigen Gaszüge wird weder der Innenzug länger noch der Außenzug kürzer, die Bowdenzüge »ziehen« sich nicht. Bei älteren Maschinen (oder älteren Gebrauchten) kann es durchaus sein, dass entweder einmal Gaszüge schlechter Qualität eingebaut oder grobe Montagefehler gemacht wurden, so dass eine Kontrolle mit Neujustrierung der Zugspiele nötig wird.

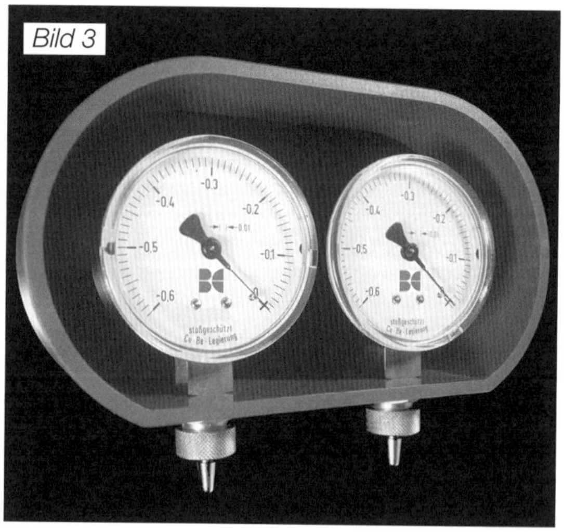

Bild 3: Boehm-Unterdruckuhren.

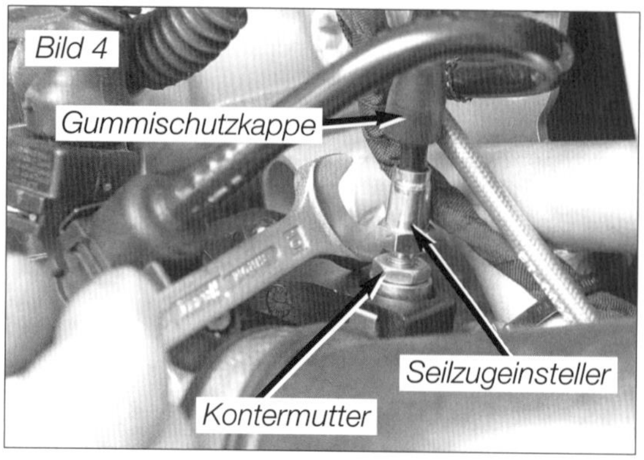

Bild 4: Einstellmöglichkeiten am unteren Gasseilzug.

Deswegen schon vorab des Textabsatzes »Neue Gaszüge einbauen« der gute Rat: Immer serienmäßige Bowdenzüge verwenden, also Originalgaszüge kaufen und einbauen!

Leerlaufdrehzahl

⚠ **Achtung:** Die versiegelten Anschlagschrauben der Drosselklappen (siehe Bild 2) dürfen nicht geöffnet bzw. verdreht werden, da sonst der Leerlauf-Grunddurchsatz beim Hersteller (Bing) neu eingestellt werden muss! Der Siegellack an beiden Anschlagschrauben muss unbeschädigt sein.

Die vorgeschriebene Leerlaufdrehzahl bei warmem Motor beträgt 1150 ± 50/min. Der Gasgriff muss dabei ganz geschlossen sein.

■ Wenn die Leerlaufdrehzahl zu hoch ist, kann einer der Gaszüge unter Spannung stehen, die Drosselklappen sind also um einen bestimmten Betrag offen (Einstellung des oberen und der unteren Gaszüge siehe weiter vorne in diesem Kapitel).

■ Es kann aber auch sein, dass einer der Gaszüge innen aufgespleißt ist und die Drosselklappen (oder auch nur eine davon) sich deswegen nicht schließen lassen. Dann muss der entsprechende Gaszug erneuert werden.

■ Wenn die Leerlaufdrehzahl zu niedrig ist, und der Motor deswegen möglicherweise immer wieder aus geht, stimmt etwas anderes im System nicht: z. B. können die Drosselklappen-Anschlagschrauben so verdreht sein, dass die Drosselklappen ganz schließen. Dann ist Schicht – die Drosselklappenstutzen müssen abgebaut und ins Werk eingeschickt werden, weil nur dort der Grunddurchsatz eingestellt werden kann.

Hinweis: Es kann aber auch sein, dass die Leerlaufstepper falsche oder keine Signale bekommen und/oder die Zündkerzen/Zündspulen defekt sind. Dann ist der Gang in die BMW-Motorradwerkstatt angesagt, denn nur mit dem BMW-Diagnosesystem lässt sich ein solcher Fehler aufspüren!

Drosselklappen synchronisieren

Tipp: Zum Einstellen des Drosselklappenabgleichs (»Gleichlauf der Zylinder«) gibt es im Zubehörhandel entsprechende Prüf- und Einstellgeräte. Wir empfehlen für diese Arbeiten den Boehm-Synchrontester (siehe Kapitel 31 »Adressen«).

Wie im Text zu Anfang dieses Kapitels schon erwähnt, ist es besser, diese Arbeit mit dem BMW-Diagnosesystem in der BMW-Motorradwerkstatt durchführen zu lassen. Wenn im Zuge von Heimarbeit eine Inspektion gemacht wird und es sonst keine (noch zu behebenden) Probleme gibt mit dem Einspritz-Zündssystem, die Ventile exakt eingestellt und die Zündkerzen in Ordnung sind, kann man nachstehende Arbeiten durchführen.

Unbedingt durchgeführt werden sollte eine Synchronisation dann, wenn ein Gaszug gerissen war und ein neuer eingebaut wurde (bzw. alle Gaszüge gewechselt, siehe entsprechender Textabsatz weiter hinten in diesem Kapitel).

1. Motor mindestens zehn Kilometer warm fahren. Die Öltemperatur soll rund 80 °C betragen. Motor ausschalten.
2. Am Gasgriff oben am Lenker: Seilzugspiel am oberem Gaszug einstellen: Kontermuttern öffnen und Seilzugeinsteller ein- oder ausdrehen, bis das Spiel ca. 0,5 mm beträgt.
3. Unten an den Drosselklappen: Gummischutzkappe an Gaszug vom Seilzugeinsteller weg nach oben schieben. Kontermuttern an beiden Seilzugeinstellern lösen und ca. 2 Umdrehungen zurück drehen.
4. Abdeckungen von beiden Drosselklappengehäusen abnehmen: Verriegelungslasche vorsichtig aufbiegen, Abdeckung nach oben abziehen und abnehmen.
5. Am Seilzugeinsteller eines jeden Gaszugs ein Seilzugspiel von jeweils ca. 1 mm einstellen.
6. Gummikappen von den Rohrstutzen an den Drosselklappengehäusen (Bild 5) abziehen/abschieben, Schläuche der Unterdruck-Messuhren an die Rohrstutzen anschließen (Bild 6).
■ Spätestens jetzt die Gebrauchsanleitung des Unterdruck-Messgerätes beachten!
7. Motor starten.
■ Dabei darauf achten, dass beide Drosselklappen geschlossen sind (Gasgriff auf »zu«) und die Hebel beider Drosselklappenwellen sicher an der Anschlagschraube anstehen.
8. Nun etwas Gas geben auf 1400 bis 1800/min und die Unterdruckuhren beobachten:
■ Der Unterschied rechter zu linkem Zylinder darf nicht mehr als 15 mbar betragen.
9. Durch wiederholtes Gasgeben bis auf ca. 2500/min den Gleichlauf der Drosselklappen prüfen: Die Anzeigenadeln in den Synchronuhren müssen sich synchron bewegen, also gleichmäßig miteinander absinken bzw. ansteigen. Ggf. entsprechend korrigieren durch Verstellen der Seilzüge über die Seilzugeinsteller.
10. Wenn alles ok ist, die Seilzugeinsteller mit den Kontermuttern sichern.
■ Beim Anziehen der Kontermutter vorsichtig zu Werke gehen, damit sich der Seilzugeinsteller nicht mitdreht. Die Anzeige im Synchrontester darf sich nicht verändern!
11. Motor ausschalten. Unterdruck-Messschläuche abziehen, Gummikappen auf Rohrstutzen aufschieben.

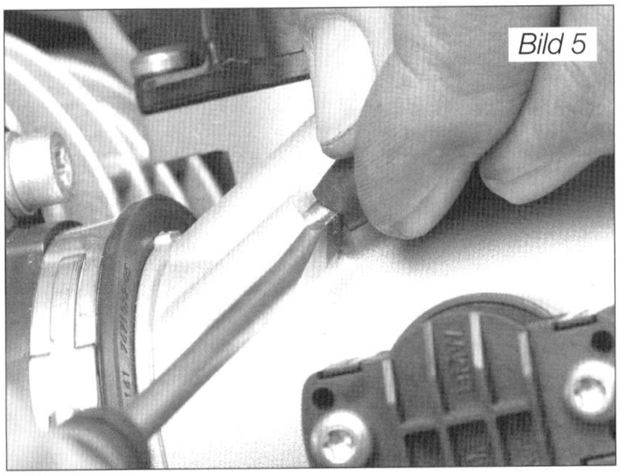

Bild 5: Gummikappen über den Rohrstutzen vorsichtig abziehen bzw. abschieben.

Bild 6: Unterdruck-Messuhren über Schläuche angeschlossen.

Gaszüge wechseln

Beim Einbau eines neuen Zuges gilt: Sicherstellen, dass er scheuer- und knickfrei verlegt ist und keine anderen Bauteile behindert oder abklemmt! Zur richtigen Verlegung nehmen Sie sich bitte die Zeichnung in Bild 2 zu Hilfe.

Wenn einer der Gaszüge gerissen ist oder wegen eines anderen Defekts, z. B. rauer Lauf wegen eines aufgespleißten Innenzugs, ausgebaut und ein neuer Zug eingebaut werden soll, dann raten wir, gleich alle Züge zu erneuern. Das schafft Sicherheit für die nächsten zigtausend Kilometer.

Zum Wechsel eines Gaszugs muss der Tank abgebaut werden, der Gaszugverteiler sitzt vorne am Luftfilterkasten (Bild 1).

Oberen Gaszug aus- und einbauen

1. Das Öffnen des Gasgriffs und der Aus- und Einbau des oberen Nippels am Gaszug ist in Kapitel 11 »Lenkung« beschrieben.
2. Tank abbauen, Seilzugverteiler herausnehmen. Deckel des Seilzugverteilers öffnen, dazu die vier Haltelaschen vorsichtig aufbiegen.
3. Seilzugrolle herausnehmen, Gaszug aushängen.
■ Einbaulage der Züge im Verteiler gut merken! Die Zeichnung in Bild 2 hilft, den Gaszugverteiler wieder richtig zusammenzusetzen.

Einbau in umgekehrter Reihenfolge.
■ Nippel des Gaszugs mit leichtem Wälzlagerfett fetten und einsetzen.
■ Spieleinstellung des oberen Gaszugs sowie Leerweg am Gasgriffs ist in Kapitel 4 »Einstellungen« beschrieben.

Drosselklappen-Bowdenzüge aus- und einbauen

1. Am Drosselklappengehäuse: Kontermutter am Seilzugeinsteller lösen, ganz eindrehen.
2. Seilzugrolle an der Drosselklappenwelle mit dem Finger nach oben drücken, Nippel aushängen.
3. Seilzugeinsteller ganz ausdrehen, Zug herausnehmen.
4. Gaszugverteiler herausnehmen und öffnen, Zug von der Seilzugrolle aushängen.

■ Einbau in umgekehrter Reihenfolge.
■ Beide Nippel dünn mit leichtem Wälzlagerfett versehen.
■ Drosselklappen auf Gleichlauf einstellen.

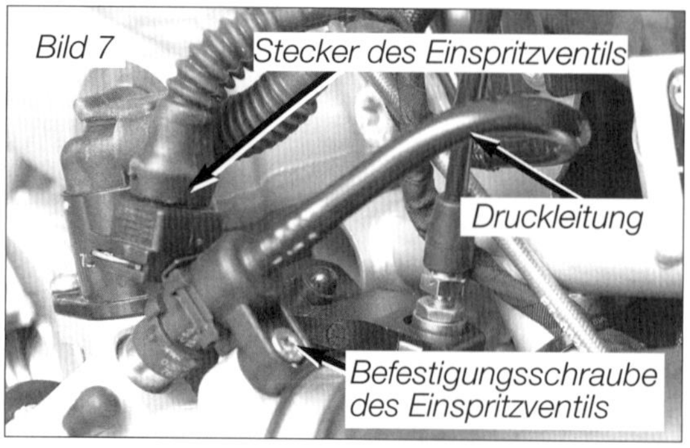

Bild 7: Wenn der Motor nicht läuft und der Verdacht besteht, dass das Einspritzventil kein Benzin spritzt, zuerst den Stecker abziehen und auf einwandfreie Kontakte überprüfen.

■ Zum Ausbau des Einspritzventils die M5-Schraube ausdrehen und das Ventil ausziehen.

■ Anlasser kurz betätigen und überprüfen, ob das Ventil spritzt.

Einspritzventile

Falls der Motor auf einem oder beiden Zylindern nicht laufen will, kann man durch Herausnehmen der Einspritzventile überprüfen, ob sie Sprit fördern.

Doch zuerst den Hörtest machen: Wenn die Einspritzventile ihre Stromimpulse bekommen, hört man das von außen, es tickert ganz leicht. Sicherer ist jedoch ausbauen und spritzen lassen. Einspritzventil dabei in ein geeignetes Gefäß halten, damit der Sprit sicher aufgefangen wird!

Einspritzventile ausbauen, prüfen, einbauen

1. Torxschraube, mit der das Einspritzventil befestigt ist, ausschrauben, Einspritzventil ausziehen.
2. Starter kurz betätigen und beobachten:
■ Wenn das Ventil Benzin spritzt, gelangt dieses auch in den Ansaugtrakt.
■ Spritzt es nicht, auch das Einspritzventil des anderen Zylinders überprüfen.
■ Wenn dieses Ventil spritzt, ist das andere kaputt und muss ersetzt werden.
■ Wenn beide nicht spritzen, kann ein Schaden an der Benzinpumpeneinheit oder der Motorelektronik vorliegen (Sache der Werkstatt!).

Tipp: Wenn KEIN Benzin durch beide Einspritzdüsen kommt, sehen Sie sicherheitshalber nach, ob auch Sprit im Tank ist. Lachen Sie nicht, es ist alles schon passiert…

Anmerkung: An den beiden Benzinpumpen im Tank sowie am Füllstandsgeber, an den Benzinleitungen und dem Druckregler geht nichts kaputt. Mögliche Defekte lassen sich am besten mit dem BMW-Diagnosesystem lokalisieren.

Auspuffanlage

In diesem Kapitel: Auspuffanlage · Auspufftopf abbauen und anbauen · Auspuffkrümmer ab- und anbauen · Auspuff kontrollieren.

Auspuffanlage

Die 2-in-1-Auspuffanlage der R 1200 GS beinhaltet einen geregelten 3-Wege-Katalysator mit Lambda-Regelung. Die beiden Auspuffkrümmer mit Vorschalldämpfer (auch »Auspuffsammler« genannt, in ihm sitzt der Katalysator) und hinterer Auspufftopf sind zwei getrennte Einheiten. In beiden Auspuffkrümmern ist jeweils eine Lambdasonde eingebaut. Diese sind wesentlich verantwortlich für die Gemischzusammensetzung und damit für saubere Abgase.

Die Lambdasonden messen den Sauerstoffgehalt im Abgas. Die Informationen werden zum Motorsteuergerät geschickt, das entscheidet, mehr oder weniger Kraftstoff einzuspritzen, damit das ideale Luft-Kraftstoff-Verhältnis von Lambda = 1 erreicht wird (ca. 14 Gramm Luft pro Gramm Treibstoff).

Unter »sauberem Abgas« versteht man Emissionen, die möglichst wenig Schadstoffe enthalten, also unverbrannte Kraftstoffreste wie Kohlenwasserstoffe oder unvollständig verbrannter Kohlenstoff (Kohlenmonoxyd, CO). Auch nicht komplett verheizter Luftstickstoff zählt dazu (Stickoxyde, NO_x).

Anzugsdrehmomente

Auspuffkrümmer an Zylinderkopf (Hutmuttern M8) .... 21 Nm
Lambdasonde in Auspuffkrümmer .... 45 Nm
Klemmschraube der Spannschelle (Torcaschelle) Auspufftopf an Krümmer ..... 55 Nm
Halteschelle Krümmer hinten .... 8 Nm
Auspufftopf an Heckrahmen oben .... 19 Nm

Hilfsmittel

Schon beim Abbau der Auspuffanlage daran denken, dass zum Anbau neue Dichtungen zwischen Auspuffkrümmer und Zylinderkopf benötigt werden. Denn die alten sind so gequetscht, dass sie bei einer erneuten Montage nicht mehr richtig abdichten. Auch eine Tube Optimoly TA kaufen, denn dieses Hochtemperaturfett wird für Schraubverbindungen und Schellen benötigt, weil es ein »Festbacken« der Teile zueinander verhindert. Ist Optilomy TA nicht verfügbar, kann man an alle Kontaktflächen und Schraubverbindungen auch etwas Kupferpaste geben.

Auspufftopf ab- und anbauen

Auspufftopf abbauen

1. Torx-Halteschraube der Schelle am Heckrahmen ausschrauben (Bild 2).
2. Klemmschraube der Spannschelle unten am Vorschalldämpfer lösen und drei bis vier Umdrehungen aufdrehen.
3. Etwas Ölspray (WD-40) in die Rohrverbindung sprühen und einige Minuten einwirken lassen.
4. Auspufftopf mit den Händen packen, durch gleichzeitiges Drehen und Ziehen abziehen.
5. Spannschelle abnehmen.

Einbau in umgekehrter Reihenfolge. Dabei auf Folgendes besonders achten:

- Im Schloss der Spannschelle darf nach dem Anziehen der Klemmschraube kein Luftspalt mehr zu sehen sein (Bilder 1 und 6).
- Auspufftopf-Halteschelle so montieren, dass die Befestigungsschraube ganz hinten im Langloch sitzt (Bild 6).

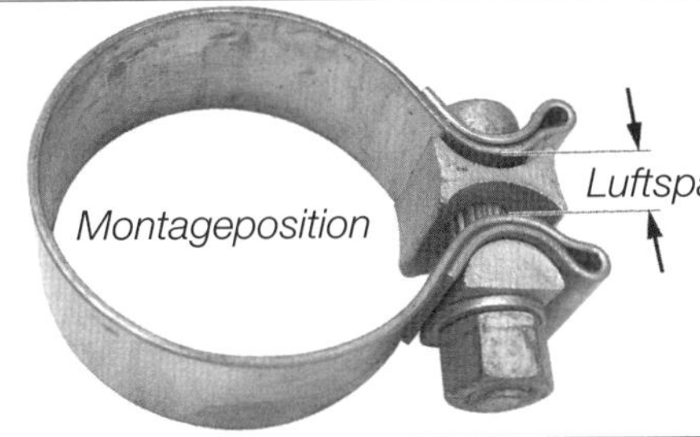

Bild 1

Bild 1: Spannschelle (Torcaschelle) zum Ausbau weit genug öffnen. Beim Anbau bzw. Festziehen der Klemmschraube darf kein Luftspalt mehr vorhanden sein.

Bild 2: Auspufftopf mit Anbauteilen.

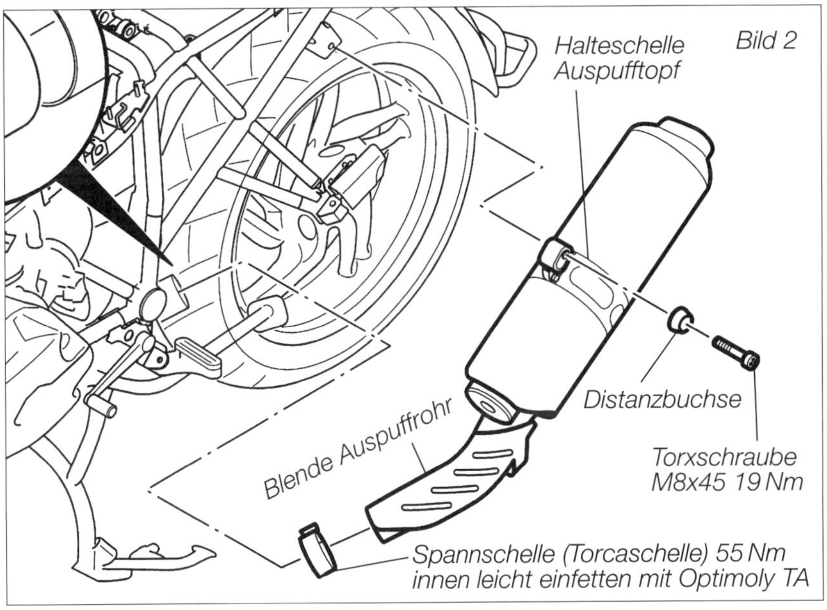

Bild 2

Sichtprüfung Messen

Auspuffkrümmer ab- und anbauen

1. Der Auspufftopf ist schon abgebaut. Motorschutz abschrauben.
2. Kabelbinder an den Kabeln und Steckverbindungen der Lambdasonden aufknipsen.
3. Steckverbindungen trennen:
■ Die Kabel verlaufen jeweils rechts und links am Motor von unten nach oben. Kabelklammern vorsichtig aufbiegen und Kabel entnehmen. Stecker auseinander ziehen.
4. Lambdasonden aus den Auspuffkrümmern ausdrehen.
■ Dies muss nur gemacht werden, wenn andere Auspuffkrümmer montiert und die Lambdasonden in diese eingebaut werden.

⚠ **Achtung:** Die Kabel der Lambdasonden nicht belasten, nicht daran ziehen und nicht verdrillen. Wenn die Lambdasonden ausgebaut sind, diese vorsichtig behandeln. Nicht auf den Boden fallen lassen, nirgends anschlagen! Eine neue Lambdasonde kostet mehr als 100 Euro.

5. Hutmuttern am Zylinderkopf abschrauben.
Wichtig: Bei alten Maschinen können die Auspuffmuttern so fest sitzen, dass sich beim Öffnen der Mutter auch gleich der Stehbolzen aus dem Zylinderkopf herausdreht. Wenn keine Möglichkeit zur Reparatur des Gewindes besteht (z. B. mit HeliCoil) und das Gewinde von Stehbolzen

Bild 3: Gefühl walten lassen beim Öffnen der Krümmermuttern, denn bei älteren Maschinen sind sie oft korrodiert und deswegen fest, sie drehen sich dann zusammen mit dem Stehbolzen aus dem Zylinderkopf.

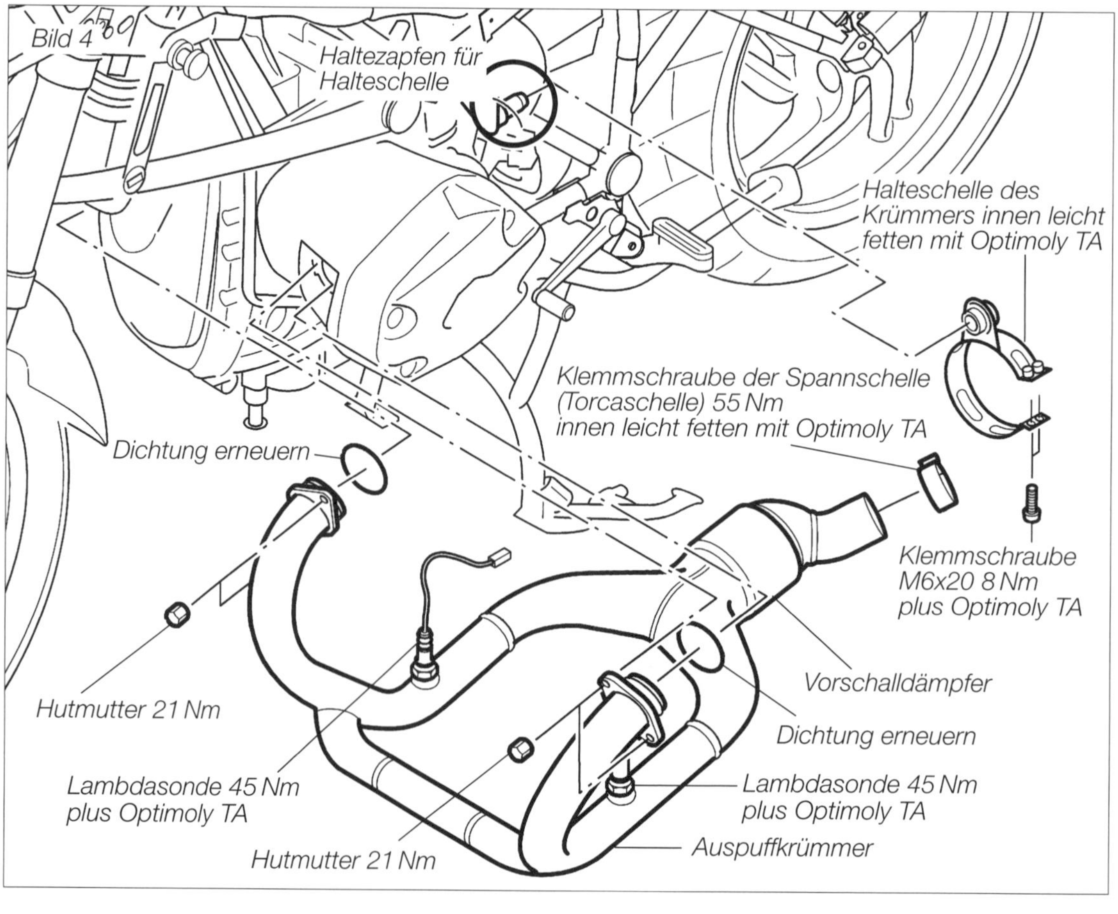

Bild 4: Auspuffkrümmer mit Befestigungsteilen, Dichtungen und Lambdasonden.

und Zylinderkopf in Ordnung, also nicht herausgerissen ist, kann man den Stehbolzen mitsamt der darauf verklemmten Mutter wieder einschrauben. Er sollte jedoch bei nächster Gelegenheit repariert werden.

6. Beide Klemmschrauben der unteren Halteschelle lösen und ausdrehen. Distanzstück (Bild 5) herausnehmen, Schelle vorsichtig nach unten aufbiegen.

7. Rechten und linken Krümmer gemeinsam packen, etwas hin- und herbewegen und nach vorne herausziehen.

Achtung: Darauf achten, dass das Motorrad durch das Ziehen am Auspuffkrümmer nicht nach vorne vom Hauptständer rollt!

8. Dichtringe in den Auslasskanälen des Zylinderkopfs herausholen. Wenn sie verklemmt sind, vorsichtig mit einem breiten Schraubenzieher aushebeln.

Beim Anbau (umgekehrte Reihenfolge) beachten:

■ Dichtsitze in den Auslasskanälen reinigen. Neue Dichtringe einsetzen.

■ Halteschelle des Krümmers reinigen, innen leicht mit Optimoly TA einfetten und vor der Montage der Auspuffkrümmer auf den Haltezapfen (Bild 5) schieben.

■ Hutmuttern am Krümmer abwechselnd in mehreren Schritten gleichmäßig festziehen.

■ Halteschelle auf dem Haltezapfen nach vorne schieben, untere Lasche zubiegen, Distanzstück einsetzen, Schrauben mit Optimoly TA fetten, eindrehen und mit 8 Nm festziehen.

■ Gewinde der Lambdasonden vor dem Einschrauben mit etwas Optimoly TA bestreichen.

■ Anzugsdrehmoment Lambdasonden: 45 Nm.

Wichtig: Kabelverlegung der Lambdasonden beachten, Kabel müssen spannungs- und knickfrei verlegt sein.

Auspuff kontrollieren

■ Sichtprüfung: Alle Schweißnähte dicht? Oberfläche ohne Dellen und Löcher?

■ Hörprobe: Wenn man den Auspufftopf oder den Auspuffkrümmer schüttelt und es klappert nichts, ist alles in Ordnung. Wenn etwas klappert, hat sich ein Prallblech gelöst oder der Katalysator ist zerbrochen. Neuteil besorgen.

Fehlerspeicher auslesen

Nach dem Wiederanbau der Auspuffanlage und einer Probefahrt sollte der Fehlerspeicher mit dem BMW-Diagnosesystem ausgelesen werden, was Sache der BMW-Werkstatt ist. Dabei wird gecheckt, ob die Lambdasonden korrekte Werte an das Motorsteuergerät liefern und die Gemischzusammensetzung sowie das Abgas in Ordnung sind.

Bild 5: Untere Anbauteile der Auspuffkrümmer.

Bild 6: Korrekt montierte Auspuffanlage.

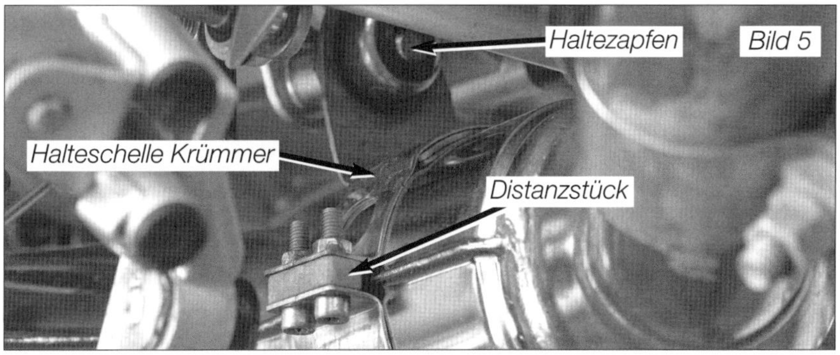

Ölwechsel

In diesem Kapitel: Das richtige Motoröl · Füllmengen · Motorölstand · Mineralöl oder Synthetiköl? · Castrol-Öle · Öl nachfüllen · Ölwechsel selbst machen: Motor, Getriebe, Hinterradantrieb · Ölkühler.

Bild 1: Der O-Ring im Einfüllstutzen muss ringsum in Ordnung sein.

Motorenöle

BMW schreibt für die R 1200 GS folgende Motoröle vor: *»Marken-HD-Öl der API-Klassifikation SF, SG oder SH; Erweiterungen mit CD oder CE sind zulässig; oder Marken-HD-Öl der CCM-Klassifikation G4 oder G5; Erweiterung PD2 ist zulässig. Viskositätsklasse in Abhängigkeit von der Außentemperatur. Die Temperaturgrenzen der SAE-Klassen können kurzfristig über- oder unterschritten werden. Die »Special-Oils« sind von der BMW AG freigegeben und bei Ihrem BMW-Partner erhältlich. Ölzusätze jeglicher Art werden werkseitig abgelehnt.«*

Einsatz von Ein- und Mehrbereichsölen je nach Außentemperaturen:

Einbereichsöle
- von –20 °C bis 10 °C .... SAE 20
- von 0 °C bis 30 °C................................. SAE 30
- von 20 °C bis über 40 °C...................... SAE 40

Mehrbereichsöle
- von –10 °C bis über 40 °C.......... SAE 20W-50
- von –15 °C bis über 40 °C.......... SAE 15W-50
- von –15 °C bis 30 °C.................. SAE 15W-40
- von –20 °C bis 20 °C.................. SAE 10W-40
- von –20 °C bis 10 °C.................. SAE 10W-30
- von –30 °C bis über 40 °C .... SAE 5W-X »Special-Oils«

Motorölmenge und -stand

Füllmenge Motoröl............................3,95 Liter

Die sichtbare Ölmenge im Ölschauglas beträgt ca. 0,5 Liter. Der Ölstand sollte sich

Sicherheitshinweise ⚠ Achtung und ☞ Tipps für dieses Kapitel

⚠ Zur Kontrolle des Ölstands soll das Motorrad waagerecht und senkrecht stehen. Schon wenige Winkelgrade nach rechts oder links, Steigung oder Gefälle des Untergrunds verfälschen eine genaue Ablesung des Ölstandes. Zum Ablesen des Ölstands die Maschine auf den Mittelständer stellen.

☞ Ölstand entweder vor der Fahrt kontrollieren, wenn der Motor noch nicht gelaufen ist, oder erst dann, wenn der Motor mindestens 15 Minuten gelaufen hat. Ggf. mit dem richtigen Öl bis knapp über die Mitte des Ölschauglases auffüllen.

- Wer auf mehrtägige Fahrt geht, sollte sich eine flache, 0,5 bis 1,0 Liter fassende Plastikflasche mit dem Motoröl auffüllen, das derzeit im Motor verwendet wird, und die Flasche auslaufsicher (!) ins Gepäck packen. Entsprechende Flaschen gibt es z. B. im Chemiefachhandel.

☞ Motoröl grundsätzlich in betriebswarmem Zustand wechseln, also vorher den Motor mindestens zehn Kilometer warm fahren. Damit wird sichergestellt, dass Metallabriebteile, die sich noch nicht abgesetzt haben, sondern noch in der Schwebe sind, vom heißen Öl aufgenommen und beim Ablassen mit herausgespült werden.

☞ Im Motorrad-Zubehörhandel gibt es für kleines Geld kombinierte Ölfangwannen-Behälter, bei denen das Öl in eine Wanne und von dort direkt in den Sammelbehälter läuft. Sie sind groß genug, um den Bereich von Ölablassöffnung und Ölfilter unter dem Motor abzudecken. Diese Ablass-Auffang-Transportbehälter sind verschließbar und mit einem Tragegriff versehen, also leicht transportabel. Das Altöl kann man damit bequem zur Ölsammelstelle bringen, wo es dann fachgerecht entsorgt wird.

⚠ Dem Altöl keine anderen Flüssigkeiten beimischen, wie z. B. Brems- oder Kühlflüssigkeit. Diese extrem giftigen und wenig umweltfreundlichen Betriebsstoffe müssen in extra Behältern aufgefangen und zu Problemstoff-Sammelstellen gebracht werden.

- Altöl niemals einfach wegschütten, sondern an einer Sammelstelle oder Tankstelle abliefern.
- Jeder Ölverkäufer ist zur Rücknahme einer entsprechenden Menge Altöls verpflichtet!
- Beim Kauf von neuem Öl die Quittung aufbewahren und bei der Rückgabe des Altöls vorzeigen!

⚠ Keine Getränkeflaschen als Altölbehälter verwenden! Besser sind etwa alte Benzinkanister, die mit einem Klebeetikett »Altes Motoröl versehen werden.

⚠ Wenn die Ölablassschraube ihren letzten Gewindegang erreicht hat, beginnt das Öl bereits zu laufen. Finger rasch wegziehen! Es ist besser, die Ölablassschraube mit dem ersten Schuss Öl ins Auffanggefäß fallen zu lassen, als sich am heißen Öl die Finger zu verbrühen! Öl läuft erst im Strahl, nach einiger Zeit nur noch tropfenweise. Also geduldig warten, bis auch der letzte Tropfen im Auffanggefäß gelandet ist.

⚠ Im Verschlussstopfen für die Öleinfüllbohrung ist ein kleiner O-Ring eingesetzt. Diesen kontrollieren, ob er in Ordnung ist, also keine geklemmte oder ausgerissene Stelle hat (Bild 1).

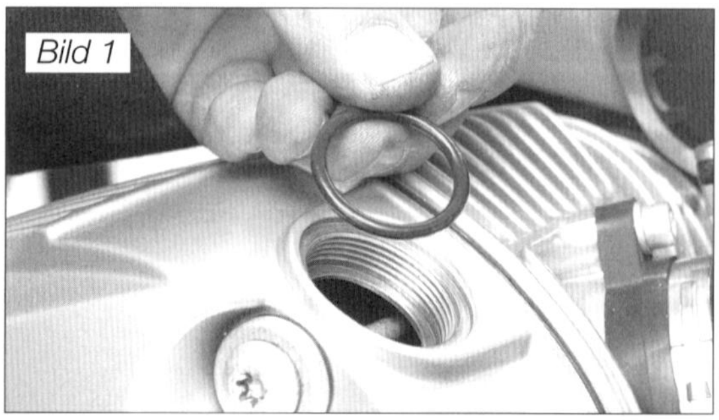
Bild 1

immer zwischen der Mitte und dem oberen Rand des Ölschauglases befinden (Bild 2). Zur Kontrolle des Motorölstandes die Maschine auf ebenem Untergrund auf dem Hauptständer senkrecht und waagerecht abstellen. Nach dem Abstellen des Motors einige Minuten warten, bis alles Öl in die Ölwanne abgelaufen ist und dann erst den Ölstand beurteilen.

Mineralöl, Halb- oder Vollsynthetiköl?

- Beim relativ einfach herzustellenden Mineralöl handelt es sich im Urzustand um Einbereichsöl, dessen Eigenschaften durch Zusatz von Additiven wie Viskositätsindex-Verbesserern und Verschleißschützern gezielt verbessert werden.
- Die so genannten halb- oder teilsynthetischen Öle sind zum Hauptbestandteil mineralisch und werden in einem besonderen Verfahren (HC Synthese) hergestellt.
- Synthetiköle werden in einem aufwändigen Produktionsprozess für ihr Einsatzgebiet maßgeschneidert und sind typische Mehrbereichsöle, die mit weniger Additiven des Typs der so genannten Viskositätsindex-Verbesserer auskommen. Sie sind in Schmiersicherheit, Kaltfließverhalten sowie Alterungsbeständigkeit den Mineralölen überlegen.
- Vollsynthetisches Motoröl bietet eine höhere Schmierfilm-Sicherheitsreserve, weswegen Viel- und Langstreckenfahrer darauf schwören.

Bitte unbedingt beachten: Wenn eine R 1200 GS mit hoher km-Leistung Zeit ihres Lebens ausschließlich mit Mineralöl betrieben wurde, dann raten wir, auch weiterhin Mineralöl zu benutzen.

- Umstellung von Mineralöl auf vollsynthetisches Öl sollte idealerweise beim zweiten Ölwechsel bei 10 000 km oder spätestens beim dritten Ölwechsel bei 20 000 km erfolgen, nicht später.

Castrol-Öle

BMW empfiehlt Öle der Marke Castrol. Topöl von Castrol ist das **Castrol »R4 Superbike« SAE 10W-50** (Bild 3). Für dieses Öl verspricht Castrol unter anderem *»volle Motorpower und verbesserte Beschleunigung, mehr Dynamik in allen Drehzahlbereichen, extreme Schmierfilmstabilität, schnelle Ölversorgung beim Kaltstart, perfekte Sauberkeit des Motors, deutlich geringerer Ölverbrauch, hervorragender Verschleißschutz für den Motor, maximaler Schutz für Abgasreinigungssysteme«*. BMW-Spezialisten nennen anhand von Langzeiterfahrungen noch eine Verringerung des Benzinverbrauchs aufgrund der geringeren Reibung.

Bild 2: Der Ölstand sollte sich etwas oberhalb der Mitte des Schauglases befinden.

Öl nachfüllen

Der Boxermotor der R 1200 GS darf bis zu einem Liter Motoröl auf 1000 km verbrauchen. Die meisten Motoren begnügen sich mit 0,1 bis 0,3 Liter auf 1000 km Fahrstrecke. Wird die R 1200 GS vor allem auf Langstrecken mit hohem Tempo und hohen Drehzahlen gefahren, ist der Ölverbrauch höher als bei Bummelfahrten mit niedrigen Drehzahlen.

Falls Sie unterwegs kein Öl zum Nachfüllen dabei haben, lassen Sie sich vom Tankwart nicht einen Liter vom teuersten Öl aufschwatzen, sondern kaufen exakt die Ölsorte, die sich bereits im Motor befindet. Wenn es das nicht gibt, kann man zum Nachfüllen problemlos Mineral- oder Synthetiköle mischen.

Ölwechsel selbst machen

Erster Ölwechsel mit Filterwechsel nach 1000 km, bei 10 000 km und alle weiteren 10 000 km.

- Wenn eine Jahresfahrleistung von 10 000 km nicht erreicht wird, sollen Motoröl und Ölfilter dennoch einmal pro Jahr gewechselt werden.

Bild 3: Speziell auf Motorräder abgestimmt sind die von BMW empfohlenen Castrol-Öle für Motor (Bild 3), Getriebe und Hinterachsantrieb (Bild 4).

- *Beim BMW-Händler gibt es so genannte »Ölwechsel-Sets« zu kaufen. Darin enthalten sind alle Teile, die man zu einem Ölwechsel braucht: Ölfilter, Dichtring für die Ölablassschraube und vier Liter Motoröl.*

Sichtprüfung Messen

Bild 6: Motorschutz und Anbauteile mit Anzugsdrehmomentwerten.

Bild 5: Schlüssel zum Öffnen des Öleinfüllstopfens (liegt dem Bordwerkzeug bei)

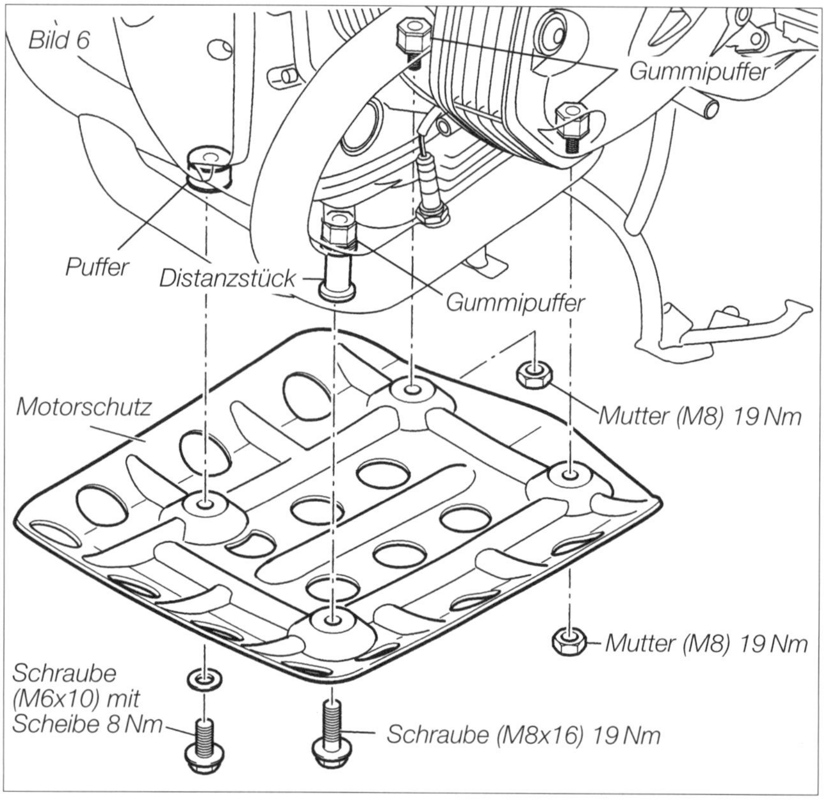

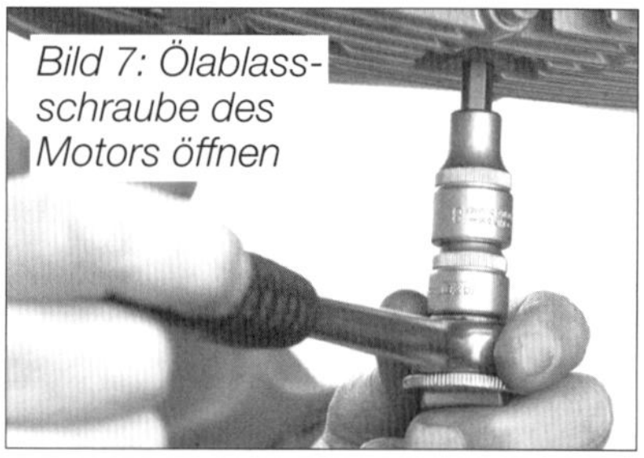

Bild 7: Ölablassschraube des Motors öffnen

Bild 8: Öl ablassen – Finger weg, HEISS!

Bild 9: Ölfilterschlüssel

Bild 10: Ölfilter abschrauben

Bild 11: Frisches Öl an Dichtgummi

Ölfilter

Der Ölfilter hat die Aufgabe, kleinste Schmutzpartikel aus dem Motoröl herauszufiltern. Sobald der Motor läuft, befindet sich das Öl in ständigem Kreislauf vom Ölsumpf durch den Ölfilter zu allen Motorschmierstellen. Von dort tropft es wieder zurück in den Ölsumpf und wird erneut durch den Filter zu den Schmierstellen gedrückt.

Der Ölfilter sollte bei jedem Ölwechsel erneuert werden, auch wenn man nur auf eine Jahresfahrleistung von z. B. 3000 km kommt. Zum Aus- und Einschrauben des Ölfilters ist ein spezieller Ölfilterschlüssel nötig. Nur damit lässt sich der Ölfilter aus- und einbauen, mit einer Zange oder einem Ölfilterband hat man keine Chance.

Motoröl in betriebswarmem Zustand wechseln, also vorher den Motor mindestens zehn Kilometer warm fahren. Damit wird sichergestellt, dass alle Metallabriebteile, die sich noch nicht abgesetzt haben, sondern sich noch in der Schwebe befinden, vom heißen Öl aufgenommen und beim Ablassen mit herausgespült werden.

Motoröl ablassen

1. Maschine auf Hauptständer aufbocken. Motorschutzblech abschrauben (Bild 6).
2. Auffanggefäß mit mindestens fünf Litern Fassungsvermögen unter den Motor schieben.
3. Stopfen der Öleinfüllöffnung herausdrehen (Bild 5).
4. Ölablassschraube öffnen (Bild 7), ausdrehen – Öl läuft aus, Vorsicht heiß (Bild 8)!
5. Ölfilter mit Ölfilterschlüssel (Bild 9) abschrauben (Bild 10). Das alte Öl auch aus dieser Öffnung lange genug auslaufen und abtropfen lassen.

Neuen Ölfilter anschrauben, Öl einfüllen

1. Ölfilter-Anlageflächen am Motor mit einem sauberen, nicht fusselnden Lappen abwischen.
2. Ölablassschraube mit neuem Dichtring versehen, mit frischem Motoröl bestreichen, sauber ans Gewinde ansetzen, eindrehen, festziehen: ■ Erstanzug 23 Nm ■ Endanzug 32 Nm.
3. Dichtring und Einschraubgewinde des neuen Ölfilters mit frischem Motoröl benetzen (Bild 11), Filter ans Gewinde ansetzen und so weit andrehen, bis die Filterdichtung die Dichtfläche am Motorgehäuse gerade eben leicht berührt.
4. Ölfilter mit dem Ölfilterschlüssel mit 11 Nm festziehen.
5. Durch die Öleinfüllöffnung im linken Ventildeckel 3,5 Liter neues Öl einfüllen.

6. Nicht vergessen: In die Einfüllöffnung den Stopfen einsetzen und mit einer 1/4-Drehung bis zum Anschlag festdrehen (Bild 5).
7. Motor starten, einige Minuten im Leerlauf laufen lassen, bis sich der Ölkühler auf ca. 95 °C erwärmt hat. Der Ölthermostat ist geöffnet, lässt das Öl zurück in die Ölwanne fließen. Ölfilterrand und Ölablassschraube auf Dichtheit überprüfen.
8. Motor abstellen. Nach ein paar Minuten den Ölstand kontrollieren, vom restlichen halben Liter Öl so viel nachfüllen, bis der Ölstand sich zwischen Mitte und oberem Rand des Ölschauglases befinden.
■ Motoröl nicht über Maximalstand auffüllen.

Getriebeöl wechseln

Das Getriebeöl wird laut Wartungsplan alle 40 000 km gewechselt; wenn weniger gefahren wurde, alle zwei Jahre. Auch das Getriebeöl sollte in betriebswarmem Zustand abgelassen werden. Maschine auf Mittelständer senkrecht und waagerecht abstellen. Vorgeschriebenes Öl: Marken-Hypoidgetriebeöl SAE 90 API GL 5 oder Castrol MTX 75W-140 GL 5.

1. Ausreichend große Ölauffangwanne unter das Getriebe stellen.
2. Öleinfüllschraube (Bild 12) ausdrehen. Ölablassschraube (Bild 13) öffnen und ausdrehen, Altöl ablassen.
3. Magnet der Ölablassschraube reinigen.
4. Ölablassschraube mit neuem Dichtring* versehen, einschrauben und mit 30 Nm festziehen.
5. Frisches Öl einfüllen: ca. 0,8 Liter bzw. bis zur Unterkante der Einfüllöffnung.
■ Mit der Taschenlampe in die Einfüllöffnung reinleuchten: Wenn genügend Öl eingefüllt ist, muss das Öl gerade eben beginnen wollen wieder auszulaufen. Maschine muss dabei exakt senk- und waagerecht stehen.
6. Öleinfüllschraube mit neuem Dichtring* versehen, einschrauben und mit 30 Nm festziehen.

Öl im Hinterradantrieb

Der Hinterradantrieb ist wartungsfrei, die Ölfüllung ist als »Lifetime-Schmierung« ausgelegt, es ist also kein Ölwechsel im Hinterradantrieb vorgeschrieben. Nur wenn die Maschine längere Zeit außergewöhnlich hohen Belastungen ausgesetzt war, wie sie etwa bei tagelangen Fahrten im tiefen Wüstensand auftreten können, soll das Öl im Hinterradantrieb gewechselt werden: 0,23 bis 0,25 Liter SAE 90 API GL5 (Castrol SAF-XO).
■ Mehr dazu im Kapitel 12 »Kardan · Schwinge«.

Ölkühler

Die R 1200 GS besitzt einen Ölkühler vorne unter der Lampe, der voll im Fahrtwind steht. Er verschmutzt mit der Zeit, wodurch die Öltemperatur steigt. Zum Reinigen heißes Wasser, eine weiche Bürste und Druckluft verwenden. Verbogene Kühlerlamellen mit einer kleinen Spitzzange oder Pinzette und einem Schraubenzieher gerade biegen.
■ Wird ein Anschluss abgeschraubt, beim Wiederanbau immer neue Dichtungsscheiben verwenden.
■ Alle Leitungen zum und vom Ölkühler dürfen nirgends anstehen, geklemmt werden oder irgendwo scheuern.
■ Der Ölkühler ist über vibrationshemmende Gummiformteile an den Befestigungsstellen verschraubt. Diese Gummiformelemente niemals entfernen. Ölkühler nicht starr anschrauben.
■ Wenn ein Haltewinkel eines Ölkühlers abgebrochen ist (Unfall, Vibrationen) und geschweißt werden muss, muss zum Anschweißen des Winkels der Ölkühler abgeschraubt und vom Fahrzeug getrennt werden.
■ NICHT versuchen, einen gebrochenen Ölkühler zu schweißen, solange dieser am Fahrzeug angebaut ist, denn dies könnte die Fahrzeugelektronik beschädigen oder sogar komplett zerstören.

Bilder 12 und 13: Öleinfüll- (12) und Ölablassschraube (13) des Getriebes.

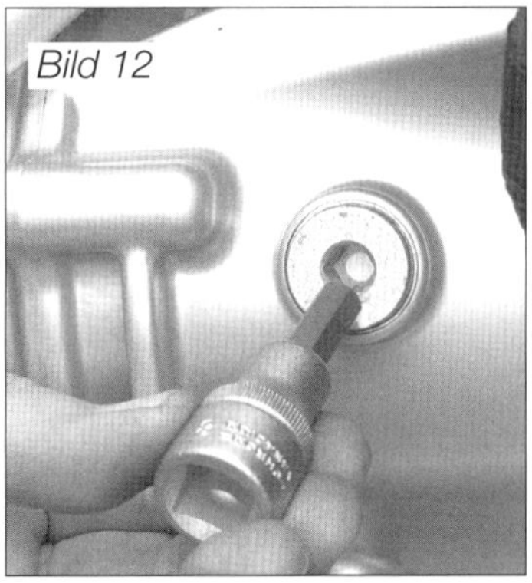

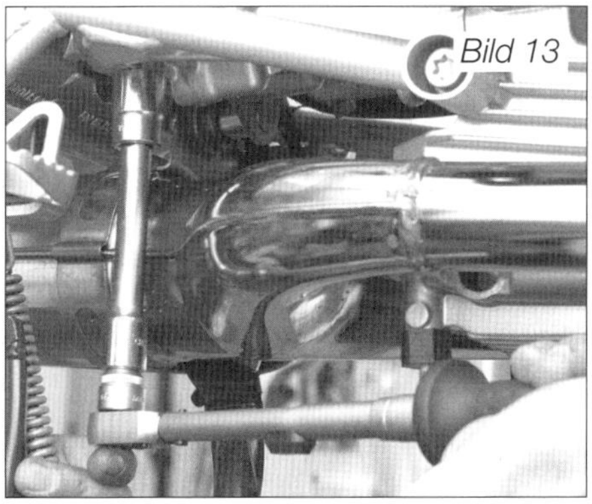

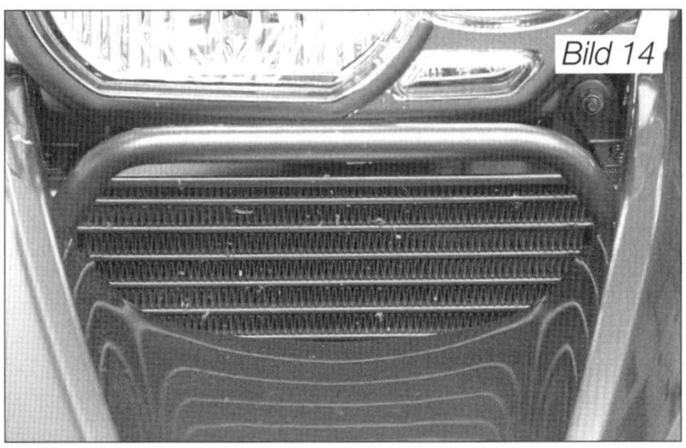

Bild 14: Der Ölkühler unterhalb des Scheinwerfers muss immer sauber sein, sonst steigt die Motoröltemperatur.

* Wenn vorhanden, da verschiedene Ölablassschrauben mit Dichtring oder ohne (bei Konussitzdichtung) verwendet sein können!

Ventilspiel

In diesem Kapitel: Ventiltrieb · Ventilspiel prüfen und einstellen · Ventildeckel anbauen.

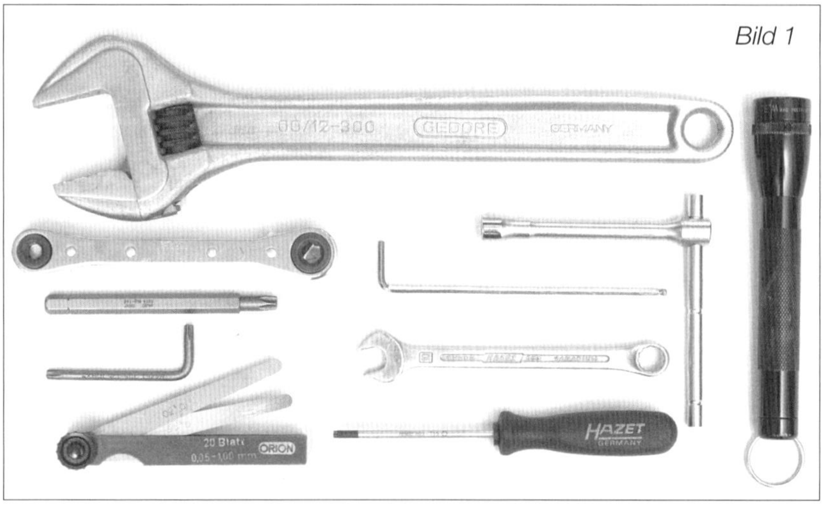

Bild 1: Zum Einstellen des Ventilspiels benötigte Werkzeuge.

Bild 2: Die passende Fühlerlehre muss satt zwischen Ventilkopf und Einstellschraube durchschleifen.

■ Ventilspiel Einlass 0,15 mm
■ Ventilspiel Auslass 0,30 mm

Ventiltrieb

Der Ventiltrieb des BMW-Boxermotors besteht aus ziemlich vielen Bauteilen: Jeder Zylinder besitzt eine eigene, halbhoch liegende Nockenwelle, die über eine Kette angetrieben wird. Die Nockenbahnen betätigen Stößel, diese geben die Bewegung über Stößelstangen weiter, die wiederum auf Kipphebel wirken, welche über Einstellschrauben die Ventile betätigen.

Der Motor braucht eine gewisse Zeit, bis die vielen Lager- und Kontaktstellen aufeinander eingelaufen sind: Nockenwellenlager, Nockengleitbahn, Stößelanlage auf dem Nocken, Stößelstangenkopf unten im Stößel sowie oben am Kipphebel, Kipphebellagerung (»Steuerungsträger« heißt diese Baugruppe bei BMW), Einstellschrauben mit Kontaktteil auf dem Kugelkopf (»Elefantenfuß«), Ventilkopf, Ventilsitz im Zylinder – es sind eine ganze Menge Bauteile, die sich »setzen« müssen. Deswegen ist der erste Kundendienst des Boxermotors bei 1000 km einer der wichtigsten überhaupt. Dabei werden auch die Schrauben im Zylinderkopf nachgezogen.

Ventilspiel

Ein gewisses Spiel zwischen Ventilkopf und Ventilspiel-Einstellschraube ist nötig, damit die Ventile den Brennraum bei allen Betriebstemperaturen dicht abschließen, kein Gas unkontrolliert

Bild 3: Beim Anziehen der Kontermutter darauf achten, dass sich die Ventilspiel-Einstellschraube nicht verdreht: Mit einem Inbusschlüssel in der exakten Einstellposition auf Zug gegenhalten.

entweicht und die Wärme am Ventilsitz gut abgeleitet werden kann.

Das Ventilspiel muss alle 10 000 km (bzw. ein Mal pro Jahr) überprüft und, wenn notwendig, eingestellt werden. Das Ventilspiel muss ebenfalls kontrolliert und gegebenenfalls korrigiert werden, wenn Zylinderkopf oder der Steuerungsträger aus- und wieder eingebaut wurden. Das Ventilspiel wird bei kaltem Motor (höchstens 35 °C, entspricht handwarm) kontrolliert und eingestellt. Dank der freistehenden Zylinderköpfe muss man dazu nur wenige Teile abbauen.

OT suchen und Ventilspiel prüfen

1. Maschine auf Mittelständer abstellen und ein Ölauffanggefäß unter den Zylinderkopf stellen, der bearbeitet werden soll, denn beim Abnehmen der Zylinderkopfhaube läuft etwas Öl aus.

2. Alle Zündkerzen ausschrauben, Zylinderkopfhaube (»Ventildeckel«) abnehmen. Dazu die vier von außen zu sehenden Schrauben herausdrehen. Nun liegt der Steuerungsträger frei.

3. Oberen Totpunkt (OT) des Zylinders suchen. Dazu folgendermaßen vorgehen: Rechts oben im Motorgehäuse hinter dem rechten Zylinder ist eine Bohrung, die mit einem Gummistopfen verschlossen ist. Diesen Gummistopfen herausziehen und durch die Öffnung mit einer Taschenlampe das Schwungrad anleuchten. Darauf ist eine OT-Markierung (Bild 4), die durch Drehen der Kurbelwelle gesucht wird.

- OT-Suchmöglichkeit 1: Entweder den zweiten oder dritten Gang einlegen und kräftig, aber langsam am Hinterrad drehen, bis die OT-Markierung im Gehäusefenster erscheint.
- OT-Suchmöglichkeit 2: Den vorderen Deckel am Motor abnehmen (»Riemengehäusedeckel«) und mit einem passenden Schlüssel über die untere Mutter, welche die Riemenscheibe hält, die Kurbelwelle rechts herum drehen (Bild 5).
- Egal, wie man den OT sucht – wichtig ist die OT-Kontrolle, denn der Kolben steht nur jede zweite Umdrehung im Kompressions-OT, in dem sich beide Kipphebel in Ruhestellung befinden und etwas Spiel zwischen Ventileinstellschraube und Ventilkopf haben.

4. Ventilspiel prüfen: Fühlerlehre zwischen Einstellschraube und Ventilkopf durchziehen (Bild 2). So lange mit verschieden dicken Fühlerlehren prüfen, bis man ein Plättchen gefunden hat, das sich zwischen Ventilkopf und Ventilspiel-Einstellschraube satt durchziehen lässt. Dies nennt man »Ist-Ventilspiel«.

Ventilspiel einstellen

1. Wenn das Ventilspiel zu weit oder zu eng ist, muss es korrigiert werden. Dazu die Kontermutter der Ventileinstellschraube leicht lösen und die Schraube leicht ein- oder ausdrehen (Bild 3), bis das Ventilspiel stimmt:

- Einlassventil 0,15 mm
- Auslassventil 0,30 mm

Wichtig: Fühlerlehre muss satt durch den Spalt durchschleifen (Bild 2).

2. Mutter kontern: Dabei die Ventileinstellschraube auf Zug in der korrekten Position halten (Bild 3). Anzugsdrehmoment der Kontermutter 8 Nm.

3. Nach dem Kontern der Mutter das Ventilspiel noch einmal prüfen.

Ventildeckel anbauen

Inneren Dichtring auf den Bund der Zündkerzenöffnung im Ventildeckel setzen, Ventildeckel aufsetzen. Dichtscheiben unter den Halteschrauben kontrollieren: Erneuern wenn sie »hart« oder angefressen sind. Halteschrauben eindrehen, über Kreuz bis auf 10 Nm festziehen.

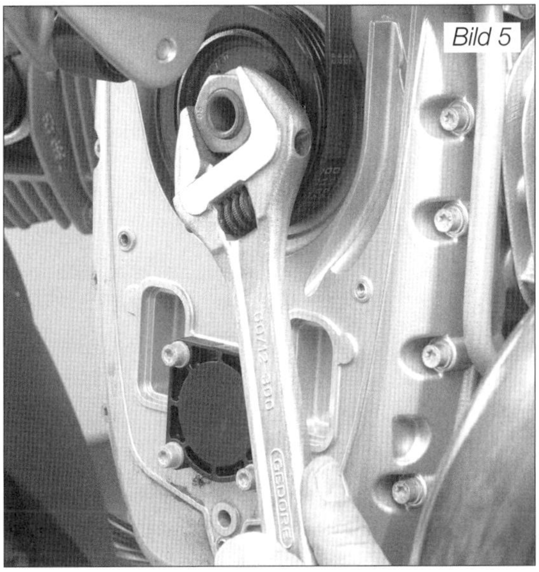

Bild 5

Bild 5: Riemenscheibe vorne am Motor rechts herum drehen, bis die OT-Markierung erscheint.

Bild 4: Oben hinter dem rechten Zylinder befindet sich im Motorgehäuse das Schauloch zur Einstellung des oberen Totpunkts.

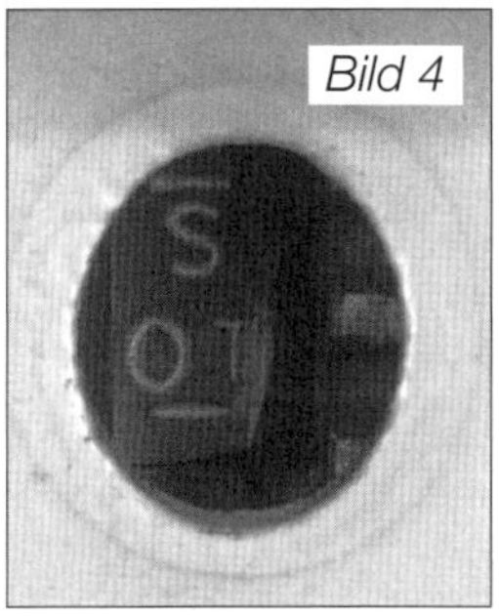

Bild 4

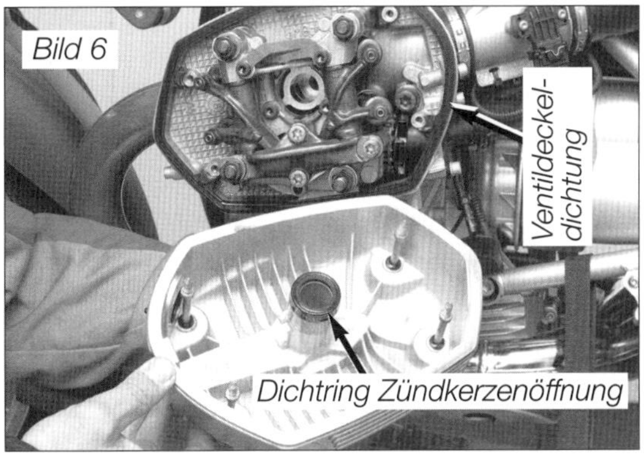

Bild 6

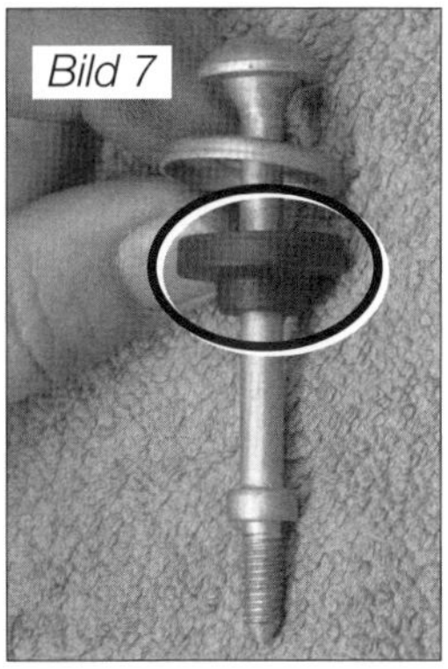

Bild 7

Bilder 6 und 7: Dichtring der Zündkerzenöffnung im Zylinderkopfdeckel, Ventildeckeldichtung und Gummidichtscheiben der Deckelschrauben vor Wiedereinbau auf Porosität prüfen.

Bild 1: Zum Öffnen der Ansaugsschelle wird die BMW-Spezialzange Nr. 131512 benötigt.

Bild 2: Das Schauloch zum Suchen der OT-Markierung befindet sich im Motorgehäuse hinter dem rechten Zylinder. Damit sich beim Arbeiten die Kurbelwelle nicht drehen kann, das Schwungrad mit dem OT-Absteckdorn oder einem Metallbolzen blockieren.

Bild 3: Beim Einbau die Nockenwellenkettenspanner nicht verwechseln:

■ Der Kolben des linken Nockenwellenkettenspanners hat eine Längsnut, seine Bundschraube ist länger.

Zylinderkopf

In diesem Kapitel: Kopfdichtung wechseln · Zylinderkopf ab- und anbauen · Nockenwellenkettenspanner · Steuerungsträger ab- und anbauen.

Kopfdichtung wechseln

Dank der freiliegenden Zylinder des Boxermotors ist es einfach, bei eingebautem Motor die Zylinderköpfe abzunehmen und wieder anzubauen. Wenn die Kopfdichtung gewechselt werden soll, können Zylinderkopf mit Steuerungsträger und Ventilen zusammengebaut bleiben.

Wichtig: Für alle Arbeiten am Ventiltrieb gilt: Bevor Sie den Motor zum ersten Mal starten, drehen Sie ihn lieber noch einmal von Hand durch, um sicherzustellen, dass die Steuerzeiten stimmen und Kolben und Ventile keinen Kontakt bekommen. »Von Hand durchdrehen« heißt: Ohne Zündkerzen mit eingelegtem 6. Gang am Hinterrad drehen oder bei abgenommenem Frontdeckel mit einem Schlüssel an der Befestigungsmutter der Riemenscheibe drehen (rechtsherum, wenn Sie von VORNE auf das Motorrad schauen!).

Bild 1

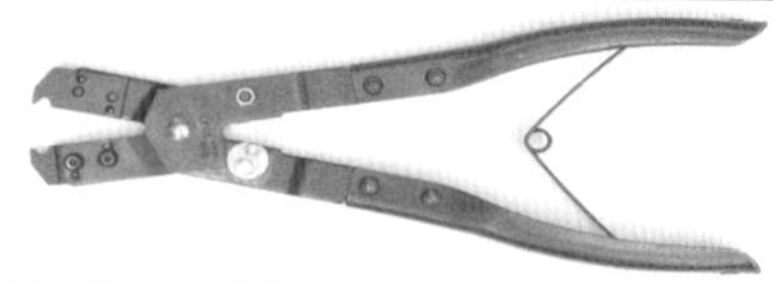

Bild 2

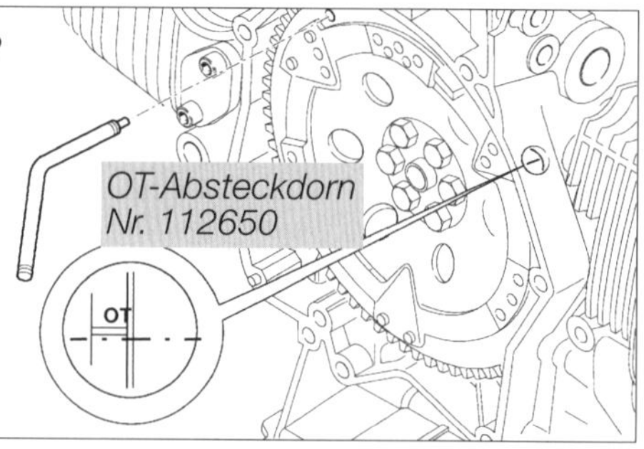

Zylinderkopf abbauen

1. Vorderen Deckel am Motor abnehmen (»Riemengehäusedeckel«). Auspuff komplett und Drosselklappengehäuse abbauen. Zum Öffnen der Schelle wird die BMW-Spezialzange (Bild 1, Nr. 131512) benötigt. **Hinweis:** Wenn diese nicht greifbar ist, Ansaugstutzen abbauen.
2. Zündspulen/Stecker und Zündkerzen ausbauen, Steckverbindungen der Zylinderkopf-Sensoren trennen, Massekabel abschrauben.
3. Ventildeckel abschrauben, Kurbelwelle auf Zünd-OT stellen (siehe Kapitel 22 »Ventilspiel«).
4.1. Am linken Zylinderkopf hinten Entlüftungsschlauch abziehen, Stutzen abschrauben.
4.2. An rechten Zylinderkopf hinten Nockenwellen-Kettenraddeckel abschrauben.
5. Nockenwellen-Kettenrad von Nockenwelle lösen. Dazu Motor blockieren: 6. Gang ist noch vom OT-Suchen eingelegt, Fußbremse betätigen, Zentralschraube lösen (Nicht ausdrehen!).
■ Jetzt OT-Stellung nochmals kontrollieren, ggf. korrigieren. Erst jetzt die Schraube ausdrehen und gemeinsam mit Nockenwellenpositonsgeber bzw. Entlüfterrad abnehmen.

Bild 3

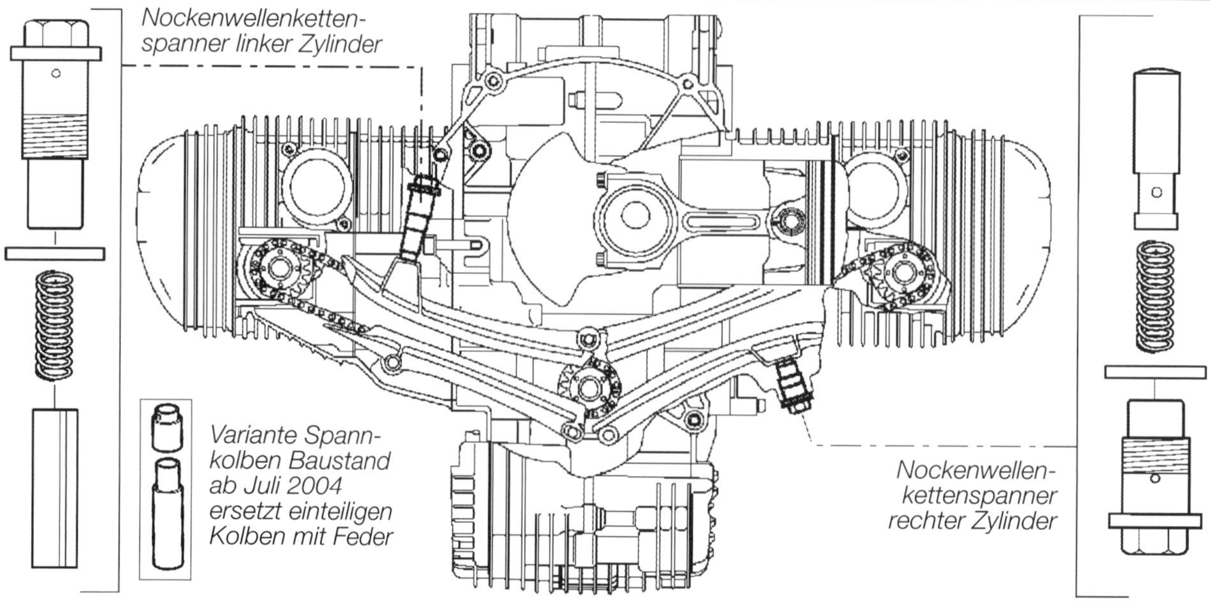

Erst jetzt sind die Markierungen sichtbar:

- Beim Zünd-OT des rechten Zylinders steht der Fixierstift (Pfeil ***A*** in Bild 4b) unten. Gleichzeitig zeigt der auf dem Kettenrad eingravierte Pfeil (Mitte Zahn) auf die Markierung ***X*** (»Nase«) am Steuerungsträger.
- Beim Zünd-OT des linken Zylinders steht der Fixierstift (Pfeil ***A*** in Bild 5b) oben. Gleichzeitig zeigt der auf dem Kettenrad eingravierte Pfeil (Mitte Zahn) auf die Markierung ***X*** (»Nase«) am Steuerungsträger.

6. Nockenwellenkettenspanner lösen und ausschrauben: Der des rechten Zylinders ist von unten erreichbar, der des linken Zylinders von oben.

7. Nockenwellen-Kettenrad abziehen: Beim linken Zylinder ist die Entlüfterscheibe aufgebaut, beim rechten der Nockenwellenpositions-Geber. Nockenwellenkette mit einem Kabelbinder am Kettenrad sichern.

8. Die Zylinderkopfmuttern M10 (SW 15) (***A*** in Bild 8) losdrehen und mit Scheiben abnehmen.

9. Die Torxschraube M10 (***B*** in Bild 8) lösen und ausdrehen.

10. Die drei Torxschrauben M6 (***C*** in Bild 8) lösen und ausdrehen: Zwei sitzen außerhalb am Steuerkettenschacht, eine innen.

11. Zylinderkopf abnehmen. Ist dieser auf der Dichtung festgeklebt, genügt es meist, mit der Hand zu wackeln und gleichzeitig zu ziehen, oder man hilft durch leichte Schläge mit einem Kunststoffhammer nach.

12. Dichtflächen von Zylinderkopf und Zylinder

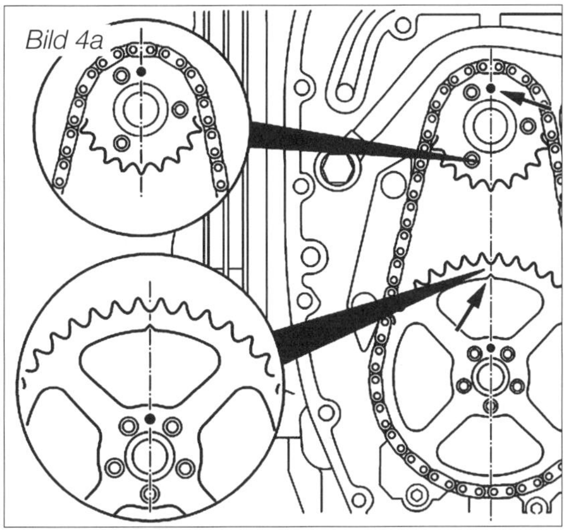

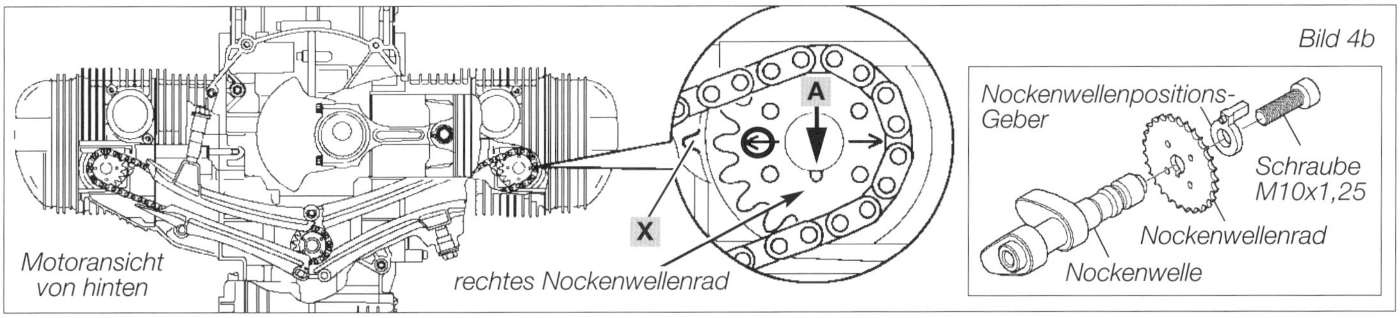

*Bilder 4a und 4b: Einstellmarkierungen Zylinderkopf rechts. Rechter Kolben auf Zünd-OT, mit Absteckdorn durch Schwungrad und Motorgehäuse abgesteckt. Fixierstift im rechten Nockenwellenrad (Pfeil **A**) steht nach unten, Markierung (Pfeil) und Zahnspitze am rechten Nockenwellenrad zeigen GENAU zur Markierung **X** am Steuerungsträger. Einstellung bei eingebautem Nockenwellenkettenspanner nachkontrollieren.*

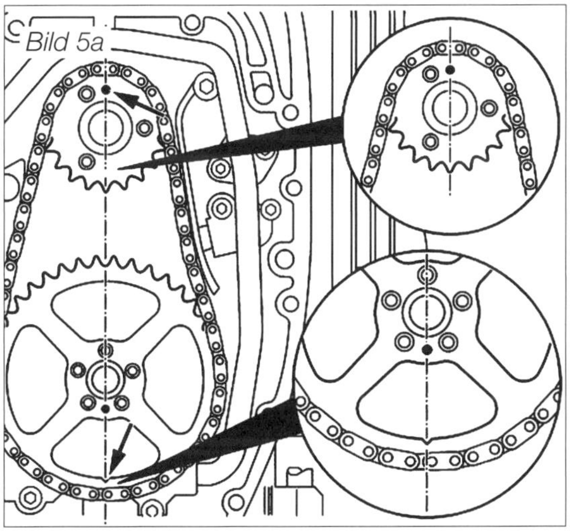

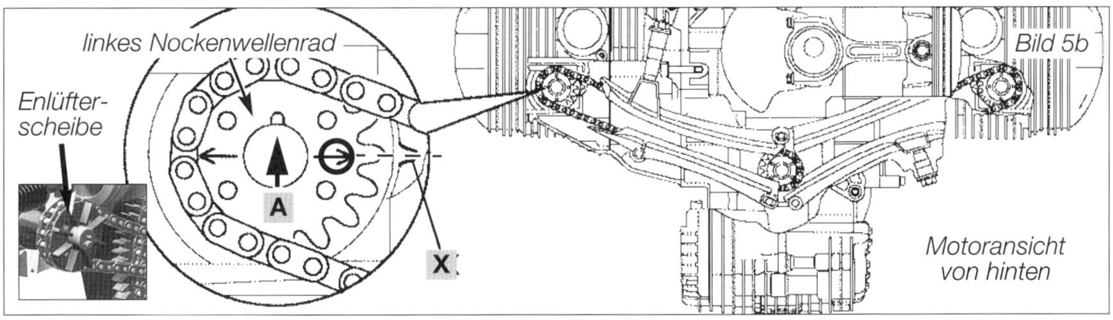

*Bilder 5a und 5b: Einstellmarkierungen Zylinderkopf links. Linker Kolben steht auf Zünd-OT. Fixierstift im linken Nockenwellenrad (Pfeil **A**) steht nach oben, Markierung (Pfeil) und Zahnspitze am linken Nockenwellenrad zeigen GENAU zur Markierung **X** am Steuerungsträger. Einstellung bei eingebautem Nockenwellenkettenspanner nachkontrollieren.*

reinigen und Dichtungsrückstände entfernen. Dabei nicht mit einem harten Material kratzen, sondern ganz vorsichtig mit einem speziellen Dichtungsschaber oder einem stumpfen Messer abschaben.

Achtung: Die Dichtflächen nie mit Schmirgelpapier bearbeiten und versuchen, damit Dichtungsreste zu entfernen!

Zylinderkopf prüfen

■ Haarlineal an die Dichtfläche des von Dichtungsresten gereinigten Zylinderkopfs anlegen und vertikal und horizontal auf Verzug prüfen (Bild 7). Ist der Kopf um mehr als 0,1 mm verzogen, sollte er von einem Spezialbetrieb (mit maximal 0,2 mm Abtrag) geplant werden.

■ Dichtheit des Ventilsitzes bei eingebautem Ventil überprüfen: Den Zylinderkopf waagerecht halten, Kraftstoff in Einlass- oder Auslasskanal gießen. Am Ventil darf nichts auslaufen.

■ Schließt ein Ventil nicht dicht ab, muss der Ventilsitz nachgearbeitet (»geläppt«) werden.

■ Genügt dies nicht, weil der Ventilsitz zu stark eingeschlagen ist, muss das Ventil erneuert, oder dessen Dichtfläche überschliffen und der Ventilsitz nachgefräst werden (Sache der Werkstatt bzw. eines Fachbetriebs).

Wichtiger Hinweis: Wenn Sie der Meinung sind, dass Ventile oder Ventilführungen ersetzt werden müssen, konsultieren Sie zuerst Ihren BMW-Händler. Für die Zylinderköpfe der BMW-Boxermotoren gibt es preiswerte Reparaturmöglichkeiten. Der BMW-Ersatzteilkatalog hält dafür sowohl Standard- als auch Übermaß-Ventilführungen bereit.

Zylinderkopf anbauen

1. Neue Dichtung aufsetzen; sie ist für rechts und links gleich. Dichtung und Dichtflächen sollen trocken und fettfrei sein.

2. Zylinderkopf aufschieben, die vier Muttern ölen und mit unterlegten Scheiben handfest anziehen.

3. M10-Schraube und die drei M6-Schrauben einölen und handfest einschrauben.

4. Nockenwellen-Kettenrad auf Nockenwelle aufsetzen (Kabelbinder entfernen!). Darauf achten, dass die Nase des Nockenwellen-Kettenrades in die Aussparung der Nockenwelle eingreift.

■ Beim rechten Zylinder den Nockenwellenpositions-Geber aufsetzen, beim linken Zylinder die Entlüfterscheibe.

5. Schraube eindrehen, handfest anziehen.

6. Nockenwellenkettenspanner mit neuer Dichtung eindrehen und mit 32 Nm festziehen.

7. Zylinderkopfmuttern M10 (SW 15) anziehen:

■ Im ersten Durchgang kreuzweise auf 20 Nm Voranzug festziehen.

■ Im zweiten Durchgang in gleicher Reihenfolge um 90 Grad Drehwinkel anziehen.

■ Im dritten Durchgang in gleicher Reihenfolge um weitere 90 Grad Drehwinkel anziehen.

8. Die M10-Schraube mit 40 Nm festziehen.

9. Die drei M6-Schrauben mit 9 Nm festziehen.

10. Nockenwellen-Antriebsrad mit 65 Nm festziehen, dabei mit Hinterradbremse blockieren. Danach den Deckel aufsetzen (am linken Zylinder Stutzen des Entlüftungsschlauch) und mit den beiden M6-Schrauben befestigen (9 Nm).

11. Entfernte Teile anschrauben: Ventildeckel, Zündkerzen, Auspuff komplett, Drosselklappengehäuse, Stecker der Motor-Sensoren zusammenstecken, etc.

Achtung: Nach ca. 1000 km müssen die Zylinderkopfmuttern nachgezogen werden.

■ Dazu die vier Muttern EINZELN lösen, mit 20 Nm Voranzug PLUS 180 Grad Drehwinkel anziehen.

■ Dann über Kreuz die nächste Mutter lösen, mit 20 Nm voranziehen und mit 180 Grad Drehwinkel endgültig anziehen; mit den beiden anderen ebenso verfahren.

■ Die M10-Schraube kommt als letzte dran. Sie wird gelöst und mit 40 Nm angezogen.

■ Die M6-Schrauben brauchen nur auf Festsitz kontrolliert zu werden.

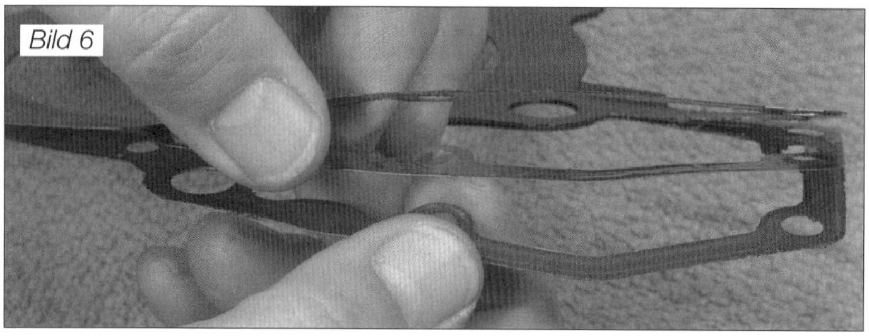

Bild 6: Dreilagige Zylinderkopfdichtung. Die äußeren Blechteile sind gummiert, das innere blank.

Bild 7: Zylinderkopf-Dichtfläche in mehreren Ebenen mit dem Haarlineal prüfen.

Nockenwellenkettenspanner

Die beiden Nockenwellenkettenspanner bestehen aus Bundschraube, Dichtring, Feder und Kolben. Der linke Kolben unterscheidet sich vom rechten Kolben durch eine Längsnut, und die linke Bundschraube ist länger als die rechte. Diese Teile dürfen beim Zusammenbau nicht verwechselt werden (siehe Bild 3).

Ab Baustand Juli 2004 ersetzt ein zweiteiliger Kolben den einteiligen samt Feder. Vor dem Einbau des zweiteiligen Kolbens mit einem Kugelinbus 3/4 mm einfahrfen und Öl ablassen!

Beim Aus- und Einbau des linken Nockenwellenkettenspanners muss man besonders vorsichtig sein, damit der Kolben nicht in den Schacht fällt; speziell dann, wenn das Nockenwellen-Kettenrad abgeschraubt und die Nockenwellenkette lose ist.

Die Steuerketten-Spannschienen für rechts und links unterscheiden sich durch verschieden hohe Ansätze (»Nasen«), deren Kontaktflächen von den Kolben beaufschlagt werden. Wenn ein Motor total zerlegt wird, muss man darauf achten, dass die Spannschiene mit dem langen Ansatz auf der linken Seite eingebaut wird, die mit der kürzeren Nase auf der rechten Seite. Zur Erinnerung sei hier noch einmal die eingangs erwähnte Warnung wiederholt, die für alle Arbeiten am Ventiltrieb gilt: Bevor Sie den Motor zum ersten Mal starten, drehen Sie ihn noch einmal von Hand durch, um sicherzustellen, dass die Steuerzeiten stimmen und Kolben und Ventile keinen Kontakt bekommen.

- »Von Hand durchdrehen« heißt: Ohne Zündkerzen mit eingelegtem 6. Gang am Hinterrad drehen…
- …oder bei abgenommenem Frontdeckel mit einem Schlüssel an der Befestigungsmutter der Riemenscheibe drehen (rechts herum, wenn Sie von VORNE auf das Motorrad schauen!).

Steuerungsträger aus- und einbauen

Zu vorbereitenden Arbeiten für den Aus- und Einbau des Steuerungsträgers die entsprechenden Punkte bei »Zylinderkopf abbauen« übernehmen.

1. Kipphebel mit einem Gummiband fixieren, damit beim Abziehen des Steuerungsträgers die Stößelstangen nicht herausfallen.

2. Die vier M6-Schrauben (***D*** in Bild 8), mit denen der Steuerungsträger am Zylinderkopf befestigt ist, ausschrauben, Steuerungsträger abnehmen.

Einbau in umgekehrter Reihenfolge. Anzugsdrehmoment der M6-Schrauben 8 Nm.

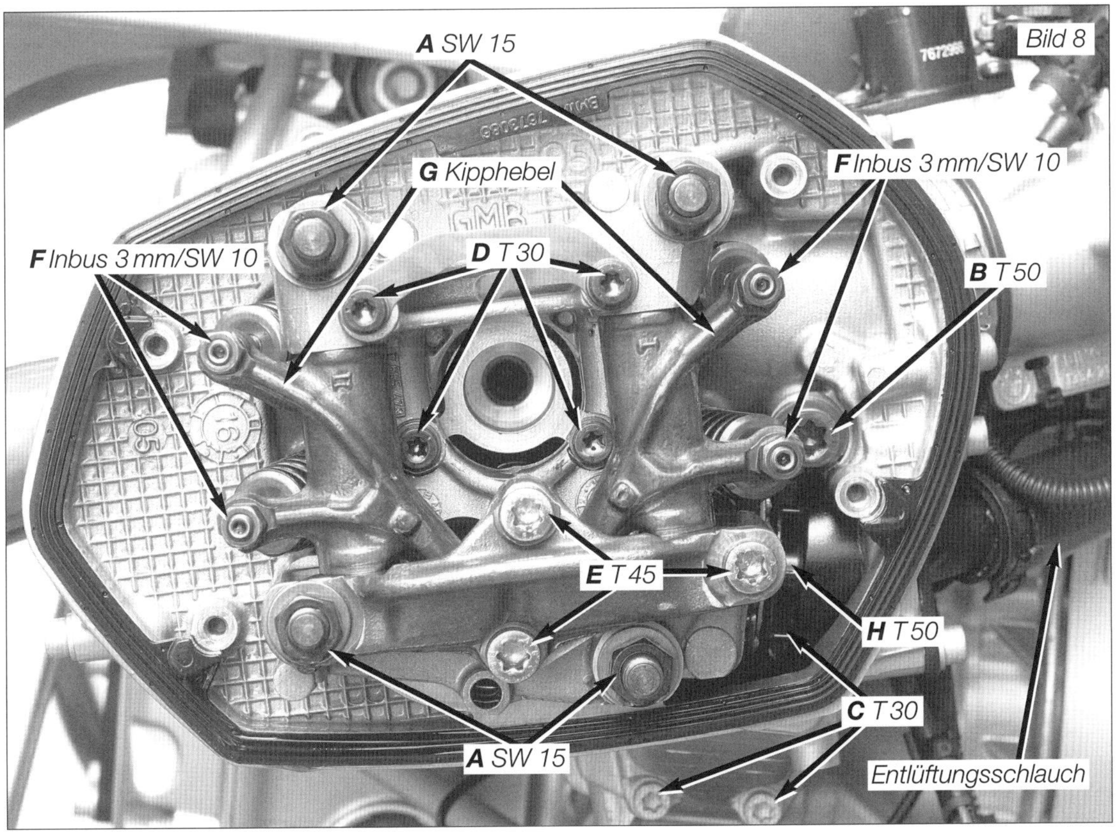

Bild 8:
A *Zylinderkopfmuttern M10, SW 15 (4 Stück)*
B *Zylinderkopfschraube M10, Torx T50 (1 Stück)*
C *Zylinderkopfschrauben M6 Torx T30 (3 Stück)*
D *Steuerungsträgerschrauben M6 Torx T30 (4 Stück)*
E *Kipphebel-Lagerdeckelschrauben M8 Torx T45 (3 Stück)*
F *Ventilspiel-Einstellschrauben Inbus SW 3, Kontermutter SW 10 (4 Stück)*
G *Kipphebel*
H *Befestigungsschraube Nockenwellen-Kettenrad M10x1,25 Torx T50 (1 Stück)*

Sichtprüfung Messen

Zylinder · Kolben

In diesem Kapitel: Basisinformationen zu Zylinder und Kolben · Zylinder und Kolben ab- und anbauen.

Basisinformationen

Ein Verschleiß von Kolben, Kolbenringen oder Kolbenbolzen kommt in der Praxis äußerst selten vor. Die Laufleistungen liegen bei weit mehr als 100 000 Kilometern. Voraussetzungen dafür sind ordentliche Ölversorgung (Ölstand, Ölwechsel) und Vermeidung von Kaltstarts. Wenn der Motor immer mindestens zehn Kilometer (im Winter je nach Außentemperatur mehr) mit maximal halber Nenndrehzahl (3500 bis 4000/min) warm gefahren und ihm dann erst Leistung abverlangt wird, halten Kolben, Kolbenringe und Zylinder sehr lange. Auch die regelmäßige Pflege des Luftfilters ist ein wichtiger Beitrag (siehe dazu Kapitel 18).

Wenn Zylinder oder Kolben verschlissen sind: Es gibt von BMW komplette Austauschsätze. Wenn Sie Kolben und Zylinder aus dem Gebrauchtteilehandel kaufen, versichern Sie sich, dass die Teile maßhaltig sind (Maße siehe Kapitel 30 »Technische Daten und Verschleißmaße«). Im Normalfall tritt Verschleiß an Kolben und Kolbenringen (zeitlich gesehen) gemeinsam auf.

Zylinder und Kolben

Zylinder und Kolben abbauen
Zylinderkopf ist abgebaut, Nockenwellenkette und Kettenrad sind mit einem Kabelbinder gesichert (Kapitel 23 »Zylinderkopf«).

1. Lagerschraube der Steuerkettenschiene ausdrehen.
2. Zylinderhalteschrauben im Nockenwellenkettenschacht und an der Außenseite ausdrehen.
3. Zylinder vorsichtig abziehen. Darauf achten, dass der Kolben nicht in dem Moment, wo er aus dem Zylinder rutscht, nach unten fällt und an den Stehbolzen anschlägt. Mit der Hand halten!
4. Kolbenbolzen-Sicherungsringe (Seegerringe) mit einer passenden Zange herausnehmen.
5. Kolbenbolzen ausschieben. Dieser muss leicht durch Bohrungen in Kolben und Pleuel gleiten.
■ Wenn er nicht will: Nicht mit dem Hammer ausschlagen, sondern mit einem Kolbenbolzenausdrücker versuchen.
6. O-Ringe unten am Motorgehäuse abnehmen.
7. Kolbenboden von Ölkohle und Verbrennungsrückständen reinigen, am besten mit Bremsenreiniger und einer Messingbürste. Kolben auf Kolbenboden mit Filzstift mit L oder R markieren (für »rechts« oder »links«).
8. Kolbenringe abnehmen: Kolben aufrecht auf eine ebene Unterlage stellen. Ringe mit Fingernägeln an ihren offenen Enden aufbiegen, nach oben abnehmen (Bild 1).

Bild 1: Kolbenringe zum Ab- und Aufbau nur so weit wie nötig aufbiegen.

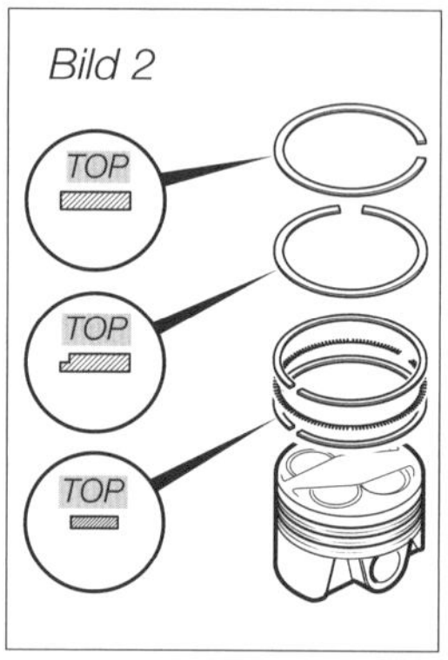

Bild 2: Kolbenringe mit TOP-Markierungen nach oben einbauen.

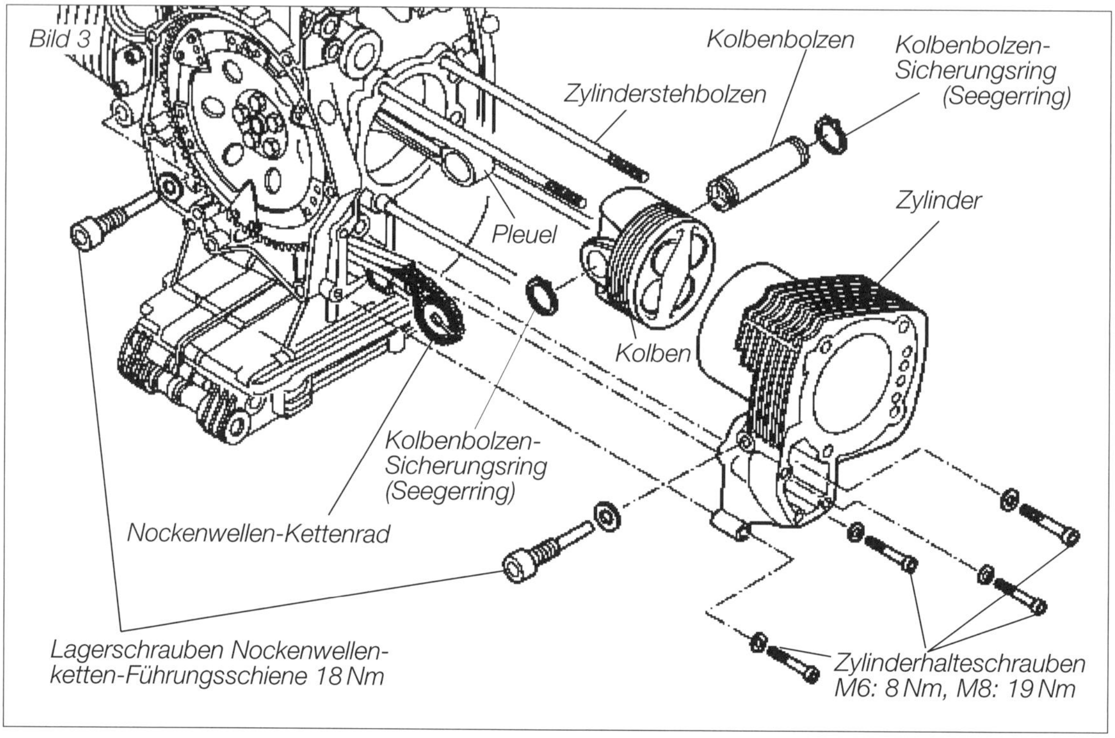

Bild 3: Abgenommener Zylinder und Kolben in der Explosionszeichnung.

9. Kolbenringnuten reinigen: Mit einem kleinen, halbstumpfen Schaber (z. B. alten Elektroschraubenzieher) bis in die Ecken der Nuten fahren, Dreck herauskratzen. Zum Schluss mit Bremsenreiniger metallisch rein säubern.
10. Das Gesamtverschleißspiel von Kolben und Zylinder beträgt 0,12 mm. Zur Not kann auch noch mit 0,18 bis 0,20 mm gefahren werden.

Zylinder und Kolben anbauen
1. Dichtflächen von Motorgehäuse und Zylinderfuß öl- und fettfrei reinigen.
2. Neue O-Ringe auf die Buchsen in der Dichtfläche am Motorgehäuse aufsetzen.
3. Kolbenringe und Ölabstreifring sind mit einer TOP-Markierung versehen (Bild 2), sie muss zur Kolbenoberseite zeigen.
■ 1. Kolbenring ist silberfarben
■ 2. Kolbenring ist schwarz
3. Kolbenringe mit den Fingernägeln nur so weit aufbiegen, dass sie über den Kolben bis in ihre Nut geführt werden können (Bild 1).
■ Zuerst den Ölabstreifring aufsetzen, Stoß der Schlauchfeder um 180 Grad zum Stoß des Ölabstreifringes einbauen (Bild 4).
3.1. An der Außenseite des Kolbenbolzenauges unten im Kolben ist ein ***X*** zu sehen (Bild 4). Es zeigt die Kolbeneinbaulage zur Auslassseite an.
3.2. Alle Teile leicht mit Motoröl bestreichen.
3.3. Kolbenringe und Ölabstreifring mit Kolbenring-Spannband (BMW-Spezialwerkzeug Nr. 112900, Bild 5) zusammenspannen. dabei die Kolbenringe richtig positionieren:
■ Ölabstreifring mit Stoßfuge nach oben.
■ Stoßfuge der Kolbenringe um jeweils 120 Grad zur Stoßfuge des Ölabstreifrings positionieren (Bild 4).
3.4. Zylinder auf den Kopf stellen, Kolben in späterer Einbaulage in den Zylinder einführen: ***X*** unten am Kolbenbolzenauge muss zum Auslass hinweisen.
3.5. Kolben eindrücken, Kolbenbolzenauge muss frei sein. Kolbenring-Spannband abnehmen.
4. Dichtmittel Three-Bond oder Omnivisc auf der unteren Dichtfläche des Zylinders dünn auftragen.
5.1. Zylinder auf Zylinderstehbolzen schieben.
5.2. Kolben am Pleuel ansetzen, Kolbenbolzen einschieben (NICHT mit Hammer eintreiben!).
5.3. Beide Seegerringe mit der scharfen Kante in Druckrichtung (also nach außen) einbauen. Ring muss satt in seiner Nut sitzen.
6. Zylinderhalteschrauben eindrehen, festziehen. M6 mit 9 Nm, M8 mit 19 Nm.
7. Lagerschraube Steuerkettenschiene mit neuem Dichtring einbauen, mit 18 Nm festziehen. Zylinderkopf aufbauen (Kapitel 23), Ventilspiel einstellen, Ventildeckel aufsetzen (Kapitel 22), Auspuff anbringen (Kapitel 20).

Bild 5: Kolbenringe mit Kolbenring-Spannband zusammenspannen (BMW-Spezialwerkzeug Nr. 112900), Kolben in Zylinder einschieben.

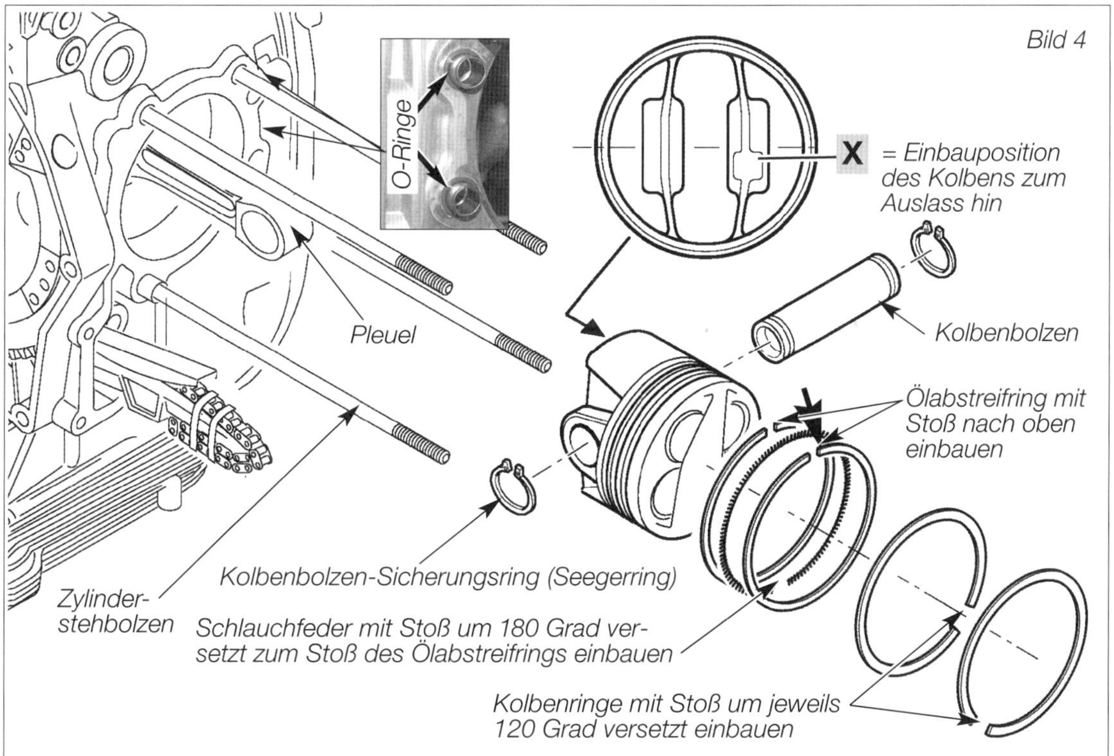

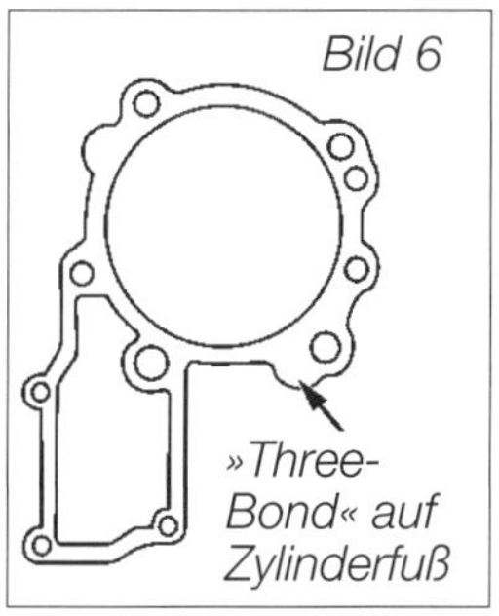

Bild 6: Dichtpaste auf Zylinderfuß-Dichtfläche aufbringen.

*Bild 4: Das **X** unten im Kolben muss beim Einbau zur Auslassseite zeigen. Beim Einsetzen in den Zylinder müssen die Stoßfugen von Kolbenringen und Ölabstreifring um je 120 Grad versetzt sein.*

Kupplung

In diesem Kapitel: Konstruktionsmerkmale · Kupplungshydraulik: Stand der Flüssigkeit, wechseln, entlüften · Kupplungsnehmerzylinder aus- und einbauen.

Konstruktionsmerkmale

Die R 1200 GS ist mit einer hydraulisch betätigten Einscheiben-Trockenkupplung (Ø 180 mm) ausgerüstet. Sehr wichtig ist Folgendes:

- Wenn der Kupplungsverschleiß zunimmt (und damit die Stärke der Kupplungsbeläge abnimmt), dann steigt der Flüssigkeitsstand im Vorratsbehälter an.
- Das Spiel am Handhebel bleibt immer gleich.

Die Kupplungsscheibe ist mit Belägen versehen, die frei sind von Asbest und Schwermetallen. Die Lebensdauer der Kupplungsbeläge beträgt bei normaler Beanspruchung mehr als 100 000 km. Unter »normaler Beanspruchung« sind Fahrten auf normalen Straßen zu verstehen sowie gelegentlicher leichter Geländeeinsatz.

Wenn allerdings die Maschine in tiefem, schwerem Gelände bewegt wird (Schlamm, tiefer und weicher Sand), und sie dort öfter als es dem Fahrer lieb ist, tief einsinkt oder sich gar fest eingräbt, und nur durch eine schleifende Kupplung wieder frei kommt, dann wird die Kupplung überlastet; im Extremfall verbrennen die Beläge. Der Motor kann zwar zum Aus- und Einbau der Kupplung im Rahmen verbleiben, allerdings müssen ziemlich viele Teile abgebaut werden, bevor man das Getriebe ausbauen kann. Nach BMW-Werksvorschrift müssen auch die Bremsleitungen geöffnet werden, was bei ABS (mit dem fast alle R 1200 GS ausgestattet sind!) eine Arbeit ist, die nur von der BMW-Motorradwerkstatt durchgeführt werden darf. Wir raten Ihnen im Falle eines echten Kupplungsdefekts (bzw. zum Einbau einer neuen Kupplung) dringend, die Sache in einer BMW-Motorradwerkstatt beheben zu lassen.

Kupplungshydraulik

Im Gegensatz zu den hydraulisch betätigten Kupplungen der meisten heutigen Motorräder ist das Kupplungshydrauliksystem der R 1200 GS nicht mit Bremsflüssigkeit befüllt, sondern mit spezieller Hydraulikflüssigkeit auf biologischer Basis namens »Vitamol V10«. Diese unterliegt keiner Alterung und muss deswegen niemals gewechselt werden: Es ist eine so genannte »Lifetime-Füllung«.

Anders sieht es aus, wenn das Hydrauliksystem beschädigt wird. Folgende Beispiele:

- Anschlüsse der Schlauchleitung lösen sich, weswegen Hydraulikflüssigkeit austritt und Luft hineingezogen wird: Dies ist unwahrscheinlich.
- Manschetten in der Geberpumpe oben am Lenker (»Handpumpe«) oder unten an Nehmerzylinder werden undicht, Hydraulikflüssigkeit tritt aus, Luft wird hineingezogen: Auch dies kommt eher nicht vor.
- Bei einem Unfall oder Sturz wird die Handpumpe beschädigt oder der oben auf der Handpumpe sitzende Vorratsbehälter wird abgerissen: Das kann schon einmal vorkommen.
- Wenn doch Luft in das Kupplungssystem gelangt ist und die Kupplung trennt nicht mehr richtig, was am »weichen« Druckpunkt am Kupplungshandhebel) zu spüren ist, etwa durch ein Leck an den Anschlüssen der Hydraulikleitung (meist durch falsche Montage bei Ab- und Anbau des Lenkers!), muss das System entlüftet werden. Wir empfehlen in einem solchen Fall sicherheitshalber die Kupplungsflüssigkeit komplett zu erneuern, also die alte Flüssigkeit abzulassen, den Vorratsbehälter auf der Handpumpe zu reinigen und neue Flüssigkeit Vitamol V10 einzufüllen.

Sollte der Fall der Fälle eintreten:

- Ausschließlich die vorgeschriebene Flüssigkeit Vitamol V10 verwenden!

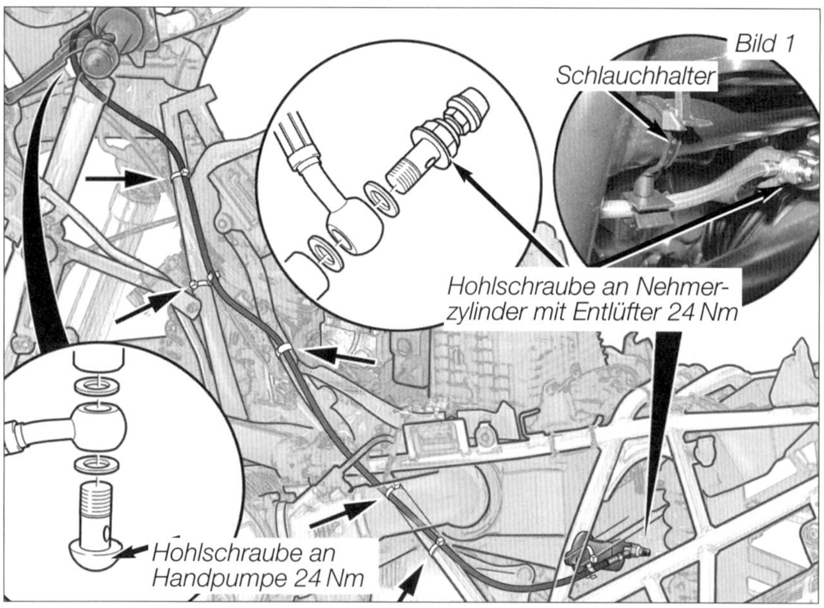

Bild 1: Verlegezeichnung der Kupplungsleitung, ihrer Anschlüsse und des Nehmerzylinders.

■ Die Pfeile zeigen auf die Stellen, wo die Schlauchleitung mit Kabelbindern festgebunden ist.

■ Beim Anschrauben der Kupplungshydraulikleitung immer neue Dichtscheiben verwenden.

■ Wenn es die nicht gibt, weil kein BMW-Händler in der Nähe ist, dann versuchen Sie, in einem Fahrradladen die Bremsflüssigkeit zu bekommen, die bei Mountain-Bikes verwendet wird, denn diese ist in ihren Grundsubstanzen der Vitamol V10 ähnlich.
■ Auch Hydraulikflüssigkeit auf biologischer Basis für landwirtschafliche Maschinen kann zur Not eingefüllt werden.

Achtung: Niemals normale Bremsflüssigkeit in das Kupplungs-Hydrauliksystem der R 1200 GS einfüllen! Dadurch werden die Manschetten im Geber- und Nehmerzylinder zerstört!

Stand der Hydraulikflüssigkeit

Der Stand der Hydraulikflüssigkeit im Behälter kann mit einem Blick von außen kontrolliert werden: Er muss sich immer zwischen den links außen am Behälter angebrachten Markierungen MAX und MIN befinden (Bild 3).

■ **Über MAX:** Steht der Flüssigkeitspegel über MAX, ist dies ein Zeichen für fortgeschrittenen Verschleiß der Kupplungsbeläge. Wenn allerdings die Kupplung noch keine Ermüdungserscheinungen zeigt, also noch sauber trennt und auch bei hartem Beschleunigen guten Kraftschluss hat (also nicht durchrutscht), dann sollte der Behälter geöffnet und etwas Hydraulikflüssigkeit abgesaugt werden.

Denn wenn der Kupplungsverschleiß weit fortgeschritten und der Behälter zu voll ist, dann ist die Membrane zusammengedrückt und es besteht die Gefahr, dass der Dauerdruck im Hydrauliksystem den Kraftschluss der Kupplung verhindert und sie deswegen durchrutscht.

■ **Bei MIN:** Steht der Flüssigkeitspegel weit unter MAX oder nur kurz über MIN, ist dies ein deutliches Zeichen, dass im Hydrauliksystem etwas nicht stimmt, denn die Hydraulikflüssigkeit Vitamol V10 verdunstet nicht: Dann ist entweder ein Anschluss des Hydraulikschlauchs lose oder eine der Manschetten in der oberen Handpumpe oder dem unteren Nehmerzylinder defekt und die Hydraulikflüssigkeit verflüchtigt sich ins Freie. Der Grund dafür muss möglichst schnell gesucht und behoben werden.

Hydraulikflüssigkeitsstand korrigieren
1. Zum Öffnen des Schraubdeckels die Zapfen vorne und hinten (Bild 4) eindrücken, damit die Zahnrastung im Deckel freigegeben wird. Deckel bei eingedrückten Zapfen auf- und abdrehen.
2. Stützring mit Membrane langsam ausziehen. Mit sauberem, nicht fusselnden Tuch reinigen.

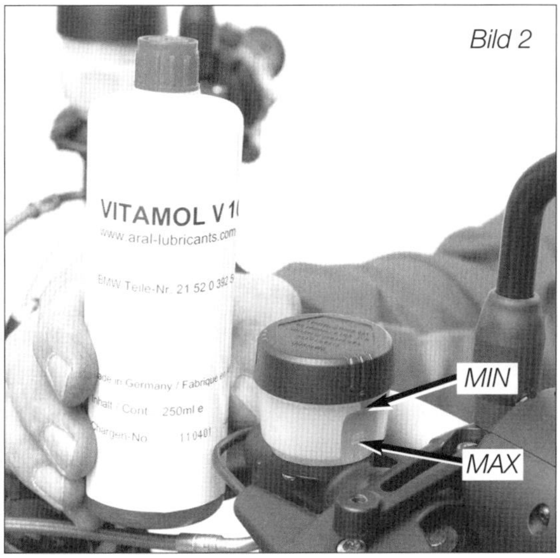

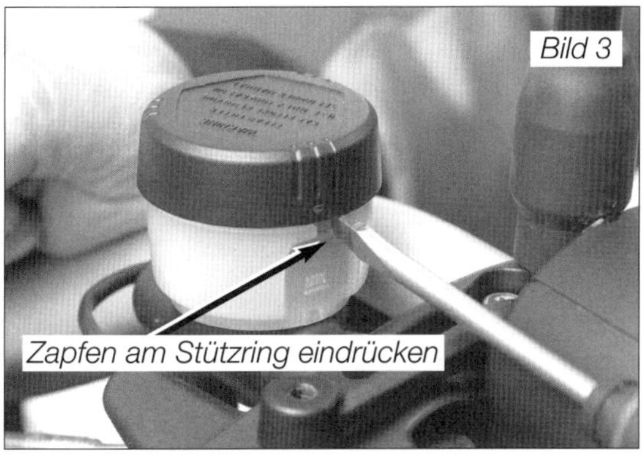

Bilder 2, 3 und 4: Der Vorratsbehälter für die Kupplungsflüssigkeit sitzt oben am Lenker. Mit zunehmendem Verschleiß der Kupplungsbeläge steigt der Flüssigkeitsstand. Das Spiel am Kupplungshebel ändert sich jedoch nicht, sondern bleibt immer gleich.

■ *In das Hydrauliksystem der Kupplung darf nur Vitamol V10 eingefüllt werden, keine Bremsflüssigkeit!*

■ *Zum Öffnen des Schraubdeckels die Zapfen am Stützring eindrücken.*

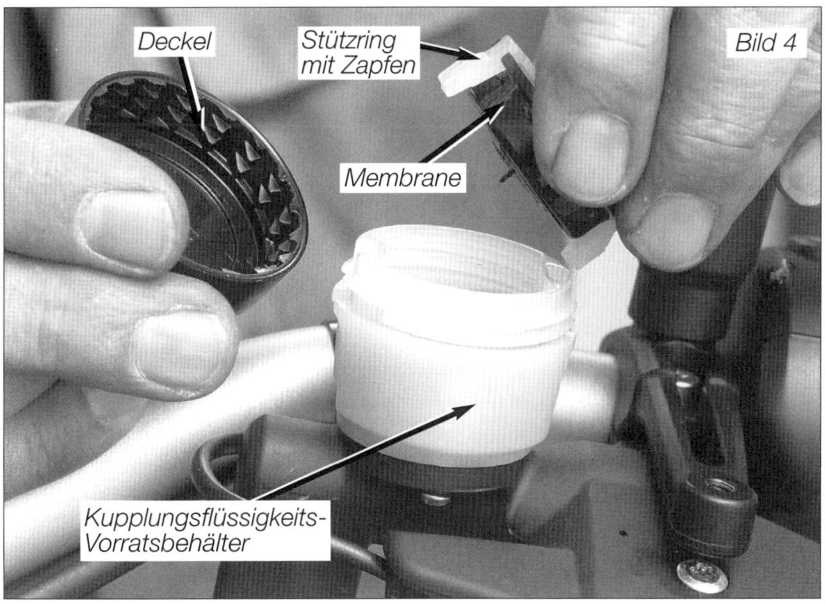

3. Flüssigkeit absaugen oder auffüllen, Flüssigkeitsstand soll kurz unter MAX sein.
4. Membrane mit Stützring einsetzen, Zapfen am Stützring müssen in die Nuten des Behälters eingreifen.
5. Deckel aufdrehen und handfest anziehen.

Hydraulikleitung
Wird eine neue Hydraulikleitung montiert (Verlegung siehe Bild 1), an den Anschlüssen neue Dichtscheiben verwenden. Die Hohlschrauben oben an der Handpumpe und unten am Nehmerzylinder mit 24 Nm festziehen.

Hydraulikflüssigkeit wechseln
1. Motorrad auf Hauptständer stellen. Lenkung so drehen, dass der Kupplungsflüssigkeitsbehälter waagerecht steht.
■ Lenkung in dieser Stellung mit einem Spanngummi so gegen einen (kalten!) Auspuffkrümmer verspannen, dass sie in dieser Position fixiert bleibt.
2. Deckel des Flüssigkeitsbehälters abdrehen, Stützring und Membrane herausnehmen (Bild 2).
3.1. Unten am Nehmerzylinder ist der Entlüfternippel der Kupplungshydraulik (Bild 1).
3.2. Einen passenden, durchsichtigen Schlauch über den Nippel schieben und mit einem Schlauchbinder gegen Abrutschen sichern.
3.3. Ende des Schlauchs in ein geeignetes Gefäß führen. Gefäß so anordnen, dass es etwas höher steht als der Entlüfternippel.
3.4. Entlüfternippel eine halbe Umdrehung öffnen.
3.5. Oben an der Handpumpe so lange langsam pumpen, bis der Behälter fast leer ist – ein ganz kleiner Rest sollte noch drin sein.
3.6. Entlüfternippel schließen, leicht festziehen.
4. Behälter reinigen. Darauf achten, dass bei der Reinigung des Behälters kein Schmutz in die Bohrungen hineingelangt. Zur Reinigung ausschließlich fusselfreie Lappen verwenden!
5. Frische Hydraulikflüssigkeit Vitamol V10 bis knapp zur MAX-Markierung auffüllen.
6.1. Entlüfternippel unten am Nehmerzylinder eine halbe Umdrehung öffnen.
6.2. Kupplungshebel einige Male langsam betätigen und die frische Hydraulikflüssigkeit durchpumpen, bis unten nur noch saubere Flüssigkeit aus dem Schlauch kommt.
6.3. Kupplungshebel gedrückt halten, Entlüfternippel schließen. Kupplungshebel loslassen.
7.1. Entlüfternippel festziehen. Gummikappe aufschieben.
7.2. Behälter mit Vitamol V10 auffüllen, Flüssigkeitsstand soll kurz unter MAX sein.
7.3. Behälter schließen.

Hydrauliksystem entlüften
Wenn Luft im Hydrauliksystem der Kupplung ist und die Kupplung deswegen nicht mehr exakt trennt (es kracht dann beim Schalten!), muss das System entlüftet werden.

Wichtig: Als Erstes jedoch feststellen, warum Luft ins Hydrauliksystem gelangt ist: Wenn sich einer der Anschlüsse der Hydraulikleitung gelöst hat, diesen ganz ausschrauben und mit neuen Dichtscheiben wieder befestigen (24 Nm).

Wenn der Nehmerzylinder unten am Getriebe defekt ist, diesen erneuern (siehe Text weiter hinten). Dann mit der Entlüftung beginnen und die Arbeitsschritte wie im Text oben von 1. bis 3.3. durchführen.
■ Bei 3.3. machen wir jetzt anders weiter:
3.4. Am Handhebel einige Male langsam pumpen, bis Druck aufgebaut ist. Hebel in Druckstellung halten.
3.5. Entlüftungsnippel unten am Nehmerzylinder eine halbe Umdrehung öffnen, Handhebel ganz durchdrücken: Unten aus dem Schlauch tritt jetzt Hydraulikflüssigkeit aus, die mit Lufblasen durchsetzt ist.
3.6. Handhebel gedrückt halten und Entlüftungsnippel schließen. Handhebel langsam loslassen.
4. Diese Vorgänge einige Male wiederholen, bis unten nur noch blasenfreie Hydraulikflüssigkeit austritt.
5.1. Dabei darauf achten, dass der Flüssigkeitsstand im Vorratsbehälter am Lenker nicht unter Minimum absinkt, da sonst Luft in das System gelangt und der Entlüftungsvorgang wiederholt werden muss.
6. Wenn keine Luftblasen mehr zu sehen sind, Entlüftungsnippel gut handfest anziehen und Schlauch abziehen, Gummikappe aufstecken.
7. Abschließend den Flüssigkeitsstand im Behälter kontrollieren und ggf. ergänzen, Gummimembrane und Stützring einsetzen, und Behälterdeckel aufdrehen.

Kupplungsnehmerzylinder

Der Kupplungsnehmerzylinder sitzt hinten auf dem Getriebegehäuse. Kupplungsnehmerzylinder und Druckstange sind unproblematische Bauteile. Falls die Motor-Getriebeeinheit ausgebaut wird, sollten diese Teile auf Verschleiß überprüft werden. Eine Zerlegung des Kupplungsnehmerzylinders mit Prüfung von Kolben, Manschetten und Zustand der Zylinderbohrung sollte dann gemacht werden, wenn die Hydraulikflüssigkeit auffällig dunkel-schmutzig ist und der Verdacht besteht, dass Schmutz im Hydrauliksystem ist.

Bis ein Defekt des Kupplungsnehmerzylinders festgestellt wird, ist wahrscheinlich schon viel Hydraulikflüssigkeit ausgelaufen. Dann umgehend die restliche Flüssigkeit ablassen und den ganzen Bereich, der von der ausgelaufenen Flüssigkeit betroffen wurde, mit reichlich klarem Wasser abspülen.

Kupplungsnehmerzylinder ausbauen

1. Hohlschraube am Kupplungsnehmerzylinder lösen und ausdrehen, Leitungsanschluss und Dichtringe abnehmen.

■ Reichlich Lappen unterlegen, um die auslaufende Hydraulikflüssigkeit aufzufangen.

2. Befestigungsschrauben des Kupplungsnehmerzylinders lösen und ausdrehen.

4. Kupplungsnehmerzylinder aus seinem Sitz ziehen, dabei nicht verkanten!

Kupplungsnehmerzylinder einbauen

1. Kupplungsnehmerzylinder in Einbaulage ansetzen (mit dem Anschluss oben, siehe Bild 5) und ohne zu verkanten in seinen Sitz drücken.

2. Handdruck auf dem Kupplungsnehmerzylinder halten, Befestigungsschrauben eindrehen und rechts-links-rechts festziehen bis auf 9 Nm.

3. Leitung mit neuen Dichtringen befestigen, Hohlschraube mit 24 Nm festziehen.

4. Nun muss der neue Kupplungsnehmerzylinder befüllt und das Hydrauliksystem entlüftet werden. BMW schreibt vor, dass dieses von unten her gemacht wird, die Erstbefüllung also über den Entlüftungsnippel vorgenommen wird (Bild 5).

Dazu ist allerdings eine größere Spritze nötig (BMW Spezialwerkzeug »Spritze«, Nr. 342551). Man kann das Befüllen des neuen Kupplungsnehmerzylinders und der Hydraulikleitung jedoch auch so machen, wie im Text in diesem Kapitel weiter vorne unter »Hydrauliksystem entlüften« beschrieben ist.

Kupplungsnehmerzylinder zerlegen, kontrollieren, zusammenbauen

Zerlegen:

1. Kupplungsnehmerzylinder in die Hand nehmen und mit dem Daumen auf den Kolben drücken.

2. Seegerring mit einer abgewinkelten Seegerringzange herausnehmen.

■ Dabei den Kolben nicht loslassen!

3. Druck auf den Kolben sanft lösen, er rutscht aus seiner Bohrung heraus (Bild 4).

■ Falls er plötzlich hakt, den Daumen nicht wegnehmen, sondern am Kolben etwas ziehen, bis er durch die Federkraft herausgedrückt wird.

Kontrollieren:

Zylinder innen und Kolben außen auf abgeschabte Stellen oder Fressstellen kontrollieren. Kolbenmanschette auf einwandfreie Dichtlippe kontrollieren.

Feder und Seegerring müssen genügend Spannung haben.

Wenn Defekte festgestellt werden, einen neuen Kupplungsnehmerzylinder einbauen. Wenn kein neuer aufzutreiben ist, können Fressstellen im Zylinder und am Kolben mit feinem Schmirgelpapier und Ölstein bearbeitet werden (der 5-Schlüssel-Mechaniker kann das!). Und hoffen, dass der Kupplungsnehmerzylinder nach Einbau eines neuen Dichtringes dicht ist.

Zusammenbauen:

1. Feder in Zylinderbohrung einsetzen, Kolben aufsetzen.

2. Kolben zusammen mit lose aufgesetztem Seegerring mit dem Daumen gegen die Federkraft in seine Bohrung drücken, Kolben etwas tiefer als die Seegerringnut eindrücken.

3. Mit der abgewinkelten Seegerringzange den Seegerring in seine Nut einsetzen. Darauf achten, dass er satt sitzt, erst dann Daumendruck vom Kolben nehmen und loslassen.

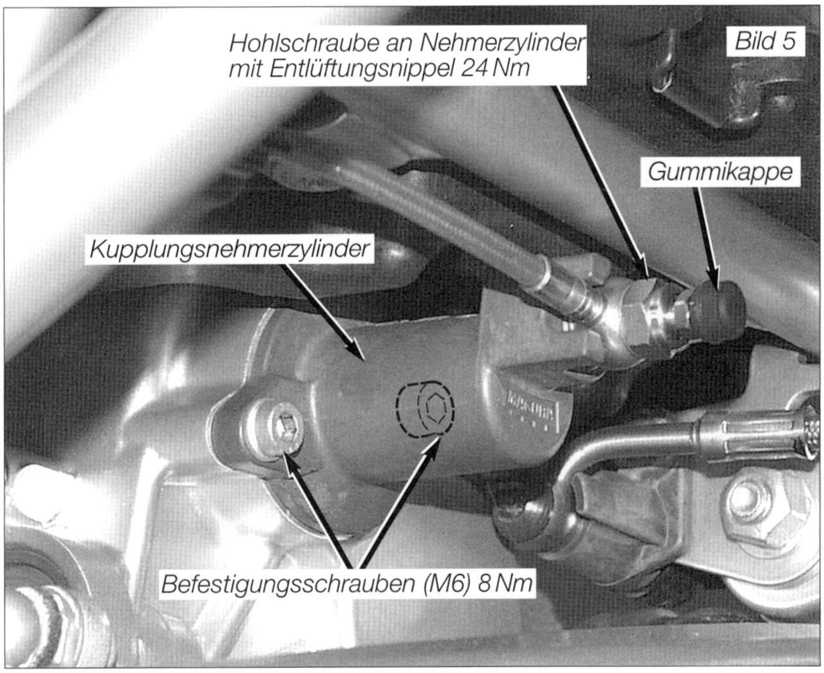

Bild 5: Kupplungsnehmerzylinder unten am Getriebegehäuse.

Sichtprüfung Messen

Schaltung

In diesem Kapitel: Konstruktionsmerkmale des Getriebes · Schaltprobleme und Behebung.

Konstruktionsmerkmale des Getriebes
Das Getriebe der R 1200 GS hat sechs Gänge und wiegt etwa 13 kg. Alle Zahnräder sind schrägverzahnt und auf Nadellagern gelagert. Die schaltbaren Gangräder von 4. und 6. Gang befinden sich auf der Zwischenwelle, die von 1., 2., 3. und 5. Gang auf der Abtriebswelle.

Die drei Getriebewellen laufen in verschleißarmen, gekapselten Clean-Bearing-Rillenkugellagern. »Clean-Bearing« bedeutet, dass die Lager so gut abgedeckt (gekapselt) sind, dass keine auch noch so feine Abriebteile in das Lager selbst hineingeraten können.

Wenn der Fahrerfuß den Schalthebel betätigt, wird die Bewegung des Schalthebels über das Schaltgestänge in das Innere des Getriebes auf die Schaltklinke und die Schaltwalze übertragen. Auf der Außenseite der Schaltwalze sind wellenförmige Nuten eingebracht, in denen die inneren Zapfen der drei Schaltgabeln eingreifen. Die außeren (großen) Zinken der Schaltgabeln greifen in die Nuten von Schiebemuffen, verschieben diese auf der Getriebewelle und bringen somit die dem Gang entsprechenden Zahnräder zueinander zum Eingriff.

Schaltprobleme und Behebung

Ganz klar: Falls das Getriebe richtig kaputt ist, muss es repariert werden, am besten in einer BMW-Motorradwerkstatt. Denn zu einer Getriebereparatur sind Spezialwerkzeuge und umfang-

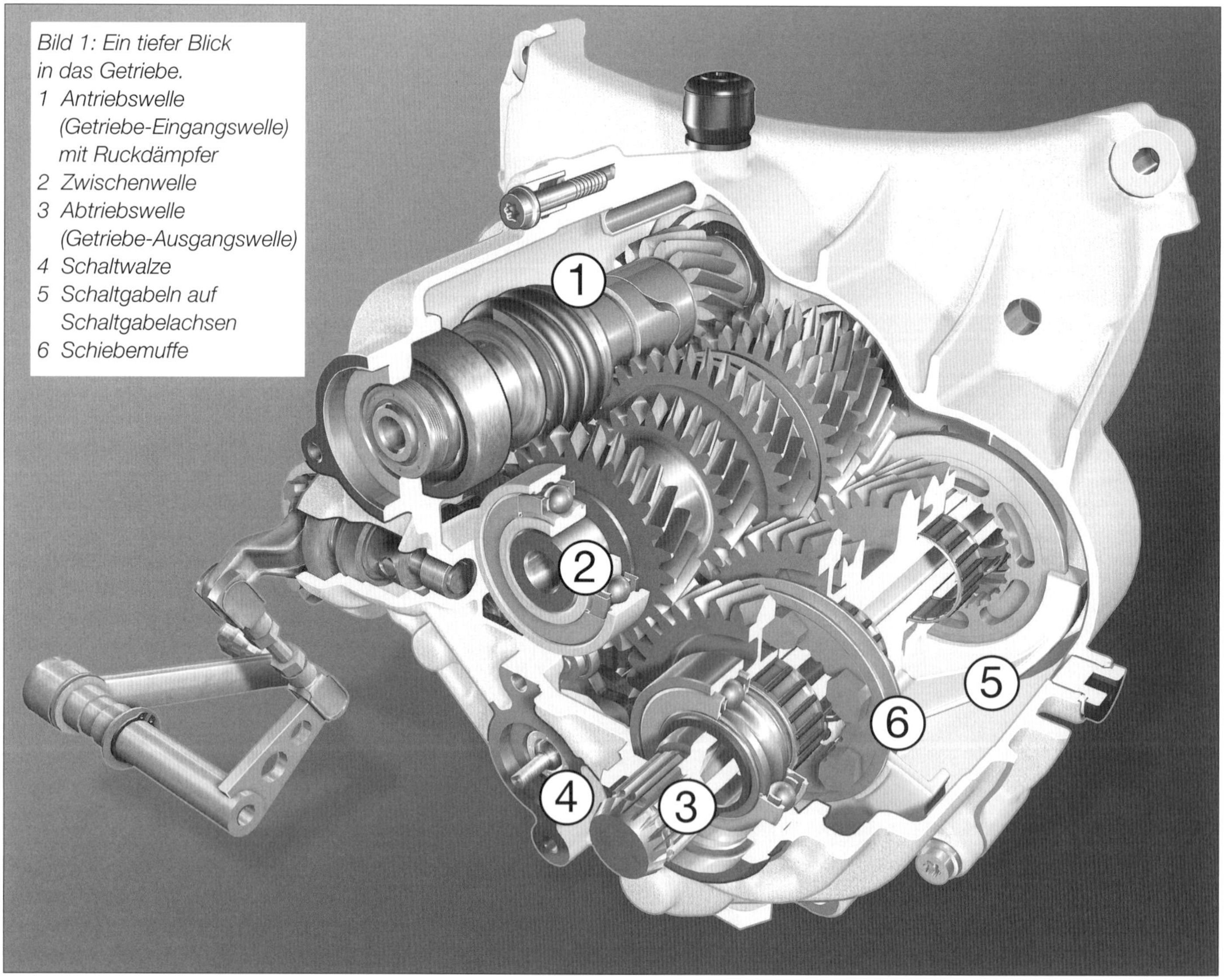

Bild 1: Ein tiefer Blick in das Getriebe.
1 Antriebswelle (Getriebe-Eingangswelle) mit Ruckdämpfer
2 Zwischenwelle
3 Abtriebswelle (Getriebe-Ausgangswelle)
4 Schaltwalze
5 Schaltgabeln auf Schaltgabelachsen
6 Schiebemuffe

reiches Fachwissen über Zerlegung und Zusammenbau des BMW-Getriebes nötig.

Profane Schaltprobleme haben dagegen ihre Basis meist von nicht sachgerechter Bedienung, denn ein BMW-Getriebe lässt sich konstruktiv bedingt nicht so schnell schalten wie das eines japanischen Motors. Man muss den Schaltvorgang bei einem BMW-Getriebe »sicher zu Ende bringen«:

- Beim Schalten in den nächst höheren (oder nächst niedrigeren) Gang muss die Kupplung ganz durchgezogen werden,
- …dann erst den Schalthebel bis zum Anschlag nach oben ziehen (bzw. niedertreten),
- Kupplung loslassen…
- …und erst jetzt den Druck auf den Schalthebel wegnehmen.

Geübte BMW-Fahrer haben damit keine Probleme, weniger geübte können solche haben. Bevor jedoch das Getriebe als solches lautstark verdammt wird oder gar echte Schaltprobleme vermutet werden, sollte der Fahrer erstmal die eigene Art des Schaltens überprüfen und ggf. korrigieren.

Problem: Getriebe schaltet sich schwer
1. Mögliche Ursache: Lagerung der Fußschalthebelwelle schwergängig.
Abhilfe: Fußschalthebelwelle ausbauen, gängig machen, gut gefettet einbauen.

2. Mögliche Ursache: Kupplung rückt nicht aus.
Abhilfe: Kupplungshydraulik entlüften.

3. Mögliche Ursache: Kupplungsbauteile verschlissen.
Abhilfe: Neue Kupplung einbauen.

3. Mögliche Ursache: Zu viel Öl, zu dickes Öl oder zu wenig Öl im Getriebe.
Abhilfe: Öl wechseln, ggf. sehr dünnes Öl einfüllen, z. B. das von BMW angebotene Hydrauliköl für BMW-Automobil-Automatikgetriebe.

Problem: Getriebe schaltet sich ungenau, gewünschter Gang lässt sich nicht sicher einlegen
1. Mögliche Ursache: Fußschalthebel auf Fußschaltwelle, Schaltgestänge selbst oder Getriebeschalthebel auf Getriebeschaltwelle lose.
Abhilfe: Überprüfen, ob die Schraubverbindungen beider Schalthebel (siehe dazu Bild 3) korrekt angezogen sind und die Kugelköpfe klemmfrei arbeiten. Im Kapitel 4 »Einstellungen« sind die Einstellung des Fußschalthebels und auch der Ab- und Anbau der Kugelköpfe detailliert beschrieben.

Kurzform: Kugelpfanne ab- und anbauen
Abbau: Sicherungssplint durch Drehen vom Sitz lösen und parallel zur Gewindestange ausziehen. Kugelpfanne vom Kugelkopf abziehen.
Anbau: Kugelpfanne auf Kugelkopf drücken, Sicherungssplint einsetzen, durch Drehbewegung zum Rand hin aufklicken und sichern.

2. Mögliche Ursache: Wenn ein Schalthebel auf der Schaltwelle über längere Zeit mit loser Klemmschraube gefahren wurde, ist seine Verzahnung meist defekt.
Abhilfe: Neuen Schalthebel anbauen.

Problem: Getriebe macht Geräusche
Mögliche Ursache: Lager im Getriebe defekt
1. Abhilfe: Getriebe reparieren, am besten alle Lager austauschen (teuer!) oder Austauschgetriebe einbauen (preiswerter).
2. Abhilfe: Getriebeöl wechseln. Das alte Öl mit den Fingerspitzen prüfen: Sind feiner Abrieb oder gar schon grobe Metallspäne zu sehen bzw. zu spüren?

- Wenn »ja«, wird es Zeit für eine Reparatur des Getriebes. Zeigen Sie dem BMW-Motorradmeister die Krümel und lassen ihn entscheiden.
- Wenn kein Abrieb oder nur ganz wenig Metall zu spüren/zu sehen ist, neues Getriebeöl einfüllen und hören: Möglicherweise ist das Geräusch jetzt geringer oder sogar ganz verschwunden.

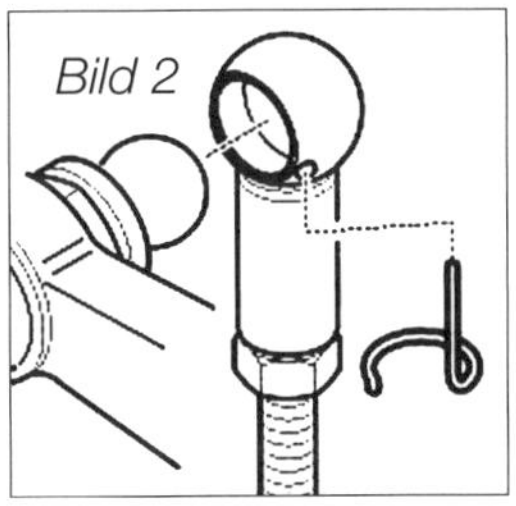

Bild 2: Ausbau einer Kugelpfanne:
- *Splintende vom Sitz lösen,*
- *Splint ausziehen,*
- *Kugelpfanne vom Kugelkopf abziehen.*

Einbau:
- *Kugelpfanne auf Kugelkopf aufschieben,*
- *Splint in Bohrung in Kugelpfanne einschieben,*
- *Splintende auf Sitz aufwalzen.*

Bild 3: Explosionszeichnung der Fußschaltmechanik.

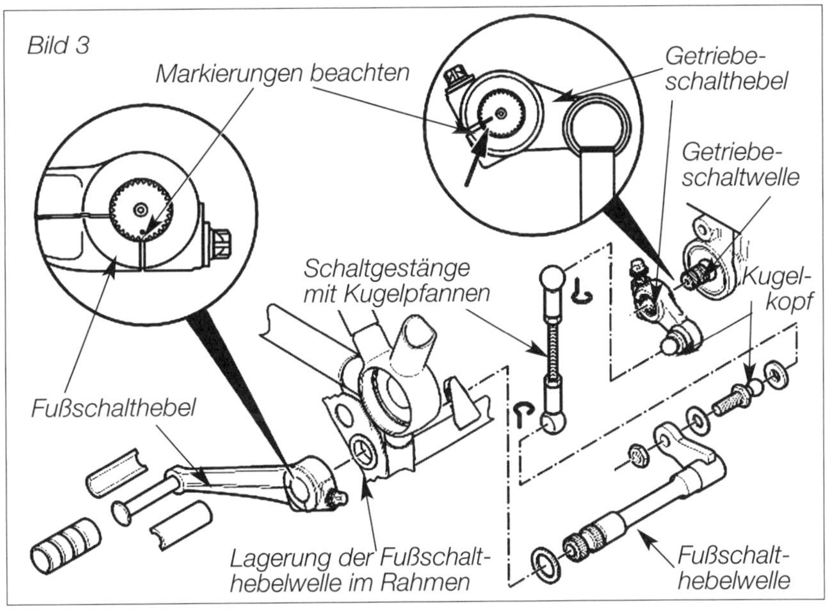

Anlasser

In diesem Kapitel: Anlasser prüfen · Anlasser ausbauen · Anlasser zerlegen, zusammenbauen, prüfen und vermessen · Anlasser einbauen · Kohlebürsten ersetzen.

Anlasser

Wenn beim Druck auf den Anlasserknopf nichts passiert, kann dies verschiedene Ursachen haben. Die häufigste ist sicherlich eine leere Batterie. Wenn diese jedoch in Ordnung ist, dann kann das Anlasserrelais oder der Anlasser selbst defekt sein. BMW-Werkstätten setzen zur Fehlersuche das Diagnosesystem ein. Damit kann auch herausgefunden werden, ob ggf. das Zündschloss oder z. B. die Diebstahlsicherung bzw. Diebstahlwarnanlage eine Störung haben.

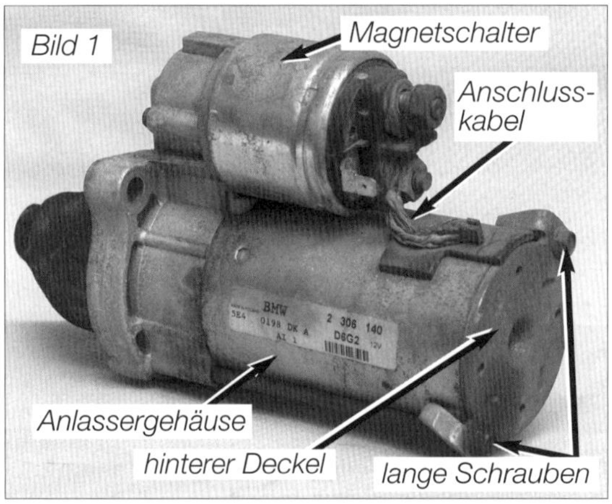

Bild 1: Ausgebauter Anlasser in seiner Einbaulage.

Anlasser prüfen

Falls Sie keine Möglichkeit haben, eine BMW-Motorradwerkstatt aufzusuchen:

1. Prüfung des Anlasserrelais siehe Kapitel 13 »Elektronik«.

2. Prüfen, ob der Anlasser überhaupt mit Strom versorgt wird: Mit einem Multimeter bei gedrücktem Startknopf die Spannung am Pluskabel des Anlasers messen: Es muss Batteriespannung anliegen.

3. Kohlenverschleiß überprüfen (siehe Text weiter unten in diesem Kapitel).

Anlasser ausbauen

1. Batterie-Minuspolkabel abschrauben und isolieren. Anlasser-Abdeckblende abschrauben.

2. Pluskabel (Bild 4) vom Anlasser abschrauben und isolieren. Stecker (Bild 4) abziehen.

3. Befestigungsschrauben (Bild 4) ausschrauben.

4. Anlasser abnehmen.

Anlasser zerlegen und zusammenbauen

Nehmen Sie sich dazu die Zeichnung in Bild 2 zu Hilfe.

1. Anschlusskabel abschrauben.

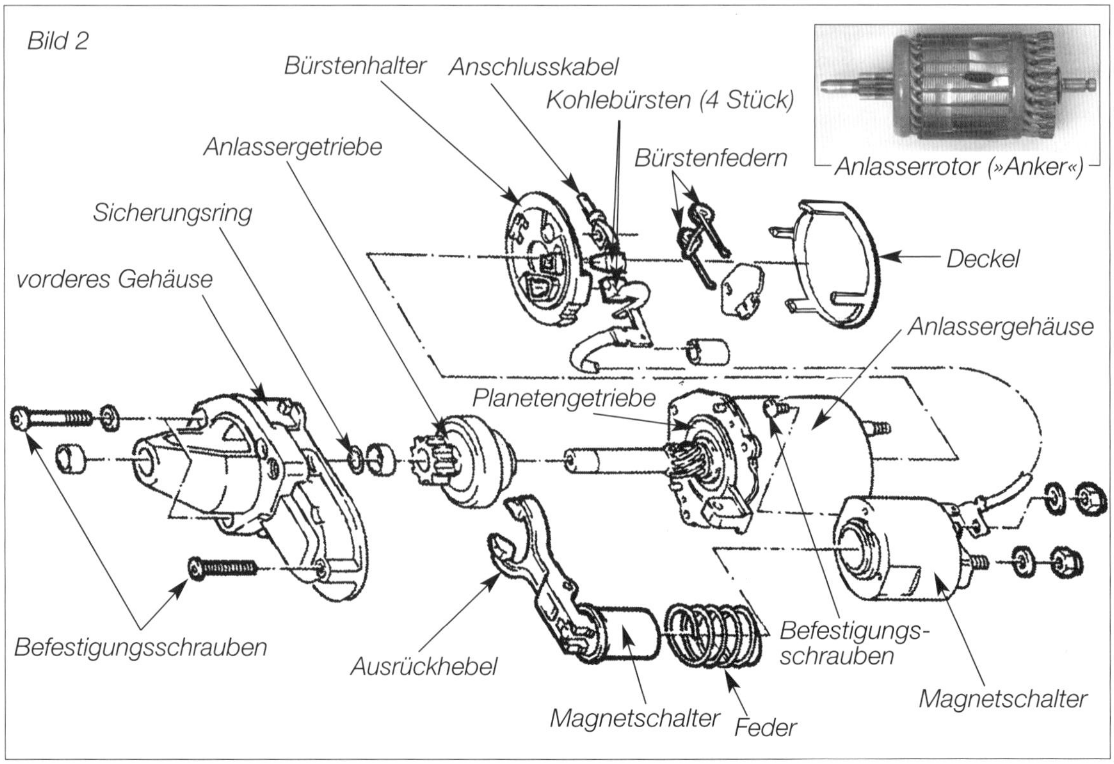

Bild 2: Explosionszeichnung des Anlassers mit den Teilebezeichnungen.

2. Hinteren Deckel abnehmen: Die beiden langen Schrauben ausdrehen, Deckel mit der einen Hand gefühlvoll ausziehen, mit der anderen Hand das Anlassergehäuse festhalten.
3. Anlassergehäuse abnehmen: Mit einer Hand festhalten und daran ziehen, mit der anderen Hand das Anlasser-Getriebegehäuse halten.
■ Der Anlasserrotor bleibt durch die Magnetkraft im Anlassergehäuse, die vordere Welle wird aus dem Planetengetriebe ausgezogen.
4. Mit einem Magneten den innenliegenden Deckel herausziehen.
5. Anlasserrotor (»Anker«) aus dem Anlassergehäuse herausdrücken, das geht durch die Magnetkraft sehr schwer. Darauf achten, dass der Anlasserrotor innen nirgends hart anschlägt.

Zusammenbau in umgekehrter Reihenfolge.

Anlasser einbauen
Einbau in umgekehrter Reihenfolge des Ausbaus. Steilgewinde und Einrückring samt Welle gut mit Silikonfett (z. B. Bosch PZ2V3) bestreichen.

Anzugsdrehmomente
Anschlusskabel an Startermotor................ 10 Nm
Anlasser an Motorgehäuse........................ 19 Nm
Abdeckung .... 7 Nm

Kohlebürsten ersetzen

Ab km-Stand 100 000 kann es vorkommen, dass die Kohlebürsten des Anlassers so verschlissen sind, dass sie ersetzt werden müssen. Zu den folgenden Arbeitsschritten ist der Anlasser ausgebaut.
1. Mutter vom Anschlusskabel abdrehen, Kabelklemme abnehmen.
2. Hinteren Deckel abnehmen.
3. Bürstenhalter aus dem Deckel ziehen.
4. Bürstenfedern anheben und Kohlebürsten entnehmen.
5. Verschleißmaß der Kohlebürsten 4 mm. Wenn verschlissen, neue Bürsten einsetzen.

Die vier Kohlebürsten verschleißen meistens gleichmäßig. Wenn sie bei der Längenmessung auf ± 0,1 mm gleich lang sind, können sie wieder eingebaut werden, sofern sie ihre minimale Länge (4 mm) noch nicht erreicht haben.

Wenn die Kohlebürsten dagegen unterschiedlich lang sind, kann es sein, dass sie in ihren Führungen klemmen, schlechten Kontakt zur Ankerwelle haben und der Anlasser deswegen nicht funktioniert. Eine intensive Reinigung der Kohlebürstenhalterungen genügt meist, um das Übel zu beheben. Wenn der Anlasser schon auseinander geschraubt ist, zweckmäßigerweise gleich neue Kohlebürsten einbauen.

Wenn die Kohlebürsten unterschiedlich verschlissen sind, deutet dies auch auf (ein) ausgeschlagene(s) Lager hin, weswegen die Ankerwelle »eierte«. Lagerstellen prüfen! Sind diese defekt, können sie vom BMW-Spezialisten repariert werden. Möglicherweise ist dann allerdings der Kauf eines Austauschanlassers die bessere Entscheidung.

Einbau in umgekehrter Reihenfolge.

Bild 3: Die Abschrägung an den Zahnspitzen ist konstruktiv bedingt und somit kein Verschleiß.

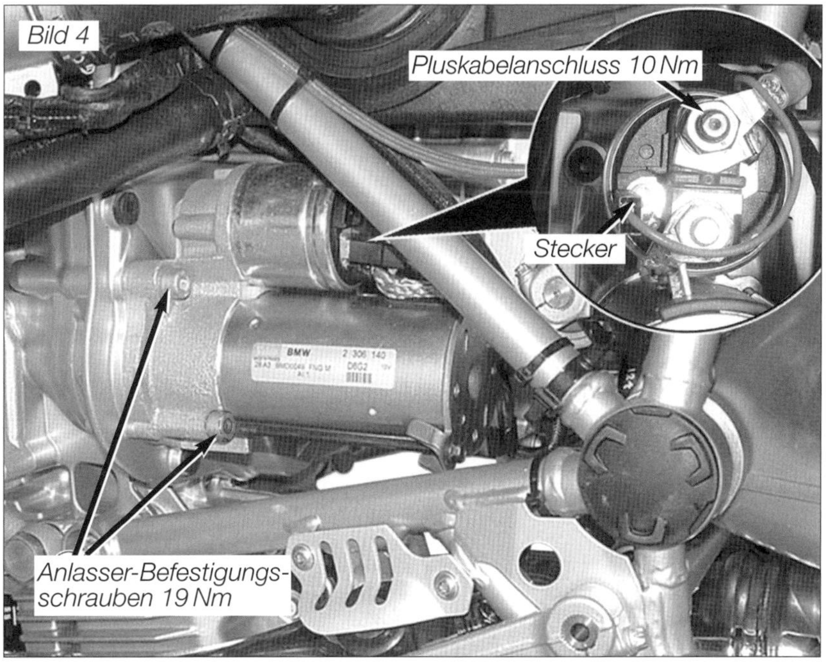

Bild 4: Schraubstellen beim Aus- und Einbau des Anlassers.

Störungssuche

In diesem Kapitel: Elektrische Bauteile · Störungssuche in Motor, Kraftübertragung, Fahrwerk und Elektrik.

Massive Klagen über die allgemeine Zuverlässigkeit der BMW R 1200 GS gibt es kaum. Weder ihr 98 PS starker, luftgekühlter Zweizylinder-Boxermotor mit vier Ventilen pro Zylinder, einer neu entwickelten Ausgleichswelle zur Eliminierung von Vibrationen der elektronisch gesteuerten Einspritzanlage, noch das Fahrwerk oder die Anbauteile haben typische Mängel oder versteckte Problemnester. Man muss mit der R 1200 GS nur umzugehen wissen, dann kann man sehr zufrieden sein und glücklich werden mit ihr. Ihr Boxermotor läuft einfach anders und ihr Getriebe schaltet sich anders als das eines japanischen Vierzylinders – Boxerfahren ist eine eigene Geschichte, die man erstens kennen lernen und bei der man sich zweitens mit einigen Eigenheiten des Zweizylinders arrangieren muss. Gelingt dies, steht dem (fast) vollkommenen (Motorrad-)Glück nichts mehr im Wege.

Dennoch kann eine BMW heftige Mucken zeigen, wenn sie entweder nicht richtig behandelt wird oder nicht rechtzeitig in die (Fach-)Werkstatt kommt. Der folgende Text soll helfen, Fehler aufzuspüren. Sorgfältig Punkt für Punkt durchgelesen, kann er eine gute Hilfe zur Erleichterung der Störungssuche bei Fehlfunktionen sein. Wir empfehlen Ihnen, diese Liste ab und zu mal durchzulesen, auch ohne dass Sie ein Defekt am Motorrad dazu zwingt. Sie lernen dazu und sensibilisieren sich damit selbst für den Fall der Fälle, können bei einem auftretenden Fehler also schneller zur »Möglichen Ursache« kommen, dieser dann zielgerichtet rasch auf den Grund gehen und für Behebung sorgen.

Wenn Sie in den Text einsteigen, werden Sie rasch feststellen, dass sich einige Textpassagen unter »Mögliche Gründe« bei ganz verschiedenen Fehlerursachen wiederholen. Dies hat seinen Grund darin, dass sich mögliche Fehlerquellen verzahnen können und dann eine Negativkette bilden. Beispiel: Wenn ein Motor nach dem Motoraus- bzw. Wiedereinbau nicht anspringt, kann es durchaus sein, dass folgende Dinge zusammenkommen: Spritleitungen nicht richtig angeschlossen, kein Benzin im Tank und Zündkerzen geben keinen Funken ab, weil die Zündkerzenstecker nicht richtig aufgesteckt sind. Oder bei einem Fehler in der Motorelektronik kann irgendwo ein Kabel durchgescheuert oder gebrochen sein, das man nicht auf Anhieb sieht. Dann ist der BMW-Spezialist gefragt, der alle Kabel und Steckplätze mit seinen Spezialgeräten durchmisst.

Bild 1

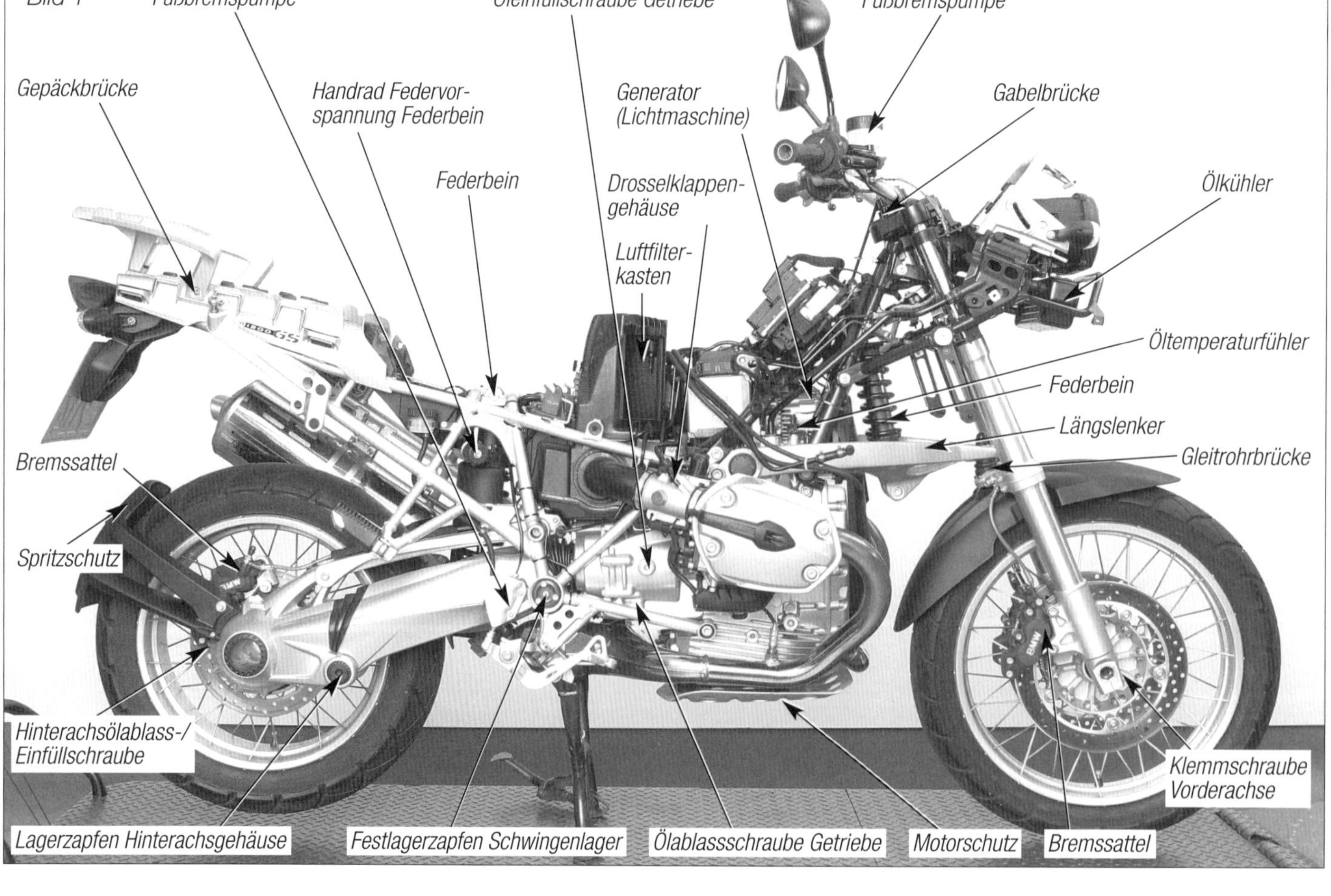

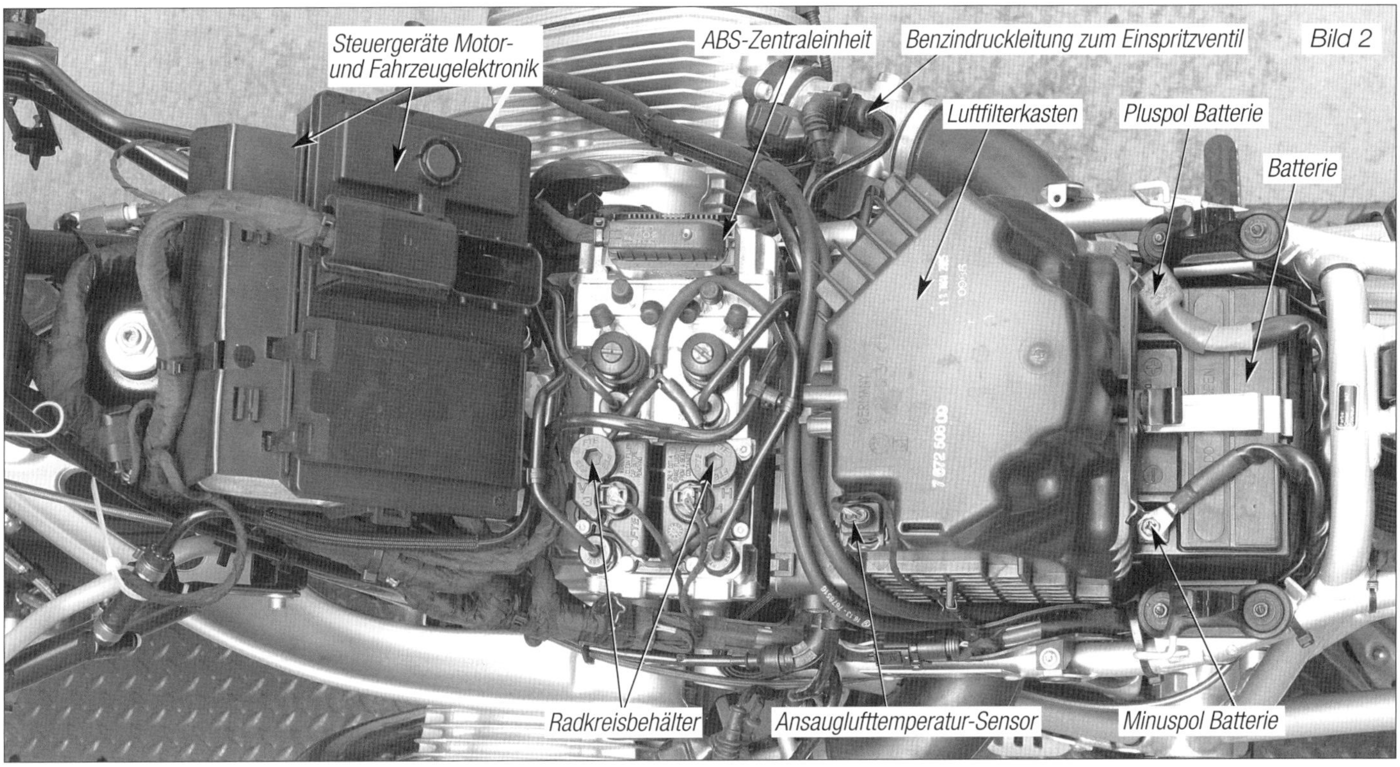

Bilder 1, 2 und 3: Die wichtigsten Bauteile im Überblick.

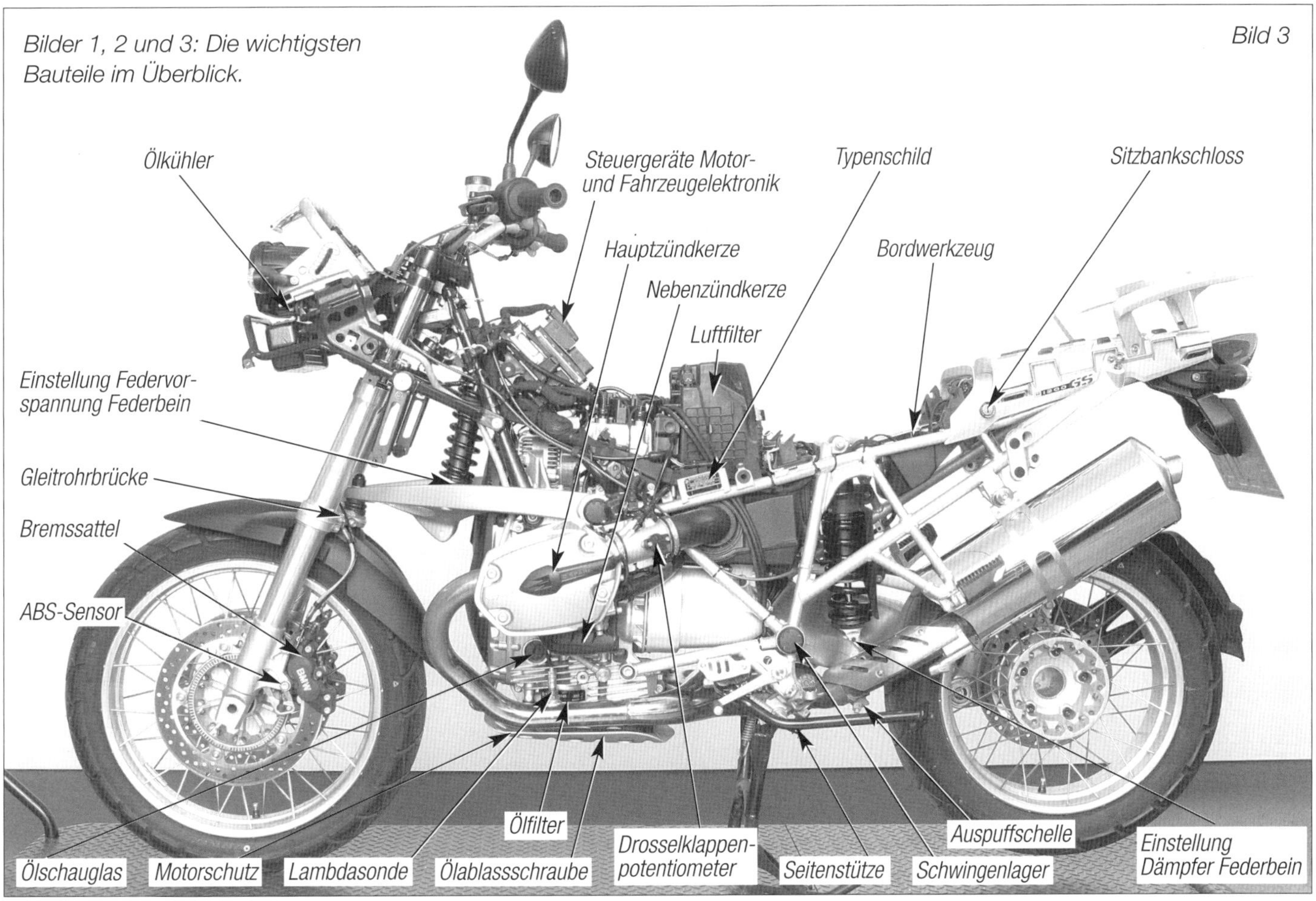

Die BMW R 1200 GS verfügt über ein vollständig sicherungsloses Bordnetz mit drei Steuergeräten (siehe dazu auch Kapitel 13 »Elektronik). Mögliche Fehler werden im Display angezeigt und zugleich im Fehlerspeicher hinterlegt. Bei Kurzschluss oder Fehlfunktion schaltet die Elektronik die betreffende Funktion ab. Die BMW-Motorradmechaniker sind speziell geschult und können unter Zuhilfenahme von Spezialwerkzeugen, Prüf- und Diagnosegeräten einen möglichen Fehler finden. Sollte an Ihrem Motorrad ein Elekto-»Fips« auftauchen, konsultieren Sie bitte zuerst den autorisierten BMW-Händler, bevor Sie zu Elektrozange und Lötkolben greifen und den Kabelbaum bearbeiten.

Motor

Fehler: Motor wird vom Elektrostarter durchgedreht, springt aber nicht an
Mögliche Ursachen:
- Falsche Gasdrehgriff-Betätigung → *Kapitel* 4 5
- Kein Kraftstoff im Tank → *Kapitel* 19
- Kraftstoff gelangt nicht zur Einspritzdüse → *Kapitel* 19
- Kraftstoff gelangt nicht in den Ansaugtrakt → *Kapitel* 19
- Motor mit Kraftstoff überflutet (»ersoffen«) → *Kapitel* 19
- Kraftstoffpumpe oder Druckregler arbeitet nicht → *Kapitel* 19
- Kraftstofffilter oder -leitung verstopft → *Kapitel* 19
- Kein Funke an den Zündkerzen → *Kapitel* 17
- Luftfilter zugesetzt → *Kapitel* 18
- Luftansaugschnorchel verstopft (Lappen beim Putzen darin vergessen?) → *Kapitel* 18
- Motorelektronik defekt → *Kapitel* 13 17 19
- Kompression zu niedrig: Ventile blasen durch, Zylinderkopfdichtung defekt → *Kapitel* 23

Fehler: Motor springt schlecht an, geht sofort wieder aus
Mögliche Ursachen:
- Zündanlage arbeitet nicht richtig (Unterspannung) → *Kapitel* 17
- Zündkerze(n) defekt: Zu geringer/zu großer Elektrodenabstand, Kerze(n) hat (haben) Masseschluss → *Kapitel* 17
- Gasseil ausgehängt → *Kapitel* 4 19
- Einspritzanlage defekt: Motorsteuergerät oder einer der Signal gebenden Sensoren → *Kapitel* 13 17 19
- Kraftstoff verschmutzt, Dreck im Tank, in den Benzinleitungen, im Einspritzsystem → *Kapitel* 19
- Leerlaufdrehzahl falsch eingestellt → *Kapitel* 4
- Tankentlüftung zugestopft → *Kapitel* 6 19
- Falschluft wird angesaugt (z. B. Ansaugstutzen lose) → *Kapitel* 19
- Seitenständer vollständig zurückgeklappt → *Kapitel* 4

Fehler: Unrunder Leerlauf
Mögliche Ursachen:
- Ventilspiel verstellt: Zu weit oder zu eng → *Kapitel* 22
- Zündsystem defekt → *Kapitel* 17
- Zündkerzen defekt: Zu geringer oder zu großer Elektrodenabstand, Kerze hat Masseschluss → *Kapitel* 17
- Motorsteuergerät defekt → *Kapitel* 13 17 19
- Drosselklappen nicht synchron → *Kapitel* 19
- Leerlauf falsch eingestellt → *Kapitel* 4 19
- Kraftstoffpumpe defekt → *Kapitel* 19
- Kraftstoff verschmutzt, Dreck im Tank, in den Benzinleitungen, im Einspritzsystem → *Kapitel* 6 19

Fehler: Zündaussetzer beim Beschleunigen
Mögliche Ursachen:
- Falscher Elektrodenabstand der Zündkerzen → *Kapitel* 17
- Kerzenstecker nicht richtig angebracht → *Kapitel* 17
- Zündkabel und/oder Zündkerzenstecker schlagen durch → *Kapitel* 17
- Feuchtigkeit bzw. Kontaktproblem in der außen liegenden Motorelektrik (Steckverbindungen allgemein) → *Kapitel* 13
- Drosselklappen falsch eingestellt → *Kapitel* 19

Fehler: Motor patscht, produziert Fehlzündungen
Mögliche Ursachen:
- Zündsystem defekt → *Kapitel* 17
- Falscher Elektroden-Abstand der Zündkerzen → *Kapitel* 17
- Drosselklappeneinheit defekt → *Kapitel* 19
- Luftfilterkasten-Anschlüsse bzw. Drosselklappen-Gehäuse ziehen Nebenluft (Falschluft) → *Kapitel* 18 19
- Ansaugstutzen rissig, gebrochen, lose bzw. nicht richtig befestigt (Falschluft) → *Kapitel* 19

Fehler: Geringe Leistung und hoher Verbrauch
Mögliche Ursachen:
- Kraftstoffsystem verstopft → *Kapitel* 19
- Luftfilter verschmutzt → *Kapitel* 18
- Zündsystem defekt → *Kapitel* 17
- Motorsteuergerät oder einer der Signal gebenden Sensoren defekt → *Kapitel* 13 17 19

Fehler: Motor zieht nicht richtig, wird zu heiß
Mögliche Ursachen:
- Zu mageres Gemisch: Einspritzdüsen verstopft, Kraftstoffleitung gequetscht, eingeklemmt → *Kapitel* 19
- Druckverlust im Benzinversorgungssystem (Systemdruck kontrollieren) → *Kapitel* 19
- Tankbelüftung verstopft, Belüftungsschlauch eingeklemmt → *Kapitel* 19
- Druck der Benzinpumpe zu niedrig → *Kapitel* 19

Fehler: Motor zieht nicht, raucht aus dem Auspuff
Mögliche Ursachen:
- Zu fettes Gemisch → *Kapitel* 19
- Druckregler defekt → *Kapitel* 17 19
- Luftfilter verschmutzt, stark verdreckt → *Kapitel* 18

Fehler: Überhitzen des Motors
Mögliche Ursachen:
- Luft-Kraftstoff-Gemisch zu mager → *Kapitel* 19
- Falschluftansaugung durch fehlerhafte Ansaugrohrverbindung → *Kapitel* 18 19
- Einspritzventil(e) defekt → *Kapitel* 19
- Zu viel Frühzündung wegen defektem Zündsystem → *Kapitel* 17

KURBELGEHÄUSE UND KURBELWELLE

Fehler: Übermäßig starke Laufgeräusche
Mögliche Ursachen:
- Rumpeln: Kurbelwellen-Hauptlager, Pleuellager oder Kolbenbolzenlager verschlissen → *Fachwerkstatt*
- Klopfen: Pleuellager verschlissen → *Fachwerkstatt*
- Rasselndes Schlagen: Nockenwellen-Antriebskette lose bzw. verschlissen, Spannelement gebrochen oder verschlissen, hydraulischer Nockenwellenkettenspanner klemmt, Ölzufuhr zum Nockenwellenkettenspanner verstopft → *Fachwerkstatt*

SCHMIERSYSTEM

Fehler: Ölstand zu niedrig, hoher Ölverbrauch
Mögliche Ursachen:
- Zu wenig Öl im Motor → *Kapitel* 21
- Öl läuft aus, Dichtungen lassen durch → *Kapitel* 21
- Kolbenringe und/oder Ölabstreifringe verschlissen oder gebrochen → *Kapitel* 24
- Öl wird aus Entlüftung herausgedrückt durch Überdruck im Motorgehäuse: deutet auf verschlissene Kolbenringe hin → *Kapitel* 24
- Ventilführungen verschlissen → *Fachwerkstatt*

Fehler: Öl stark verschmutzt
Mögliche Ursachen:
- Öl und/oder Ölfilter nicht rechtzeitig gewechselt → *Kapitel* 21
- Zylinderkopfdichtung schadhaft → *Kapitel* 23
- Kolbenringe verschlissen → *Kapitel* 24
- Ventilführungen und/oder Ventilschaftdichtungen verschlissen → *Fachwerkstatt*

Fehler: Öldruck zu niedrig
Mögliche Ursachen:
- Überdruckventil in geöffnetem Zustand festgeklemmt → *Kapitel* 21
- Ölstand zu niedrig, zu wenig Öl im Motor → *Kapitel* 21
- Ölpumpe verschlissen → *Kapitel* 21
- Kurbelwellen-Hauptlagerspiel zu groß (Lager ausgeschlagen) → *Fachwerkstatt*

Fehler: Öldruck zu hoch
Mögliche Ursachen:
- Öldruckregler geschlossen oder festgeklemmt → *Kapitel* 21
- Falsche Ölviskosität (zu dickes Öl) → *Kapitel* 21

Fehler: Kein Öldruck
Mögliche Ursachen:
- Ölstand zu niedrig → *Kapitel* 21
- Ölpumpe defekt → *Kapitel* 21
- Motor-internes Ölleck → *Fachwerkstatt*

Fehler: Motor wird zu heiß, überhitzt
Mögliche Ursachen:
- Zu wenig Öl im Motor → *Kapitel* 21
- Ölkühler von außen verstopft (Fliegen, Laub, sonstiger Schmutz) → *Kapitel* 3 21
- Ölpumpe defekt oder Ölkreislauf verstopft → *Kapitel* 21
- Übermäßige Ölkohleablagerung im Brennraum → *Kapitel* 24

ZYLINDER, ZYLINDERKOPF, VENTILE

Fehler: Zu niedrige oder ungleichmäßige Kompression
Mögliche Ursachen:
- Ventile falsch eingestellt (zu knapp mit zu wenig Ventilspiel) → *Kapitel* 22
- Ventilsitze verbrannt, Ventile verbogen → *Fachwerkstatt*
- Falsche Ventilsteuerzeiten (ist meistens ein Montagefehler) → *Kapitel* 22
- Ventilfeder(n) gebrochen → *Fachwerkstatt*
- Zylinderkopfdichtung bläst durch → *Kapitel* 23
- Zylinderkopf verzogen oder gerissen → *Fachwerkstatt*
- Ventilsitz(e) undicht oder Ventilführung(en) ausgeschlagen → *Fachwerkstatt*
- Zylinder verschlissen → *Kapitel* 24
- Kolbenringe gebrochen → *Kapitel* 24

Fehler: Zu hohe Kompression
Mögliche Ursachen:
- Übermäßige Ölkohleschicht im Brennraum → *Kapitel* 24

Fehler: Starke Geräuschentwicklung
Mögliche Ursachen:
- Ventile falsch eingestellt (meist zu großes Ventilspiel) → *Kapitel* 22
- Steuerungsträger (Kipphebellagerung) lose → *Kapitel* 22 23
- Kipphebellagerung verschlissen → *Fachwerkstatt*
- Kipphebel-Axialspiel zu groß → *Fachwerkstatt*
- Klemmende(s) Ventil(e), gebrochene Ventilfeder(n) → *Fachwerkstatt*
- Nockenwelle und/oder Stößel beschädigt → *Fachwerkstatt*
- Steuerkette zu locker oder verschlissen → *Kapitel* 23
- Nockenwellenkettenspanner beschädigt oder verschlissen → *Kapitel* 23
- Zylinder und/oder Kolben verschlissen → *Kapitel* 24

- Kolben gebrochen ➔ *Kapitel* 24
- Übermäßige Ölkohlebildung im Brennraum ➔ *Kapitel* 24
- KW-Lagerschaden, Pleuellagerschaden ➔ *Fachwerkstatt*

Fehler: Starke Rauchentwicklung
Mögliche Ursachen:
- Zylinder und/oder Kolben verschlissen ➔ *Kapitel* 24
- Kolbenringe gebrochen, falsch montiert ➔ *Kapitel* 24
- Ölabstreifringe gebrochen, keine Spannung mehr, falsch herum montiert ➔ *Kapitel* 24
- Kolben und/oder Zylinderwand mit Riefen oder Schrammen ➔ *Kapitel* 24
- Ventilführungen und/oder Ventilschäfte abgenutzt ➔ *Fachwerkstatt*
- Ventilschaftdichtung defekt ➔ *Fachwerkstatt*

Fehler: Motor überhitzt
Mögliche Ursachen:
- Übermäßige Ölkohleablagerung im Brennraum ➔ *Kapitel* 24
- Motor läuft zu mager (Spritpoblem) ➔ *Kapitel* 13 19

Kraftübertragung

KUPPLUNG

Fehler: Kupplung rutscht beim Beschleunigen
Mögliche Ursachen:
- Kein Spiel oder Spannung in der Betätigung ➔ *Kapitel* 25
- Kupplungsbeläge verölt, weil Getriebe-Simmerring Öl durchlässt ➔ *Kapitel* 25
- Kupplungsbeläge verschlissen, abgenutzt, ausgebrochen ➔ *Kapitel* 25
- Kupplungsfeder lahm, ohne Spannung ➔ *Kapitel* 25
- Kupplungsscheibe verzogen ➔ *Kapitel* 25

Fehler: Kupplung rückt nicht aus
Mögliche Ursachen:
- Luft im Hydrauliksystem ➔ *Kapitel* 25
- Druckplatte und/oder Kupplungsscheibe verzogen ➔ *Kapitel* 25
- Konus an Druckstange bzw. Druckplatte eingelaufen ➔ *Kapitel* 25
- Kolben im Geberzylinder schwergängig (gefressen) ➔ *Kapitel* 25
- Ausrück-Druckmechanismus defekt ➔ *Kapitel* 25

Fehler: Kupplung rupft
Mögliche Ursachen:
- Verzahnung der Kupplungsscheibe auf der Antriebswelle des Getriebes eingeschlagen ➔ *Kapitel* 25
- Schmierungsmangel zwischen Verzahnung und Kupplungsscheibe auf der Antriebswelle des Getriebes ➔ *Kapitel* 25
- Kupplungs-Druckplatte und/oder Belag verzogen ➔ *Kapitel* 25
- Antriebswelle falsch ausdistanziert ➔ *Fachwerkstatt*

Fehler: Kupplung verlangt übermäßig starke Handkraft
Mögliche Ursachen:
- Kupplungshebellager am Handgriff gefressen, verdreckt, beschädigt ➔ *Kapitel* 3 4 25
- Kupplungshebel oder Aufnahme verbogen (Sturz- oder Umfall-Folgeschaden) ➔ *Kapitel* 3 4
- Kupplungshebel-Lagerbolzenschraube zu fest angezogen ➔ *Kapitel* 4 29
- Kolben in der Kupplungshandpumpe oder dem Geberzylinder schwergängig (gefressen) ➔ *Kapitel* 25
- Dichtungen in der Kupplungshandpumpe oder dem Geberzylinder beschädigt/gequollen ➔ *Kapitel* 25
- Druckmechanismus beschädigt ➔ *Kapitel* 25

GETRIEBE UND SCHALTUNG

Fehler: Getriebe schwer schaltbar
Mögliche Ursachen:
- Zu wenig Getriebeöl ➔ *Kapitel* 5 21 26
- Zu viel Spiel in der Betätigung ➔ *Kapitel* 25
- Schaltgabeln und/oder Schaltwelle verbogen ➔ *Fachwerkstatt*
- Schaltwalze schwergängig ➔ *Fachwerkstatt*
- Schaltwelle klemmt in ihrem Gehäuselager ➔ *Fachwerkstatt*

Fehler: Getriebe schaltet nicht zurück
Mögliche Ursachen:
- Rückholfeder an Schaltwelle gebrochen ➔ *Fachwerkstatt*
- Schaltwelle schwergängig, gefressen, geklemmt ➔ *Fachwerkstatt*
- Schaltgabeln verzogen oder abgenutzt ➔ *Fachwerkstatt*

Fehler: Gänge springen heraus
Mögliche Ursachen:
- Schaltgabeln verschlissen oder verbogen ➔ *Fachwerkstatt*
- Anschlagfeder an Schaltanschlag ermüdet ➔ *Fachwerkstatt*
- Klauen an den Zahnrädern abgenutzt ➔ *Fachwerkstatt*
- Getriebe-Abtriebswelle defekt ➔ *Fachwerkstatt*
- Schaltwelle klemmt im Lager ➔ *Fachwerkstatt*

HINTERRAD-ANTRIEB

Fehler: Motorrad ruckelt bei langsamer Fahrt, Geräuschniveau des Hinterradantriebs unregelmäßig
Mögliche Ursachen:
- Hinterachsantrieb defekt: Verzahnung gebrochen, Lager defekt ➔ *Kapitel* 12
- Kardangelenke defekt ➔ *Kapitel* 12

Fehler: Motorrad schiebt sich schwer, dabei knackendes Geräusch
Mögliche Ursachen:
- Lager in Getriebe oder Hinterachsantrieb defekt ➔ *Fachwerkstatt*
- Radlager defekt ➔ *Kapitel* 9

- Achse vorne falsch angezogen, Achsdistanzen falsch eingebaut oder vergessen → *Kapitel* 9 29
- Bremsen defekt: Bremskolben festgefressen, Bremsbeläge in den Bremssätteln nicht freigängig → *Kapitel* 8

Fahrwerk

LENKUNG UND FRONTPARTIE

Fehler: Lenkung schwergängig
Mögliche Ursachen:
- Störung der Freigängigkeit durch falsche Bowdenzug- oder Kabelverlegung → *Kapitel* 4 11
- Gelenke der oberen oder unteren Gabelbrücke schwergängig → *Kapitel* 11
- Reifenluftdruck zu niedrig → *Kapitel* 7
- Fremdteile im Bereich Gabel, Gabelbrücken → *Kapitel* 11

Fehler: Motorrad zieht nach einer Seite
Mögliche Ursachen:
- Standrohr(e) oder Tauchrohr(e) verbogen → *Kapitel* 10 11
- Vorderachse verbogen → *Kapitel* 11
- Rad falsch eingebaut → *Kapitel* 9

Fehler: Vorderrad flattert
Mögliche Ursachen:
- Rad verzogen, hat zu viel Seitenschlag (»eiert«) → *Kapitel* 9
- Vorderradlager ausgeschlagen oder defekt → *Kapitel* 9
- Reifen falsch montiert, sitzt nicht richtig in der Felge (»eiert«) → *Kapitel* 7
- Gabelbrücke(n) verbogen → *Kapitel* 10 11
- Reifen defekt oder unwuchtig → *Kapitel* 7
- Tauchrohre der Gabel zueinander verklemmt, Gabel kann nicht federn → *Kapitel* 10
- Federbein festgefressen, Gabel kann nicht federn → *Kapitel* 10
- Achsmutter(n) lose, ungenügend angezogen → *Kapitel* 10 29

TELELEVER UND FEDERUNG

Fehler: Federung zu weich
Mögliche Ursachen:
- Feder des Stoßdämpfers ermüdet → *Kapitel* 10
- Dämpfung des Stoßdämpfers defekt → *Kapitel* 10

Fehler: Federung zu hart
Mögliche Ursachen:
- Dämpferstange des Federbeins festgefressen → *Kapitel* 10
- Gabelbeine verbogen/verzogen (deutet auf Unfall/Sturz hin) → *Kapitel* 10

Fehler: Geräusche beim Einfedern
Mögliche Ursachen:
- Bowdenzug oder Hydraulikleitung knarzt an einer Kante (= falsch verlegt) → *Kapitel* 4
- Gleitrohre abgenutzt → *Kapitel* 10 31
- Vorderradgabel-Befestigungsteile lose: Gabelbrücken, vorderer Kotflügel, Vorderachse → *Kapitel* 10
- vordere Federbeinbefestigung unten und/oder oben lose → *Kapitel* 10

RÄDER

Fehler: Trommeln oder seitliches Flattern des Rades
Mögliche Ursachen:
- Rad verzogen, viel Seitenschlag (»eiert«) → *Kapitel* 9
- Reifen defekt oder unwuchtig → *Kapitel* 7
- Reifen falsch montiert, sitzt nicht richtig in der Felge → *Kapitel* 7
- Radschrauben lose, nicht festgezogen → *Kapitel* 9
- Lager im Hinterachsantrieb gebrochen oder defekt → *Kapitel* 9 12
- Schwingenlagerung lose, Lager defekt → *Kapitel* 12

VORDERRADBREMSE

Fehler: Schlechte Bremsleistung
Mögliche Ursachen:
- ABS-System defekt → *Kapitel* 8
- Luft im Hydrauliksystem der Bremsleitungen → *Kapitel* 8
- Einer oder mehrere Kolben in den Bremssätteln schwergängig → *Kapitel* 8
- Bremskolben-Dichtringe in den Bremssätteln gebrochen, gequollen, verschlissen → *Kapitel* 8
- Abgenutzte Bremsbeläge → *Kapitel* 8
- Bremsbeläge verschmutzt oder verglast → *Kapitel* 8
- Bremsscheiben verschmutzt oder riefig → *Kapitel* 8
- Bremsscheiben »geschirmt« (durch Überhitzung tellerförmig aufgeworfen) → *Kapitel* 8
- Bremsscheiben wegen undichtem Radlager-Simmerring verölt → *Kapitel* 8 9
- Hydrauliksystem undicht → *Kapitel* 8

Fehler: Bremse rubbelt
Mögliche Ursachen:
- Bremsscheibe hat zu viel Seitenschlag (Scheibe »eiert«) → *Kapitel* 8
- Bremsscheibe unterschiedlich dick (ab 2/100 mm sind Probleme zu erwarten) → *Kapitel* 8
- Bremsscheibe gerissen → *Kapitel* 8
- Befestigungsschrauben der Bremsscheibe(n) am Rad lose → *Kapitel* 8
- Verbindung von Bremsscheibe(n) zu Radaufnahme(n) lose, gebrochen oder festgefressen → *Kapitel* 8

Fehler: Nachlassende Bremswirkung unter starker Belastung (z. B. bei Passabfahrten), Hebelweg wird länger, Bremse wird »teigig«
Mögliche Ursachen:
- Bremsflüssigkeit überaltert, sie »kocht sich auf« → *Kapitel* 8
- Bremsbeläge schräg abgenutzt → *Kapitel* 8
- Bremsbeläge total abgenutzt → *Kapitel* 8
- Bremsbeläge gebrochen, ausgebrochen, von der Trägerplatte gerissen → *Kapitel* 8

HINTERRADBREMSE

Fehler: Bremshebel wippt, pumpt, pulsiert (»Bremse rubbelt«)
Mögliche Ursachen:
- Bremsscheibe verzogen → *Kapitel* 8
- Bremsscheibe gebrochen, gerissen → *Kapitel* 8
- Bremsscheibe überhitzt: Oberfläche punktuell blau, blanke Flecken mit zerrissenen Rändern → *Kapitel* 8
- Bremsscheibe lose → *Kapitel* 8
- Bremsbelag gebrochen, ausgebrochen → *Kapitel* 8
- Bremsbelag verglast (Überhitzung) → *Kapitel* 8
- Bremsbelag falsch, Trägerplatte zu klein, hat zu viel Spiel im Bremssattel → *Kapitel* 8

Fehler: Bremse quietscht, hat zu wenig Bremsleistung
Mögliche Ursachen:
- Bremsbeläge verölt, verglast oder abgenutzt → *Kapitel* 8
- Bremsbeläge im Bremssattel fest: Verschmutzt, falsche Bremsbeläge mit zu großer Belag-Trägerplatte → *Kapitel* 8
- Bremsbelagplatte zu groß, zu wenig Seitenspiel → *Kapitel* 8
- Bremskolben im Bremssattel oder Führungsstifte festgefressen → *Kapitel* 8
- Bremskolben-Dichtringe in den Bremssätteln gebrochen, gequollen, verschlissen → *Kapitel* 8

HINTERRADAUFHÄNGUNG UND FEDERUNG

Fehler: Federung zu weich
Mögliche Ursachen:
- Feder ermüdet → *Kapitel* 10
- Reifenluftdruck zu gering → *Kapitel* 7
- Dämpfer-Zugstufe zu weich eingestellt → *Kapitel* 10

Fehler: Geräusche beim Einfedern (Knacken)
Mögliche Ursachen:
- Schwingenlager defekt (verschlissen) oder falsch angezogen → *Kapitel* 12 29
- Federbeinaufhängung lose → *Kapitel* 12
- Dreck, Schmutz, Korrosion in den Lagerstellen der Hinterradfederung → *Kapitel* 10 12
- Feder gebrochen, Windungen zueinander in sich verschoben, reibt am Gehäuse → *Kapitel* 10

Elektrik

BATTERIE UND LADESYSTEM

Fehler: Kein Strom trotz eingeschalteter Zündung
Mögliche Ursachen:
- Batterie leer → *Kapitel* 15
- Batterie defekt → *Kapitel* 15
- Plus- und/oder Minuskabel nicht an die Batteriepole angeschlossen → *Kapitel* 15
- Kabelverbindung an den Batteriepolen lose → *Kapitel* 15
- Massekabel hat keine zuverlässige Masseverbindung (»schlechter Kontakt«) → *Kapitel* 15
- Massekabel in sich gebrochen → *Kapitel* 15
- Störung im Ladekreis → *Kapitel* 16
- Zündschalter (-schloss) defekt, in sich gebrochen → *Kapitel* 17

Fehler: Schwacher Strom bei eingeschalteter Zündung, Anlasser dreht nur langsam durch, Motor springt nicht an
Mögliche Ursachen:
- Batterie leer, zu niedrige Spannung (nicht aufgeladen) → *Kapitel* 15
- Batterie defekt → *Kapitel* 15
- Störung im Ladesystem → *Kapitel* 15 16
- Batterieanschluss lose → *Kapitel* 15

Fehler: Schwacher Strom bei laufendem Motor
Mögliche Ursachen:
- Batterie unzureichend geladen → *Kapitel* 15
- Batterie Batterie defekt → *Kapitel* 15
- Störung im Ladekreis → *Kapitel* 16
- Lichtmaschinen-Antriebsriemen rutscht, gerissen → *Kapitel* 16

Fehler: Zeitweilig aussetzender Strom
Mögliche Ursachen:
- Lose Kabelanschlüsse (»Wackelkontakte«) → *Kapitel* 13
- Kurzschluss in der Anlage → *Fachwerkstatt*

Fehler: Störung im Ladekreis
Mögliche Ursachen:
- Kabel oder Anschlüsse lose, gerissen oder kurzgeschlossen (Massekontakt wegen durchgescheuerter Isolation) → *Kapitel* 13 16
- Regler und/oder Generator defekt → *Kapitel* 16 17

ZÜNDSYSTEM

Fehler: Motor wird durchgedreht und springt nicht an
Mögliche Ursachen:
- Kein Funke an den Zündkerzen → *Kapitel* 17 17
- Zündspule(n) und/oder Zündkerzenstecker defekt → *Kapitel* 17
- Motorsteuergerät defekt → *Kapitel* 13 17 19

Fehler: Kein Funke an den Zündkerzen
Mögliche Ursachen:
- Kurzschlussschalter auf »Off« → *Kapitel* 14
- Stromkreisunterbrechung bzw. Kontaktmangel durch schlecht angeschlossenes oder gerissenes Kabel → *Kapitel* 16 17
- Zündschloss defekt → *Kapitel* 17
- Zündspule defekt → *Kapitel* 16
- Störung von Seitenständerschalter und/oder Kupplungshebelschalter → *Kapitel* 4

Fehler: Motor springt zwar an, läuft aber stotternd oder dreht nicht hoch
Mögliche Ursachen:
- Zündkerzen-Elektrodenabstand zu groß → *Kapitel* 17
- Zündkerzen verrußt oder verölt (»nass«) → *Kapitel* 17
- Zündkerzenstrecker lose, Zündkerze nicht richtig festgezogen → *Kapitel* 17
- Zündspule und/oder Zündkerze(n) defekt → *Kapitel* 17
- Stromkreisunterbrechung oder Kurzschluss in der Verkabelung → *Kapitel* 13 16
- Loses oder blankes Kabel im Kabelbaum → *Kapitel* 13 16
- Wackelkontakt oder loses Kabel in einem Schalter → *Kapitel* 13
- Zündkabel defekt → *Kapitel* 16
- Falscher Zündzeitpunkt → *Kapitel* 17
- Motorsteuergerät oder einer der Signal gebenden Sensoren defekt → *Kapitel* 13 17 19
- Defekt im Kraftstoffsystem (siehe weiter vorne im Text) → *Kapitel* 19

STARTER

Fehler: Startermotor dreht sich nicht
Mögliche Ursachen:
- Batterie entladen (»schwach«) → *Kapitel* 15
- Zündschalter (»Starterknopf«) defekt, Kontaktschwäche im Gehäuse oder im Kabelbaum → *Kapitel* 16
- Starterknopf, Motorabstellschalter, Kupplungshebel-Positionsschalter oder Gangpositionsschalter defekt → *Kapitel* 13 16 17
- Stromkreisunterbrechung/Kontaktschwäche durch loses oder abgetrenntes Kabel → *Kapitel* 13 16

Fehler: Startermotor dreht den Motor nur langsam durch
Mögliche Ursachen:
- Zu schwache Batterie → *Kapitel* 15
- Hoher Übergangswiderstand im Startstromkreis → *Kapitel* 16
- Startermotor klemmt, defekt → *Kapitel* 16 27

Fehler: Startermotor läuft, ohne den Motor durchzudrehen
Mögliche Ursachen:
- Starterkupplung defekt → *Kapitel* 16 27
- Zahnräder des Startermotors/Einrückritzels defekt → *Kapitel* 27
- Verzahnung auf der Schwungscheibe defekt → *Kapitel* 27

Raum für eigene Notizen

Anzugsdrehmomente

In diesem Kapitel werden die vorgeschriebenen Anzugs-Drehmomentwerte aufgelistet. Eine wichtige Voraussetzung zum korrekten Anziehen aller Schrauben und Muttern ist, dass die Gewinde und Anlageflächen unbeschädigt und frei von Schmutz sind.

Allgemeine Hinweise

Wenn Schraubengewinde verschmutzt sind, wie dies zum Beispiel bei Radschrauben oft vorkommt, reinigen Sie die Gewinde NICHT mit einer Stahlbürste, denn durch deren scharfe Stahldrähte kann die Oberfläche des Gewindes beschädigt werden. Zum Reinigen eines Gewindes verwendet man eine Messingbürste (z. B. Zündkerzenbürste).

Wenn Schrauben verrostet oder ihre Gewinde beschädigt sind, gehören sie in den Müll. Verwenden Sie generell immer neue BMW-Originalschrauben und -Muttern.

Bitte beachten Sie, dass an verschiedenen Schraubverbindungen zusätzlich noch Schmiermittel oder Schraubensicherung (»Schraubenkleber«) nötig ist. Überall in Werkstätten zu Hause ist »Loctite« in den drei verschiedenen Klebequalitäten »leicht«, »mittelfest« und »hochfest«. Die am meisten benötigte Qualität ist »mittelfest«, die immer dann verwendet wird, wenn hohe Festigkeit verlangt wird und die damit gesicherten Schrauben ohne Zerstörung des Gewindes wieder gelöst werden müssen. Ein gutes Beispiel dafür sind die Schrauben zur Befestigung der Bremsscheiben am Rad, die für sicheren Halt mit Loctite eingeschraubt werden und damit jederzeit zerstörungsfrei wieder lösbar sind. Ausgedrehte Schrauben, an denen Reste von Schraubensicherung hängen, werden mit einer Zündkerzen- bzw. Messingbürste gereinigt (siehe oben).

Die von BMW an bestimmten Schraubverbindungen vorgeschriebenen Loctite-Qualitäten sind in unserer nachstehenden Drehmomentauflistung bei der jeweiligen Schraubverbindung angegeben. Im Internet unter *www.loctite.de* finden Sie weitere Spezifikationen und Qualitätsbeschreibungen.

Sehr wichtig ist auch, dass zum Herstellen bestimmter Drehmomentwerte einwandfreies Werkzeug benötigt wird, also hochwertige Nüsse und genau funktionierende Drehmomentschlüssel. Was wir unter »ordentlichem Qualitätswerkzeug« verstehen, können Sie in Kapitel 2 »Werkstatt« nachlesen. Man denke nur an die Achs- und Radschrauben oder

Bild 1

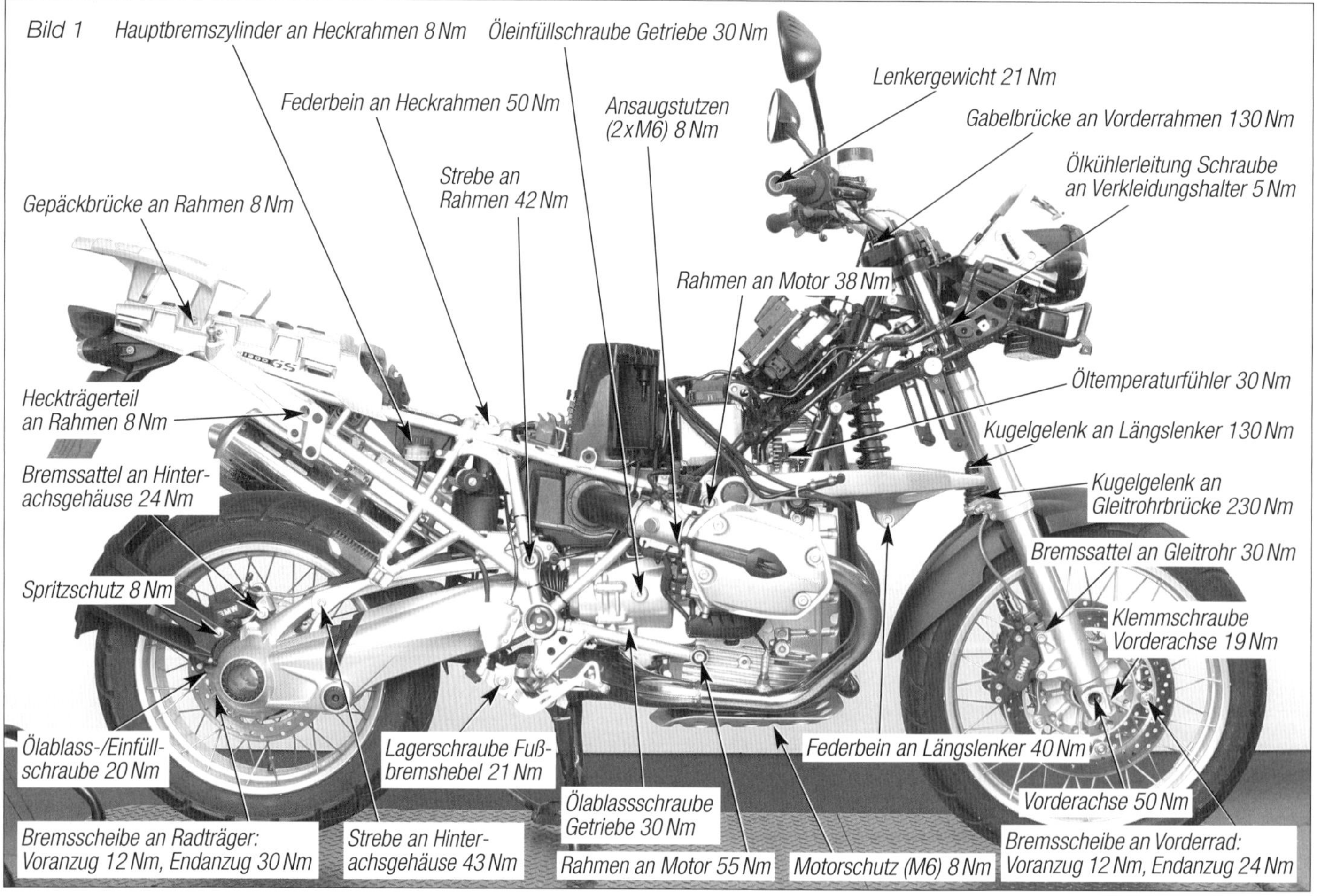

Schrauben und Muttern in Motor, Getriebe und Hinterachse. Wenn Sie keine (sehr gute!) Drehmomentwerkzeuge haben, dann bringen Sie Ihre R 1200 GS besser in die BMW-Werkstatt Ihres Vertrauens.

Allgemeine Schrauben und Muttern

Für Schrauben und Muttern, die in nachfolgender Aufstellung nicht bezeichnet sind, gelten folgende Anzugsdrehmomente:

5 mm-Sechskantschraube und Mutter .... 5 Nm
6 mm-Sechskantschraube und Mutter .... 10 Nm
8 mm-Sechskantschraube und Mutter .... 22 Nm
10 mm-Sechskantschraube und Mutter .... 35 Nm
12 mm-Sechskantschraube und Mutter .... 54 Nm
5 mm-Schraube mit Kreuzschlitzkopf .... 4 Nm
6 mm-Schraube mit Kreuzschlitzkopf .... 9 Nm
6 mm-Flanschschraube mit Kopf 8 mm .... 9 Nm
6 mm-Flanschschraube mit Kopf 10 mm oder Flanschmutter .... 12 Nm
8 mm-Flanschschraube oder Flanschmutter .... 26 Nm
10 mm-Flanschschraube oder Flanschmutter .... 39 Nm

■ Als »Flanschschraube« wird eine Schraube bezeichnet, bei der eine Unterlagscheibe fest unter dem Schraubenkopf angebracht ist.

■ Als »Flanschmutter« wird eine Mutter bezeichnet, bei der auf einer Seite der Mutter eine Unterlagscheibe angebracht ist.

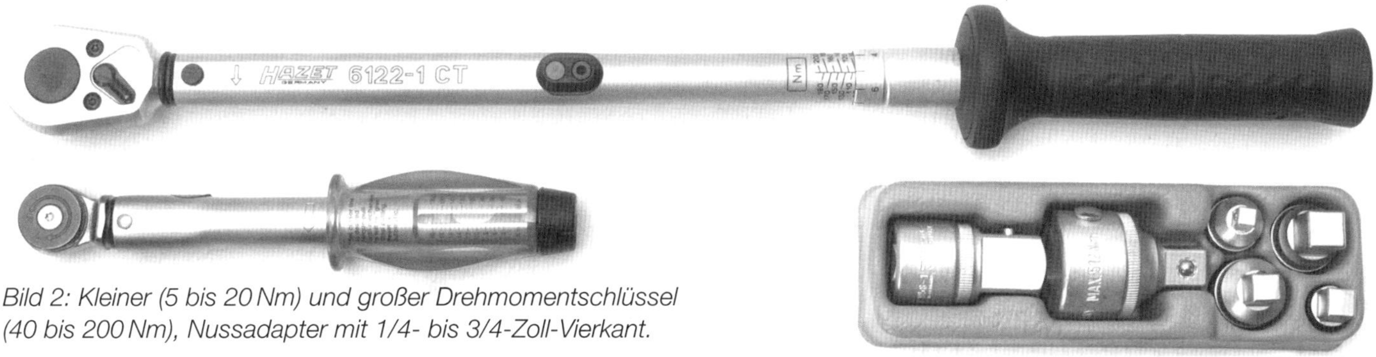

Bild 2: Kleiner (5 bis 20 Nm) und großer Drehmomentschlüssel (40 bis 200 Nm), Nussadapter mit 1/4- bis 3/4-Zoll-Vierkant.

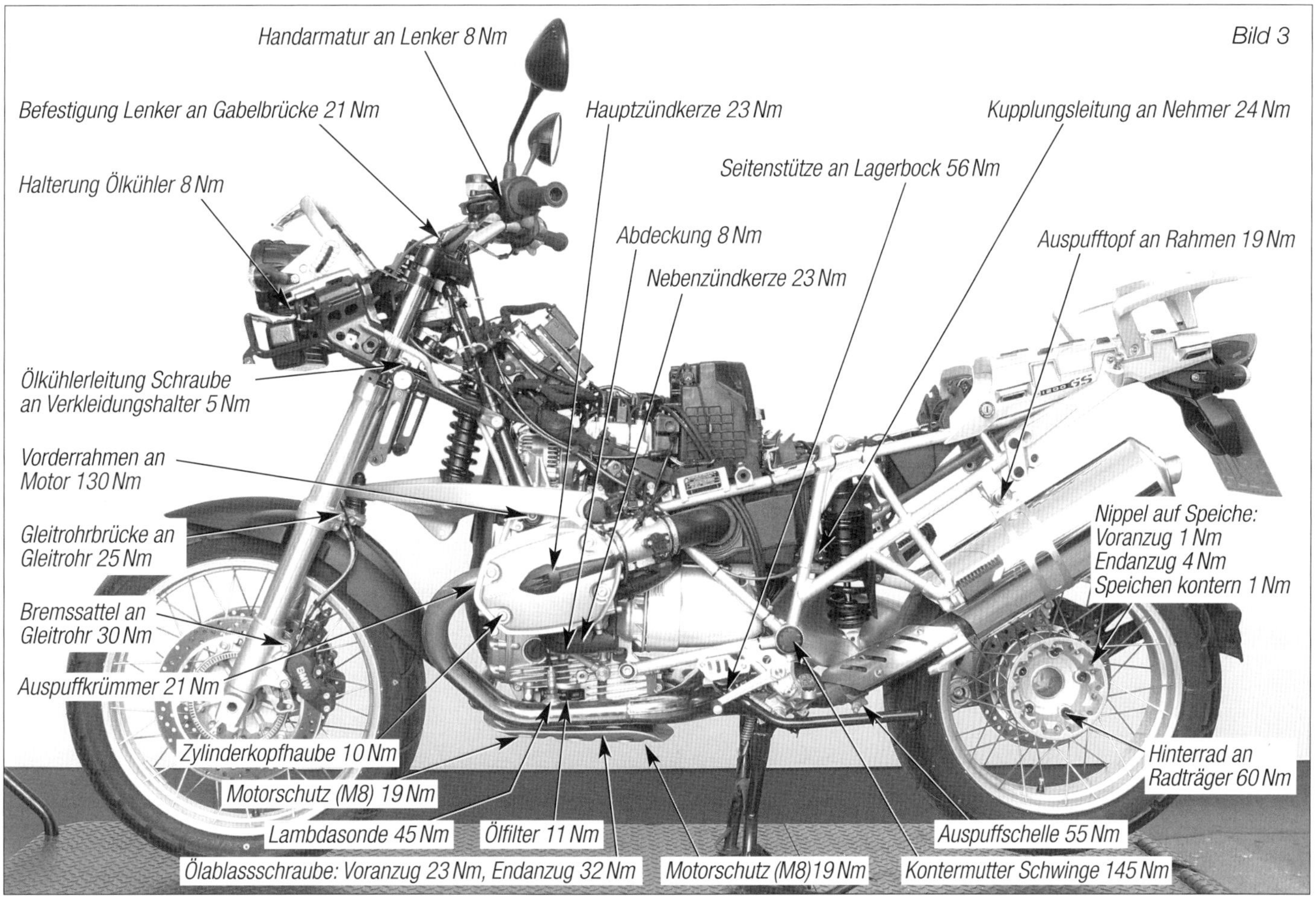

Räder, Bremsen

Vorderrad
Klemmschrauben Vorderachse .... 19 Nm
Vorderachse in Achsaufnahme .... 50 Nm

Bei Ausstattung mit Speichenrädern:
Nippel auf Speiche .... 4 Nm
Voranzug Speiche .... 1 Nm
Speichen kontern .... 1 Nm

Hinterrad
Hinterrad an Radträger (auch bei Speichenrädern) .... 60 Nm
■ *Radschrauben handfest einschrauben und kreuzweise festziehen*

Vorderradbremse
Bremssattel an Gleitrohr .... 30 Nm
Entlüfterschraube Bremssattel vorne .... 5 Nm
Bremsscheibe an Vorderrad Voranzug .... 12 Nm
Bremsscheibe an Vorderrad Endanzug .... 24 Nm
■ *mikroverkapselt, Schraube erneuern*

Gewindestift Bremsbeläge .... 7 Nm
Lagerschrauben Handbremshebel an Lenker .... 8 Nm

Hinterradbremse
Bremssattel an Hinterachsgehäuse .... 24 Nm
Entlüfterschraube am Bremssattel hinten .... 10 Nm
Bremsscheibe an Radträger Voranzug .... 12 Nm
Bremsscheibe an Radträger Endanzug .... 30 Nm
■ *mikroverkapselt, Schraube erneuern*

Lagerschraube Fußbremshebel .... 21 Nm
■ *mikroverkapselt*

Fußbremshebel Anschlagschraube Kontermutter .... 9 Nm

Kontermutter Druckstange .... 8 Nm

Bremsschlauch an Bremskomponenten .... 18 Nm

Verbindungsstück an Hinterrahmen .... 8 Nm

Verteilerstück an Vorderrahmen .... 8 Nm

Bremsschlauchabdeckung an Strebe .... 8 Nm

Bremsschlauch an Bremsgriffarmatur .... 18 Nm

Hauptbremszylinder
Hauptbremszylinder an Heckrahmen .... 8 Nm

Bremsflüssigkeitsbehälter an Heckrahmen .... 8 Nm
■ *Schraube erneuern, mikroverkapselt*

ABS-Druckmodulator mit Halter an Motor .... 8 Nm
ABS-Druckmodulator mit Halter und Kupplungsabdeckung an Motor .... 8 Nm
Drehzahlsensor an Hinterachsgehäusedeckel .... 4 Nm
Drehzahlsensor an Gabelbein .... 4 Nm

Tank, Vorderradgabel, Lenker

Tank
Tank an Vorderteil Rahmen, jeweils hinten links und rechts mit Halter Tankabdeckung .... 19 Nm
Tankdeckel an Tank .... 2 Nm
Halter Tank an Verkleidungshalter .... 19 Nm
Benzinpumpeneinheit an Tank .... 35 Nm
Tankabdeckung an Tankabdeckung Mitte .... 2 Nm
Tankabdeckung an Halter Tankabdeckung .... 5 Nm
Tankabdeckung Mitte an Kotflügel .... 2 Nm
Halter Verkleidung an Halter Tankabdeckung .... 2 Nm

Vorderradgabel
Klemmung Gleitrohrbrücke an Gleitrohr .... 25 Nm
■ *Gewinde reinigen, Loctite »mittelfest« auftragen*

Gabelbrücke oben mit Standrohr .... 40 Nm
■ *Mutter erneuern, mechanische Schraubensicherung*

Kugelgelenk an Gleitrohrbrücke .... 230 Nm
■ *Gewinde leicht mit »Optimoly TA« befetten*

Gabelbrücke an Vorderrahmen .... 130 Nm
■ *Mutter erneuern, mikroverkapselt*

Verschlussschraube an Gabelstopfen .... 3 Nm

Mutter Kugelgelenk an Längslenker .... 130 Nm
■ *Mutter erneuern, mikroverkapselt*

Längslenker an Motor Voranzug .... 45 Nm
Längslenker an Motor Endanzug .... 73 Nm
■ *Gewinde leicht mit »Never Seez« befetten*

Federbein
Federbein an Rahmenvorderteil .... 34 Nm
■ *Gewinde reinigen, Loctite »mittelfest« auftragen*
Federbein vorn an Länglenker .... 40 Nm
■ *Schraube erneuern, mikroverkapselt, mit »Optimoly TA« befetten*

Lenker
Lenkerklemmböcke auf Gabelbrücke .... 21 Nm
■ *vordere Schraube zuerst anziehen, Spalt muss bündig sein*
Lenkergewicht an Lenker .... 21 Nm
Lagerschraube Handhebel Armaturen .... 6 Nm
Handarmatur an Lenker .... 8 Nm
Linker Lenkergriff .... 1 Nm

Gasdrehgriff .... 6 Nm
Kombischalter links und rechts .... 1 Nm
Halter Instrumentenkombination .... 1 Nm

Hinterachsantrieb, Hinterradschwinge, Federbein

Hinterachsgetriebe

Öleinfüll- und -Ablassschraube .... 20 Nm
Strebe an Hinterachsgehäuse .... 43 Nm
■ *Mutter erneuern*

Gewindering .... 160 Nm
■ *Gewinde reinigen, Loctite »mittelfest« auftragen*
Sechskantmutter des Antriebskegelrades .... 200 Nm
■ *Schraube erneuern, mikroverkapselt*
Gehäusedeckel an Hinterachsgehäuse .... 30 Nm

Hinterradschwinge

Hinterachsgetriebe an Schwinge .... 100 Nm
Lagerzapfen Schwinge an Rahmen .... 7 Nm
■ *Gewinde reinigen, Loctite »hochfest« auftragen*

Kontermutter Schwinge an Rahmen links .... 145 Nm

Strebe an Hinterradantrieb und Getriebe .... 43 Nm
■ *Mutter erneuern*

Strebe an Rahmen .... 42 Nm
■ *Mutter erneuern*

Schwinge an Hauptrahmen rechts .... 9 Nm

Strebe links an Strebe rechts .... 8 Nm
■ *mikroverkapselt*

Federbein

Federbein an Heckrahmen .... 50 Nm
■ *Mutter erneuern*
Federbein an Hinterradschwinge Voranzug .... 20 Nm
Federbein an Hinterradschwinge Endanzug .... 58 Nm
■ *Gewinde reinigen, Loctite »mittelfest« auftragen*

Fußrasten

Fußrastenplatte an Heckrahmenl .... 19 Nm
Bremslichtschalter Fuß an Fußrastenplatte .... 5 Nm

Ausstattung

Spiegel an Klemmstück .... 25 Nm
Klemmstück an Klemmbock .... 30 Nm
Kennzeichenträger an Heckrahmen .... 2 Nm
Windschild an Halter .... 2 Nm
Kotflügel an Gleitrohrbrücke und an Verkleidungshalter .... 2 Nm
Zünd-Lenkschloss an Gabelbrücke .... 20 Nm
■ *mikroverkapselt, Schraube erneuern*
Hupe (Horn) an Halter .... 19 Nm
■ *Gewinde reinigen, Loctite »mittelfest« auftragen*
Halter Horn an Verkleidungshalter .... 9 Nm

Massekabel an Kurbelgehäuse .... 8 Nm
Batteriehaltebügel an Luftfiltergehäuse .... 2 Nm

Auspuffanlage

Krümmer an Zylinderkopf .... 21 Nm

Auspufftopf an Heckrahmen .... 19 Nm

Klemmschelle (Torcaschelle) an Auspufftopf .... 55 Nm
■ *Anlagefläche mit »Optimoly TA« befetten*

Halteschelle an Krümmer hinten .... 8 Nm
■ *Gewinde mit »Optimoly TA« befetten*

Lambdasonde an Krümmer .... 45 Nm
■ *Gewinde mit »Optimoly TA« befetten*

Rahmen

Rahmen an Motor unten, M12 .... 55 Nm
Rahmen an Motor oben, M10 .... 38 Nm
Rahmen an Getriebe, M8 .... 28 Nm
■ *zuerst Getriebeschraube, dann Rest anziehen*
Vorderrahmen an Motor, M12 .... 130 Nm
■ *Bolzen, Muttern erneuern, mikroverkapselt*
Rahmenstreben an Motor .... 38 Nm
■ *Schraube erneuern, mikroverkapselt*
Rahmenstreben an Vorderrahmen .... 38 Nm
■ *Bolzen gegen Schraube mit Schnorrscheibe ersetzen, Mutter erneuern, mikroverkapselt*
Heckträgerteil an Heckrahmen .... 8 Nm
Spritzschutz an Hinterachsgetriebe und Halter .... 8 Nm
Verkleidungshalter an Vorderrahmen .... 11 Nm
Scheinwerferträger an Verkleidungshalter .... 5 Nm
Gepäckbrücke an Heckrahmen Mitte .... 8 Nm
■ *Schrauben erneuern, Loctite »mittelfest«*
Gepäckbrücke an Heckrahmen seitlich .... 8 Nm
■ *Schrauben erneuern, Loctite »mittelfest«*
Gepäckplatte an Heckträgerteil .... 2 Nm
Schloss Sitzbankverriegelung an Heckträgerteil .... 2 Nm
Adapterplatte an Gepäckbrücke .... 8 Nm
Adapterplatte an Topcaseabstützung .... 8 Nm
Topcaseabstützung an Heckrahmen .... 8 Nm
Einhängung an Adapterplatte .... 8 Nm
Sitzlager vorn an Vorderrahmen M5 .... 4 Nm

Seitenstütze und Kippständer
Kippständer an Hauptrahmen ... 40 Nm
Kippständeranschlag an Nachschalldämpfer ... 6 Nm
Seitenstütze an Lagerbock ... 56 Nm
Abdeckung Seitenstützenschalter an Heckrahmen ... 6 Nm

Motor

Motorschutz (Alublech unter dem Motor):
M6x10 mit loser Scheibe vorne rechts ... 8 Nm
M8x16 vorne links ... 19 Nm
Mutter M8 Motorschutz an Motor hinten rechts/links ... 19 Nm
Silentblock M8 an Motor ... 19 Nm
Motorschutz-Puffer M6 an Motorgehäuse ... 8 Nm

Ölfilter ... 11 Nm
■ *Dichtring mit frischem Motoröl bestreichen*
Ölablassschraube M16x1,5 von Motor
■ *neuen Dichtring verwenden*
Voranzug ... 23 Nm
Endanzug ... 32 Nm
Öleinfüllschraube M34x1,5 in Zylinderkopfhaube ... 8 Nm

Ölablass- und Einfüllschraube des Getriebes ... 30 Nm

Riemenabdeckung (Generatordeckel) an Motor
Linsen-Flanschkopfschraube M5x14 an Motor ... 5 Nm
Räderkastendeckel an Motorgehäuse M6 ... 8 Nm
Lagerdeckel Nebenwelle vorn an
Räderkastendeckel M6x20 ... 8 Nm
Riemenabdeckung an Drehstrom-
generator (Lichtmaschine) M5x16 ... 5 Nm
Kupplungsabdeckung an Motor M6x16 ... 8 Nm
Motorgehäuse-Entlüftungsstutzen
an Zylinderkopf M6x16 ... 8 Nm

Zylinderkopf
■ *Schrauben und Muttern geölt ein-/ansetzen*
Zylinderkopfhaube (Ventildeckel) ... 10 Nm

Zylinderkopfmutter M10 (SW15) ... 20 Nm
■ *Fügemoment 20 Nm, dann zweimal nacheinander mit Drehwinkel um 90 Grad*
■ *kreuzweise anziehen*

M10x85 ... 40 Nm
M6x30 ... 9 Nm

Zylinderkopf nachziehen: (nach 1000 km)
1. Über Kreuz: Mutter M10 Zugankerverschraubung lösen und wieder anziehen mit 20 Nm, dann Endanzug um 180 Grad
2. Schraube M10x85 lösen und wieder anziehen mit 40 Nm
■ **Anmerkung:** Mutter lösen und wieder festziehen, dann nächste Mutter lösen und wieder festziehen, usw., Schraube zum Schluss

Steuerungsträger Nockenwellenlager
Lagerbrücke links/rechts M8x30 ... 19 Nm
Steuerungsträger Nockenwellenlager
Lagerbrücke links/rechts M8x40 ... 18 Nm
Steuerungsträger Nockenwellenlager
Lagerbrücke links/rechts M8x65 ... 15 Nm
Steuerungsträger an Zylinderkopf
links/rechts M6x30 und M6x60 ... 8 Nm

Kontermutter Ventileinstellschraube M6x0,5 (SW10) ... 8 Nm

Haupt- und Nebenzündkerze M12x1,25 ... 23 Nm
Zündspulen-Abdeckung an Zylinderkopf M6x12 ... 8 Nm

Ansaugstutzen an Zylinderkopf M6x20 ... 8 Nm

Zylinder
Anzugsreihenfolge:
1: rechts M8x55 ... 19 Nm
2: links M8x30 ... 19 Nm
3. links/rechts M6x35 ... 8 Nm

Lagerschraube M10 Steuerketten-Gleitschiene
Zylinder-Kurbelgehäuse ... 18 Nm
■ *neue Dichtscheibe A12x15.5-AL verwenden*

Lagerschraube M10 Steuerketten-Spann-
schiene Kurbelgehäuse ... 18 Nm

Nockenwelle
Schrauben M5x16 Kettenrad an Nebenwelle ... 8 Nm
■ *neue Schrauben verwenden, geölt einsetzen*
Schraube M6x16 Kettenrad an Kurbelwelle ... 8 Nm
Schraube M10x1,25x25 Kettenritzel an Nockenwelle ... 65 Nm

Nockenwellenkettenspanner-Gehäuse an Kurbel-
gehäuse Schraube M6x25 ... 8 Nm
Nockenwellenkettenspanner an Zylinder
links und rechts M18x1,5 ... 32 Nm

Ölpumpe
Ölpumpe an Motorgehäuse M6x40 und M6x45
■ *Schrauben nur einmal verwenden*
1. Voranzug ... 4 Nm
2. Endanzug ... um weitere 90 Grad
Ölsaugschnorchel an Motorgehäuse rechts M6x25 ... 8 Nm
Überdruckventil Verschlussschraube M20x1,5 ... 42 Nm
Öldruckschalter ... 30 Nm

Ölkühler
Ölkühler an Verkleidungshalter M6x30 ... 8 Nm
Ölkühlerleitung:
Vorlauf an Motorgehäuse M6x16 ... 8 Nm
Rücklauf an Motorgehäuse Hohlschraube ... 35 Nm
Befestigung Vorlauf und Rücklauf M5x16 ... 5 Nm

Leitung Kühlöl innerhalb Motor an Motorgehäuse rechts Hohlschraube M14x4,5 .... 25 Nm
Leitung Kühlöl innerhalb Motor an Motorgehäuse links M6x16 .... 8 Nm
Öltemperatur-Sensor an Motorgehäuse M14x1,5 .... 30 Nm
Öldruckschalter .... 30 Nm

Pleuel

■ *neue Schrauben verwenden, geölt einsetzen*

Pleuellagerdeckel Schrauben M10x1,25
1. Fügemoment .... 5 Nm
2. Voranzug .... 20 Nm
3. Endanzug .... um weitere 90 Grad

Ausgleichsgewicht an Ausgleichswelle

Dehnschaftschraube M8x70

■ *neue Schraube verwenden, geölt einsetzen*

1. Voranzug .... 10 Nm
2. Endanzug .... um weitere 90 Grad

Zahnrad an Ausgleichswelle

Schraube M8x50 .... 19 Nm

■ *geölt ansetzen*

Kurbelgehäuse

■ *alle Schrauben geölt einsetzen*

M10x110/130 Voranzug: .... 25 Nm

■ *Endanzug mit Drehwinkel 90 Grad*

M8x60 verschraubt mit Dichtring A8x13 AL .... 19 Nm
M8x35 .... 19 Nm
M6x35 .... 8 Nm
M6x50 .... 8 Nm
M6x25 .... 8 Nm

Anlasser an Motor M8x60 .... 19 Nm
Plusleitung an Anlasser Mutter M8 .... 10 Nm

Generatorträgerdeckel M6-Schraube .... 8 Nm
Riemenabdeckung an Motor M5 -Schrauben .... 5 Nm
Riemenabdeckung an Generatordeckel M5-Schrauben ... 5 Nm
Lagerdeckel Nebenwelle vorne M6 .... 8 Nm
Kettenrad an Kurbelwelle M6 .... 8 Nm
Kettenrad an Nebenwelle M5 .... 6 Nm
Gehäuse Kettenspanner an Kurbelgehäuse M6 .... 8 Nm
Drehstromgenerator an Kurbelgehäuse M8 .... 18 Nm
Riemenscheibe an Generator .... 50 Nm
Kabelbaum an Generator Flanschmutter M6 .... 6 Nm

Riemenrad an Kurbelwelle M22x1,5 Voranzug .... 40 Nm
Riemenrad an Kurbelwelle M22x1,5 Endanzug .... 140 Nm

Elektrik und Sensoren

Klopfsensor an Zylinder links und rechts .... 19 Nm
Drehzahlsensor Nockenwelle an Zylinderkopf .... 8 Nm
Temperatursensor .... 10 Nm
Induktivgeber Kurbelwelle .... 8 Nm
Kabelbaum +/– an Batterie .... 7 Nm
Scheinwerfer an Scheinwerferträger .... 5 Nm
Blinkleuchte an Scheinwerferträger .... 5 Nm
Heckleuchte an Kennzeichenträger .... 4 Nm
Blinkleuchte an Kennzeichenträger .... 3 Nm
Anlasserrelais mit Sockel an Hinterradkotflügel .... 1 Nm
Kabelbaum Masse an Zylinderkopf links und rechts .... 8 Nm
Masseleitung Kabelbaum an Motor .... 8 Nm
Kabelbaum mit Kabelkanal an Vorderrahmen .... 1 Nm
Kabelbaum mit Kabelkanal an Heckrahmen .... 2 Nm

Kraftstoffaufbereitung und -regelung

Lufttemperatur-Sensor an Luftfiltergehäuse .... 10 Nm
Halter Einspritzdüse an Drosselklappenstutzen .... 5 Nm
Ansauggeräuschdämpfung an Heckrahmen .... 8 Nm

Kupplung

Getriebe an Motor M8 .... 19 Nm
Schalthebel an Schaltwelle M6 .... 8 Nm
Getriebedeckel an Getriebegehäuse .... 9 Nm
Kontermutter Kugelpfanne auf Schaltstange .... 8 Nm
Kugelzapfen an Getriebeschalthebel .... 19 Nm
Kontermutter Kugelzapfen an Schaltwelle .... 17 Nm
Kugelzapfen an Schaltwelle .... 10 Nm
Kupplungsgehäuse an Kurbelwelle Voranzug .... 40 Nm

■ *Schraubengewinde leicht geölt, Endanzug 40 Grad*

Kupplungsgehäusedeckel an Kupplungsgehäuse .... 12 Nm

■ *Schrauben nur einmal verwenden, über Kreuz anziehen*

Kupplungsleitung an Handarmatur .... 24 Nm
Nehmerzylinder an Getriebe M6 .... 8 Nm
Kupplungsleitung an Nehmerzylinder .... 24 Nm

Raum für eigene Notizen

Technische Daten BMW R 1200 GS

FAHRLEISTUNGEN

Beschleunigung: 0 bis 100 km/h in .... 3,4 sec
Höchstgeschwindigkeit .... 208 km/h
Verbrauch: bei konstant 90/120 km/h...... 4,3/5,5 l auf 100 km
Kraftstoffsorte .... Superbenzin bleifrei, 95 ROZ
■ *Anmerkung: Betrieb mit minderwertigerem Kraftstoff möglich, da Klopfsensoren den Zündzeitpunkt verändern*

MOTOR

Bauart: Fahrtwind-/ölgekühlter Viertakt-Zweizylinder-Boxermotor, quer zur Fahrtrichtung eingebaut; Ausgleichswelle in Nebenwelle, gegenläufig zur Kurbelwelle über Zahnräder 1:1 angetrieben

Leistung: 100 PS (74 kW) bei 7000/min
D-Version: 98 PS (72 kW) bei 7000/min
Maximales Drehmoment: 115 Nm bei 5500/min
Bohrung x Hub: 101 x 73 mm
Hubraum: 1170 cm^3
Verdichtungsverhältnis: 11,0 : 1

Sitz der Motornummer: am Kurbelgehäuse rechts

Drehrichtung der Kurbelwelle: auf Zündanlage gesehen im Uhrzeigersinn

Leerlaufdrehzahl: 1150 ± 50/min
Zulässige Höchstdrehzahl: 7800/min (durch Abschaltung des Einspritzsignals)

Kompressionsdruck
gut .... mehr als 10 bar
normal .... 8,5 bis 10 bar
schlecht .... weniger als 8,5 bar

Gassteuerung: Vier Ventile pro Zylinder, über je eine halbhoch liegende, kettengetriebene Nockenwelle, Stößel, Stößelstangen, Kipphebel mit Einstellschrauben betätigt

Gemischaufbereitung: Elektronische Kraftstoffaufbereitung, Einspritzung mit Schubabschaltung in Abhängigkeit von der Motortemperatur bei Drehzahlen über 2000/min; BMW Motorsteuerung Bosch BMS-K; Drosselklappenstutzen-Innendurchmesser (Saugrohrdurchmesser) 47 mm; Trockenluftfilter

Abgasanlage: 2-in-1-Auspuffanlage, Auspufftopf aus Edelstahl; geregelter 3-Wege-Katalysator; je eine Lambdasonde pro Auspuffkrümmer, Lambdaregelung ab einer Motortemperatur von 60 °C; Standgeräusch max. 87 dB (A) bei 3500/min, Fahrgeräusch max. 79 dB (A)

Schmiersystem
Nasssumpfschmierung mit Ölkühler, thermostatgesteuert:
Thermostat öffnet ab 95 °C Öltemperatur
Differenz zwischen MIN und MAX im Ölschauglas 0,5 Liter
Ölfilter-Bauart .... Filterpatrone im Hauptstrom
Betriebsöldruck bei 80 ° .... 3,5 bis 6,0 bar
Öldruck-Kontrollleuchte leuchtet auf bei weniger als 0,3 bar
Überdruckventil öffnet ab 6,0 bar Öldruck
zulässiger Ölverbrauch bis 1,0 Liter auf 1000 km

Ölfüllmengen
mit Filterwechsel .... 4,00 Liter

Ölsorte: SAE 20W-50 Marken-HD-Öl der API-Klassifikation SF, SG oder SH; Erweiterungen mit CD oder CE sind zulässig; oder Marken-HD-Öl der CCMC-Klassifikation G4 oder G5; Erweiterung PD2 ist zulässig

Starter: Elektrostarter, Leistung 1200 Watt, Permanentmagnet-Motor mit Schubschraubtrieb-Vorgelege, Übersetzung 5,66:1

MOTORELEKTRIK

Zündung: Vollelektronische, kennfeldgesteuerte Zündanlage, integriert in BMW Motorsteuerung BMS-K. Zwei Zündkerzen pro Zylinder (Doppelzündung).

Zündkerzen
Zündkerzen Bosch YR5LDE, Elektrodenabstand 0,8 mm, Verschleißgrenze 1,0 mm

Zündspule: kombinierte Zündspulen-Kerzenstecker
Primärwiderstand .... ~0,87 Ω
Sekundärwiderstand .... ~6,0 kΩ

Batterie: wartungsfreie AGM-Batterie, 12 Volt/14 Ah

Lichtmaschine
Dreiphasen-Wechselstromgenerator mit integriertem vollelektronischen Spannungsregler; Antrieb über Poly-V-Riemen, Übersetzungsverhältnis 1:1,5; Höchstleistung 660 Watt bei 14 Volt

KRAFTÜBERTRAGUNG

Kupplung: Einscheiben-Trockenkupplung mit übersetzter Tellerfeder, hydraulisch betätigt, Reibscheiben-Ø 180 mm

Primärantrieb: schrägverzahnt, i_{prim} = 1,824 (Z 31/17)

Getriebe: sechs Gänge; Gangabstufungen:
1. Gang 2,277 (Z 41/18) 2. Gang 1.583 (Z 38/24)
3. Gang 1,259 (Z 34/27) 4. Gang 1,033 (Z 31/30)
5. Gang 0,903 (Z 28/31) 6. Gang 0,805 (Z 29/36)

Endantrieb: Kardanwelle mit integriertem Torsionsdämpfer und zwei Kreuzgelenken; Hinterachsantrieb Z 31/11, i_{sec} = 2,82

FAHRWERK

Rahmen: Dreiteiliges Rahmenkonzept: Vorder- und Hinterrahmen aus Stahlrohr, Motor dient als mittragendes Element

Vorderradaufhängung: BMW-Telelever mit kippentkoppelter oberen Gabelbrücke; Telegabel Standrohrdurchmesser 41 mm; ein Gasdruck-Federbein, unten am Längslenker und oben am Rahmen befestigt, Federvorspannung 9-fach einstellbar; Lenkeinschlagwinkel nach rechts und links je 42 Grad

Hinterradaufhängung: BMW EVO-Lever; gegossene Doppelgelenk-Einarmschwinge; hydraulisch gedämpftes Gasdruck-Federbein, Federbasis über außenliegende Hydraulikeinheit stufenlos einstellbar, Dämpfer-Zugstufe stufenlos einstellbar; wegabhängige Dämpfer-Druckstufe (WAD)

Federwege: vorne 190 mm, hinten 200 mm

RÄDER, REIFEN UND BREMSEN

Räder: Serienmäßig gegossene Leichtmetallräder mit fünf Doppelspeichen, Sonderaustattung Speichenräder; vorne 2,50 x 19 MT H2, hinten 4,00 x 17 MT H2

Reifen (schlauchlos)**:**
vorne 110/80R19 59H, hinten 150/70R17 69H

Reifenluftdruck vorne/hinten (bei kalten Reifen gemessen)

Solo	2,2/2,5 bar
mit Sozius	2,5/2,9 bar
mit Sozius und Beladung	2,5/2,9 bar
Maximal zulässige Unwucht am Rad	25 Gramm

Bremsen
Vorne EVO-Bremsanlage mit Doppelscheibe, Durchmesser 305 mm, gelocht, Vierkolben-Festbremssattel; ohne ABS: Brembo-Sattel, mit ABS: Tokico-Sattel

Hinten Einscheibenbremse, Durchmesser 265 mm, gelocht, Brembo-Zweikolben-Schwimmsattel; Sonderausstattung BMW Motorrad-Teilintegral-ABS, abschaltbar

ABMESSUNGEN UND GEWICHTE

Radstand	1520 mm
Nachlauf	110 mm
Nachlaufwinkel	62,9 Grad
Bodenfreiheit	217 mm
Länge	2210 mm
Breite über die Rückspiegel gemessen	915 mm
Höhe Windschild unten	1380 mm
Sitzhöhe (einstellbar) bei Leergewicht	840/860 mm
Leergewicht (bei 85 % vollgetankt)	225 kg
Achslastverteilung ohne Fahrer vorne/hinten	49/51 %
zulässiges Gesamtgewicht	425 kg
Zuladung	200 kg

Technische Detailinformationen und Verschleißmaße

MOTOR

Ölpumpe: Doppel-Duocentric-Pumpe

Verschleißbeurteilung für Kühl- und Schmierölpumpe:

Axialspiel der Rotoren im Gehäuse	0,04 mm bis 0,10 mm
Verschleißgrenze	0,25 mm

Ventile
Ventilspiel bei kaltem Motor (maximal 35 °C):

Einlassventil	0,15 mm
Auslassventil	0,30 mm
Einlassventilwinkel (zur Zylindermittelachse)	19 Grad
Auslassventilwinkel (zur Zylindermittelachse)	22 Grad

Nockenwellen und Ventilsteuerzeiten

Öffnungswinkel Einlassnockenwelle	292 Grad
Öffnungswinkel Auslassnockenwelle	284 Grad
Ventilhub Einlass	10,3854 mm
Ventilhub Auslass	10,0328 mm
Einlass öffnet	2 Grad vor OT
Einlass schließt	30 Grad nach UT
Auslass öffnet	28 Grad vor UT
Auslass schließt	4 Grad vor OT

Tellerdurchmesser

Einlassventil	36,35 mm
Auslassventil	31,00 mm

Schaftdurchmesser

Einlassventile	4,966 bis 4,980 mm
Verschleißgrenze	4,946 mm
Auslassventile	4,956 bis 4,970 mm
Verschleißgrenze	4,936 mm

Ventilsitzbreite

Einlass	1,1 mm ± 0,1 mm
Auslass	1,4 mm ± 0,1 mm

Ventilsitz Außendurchmesser
(Maße für Sitzbearbeitung)
Einlass .... 38,617 bis 38,633 mm
Auslass .... 34,134 bis 34,150 mm

Sitzringdurchmesser
(Übermaß +0,2 mm)
Einlass .... 36,617 bis 36,633 mm
Auslass .... 32,134 bis 32,150 mm

Sitzdurchmesser im Zylinderkopf
(Übermaß +0,2 mm)
Einlass .... 36,500 bis 36,525 mm
Auslass .... 32,000 bis 32,025 mm

Ventilführungen
Ventilführung-Außendurchmesser .... 11,033 bis 11,044 mm
Ventilführung-Außendurchmesser
Reparaturstufe 1 .... 11,233 bis 11,244 mm
Bohrung im Zylinderkopf .... 11,000 bis 11,021 mm
Überdeckung .... 0,012 bis 0,044 mm
Ventilführung-Innendurchmesser .... 5,000 bis 5,012 mm

Radialspiel
Einlass .... 0,020 bis 0,046 mm
Verschleißgrenze .... 0,150 mm
Auslass .... 0,030 bis 0,0560 mm
Verschleißgrenze .... 0,170 mm

Ventilfedern
Federlänge entspannt .... 41,1 mm
Verschleißgrenze .... 39,0 mm

Kipphebel
Bohrungsdurchmesser .... 16,016 bis 16,034 mm
Kipphebelachsen-Durchmesser .... 15,973 bis 15,984 mm

Radialspiel .... 0,032 bis 0,054 mm
Verschleißgrenze .... 0,10 mm

Axialspiel minimal .... 0,05 mm
Axialspiel maximal .... 0,40 mm

Nockenwellen
Einlassventilhub .... 10,3854 mm (bei Ventilspiel 0 mm)
Auslassventilhub .... 10,0328 mm (bei Ventilspiel 0 mm)

Öffnungswinkel Einlassnocken .... 292 Grad
Öffnungswinkel Auslassnocken .... 284 Grad

Nockenspreizung
Einlassnocken .... 104 Grad
Auslassnocken .... 106 Grad
Markierung Nockenwelle, Kerbe für
Zapfen Nockenwellenrad unten 180 Grad .... 315 Grad

Nockenwellenlager-
Bohrungsdurchmesser .... 21,02 bis 21,04 mm
Nockenwellen-Durchmesser im Lager .... 20,97 bis 21,00 mm
Radialspiel Nockenwelle im
Nockenwellenlager .... 0,02 bis 0,07 mm
Verschleißgrenze .... 0,15 mm
Führungslagerbreite .... 15,92 bis15,95 mm

Lagerbreite im Führungslager .... 16,00 bis 16,05 mm
Axialspiel Nockenwelle .... 0,08 bis 0,13 mm
Verschleißgrenze .... 0,25 mm

Tassenstößel
Außendurchmesser .... 23,967 bis 23,980 mm
Bohrungsdurchmesser
im Zylinderkopf .... 24,000 bis 24,021 mm
Radialspiel .... 0,020 bis 0,054 mm
Verschleißgrenze .... 0,180 mm

Nebenwelle
Kurbelgehäuse Bohrungs-
durchmesser vorne/hinten .... 25,020 bis 25,041 mm

Nebenwellen-Durchmesser
vorne/hinten .... 24,959 bis 24,980 mm

Radialspiel .... 0,040 bis 0,082 mm
Verschleißgrenze .... 0,170 mm

Kurbelwelle: einteilige, geschmiedete Kurbelwelle, Hubzapfen um 180 Grad zueinander versetzt

Kennzeichnung von Hauptlager und Hubzapfen
an Kurbelwange vorne:
ohne Farbmarkierung .... Schleifstufe 0
mit Farbmarkierung .... Schleifstufe 1 (–0,25 mm)

Führungslager Bohrungsdurchmesser .. 64,949 bis 64,969 mm

Führungslager-Durchmesser
GRÜN .... 59,964 bis 60,003 mm
GELB .... 59,974 bis 60,013 mm

Hauptlagerzapfen-Durchmesser
GRÜN .... 59,939 bis 59,948 mm
GELB .... 59,949 bis 59,958 mm

Radialspiel Kurbelwellenführungslager .... 0,016 bis 0,064 mm
Verschleißgrenze .... 0,046 mm

Hauptlager Bohrungsdurchmesser .... 64,960 bis 64,979 mm

Hauptlagerdurchmesser
GRÜN .... 59,964 bis 60,003 mm
GELB .... 59,974 bis 60,013 mm

Hauptlagerzapfen-Durchmesser
GRÜN .... 59,939 bis 59,948 mm
GELB .... 59,949 bis 59,958 mm

Radialspiel Kurbelwellenhauptlager .... 0,018 bis 0,068 mm
Verschleißgrenze .... 0,130 mm

Führungslager Breite .... 24,890 bis 24,940 mm

Lagerzapfen-Lagerbreite
Führungslager .... 25,020 bis 25,053 mm

Axialspiel Kurbelwelle .... 0,080 bis 0,163 mm
Verschleißgrenze .... 0,200 mm

Schleifstufe 0 (Schleifstufe 1 = –0,25 mm)
Hubzapfendurchmesser .... 47,975 bis 47,991 mm

Hubzapfen Lagerbreite .... 24,665 bis 24,795 mm

Pleuel
Pleuellager Bohrungsdurchmesser .... 51,000 bis 51,013 mm

Pleuellagerdurchmesser .... 48,016 bis 48,050 mm

Großes Pleuelauge
Breite .... 24,483 bis 24,535 mm
Radialspiel .... 0,025 bis 0,075 mm
Verschleißgrenze .... 0,130 mm
Axialspiel Pleuel .... 0,130 bis 0,312 mm
Verschleißgrenze .... 0,500 mm

Kleines Pleuelauge
Breite .... 22,015 bis 22,025 mm
Radialspiel .... 0,015 bis 0,030 mm
Verschleißgrenze .... 0,060 mm

Pleuellänge Abstand
Bohrungsmitte zu Bohrungsmitte .... 125,0 mm
maximale Parallelitätsabweichung der
Pleuelbohrungen auf 125 mm Abstand .... 0,02 mm

Gewichtsgruppeneinteilung
Klasse 0 (Farbpunkt 2x WEISS) .... 559,0 bis 564,9 Gramm
Klasse 1 (Farbpunkt 2x BLAU) .... 565,0 bis 570,9 Gramm
Klasse 2 (Farbpunkt 3x WEISS) .... 571,0 bis 576,9 Gramm
Klasse 3 (Farbpunkt 3x GELB) .... 577,0 bis 582,9 Gramm
Klasse 4 (Farbpunkt 1x BLAU) .... 583,0 bis 588,9 Gramm

Zylinder
(Bohrungsdurchmesser wird 20 mm und 100 mm von der Oberkante gemessen)
A .... 100,992 bis 101,000 mm
Verschleißgrenze .... 101,050 mm

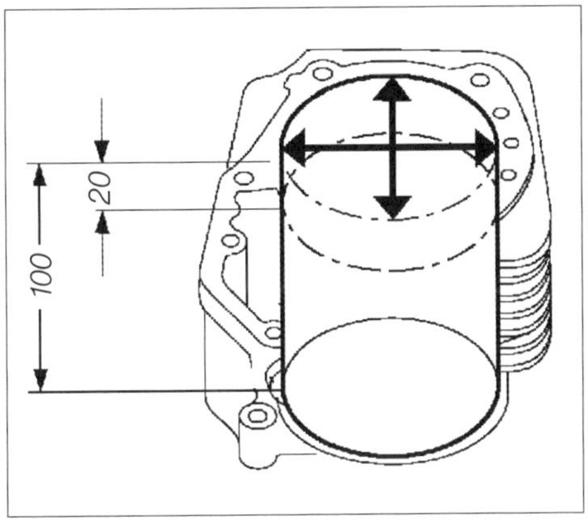

Die Zylinderbohrung wird mit einem Innentaster 20 und 100 mm vom oberen Rand gemessen. Ganz genaue Messfüchse messen in einer weiteren Ebene von 80 mm.

B .... 101,000 bis 101,008 mm
Verschleißgrenze .... 101,058 mm
A/B .... 100,992 bis 101,008 mm
Verschleißgrenze .... 101,058 mm

zulässige Unrundheit der Zylinderbohrung:
20 mm von der Oberkante gemessen .... 0,010 mm
100 mm von der Oberkante gemessen .... 0,015 mm

Gesamtverschleißspiel Kolben und Zylinder .... 0,12 mm

Kolben
(Kolbendurchmesser wird quer zur Kolbenbolzenachse über der Kolbenunterkante 6 mm gemessen)
Kolbendurchmesser in Messebene
A .... 100,977 bis 100,989 mm
Verschleißgrenze .... 100,900 mm
B .... 100,965 bis 100,977 mm
Verschleißgrenze .... 100,890 mm
AB .... 100,973 bis 100,981 mm
Verschleißgrenze .... 100,895 mm
Einbauspiel .... 0,011 bis 0,035 mm
Verschleißgrenze .... 0,120 mm

Gewichtsklassen + und – Gewichtsunterschied in einer Klasse: 10 Gramm (komplett mit Bolzen und Ringen)

Einbaurichtung: Pfeil auf Kolbenboden und/oder Gussnase zur Auslassseite

Kolbenringe
Einbaurichtung Kolbenringe: Bezeichnung »Top« nach oben

1. Nut Kolbenring M-Ring
Höhe .... 1,170 bis 1,190 mm
Verschleißgrenze .... 1,100 mm
Stoßspiel .... 0,100 bis 0,300 mm
Verschleißgrenze .... 0,800 mm
Flankenspiel .... 0,030 bis 0,065 mm
Verschleißgrenze .... 0,150 mm

2. Nut M-Ring
Höhe .... 1,175 bis 1,190 mm
Verschleißgrenze .... 1,100 mm
Stoßspiel .... 0,100 bis 0,300 mm
Verschleißgrenze .... 0,800 mm
Flankenspiel .... 0,030 bis 0,065 mm
Verschleißgrenze .... 0,150 mm

3. Nut GSF-Ring
Höhe .... 2,475 bis 2,490 mm
Verschleißgrenze .... 2,400 mm
Stoßspiel .... 0,300 bis 0,600 mm
Verschleißgrenze .... 1,200 mm
Flankenspiel .... 0,020 bis 0,055 mm
Verschleißgrenze .... 0,150 mm

Kolbenbolzen
Kolbenbolzendurchmesser .... 21,995 bis 22,000 mm
Verschleißgrenze .... 21,960 mm
Bohrungsdurchmesser im Kolben .... 22,005 bis 22,011 mm
Radialspiel Kolbenbolzen im Kolben .... 0,015 bis 0,030 mm
Verschleißgrenze .... 0,060 mm

Ausgleichwelle
Bohrungsdurchmesser im Kurbelgehäuse
für Ausgleichswellenlager vorne .... 46,9875 bis 47,0125 mm

KRAFTSTOFFAUFBEREITUNG

Vorgeschriebener Kraftstoff: Super bleifrei 95 ROZ
Kraftstoffaufbereitung: BMW-Motorsteuerung BMS-K
Kraftstoffdruck: 3,0 bis 3,5 bar
Drehzahlbegrenzung: 7800/min
Innendurchmesser des Drosselklappenstutzens: 47 mm
Luftfilter: Papierlamellenfilter

Kraftstoffbehälter: Kunststofftank, nutzbarer Tankinhalt 20 Liter, davon ca. 4 Liter Reserve

Kraftstoffpumpe: Siemens VDO, Typ HPI 8.0
Betriebsspannung: 6 bis 15 Volt
Betriebsdruck: 3,0 ± 0,2 bar
Fördermenge: 90 bis 130 Liter pro Stunde

Auspuffanlage: 2-in-1-Auspuffanlage mit Abgasreinigung
3-Wege-Katalysator mit Lambdaregelung
Reflektionsschalldämpfer aus Edelstahl, Innenseite aluminiert

KRAFTÜBERTRAGUNG

Kupplung: Einscheiben-Trockenkupplung mit übersetzter Tellerfeder, hydraulisch betätigt
Kupplungsflüssigkeit: Vitamol V10
Kupplungsscheibendurchmesser: 180 mm

Verschleißgrenze Reibscheibe: 4,4 bis 4,6 mm (mit Messspitzen der Schieblehre, mit der Hand zusammengedrückt, an den Nieten der Kupplungsscheibe gemessen)

Kolbendurchmesser der Kupplungsbetätigung:
Geberzylinder 13 mm; Nehmerzylinder 24 mm

Getriebe: Klauengeschaltetes 6-Gang-Getriebe mit integriertem Torsionsdämpfer, über Fußschalthebel und Schaltwalze mit Überschaltsperre und getriebeinterner Richtungsumlenkung betätigt

Getriebeöl: Getriebeölsorte (ganzjährig) Marken-Hypoidgetriebeöl der Viskositätsklassen SAE 90 API GL5 (Castrol SAF-XO)
Füllmenge: ca. 0,8 Liter (bzw. bis Unterkante Gewinde Einfüllöffnung auffüllen)

Getriebe-Einstellwerte
Axialspiel Federsegment auf Antriebswelle
Vordämpferhub .... 0,4 bis 0,6 mm
Axialspiel Federsegment auf Antriebswelle
Dämpferhub gesamt .... 2,8 bis 3,4 mm
Axialspiel Schaltwelle .... 0,00 bis 0,26 mm
Blockmaß Schaltwalze .... 141,40 bis 141,50 mm
Blockmaß Getriebeantriebswelle .... 163,10 bis 163,15 mm
Blockmaß Getriebezwischenwelle .... 179,85 bis 179,90 mm
Blockmaß Getriebeabtriebswelle
Gesamtlänge .... 182,64 bis 182,69 mm
Blockmaß Getriebeabtriebswelle
Teilmaß Schaltrad 5. zu 1. Gang .... 115,55 bis 115,60 mm

Axialspiel Abtriebswelle:
Losrad 1. Gang .... 0,10 bis 0,25 mm
Losrad 2. Gang .... 0,15 bis 0,45 mm
Losrad 3. Gang .... 0,10 bis 0,25 mm
Losrad 5. Gang .... 0,10 bis 0,30 mm

Axialspiel Zwischenwelle:
Losrad 4. Gang .... 0,10 bis 0,40 mm
Losrad 6. Gang .... 0,10 bis 0,25 mm

Hinterradantrieb: Wellenantrieb mit Winkelgetriebe
Übersetzungsverhältnis 2,82:1
Zähnezahl 31:11

Zahnflankenspiel .... 0,06 bis 0,18 mm
Hinterradschwingenlänge .... 535,60 mm

Ölsorte: Getriebeölsorte (ganzjährig) Marken-Hypoidgetriebeöl der Viskositätsklassen SAE 90 API GL5 (Castrol SAF-XO)
Füllmenge ca. 0,25 Liter bei Neubefüllung
Füllmenge ca. 0,23 Liter bei Wechsel

Gelenkwelle: In der Einarmschwinge gekapselte zweiteilige Doppelgelenkwelle mit integriertem Torsionsdämpfer, zwei Kreuzgelenken

FAHRWERK

Vorderradführung: BMW-Telelever kippentkoppelt mit extern sitzendem Federbein, unten am Längslenker, oben am Rahmen befestigt
Gesamtfederweg am Rad .... 190 mm
Nachlauf bei Normallage .... 110 mm
Lenkeinschlagwinkel nach rechts und links jeweils 42 Grad

Gabelstandrohre: Standrohr-Oberfläche hart verchromt
Außendurchmesser 41 mm; zulässiger Schlag 0,1 mm

Gabelöl: BMW-Telegabelöl, Füllmenge je Gabelholm 0,65 Liter

Federbein: Federbein mit Schraubendruckfeder und Zweirohr-Gasdruckdämpfer, Federvorspannung mechanisch verstellbar

Lenkung: Stahlrohrlenker, konifiziert
Lenkerbreite 871 mm mit Gewichten gemessen
Lenkrohrdurchmesser außen 25,15 mm
Lenkrohrdurchmesser mittig 28,50 mm

Schwinge: Alu-Gussschwinge BMW EVO-Paralever mit Zentralfederbein

Hinterradfederung: Federbein mit Einrohr-Gasdruckdämpfer, WAD- (Wegabhängige Dämpfung der Druckstufe) Dämpfersystem
Zugstufendämpfung stufenlos verstellbar
Federvorspannung hydraulisch stufenlos verstellbar
Gesamtfederweg am Rad 200 mm

RÄDER UND BREMSEN

Für Guss- und Speichenräder-Varianten
Vorderrad: Maximaler Höhen- und Seitenschlag .... 1,5 mm
Hinterrad: Maximaler Höhen- und Seitenschlag .... 1,5 mm

Vorderradbremse
Bremsscheibendurchmesser .... 305 mm
Bremsscheibendicke .... 4,5 mm
Verschleißgrenze .... 4,0 mm
Bremsbelag aus Sintermetall, Verschleißgrenze .... 1,0 mm
Bremssattel Kolbendurchmesser .... 32/36 mm
Handbremszylinder Kolbendurchmesser .... 16 mm
ABS-Sensorabstand (aktiver Sensor) .... 0,2 bis 1,7 mm

Hinterradbremse
Bremsscheibendurchmesser .... 265 mm
Bremsscheibendicke .... 5,0 mm
Verschleißgrenze .... 4,5 mm
Organischer Bremsbelag, Sonderausstattung Sintermetall; Bohrung in der radseitigen Bremsbelag-Trägerplatte gibt bei Erreichen der Verschleißgrenze (Restdicke ca. 1,0 mm) Sicht auf Bremsscheibe frei
Fußbremszylinder Kolbendurchmesser .... 13 mm
Bremssattel Kolbendurchmesser .... 28 mm

FAHRZEUGELEKTRIK

Bordspannung: 12 Volt, Gelbatterie 12 Volt, 14 Ah

Instrumentenbeleuchtung: LED

Kontrollleuchten
Blinker .... LED
Fernlicht .... LED
Leerlauf .... LED
Öldruck .... LED
Ladekontrolle .... LED
Tankanzeige .... LED
ABS-Warnleuchte .... LED
Allgemein-Warnleuchte .... LED
Brake-Failure .... LED

Glühlampen
Abblend-(Fahr-)licht und Fernlicht
je eine H7-Halogenlampe .... 12 Volt 55 Watt
Standlicht (Normbezeichnung T8/4) .... 12 Volt 5 Watt
Rück-/Bremslicht (Normbezeichnung P25-2).. 12 Volt 5 – 21 Watt
Blinklicht (Normbezeichnung P25-1) .... 12 Volt 10 Watt
Kennzeichenlicht in Rücklicht integriert .... 12 Volt 5 – 21 Watt

Raum für Notizen

Wichtige Adressen

In diesem Kapitel nennen wir alle BMW-Motorradhändler in Deutschland, Österreich und der Schweiz. Die Telefonnummern und Internetadressen der BMW-Händler finden Sie im Internetauftritt von BMW: *www.bmw-motorrad.de.* Ferner finden Sie eine Auswahl wichtiger Zubehör-Adressen.

HERSTELLER

Bayerische Motoren Werke AG
BMW Motorrad
D-80788 München

BMW Motorradwerk Berlin
Am Juliusturm 14–38
D-13599 Berlin
www.bmw-motorrad.de

IMPORTEURE

Österreich:
BMW Group
Siegfried-Marcus-Straße 24
A-5021 Salzburg
www.bmw-motorrad.at

Schweiz:
BMW Group
Industriestraße 14
CH-8157 Dielsdorf
www.bmw-motorrad.ch

VERBÄNDE

Hier erhalten Sie z.B. Auskünfte über Termine von Fahrsicherheits-Lehrgängen und Sportfahrertrainings:

Industrie-Verband Motorrad e.V.
Institut für Zweiradsicherheit e.V.
Gladbecker Straße 425
D-45329 Essen
www.ivm-ev.de, www.ifz-ev.de

BMW-MOTORRADHÄNDLER IN DEUTSCHLAND

BMW AG Niederlassung Dresden
Dohnaer Straße 99
D-01219 Dresden

Autohaus Fleischer GmbH
Laugkfeld 28
D-01968 Senftenberg

BMW AG Niederlassung Leipzig
Zwickauer Straße 55
D-04103 Leipzig

Autohaus Müller Leipzig GmbH
Schongauer Straße 29–31
D-04328 Leipzig

Autohaus Ehrl GmbH Halle
Am Bruchfeld 1
D-06179 Zscherben

Motorrad-Center Schneider
Am Mittelweg 10
D-06463 Ermsleben

Autohaus Michael Fritze
An der Stollenmühle 15
D-06526 Sangerhausen

Motorradland Weißenfels GmbH
Vorwerkstraße 1, D-06679 Zorbau

Autohaus Müller Wittenberg GmbH
Dessauer Str. 9, D-06886 Wittenberg

Autohaus Kühnert oHG
Greizer Straße 41, D-07907 Schleitz

Autohaus Kühnert OHG
Zwickauer Straße 275
D-08468 Reichenbach

BMW AG Niederlassung Chemnitz
Röhrsdorfer Allee 3
D-09247 Chemnitz-Röhrsdorf

BMW AG Niederlassung Berlin
Huttenstraße 50, D-10553 Berlin

Riller & Schnauck GmbH
Schloßstraße 57, D-12165 Berlin

Kawer Motorradcentrum Berlin GmbH
Barbara-McClintock-Straße 11
D-12489 Berlin

BMW AG Niederlassung Berlin Filiale Weißensee
Gehringstraße 20, D-13088 Berlin

Bernhard Pevec
Ruhlebener Straße 1 a
D-13597 Berlin-Spandau

Motorrad Krause
August-Bebel-Straße 95 a
D-15517 Fürstenwalde

Schneider & Partner GmbH
Schwedter Straße 25
D-16306 Meyenburg

Autohaus Jacobi GmbH
Putlitzer Str. 17, D-16928 Pritzwalk

Assmann GmbH
Am Gartenbau 8c
D-17033 Neubrandenburg

Pratschko & Lorenz GmbH
Mecklenburger Straße 13
D-18184 Neuendorf

Krull & Söhne GbR
E-Thülmann-Straße 41b
Gewerbegebiet
D-18347 Ostseebad Wustrow

Bike Center Schwerin GmbH
Rudolf-Diesel Straße 7
D-19061 Schwerin

Timm Motorrad GmbH
Luhdorfer Straße 27
D-21423 Winsen

Reimer Söhl GmbH
Osterjork 23, D-21635 Jork

Stüdemann GmbH
Merkurring 116, D-22143 Hamburg

BMW AG Niederlassung Hamburg Motorradzentrum
Offakamp 10–20, D-22529 Hamburg

Bert von Zitzewitz Motorradhandel
Wangels 1, D-23758 Karlshof

Autohaus Hansa GmbH
Lily-Braun-Straße 14 + 16
D-23843 Bad Oldesloe

Ernst Harm sen. GmbH & Co.
Landweg 15–21
D-24576 Bad Bramstedt

MTR GmbH & Co. KG
Fehmarnstr. 14, D-24782 Büdelsdorf

G. Wilhelmsen Motorradtechnik GmbH
für Motorräder und Ersatzteile
Stapelholmer Weg 10
D-24988 Oeversee

Bergmann & Söhne
Elmshorner Straße 81–83
D-254121 Pinneberg

Raudzus Motorrad GmbH
Bredstedter Straße 7
D-25813 Husum

Kayser Autohaus GmbH & Co. KG
Bremer Heerstraße 261
D-26135 Oldenburg

HSB, Höfling & Siebels Bikes GmbH
Jadestraße 5, D-26603 Aurich

Theo Kramer
Bahnhofstr. 22, D-26683 Saterland

BMW AG Niederlassung Bremen
Borgwardstraße 4–6
D-28279 Bremen

Baumgart Motorrad GmbH
Schmolkamp 40, D-29358 Eicklingen

Autohaus B & K ...alles klar! GmbH & Co. KG
Hauptstraße 6
D-29410 SalzwedelBrietz

Autohaus B & K ...alles klar! GmbH & Co. KG
Nordallee 7, D-29525 Uelzen

BMW AG Niederlassung Hannover Filiale Wülfel
Hildesheimer Straße 213
D-30519 Hannover-Döhren

Motorrad + Sport Handelsges. mbH
Münchewiese 28
D-31137 Hildesheim

Herribert Fuchs
Mühlenfeld 13, D-31789 Hameln

Auto- und Motorradhaus Borchardt GmbH
Dielinger Str. 1, D-32351 Stemwede

Motorrad Weihe
Koblenzer Straße 243
D-32584 Löhne

Pagel + Meier Motorräder GmbH
Daimlerstraße 24, D-32791 Lage

Motorsport Burgdorf e.K.
Friedrich-List-Straße 40
D-33100 Paderborn

Wecker GmbH Automobile + Motorräder
Dammstraße 43, D-33332 Gütersloh

BMW AG Niederlassung Kassel
Scharnhorststraße 14
D-34125 Kassel

Autohaus Gerhard Enders KG
Nieder-Ohmener-Straße 20
D-35325 Mücke

ASW Autohaus Süd Würtele GmbH
Marburger Straße 191
D-35396 Giessen

Bernhardt + Röhrich GmbH
Herborner Straße 34, D-35764 Sinn

Autohaus Fulda Krah & Enders GmbH
Motorradhaus
Kohlhäuserstraße 49, D-36043 Fulda

Autohaus Limberger GmbH
Kleine Industriestraße 5
D-36251 Bad Hersfeld

Bernhard Turko Motorrad
Eisenacher Straße 29
D-36433 Waldfisch

BMW AG Niederlassung
Herbert-Quandt-Straße 8
D-37081 Göttingen

Autohaus Leinetal GmbH
Altendorfer Tor 26, D-37574 Einbeck

Block am Ring GmbH & Co. KG
Gifhorner Straße 151
D-38112 Braunschweig

Motorradhaus Gabrysiak
Engeroder Straße 22–24
D-38259 Salzgitter (Bad)

Block am Ring GmbH & Co. KG
Goslarsche Straße 32
D-38304 Wolfenbüttel

Schubert Motors GmbH
Karl-Ferdinand-Braun-Ring 1
D-38448 Wolfsburg

Block am Ring GmbH & Co. KG
Hildesheimer Straße 38
D-38644 Goslar

Motorrad-Center Schneider
Quedlinburger Landstraße 6
D-38820 Halberstadt

Block am Ring GmbH & Co. KG
Halberstädter Straße 10
D-39112 Magdeburg

Schubert Motors GmbH
Friedrich-Schmelzer-Straße 1
D-39340 Haldensleben

Schubert Motors GmbH
Anderslebener Straße 49
D-39387 Oschersleben

BMW AG Niederlassung Düsseldorf Motorradzentrum
Grafenberger Allee 258
D-40237 Düsseldorf

Gebr. Wegner
Inh. Manfred Wegner
Am Wald 5, D-40789 Monheim

Hammer & Co GmbH & Co
Postfach 100945
Krefelder Straße 570
D-41066 Mönchengladbach

Hammer & Co GmbH & Co. KG
Krefelder Straße 247
D-41066 Mönchengladbach

Motorräder Bürsgens e.K.
Inh. Friedhelm Bürsgens
Auf dem Taubenkamp 12
D-41849 Wassenberg

Bovenkamp GmbH
Obere Lichtenplatzer Straße 304
D-42287 Wuppertal

Voos GmbH
Wuppertaler Straße 125–127
D-42653 Solingen

BMW AG Niederlassung Dortmund
Nortkirchenstraße 111
D-44263 Dortmund

Autohaus Boesner GmbH
Herner Straße 221–223
D-44809 Bochum

BMW AG Niederlassung Essen
Bamlerstr. 102–10, D-45141 Essen

Vogelsang Automobile GmbH & Co. KG
Rottstraße 118
D-45659 Recklinghausen

Motorradhaus Schneider
Kleiner Kiwitt 15, D-46562 Voerde

Motorrad Briel GmbH
Vinckeweg 10, D-47119 Duisburg

2-Rad Führmann GmbH
Orsoyer Str. 21, D-47495 Rheinberg

Zweiradtreff Deutmeyer GmbH
Flutstraße 45, D-47533 Kleve

Motorrad Faßbender
Hafelsstraße 246, D-47809 Krefeld

Hakvoort GmbH
Weseler Straße 729–735
D-48163 Münster

AMW Auto + Motorrad Wiesmann GmbH
Rekener Str. 126, D-48653 Coesfeld

Motorradhaus Borchardt GmbH
Sutthauser Straße 292
D-49080 Osnabrück

Motorrad Bögel GmbH
Rudolf-Diesel-Straße 14–16
D-49479 Ibbenbüren

Helming & Sohn GmbH
Rheiner Straße 105, D-49809 Lingen

Hammer & Co. GmbH
Bayerische Allee 1
Gewerbegebiet Marsdorf
D-50858 Köln

Kaltenbach Automobile GmbH & Co. KG
Maarweg 1, D-51491 Overath

Autohaus Kaltenbach GmbH & Co. KG
Robert-Bosch-Str. 4, D-51674 Wiehl

Autohaus Kaltenbach GmbH & Co. KG
Obergraben Hämmern 2
D-51688 Wipperfürth

Kohl-Automobile GmbH
Neuenhofstr. 160, D-52078 Aachen

BMW AG Niederlassung Bonn
Vorgebirgsstraße 95, D-53119 Bonn

Bikeworld Nürburgring GmbH
Gottlieb-Daimler-Straße 22
D-53520 Meuspath

Hakvoort GmbH
Im Laach 4, D-53783 Eitorf

Autohaus Rolf Horn GmbH
Eifelring 44–46, D-53879 Euskirchen

Motorradhandel Friedrich Wilhelm Servatius
Bahnstraße 36, D-53949 Dahlem/Eifel

Adolf Hisgen GmbH
Gottbillstraße 34e, D-54294 Trier

AUTO-FORUM Alzey GmbH & Co. KG
Galgenwiesenweg 15–17
D-55232 Alzey

Fahrzeughaus Barwick GmbH
Am Kieselberg, D-55457 Gensingen

Moto Technik Schmaus GmbH
August-Horch-Straße 12
D-55469 Simmern

HANKO Kfz-Handel GmbH
Moselring 27–29, D-56073 Koblenz

Zweirad Schneider GmbH
Inh. Nikolaus Schneider
Industriegebiet Nord
Kottenheimer Weg 35
D-56727 Mayen

Alfred Wahl KG MotorradCentrum
Bahnhof Weidenau 16
D-57076 Siegen

Zweirad-Center Georg Lubeley
Bamenohler Straße 192
D-57413 Finnentrop

Auto-Zentrum Witten Bernhard Ernst GmbH
Crengeldanzstraße 83
D-58455 Witten

Kaltenbach Automobile GmbH
Gildestraße 26, D-58791 Werdohl

Grewe AHG mbH
Werler Straße 248, D-59063 Hamm

WÜDO GmbH & Co. KG
Gottlieb-Daimler-Straße 3
D-59439 Holzwickede

Muschik + Kautz GmbH Auto- & Motorrad-Zentrum
Westring 2, D-59759 Arnsberg

BMW AG Niederlassung Frankfurt
Hanauer Landstraße 182
D-60314 Frankfurt/Main

BMW AG Niederlassung Frankfurt Filiale Galluswarte
Kleyerstraße 1–7, D-60326 Frankfurt

Hugo Seubert GmbH
Würzburger Straße 83–85
D-63808 Haibach

BMW AG Niederlassung Frankfurt Filiale Darmstadt
Marburger Str. 22, D-64289 Darmstadt

Fahrzeughaus Stilgenbauer GmbH & Co
Von-Humboldt-Straße 7
D-64646 Heppenheim

Tullius GmbH
Eisenmännchenstraße 4
D-65201 Wiesbaden

Motorrad Senger
Eisenstraße 26
D-65428 Rüsselsheim

Motorrad Center Altendiez
Inh. Norbert Brückner
Bökelmannstr. 2, D-65624 Altendiez

BMW AG Niederlassung Saarbrücken
Am Halberg 6–7
D-66121 Saarbrücken

Motorrad Scharle GmbH
Frankfurter Straße 1
D-66606 St. Wendel

Zweiradtechnik Arimond GmbH
Viezstraße 5, D-66663 Merzig

Klaus Mayer e.K. BMW Motorrad Vertragshändler
Hans-Böckler-Straße 20
D-67454 Haßloch

Motorradhaus Lothar Lehner
Inh. Lothar Lehner e. K.
Merkurstraße 14a
D-67663 Kaiserslautern

BMW AG Niederlassung Mannheim Filiale Friesenheimer
Inselstraße 2, D-68169 Mannheim

Auto Kocher Georg Kocher KG
Am Taubenfeld 39
D-69123 Heidelberg

BMW AG Niederlassung Stuttgart
Pascalstraße 1, D-70569 Stuttgart

Walz Motor-Sport GmbH
Max-Eyth-Straße 1
D-71083 Herrenberg

Ditting Automobile GmbH & Co. KG
Zeisstraße 2, D-71679 Asperg

Motorrad Schwizler GmbH
Otto-Hahn-Straße 2
D-72280 Dornstetten

AHG – Autohandelsgesellschaft mbH
Lange Straße 23, D-72336 Balingen

AHG – Autohandelsgesellschaft mbH
Max-Planck-Str. 31, D-72800 Eningen

Auto- u. Motorradhaus Kuhn e.K.
Römerstraße 84, D-73066 Uhingen

Autohaus Brauneisen GmbH
Ulmer Straße 5, D-73240 Wendlingen

Motorradhaus Prinz GmbH
Max-Eyth-Straße 2
D-73460 Hüttlingen

Mulfinger + Krautter GmbH & Co. KG
Siechenfeldstraße 28
D-73614 Schorndorf

Stadel Motorrad-Center Bereich d. AH Stadel
Stuttgarter Straße 53–61
D-74074 Heilbronn

Autohaus Walter Mulfinger GmbH
Im Buchhorn 3, D-74545 Michelfeld

Auto-Müller GmbH
Neue Buchener Straße 28
D-74722 Buchen-Hettingen

AHG – Autohandelsgesellschaft mbH
Karlsruher Straße 69
D-75179 Pforzheim

Bohling u. Eisele & Co. GmbH
Eisenbahnstraße 40
D-76229 Karlsruhe

Klaus Mayer e.K. BMW Motorrad Vertragshändler
Im Grein 1c, D-76829 Landau

Autohaus Albert Holzenthaler
Bahnhofstraße 8, D-77781 Biberach

Fallert Motorrad-Sport GmbH
Neulandstraße 2a, D-77855 Achern

Hänsle Motorradsport GmbH
Industriestraße 12
D-77955 Ettenheim-Altdorf

Grüneberg Motorrad-Service
Heinrich-Hertz-Straße 19
D-78052 Villingen-Schwenningen

Auto- und Motorradhaus Auer GmbH
Messkircher Straße 125 a
D-78333 Stockach-Zizenhausen

Autohaus Freiburg GmbH & Co. KG
Breisacher Straße 86
D-79110 Freiburg i. Br.

Autohaus Gottstein
Inh. Dirk Gottstein
Im Grütt 14, D-79713 Bad Säckingen

BMW AG Niederlassung München
Frankfurter Ring 35
D-80807 München

Tommy Wagner Motorrad GmbH
Lochhamer Schlag 13
D-82166 Gräfelfing

Zweirad Hofmann
Kleinholzenerweg 1
D-83071 Stephanskirchen

Autohaus Bachfrieder KG
Salzstraße 25, B20
D-83451 Piding/Bad Reichenhall

Motorrad Huber GmbH
Unterbierwang 11, D-83567 Unterreit

Erwun Martin GmbH
Scharfreiterstr. 34, D-83661 Lenggries

BMW AG Service-Zentrum
Landshuter Straße 12
D-84130 Dingolfing

Motorradhaus Paul Zierer
Siemensring 4, D-84184 Tiefenbach

Motorradsport Holzleitner GbR
Gewerbestraße 3
D-84543 Winhöring-Eisenfelden

Autohaus Pielmeier GmbH & Co. Vertriebs GmbH
Industriestraße 1, D-85101 Lenting

Karl Maier Motorrad GmbH
Erdinger Straße 10, D-85464 Finsing

Autohaus Augsburg Kummer & Klostermair GmbH & Co. KG Motorradzentrum
Donaustraße 5a, D-86165 Augsburg

Autohaus Pielmeier GmbH & Co. Vertriebs GmbH
Augsburger Straße 55
D-86529 Schrobenhausen

Erwin Martin GmbH
Marktoberdorfer Straße 16
D-86956 Schongau

Mahle Zweiräder GbR
Inh. W. + H. Mahle
Gottlieb-Daimler-Straße 9
D-88214 Ravensburg

Motorrad Schek GmbH
Südring 2, D-88239 Wangen

Drews GmbH & Co. KG
Opelstraße 1, D-88499 Riedlingen

Seitz Motorrad GmbH
Einsteinstraße 31, D-89077 Ulm

Auto-Baptist KG
Gundelfinger Straße 15
D-89415 Lauingen

Hechler Motor GmbH
Heidenheimer Straße 43
D-89542 Herbrechtingen-Bolheim

BMW AG Niederlassung Nürnberg
Witschelstr. 60, D-90431 Nürnberg

Ring GmbH
Welserstraße 4, D-91154 Roth

Autohaus Friedrich GmbH
Industriestraße 19, D-91207 Lauf

Rösch + Maurer GmbH
Burgbernheimer Straße 2
D-91438 Bad Windsheim

Rösch + Maurer GmbH
Rudolf-Diesel-Str. 2, D-91522 Ansbach

Karl Feil GmbH
Treuchtlinger Straße 19
D-91781 Weißenburg

Motorradsport Feil GmbH
Treuchtlinger Straße 2a
D-91781 Weißenburg

Peter Stadler PS-Motor-Center GmbH
Bayreuther Straße 2–4
D-92224 Amberg

Franz Schisslbauer Zweirad GmbH
Angerring 2, D-92421 Schwandorf

BMW AG Fahrzeugservice Regensburg
Herbert-Quandt-Allee
D-93055 Regensburg

PIA Motors GmbH & Co. KG
Amberger Straße 46
D-93059 Regensburg

Auto Leebmann GmbH Motorrad Zentrale
Spitalhofstraße 86, D-94032 Passau

PIA Motors GmbH & Co. KG
Hauptstr. 18, D-94469 Deggendorf

Auto Motor Zapf GmbH
Hofer Straße 20, D-95111 Rehau

Zweirad Drewe GmbH
Hohenzollernring 44
D-95444 Bayreuth

Motorradcenter Johann Bauer GmbH
Geisfelder Str. 40, D-96050 Bamberg

Motorcenter FRIWI
Inh. Fritz Witzel
Cortendorferstr. 94, D-96450 Coburg

Motorradhaus Hans Ebert
Inh. Hans Ebert
Heisenbergstr. 3, D-97204 Höchberg

Motorrad Witzel GmbH
Gutenbergstr. 6, D-97526 Sennfeld

Busch + Wagner GbR
Bahnhofstraße 13
D-97653 Bischofsheim

Autohaus Cloppenburg GmbH
Justus-Liebig Str. 30, D-99087 Erfurt

Autohaus Fritze
Hospitalstraße 158
D-99706 Sondershausen

BMW-MOTORRADHÄNDLER IN ÖSTERREICH

BMW Wien
Motorradzentrum
Heiligenstädter Straße 64
A-1190 Wien

Bierbaum GesmbH
Vöslauer Straße 67–69/73
A-2500 Baden

Zitta GesmbH & Co. KG
Prof. Dr. Stephan-Koren-Straße 12
A-2700 Wiener Neustadt

Hentschl GesmbH
Ernst-Maerker-Straße 7
A-3100 St. Pölten

H. Slawitscheck GesmbH
Landstr. 22, A-3300 Amstetten-Hart

Ziel Zweirad Hentschl GesmbH
Wiener Str. 129, A-3500 Krems

Höglinger Denzel GesmbH
Estermannstraße 4, A-4020 Linz

Knöbl GmbH
Prof. Anton-Neumann-Straße 4
A-4400 Steyr

H. Geyrhofer & Sohn GesmbH
Hans-Sachs-Str. 133, A-4601 Wels

Rudolf Kreupl
Marktplatz 20, A-4720 Neumarkt

Autohaus Rachbauer GesmbH
Grillparzerstraße 3
A-4910 Ried/Innkreis

Franz Ginzinger
Elling 2, A-4952 Weng

Autohaus Frey GesmbH
Alpenstraße 85, A-5033 Salzburg

Autohaus Kaufmann KG
Landesstraße 543, A-5710 Kaprun

Fritz Unterberger – Wolfgang Denzel GesmbH & Co. KG
Griesauweg 32, A-6020 Innsbruck

Fritz Unterberger u. Söhne GmbH & Co. KG
Endach 32, A-6330 Kufstein

Kurt Mähr
Motorradzentrum
Egelseestraße 48
A-6806 Feldkirch-Tosters

Bierbaum GesmbH
Mattersburgerstraße 42
A-7000 Eisenstadt

Krug GesmbH & Co. KG
Hauptstraße 54, A-7434 Bernstein

Euro Motors E. Fior GmbH
Harterstraße 70, A-8053 Graz

Autohaus Stipper GesmbH
Pichling 134, A-8510 Stainz

BLM März – Motorrad Handel GmbH
Tragösserstraße 53
A-8600 Bruck/Murr

Neuper GmbH
Burggasse 110, A-8750 Judenburg

Auto & Motorwelt Klagenfurt
K&P Fahrzeughandels GmbH
Flatschacherstraße 68
A-9020 Klagenfurt

Gönitzer GesmbH & Co. KG
Grazer Straße 4, A-9400 Wolfsberg

Nowak GesmbH
Villacher 72, A-9800 Spittal/Drau

BMW-MOTORRADHÄNDLER IN DER SCHWEIZ

Inter-Motos SA
En Budron B1
CH-1052 Le Mont-sur-Lausanne

Chuard-Motos
Rue de Lyon 84, CH-1203 Genève

Dupasquier Robert
Garage, CH-1642 Sorens

Claude Urfer SA Motosports
Chemin St-Hubert, CH-1950 Sion

Karl Friedli AG
Hauptstr. 5, CH-2557 Studen bei Biel

Manu Motors
Route principale 1
CH-2922 Courchavon

Michel Zweiräder
Seftigenstrasse 275
CH-3084 Wabern

Meyer Motos
Marxmattenweg 15, CH-3232 Ins

Moto Bärtschi
Bahnhofstr. 17, CH-3550 Langnau i. E.

Moto-Center Thun
Bernstr. 117, CH-3613 Steffisburg

Töff-Center Basel AG
Reinacherstr. 204, CH-4053 Basel

Zurfluh AG
Hauptstrasse 29, CH-4127 Birsfelden

Moto Blaser + Sohn
Brückenweg 12, CH-4528 Zuchwil

von Arb + Co. Bike-Center
Wolfwilerstr. 16, CH-4623 Neuendorf

Moto Mader AG
Aussenfeldstrasse 20
CH-5036 Oberentfelden

Aliverti AG
Schartenstrasse 68
CH-5430 Wettingen

Felder & Fry
Rengglochstr. 25, CH-6012 Obernau

Knüsel Urs
Lindenmatt
CH-6163 Ebnet/Entlebuch

Grüter + Gut GmbH
Motorradtechnik
CH-6275 Ballwil

Moto Center Schwyz AG
Riedmattli 1
CH-6423 Seewen-Schwyz

The Pelican Drive Manno SA
Via Vedeggio 4
CH-6928 Manno

Motos Obertor AG
Deutsche Strasse 5
CH-7000 Chur

BMW Niederlassung Dielsdorf
Industriestr. 14, CH-8157 Dielsdorf

Felix Harzenmoser AG
Zentralstrasse 126
CH-8212 Neuhausen a.Rhf.

Hobi-Moto
Schiltwiesenweg 4
CH-8404 Winterthur

Gerold Vogel AG
Mühlfangstr. 2, CH-8570 Weinfelden

Müller & Jussel AG
Seestrasse 1, CH-8617 Mönchaltorf

Stucki 2 Radcenter AG
St. Gallerstrasse 77
CH-8716 Schmerikon

Arrigoni Sport GmbH
Zürcherstrasse 52–64
CH-8952 Schlieren

René Frisch AG
Rorschacherstrasse 227
CH-9016 St. Gallen

Eisenring Marcel
Innerfeld 40, CH-9606 Bütschwil

MOTORRAD-ZEITSCHRIFTEN

MOTORRAD, -Katalog, PS – Das Sport-Motorrad Magazin, mopped, MOTORRAD CLASSIC
Motor-Presse Verlag
Leuschnerstr. 1, D-70174 Stuttgart
www.motorradonline.de

Motorradfahrer, Tourenfahrer
Rainer R. Nitschke Verlags-GmbH
Eifelring 28, 53879 Euskirchen
www.motorradfahrer-online.de

Motorradmagazin MO, Bikers MOTORRAD Katalog, MOTORRAD TEST, MO-Sonderhefte
MO Medien Verlag GmbH
Schrempfstraße 8, D-70597 Stuttgart
www.mo-web.de

motorrad, reisen & sport, MOTORRAD NEWS, Syburger, regionale Motorradhefte
Syburger Verlag GmbH
Hertinger Straße 60, D-59423 Unna
www.motorradnet.de

REISE MOTORRAD/ride on!,
Lila Publishing Verlags-GmbH
Mondstraße 10
D-81543 München
www.reisemotorrad.de

Motorrad Magazin
Sportmagazin Verlag GmbH,
Heiligenstädter Lände 29
A-1190 Wien
www.motorrad-magazin.at

Der Reitwagen
Obertriesting 49, A-2572 Kaumberg
www.reitwagen.at

MOTORSPORT aktuell
Postfach, CH-8603 Schwerzenbach

Moto Sport Schweiz
Büchler Grafino AG
Dammweg 9, Postfach, CH-3001 Bern
www.motosport.ch

BEKLEIDUNG UND ZUBEHÖR

AXO und Corax-Kleidung 2Wheel-Distribution GmbH & Co. KG
Im Strässle 6, D-71706 Markgröningen
www.twowheeldistribution.de

Bikehome Faltgaragen Lang GmbH
Limburgstr. 14, D-67098 Bad Dürkheim
www.bikehome.com

Heino Büse Motorradzubehör und Bekleidung
Vennstraße 14, D-52159 Roetgen
www.buese.com

Götz GmbH
Hinter Stöck 38, D-72406 Bisingen
www.goetz-motorsport.de
www.on2wheels.de

Harro
Ernst Harr GmbH & Co.KG
D-72229 Rohrdorf/Schwarzwald
www.harro.de

Held GmbH
Motorradbekleidung, ARAI-Import
An der Ostrach 7
D-87545 Burgberg-Erzflöße
www.held-biker-fashion.de

Hein Gericke GmbH & Co. KG
Reisholzer Werftstraße 19
D-40589 Düsseldorf
www.hein-gericke.de

Hepco & Becker GmbH
Motorrad-Koffersysteme
Birkenstraße, D-66989 Höhfröschen
www.hepco-becker.de

IXS Motorcycle Fashion
Hostettler GmbH
Neuenburger Straße 33
D-79379 Mülheim/Baden
www.hostettler.de

JF Motorsport GmbH
Dieselstr. 10, D-61239 Ober-Mörlen
www.jfmotorsport.de

Krawehl GmbH
Grossmannstraße 70
D-20539 Hamburg
www.krawehl.de

Louis Fun Company
Rungedamm 35, D-21035 Hamburg
www.louis.de

Moto Parts
Onlineshop für Motorradzubehör
Neustraße 4, D-47809 Krefeld
www.motoparts.de

MV Motorrad-Technik GmbH
BMW-Zubehör
Omperter Weg 56, D-41748 Viersen
www.verholen.de

Polo Expressversand
Reisholzer Werftstraße 76
D-40589 Düsseldorf
www.polo-motorrad.de

Schwabenleder
Fabrik für Motorradbekleidung GmbH
Fabrikstraße 22, D-73650 Winterbach
www.schwabenleder.de

Spidi Bekleidung
IMAG Germany Vertriebs GmbH
Hundsberger Straße 43
D-73642 Welzheim
www.imag-germany.de

AUSPUFFANLAGEN

Akrapovic-Auspuffanlagen
JAMparts Fahrzeugtechnik
Vertriebs GmbH
Friedenstr. 2, D-71282 Hemmingen
www.akrapovic.de

Baldes Auspuffanlagen
Leopoldstr. 10, D-92224 Amberg
www.baldes-auspuff.de

Bos Auspuff GmbH
Reitgaarstraße 2
D-49828 Neuenhaus
www.bos-exhausts.com

BSM Auspuffanlagen
Hohlstr. 1, D-65510 Hünstetten
www.bsm-auspuff.de

Devil Auspuffanlagen
98 Rue des Champs Plans
F-74800 St. Pierre en Faucigny
www.devil.fr

Devil Deutschland
Wagnerstr. 27, D-76448 Durmersheim
www.bikeside.de

CFP Driesch GmbH
Driesch Carbon Fibers
Nachtweide 41
D-67433 Neustadt/Weinstraße
info@cfp-driesch.de

GPR Racing Auspuffanlagen
Schulgasse 4, D-89611 Obermarchtal
www.gpr-racing.de

Kess-Tech GmbH
Supertrapp-Auspuffanlagen
Mühlenstraße 9
D-97531 Theres-Horhausen
www.kess-tech.de

Laser Auspuffanlagen
SO Products GmbH
Luxemburger Straße 54
D-48455 Bad Bentheim/Gildehaus
www.so-products.com

Micron Systeme GmbH
Micron Auspuffanlagen
Boxdorfer Straße 13
D-90765 Fürth-Sack
www.powercommander.de

Micron Systeme GmbH
Schweiz:
Wet Motos
Route de Neuchâchtel 1
CH-2520 La Neuveville

Moriwaki
Auspuffanlagen, Tuning
Hideshi Ijuin
Hansastraße 12
D-41460 Neuss
www.moriwaki.co.jp

Remus
Forschungs- und Abgasanlagen-produktionsgesellschaft m.b.H.
Dr.-Niederdorfer-Straße 25
A-8572 Bärnbach
www.remus-racing.com

Team Metisse
Auspuffanlagen, Zubehör
Forststraße 23
D-71549 Auenwald-Hohnweiler
www.metisse.de

Termignoni-Auspuffanlagen
Hänsle Motorradsport GmbH
Industriestraße 12
D-77955 Ettenheim
www.haensle.de

Zach Auspufftechnik GmbH
Voggendorfer Weg 7
D-93444 Kötzting-Haus
www.zachauspuff.de

FAHRWERK UND BREMSEN

BRAKING Generalvertretung Deutschland
Uwe Keszler Import u. Vertriebs GmbH
Mühlenweg 1, D-24796 Bredenbek
www.braking.de

Brune Motorradsport GmbH
Brembo-Generalvertretung für Deutschland und Österreich
Wöste 6, D-48291 Telgte
www.brunegmbh.de

France Equipement
Bremsbeläge, -scheiben, -leitungen
Beinheimer Straße 25
D-76437 Rastatt-Wintersdorf
www.franceequipement.de

G.M.D. Computrack Munich
Fahrwerks-Vermessung, -Einstellung
Gewerbepark Gebäude 3
D-83052 Bruckmühl
www.strassmaier.de

Köster GmbH
Rahmen-Vermessungen, -reparaturen
Jettinger Str. 10, D-89358 Goldbach
www.motorrad-koester.de

Krontec Bremsleitungen Maschinenbau GmbH
Berliner Str. 31, D-93073 Neutraubling
www.krontec.de

Krüger & Junginger GmbH
Schwingenumbau, Breiträder
Mühlestraße 12, D-73252 Lenningen
www.motorradschwingen.de

Lucas Girling
Bremsbeläge, Leitungen, Fußrasten
Rudolf-Diesel-Straße 7
D-56566 Neuwied
www.lucas-bikersworld.com

Mycro-Bremsscheibenschleiferei
Ivano Zana
Siemensstraße 4
D-72585 Riederich

Öhlins
Öhlins-Federelemente
Zupin Moto-Sport
Trostberger Str. 26, D-83301 Traunreut
www.zupin.de

PVM Vetterolf GmbH
Leichtmetallräder, Bremsanlagen
Mundenheimer Straße 39
D-68199 Mannheim
www.pvm.de

Roadrunner Bikeshop GmbH
Johannes-Kepler-Straße 1
D-55129 Mainz Hechtsheim
www.roadrunner-bikeshop.de

Emil Schwarz Präzisionsteile
Präzisions- und Leichtlauflager für Lenkkopf, Schwingenlager, Federbeinaufnahmen, Leichtlauf-Radlager, Fußrastenanlagen
Daimlerstraße 8, D-73660 Urbach
www.emilschwarz.de

Spiegler Bremstechnik GmbH
Bremsbeläge, Scheiben, Leitungen, Bremszangen, Bremspumpen
Reutener Straße 5
D-79279 Vörstetten
www.spiegler.de

White Power Stoßdämpfer Deutschland
Braun GmbH
Zum Schneckenberg 6
D-79312 Emmendingen
www.white-power.de

Wilbers Products
Federelemente, Lenkungsdämpfer
Alfred-Mozer-Straße 84
D-48527 Nordhorn
www.wilbers.de

TUNING- U. SPEZIALBETRIEBE

ABM Fahrzeugtechnik GmbH
Technikteile, Superbike-Umbauten
Im Gelbstein 25a
D-79206 Breisach
www.ab-m.de

AC Schnitzer Motorrad-Technik
Tuning und Spezialteile
Neuenhofstraße 160
D-52078 Aachen
www.ac-schnitzer.de

Alpha Technik GmbH & Co. KG
Leistungsumrüstung, Reifenfreigabe, TÜV-Gutachten, Stahlflexleitungen, Tieferlegungen, Zubehör, Motortuning
Äußere Salzburger Straße 201
D-83071 Stephanskirchen
www.alphatechnik.de

Baier Tuning Motor GmbH
Münchner Straße 25
D-83043 Bad Aibling

BMC Motorsport GmbH
Luftfiltersysteme
Hauptstraße 7, D-79379 Müllheim
www.bmcairfilter.de
und:
Berger Motorsport Handels GmbH
Hauptstraße 147 A, Top A1
A-3031 Pressbaum
www.berger-motorsport.com

Radspannerei Peter Böhm
Hauptstraße 176
D-09618 Großhartmannsdorf
www.boehmrad.de

Der Tank-Spezialist
Sanierung von Motorradtanks
Blumenstraße 12
D-72793 Pfullingen
www.tank-spezialist.de

Dynotec GmbH
Motortuning und Messtechnik
Alzeyer Straße 33–37
D-67592 Flörsheim-Dalsheim
www.dynotec.de

Ernemotos AG
Motorsport-Parts
Sihlquai 6, CH-8005 Zürich
www.motoforza.ch

Fallert Motorradsport
Tuning und Spezialteile
Neulandstraße 2a
D-77855 Achern
www.fallert.com

Fechter Drive Motorsport GmbH
Sportbike-Zubehör
Michael-Becker-Straße 22
D-73235 Weilheim/Teck
www.fechter.de

Gimbel Motorradtechnik GmbH
Tuning, Zubehör, Umbauten
Kesslerstraße 7, D-79206 Breisach
www.gimbel-motorradtechnik.de

Großewächter Racing Parts
Soar 25, D-32139 Spenge
www.gw-racing-parts.de

HERU Carbontec
Carbon- und GFK-Teile
Wolffstraße 2, D-56746 Kempenich
www.heru-carbontec.de

Ilmberger Carbonparts
Hahilingastraße 5
D-82041 Oberhaching
www.ilmberger-carbon.de

Israel GmbH
Ersatz- und Gebrauchtteile, Motoren, Getriebe, Tuning
Hauptstraße 54
D-56335 Neuhäusel
www.motoren-israel.de

Jäger Motorsport
Aluminium- und Titanschrauben
Blücherstraße 63
D-58332 Schwelm
www.jaeger-motorsport.de

Wolfgang Kayser
Motoren- und Getriebetechnik
Kirschblütenweg 11
D-71384 Weinstadt-Strümpfelbach

LSL-Motorradtechnik GmbH
Technikteile, Umbauten
Heinrich-Malinga-Straße 107
D-47809 Krefeld
www.lsl-motorradtechnik.de

Mader-HM
Spezialist für BMW-Tuning
Pretzener Weg 14
D-85435 Erding

Mertinke
Fahrwerk, Motor, Getriebe
Marc-Aurel-Straße 7
D-60439 Frankfurt-Heddernheim
www.bmw-mertinke.de

Mizu Motorradtechnik
Höherlegungssätze, Zubehör
Weidgang 3
D-78247 Hilzingen
www.mizu.de

Moto Forza
Reifen- und Gabelwärmer
Lindgesfeld 8G (Gewerbepark)
D-42653 Solingen
www.motoforza.de

Phoenix Motorrad-Tuning
Neuenhofstraße 160
D-52078 Aachen
www.phoenix-motorrad.de

Siebenrock GmbH
Neue und gebrauchte Ersatzteile
Wertstraße 34
D-73240 Wendlingen
www.siebenrock.com

Touratech
Spezialteile für Touring, Rallye, Racing
Auf dem Zimmermann 7–9
D-78074 Niedereschach
www.touratech.de

Wunderlich GmbH
Kranzweiherweg 12
D-53489 Sinzig
www.wunderlich.de

WÜDO
Zubehör und Tuning
Gottlieb-Daimler-Straße 3
D-59439 Holzwickede
www.wuedo.de

SCHMIER- UND PFLEGEMITTEL

Aral AG Schmierstoffe
Wittener Straße 45
D-44789 Bochum
www.aral.de

Bel Ray
MENEKS AG
Öle und Pflegemittel
Nersingerstr. 10, D-89257 Elchingen
www.bel-ray.de

Caramba Chemie
Rostlöser, Pflegemittel
Wanheimer Straße 334–336
D-47055 Duisburg
www.caramba.de

Castrol Schmiermittel
Max-Born-Straße 2
D-20761 Hamburg
www.castrol.de

Elf Schmiermittel
Total-Fina-Elf GmbH
Kirchfeldstraße 61
D-40217 Düsseldorf
www.totalfinaelf.de
www.elfmoto.de

Fuchs Europe Schmierstoffe GmbH
Silkolene Zweiradschmierstoffe
Friesenheimer Straße 17
D-68169 Mannheim
www.fuchs-oil.de

Motul Deutschland GmbH
Kölner Straße 263
D-51149 Köln
www.motul.de

Shell Motorradvertrieb und Shell Racingakademie
Shell-Motorradöle, -Pflegemittel
Im MOTOPARK Oschersleben
Motopark Allee 20–22
D-39387 Oschersleben
www.shell-advance.de

WERKSTATTBEDARF

Boehm Synchrontester
Peter-Kreuder-Straße 21
D-81245 München
www.boehm-synchrontester.de

Robert Bosch GmbH
Batterien und Zündkerzen
Robert-Bosch-Platz 1
D-70839 Gerlingen-Schillerhöhe
www.boschservice.de

Champion Zündkerzen
Norsk-Data-Straße 1
D-61352 Bad Homburg

Denso Europe B.V. Zündkerzen
Hogeweyselaan 165
NL-1382 JL Weesp
www.denso-europe.com

Dynojet Leistungsprüfstände:
Micron-Systems GmbH
Boxdorfer Straße 13
D-90765 Fürth-Sack
www.powercommander.de
und:

Moto Parts
Neustraße 4, D-47809 Krefeld
www.motoparts.de

GL Motorradtechnik
Beta-Werkzeug, Montageständer, Messwerkzeuge
Konrad-Adenauer-Straße 106
D-72461 Albstadt-Trochtelfingen
www.gl-motorradtechnik.de

Hazet-Werk
Spezialwerkzeuge für Kraftfahrzeuge
Postfach 10 04 61
D-42804 Remscheid
www.hazet.de

Helicoil Gewindeeinsätze
Böllhoff GmbH
Archimedesstraße 1–4
D-33649 Bielefeld
www.boellhoff.de

Kern Montagetechnik
Montageständer, Hebebühnen
Gewerbestraße 13–15
D-79364 Malterdingen
www.kern-stabi.de

Loctite Deutschland GmbH
Schraubenkleber
Arabellastraße 17
D-81925 München
www.henkel.com
www.loctite.com

Matthies Motorradteile GmbH
Hammerbrookstraße 78
D-20097 Hamburg
www.matthies.de

Mobil-Tech OHG
Montageständer, Messgeräte, Abgastester, Tuning-Zubehör, Anti-Hopping-Kupplungen
Hindenburgstraße 65
D-78549 Spaichingen
www.mobil-tech.de

NGK Spark Plug Europe GmbH
Harkortstraße 41
D-40880 Ratingen
www.ngkntk.de

VON BMW GEPRÜFTE REISEVERANSTALTER

BMW-Enduro-Reisen:
CdB Christoph del Bondio
Calle Can Calo 36
E-17830 Mieres (Girona)
Info-Büro Deutschland:
Rosental 19, D-87600 Kaufbeuren
www.delbondio.de

Münchner Freiheit GmbH
Postfach 44 01 48
D-80750 München
www.muenchnerfreiheit.de

Edelweiss Bike Travel
Postfach 12, A-6414 Mieming
www.edelweissbiketravel.com
www.bmw-motorrad.de

Agentur für Deutschland:
Reisebüro Eudenbach-Müller
Schlossplatz 7
D-57640 Altenkirchen

Adressen der Reifen-Hersteller und -Importeure in D, A, CH

Avon

- **Cooper-Avon Reifen Deutschland GmbH**
  Hans-Böckler-Straße 4
  D-64823 Groß-Umstadt
  www.avon-motorradreifen.de
- **Autoplus GmbH**
  Richard-Strauss-Straße 14
  A-1232 Wien
  www.avonmotorcycle.com
- **Cooper Avon (Suisse) S.A.**
  Hagackerstrasse 12
  CH-8953 Dietikon
  www.avontyres.com

Bridgestone

- **Bridgestone Deutschland GmbH**
  Du-Pont-Straße 1
  D-61352 Bad Homburg v.d.H.
  www.bridgestone.de
- **Bridgestone Austria GmbH**
  Laxenburgerstraße 252
  A-1232 Wien
  www.bridgestone.at
- **Bridgestone Schweiz**
  Limmatpark, Pfadackerstrasse 6
  CH-8957 Spreitenbach
  www.bridgestone.ch

Continental

- **Continental AG**
  Abt. Motorradreifen
  Büttnerstraße 25
  D-30165 Hannover
  www.continental.de

Dunlop

- **Dunlop GmbH & Co. KG**
  Abteilung PM-M
  Dunlopstraße 2, D-63450 Hanau
  www.dunlop.de
- **Goodyear Dunlop Tires Austria GmbH**
  Richard-Strauss-Straße 19
  A-1230 Wien
  www.dunlop.at
- **Goodyear Dunlop Tires Suisse SA**
  Industriestrasse 21
  CH-8604 Hegnau
  www.dunlop.ch

Heidenau

- **Reifenwerk Heidenau GmbH & Co. KG**
  Hauptstraße 44
  D-01809 Heidenau
  www.reifenwerk-heidenau.de

IRC

- **Hostettler AG Pneuservice**
  Haldenmattstrasse 3
  CH-6210 Sursee
  www.hostettler.com

- **NC Reifenservice**
  Alfred Schenk
  Taubenbrunnen 13
  D-97534 Theilheim
  www.irc-motorradreifen.de

MAXXIS

- **Cheng Shin Rubber Ind. Co. GmbH**
  Kaddenbusch 31
  D-25578 Dägeling
  www.maxxis.de

Metzeler

- **Pirelli Deutschland AG Metzeler Motorradreifen**
  Gneisenaustraße 15
  D-80992 München
  www.metzelermoto.de
- **Metzeler Motorradreifen**
  Salzburger Straße 196
  A-4600 Wels
- **Hostettler AG Pneuservice**
  Haldenmattstrasse 3
  CH-6210 Sursee
  www.hostettler.com

Michelin

- **Michelin Reifenwerke KGaA**
  Michelinstraße 4
  D-76185 Karlsruhe
  www.michelin-motorrad.de
- **Michelin Verkaufsgesellschaft**
  Wiegelestraße 10
  A-1231 Wien
- **SA des Pneumatiques Michelin**
  Route Jo Siffert 36
  CH-1762 Givisiez

Pirelli

- **Pirelli Deutschland AG Pirelli Motorradreifen**
  Gneisenaustraße 15
  D-80992 München
  www.pirellimoto.de
- **Pirelli Austria**
  Salzburger Straße 196
  A-4600 Wels
- **Hostettler AG Pneuservice**
  Haldenmattstrasse 3
  CH-6210 Sursee
  www.hostettler.com

Reifenfreigaben

- **Alpha Technik GmbH & Co. KG**
  Reifenfreigaben, TÜV-Gutachten
  Äußere Salzburger Straße 201
  D-83071 Stephanskirchen
  www.alphatechnik.de

- **D. Theobald M & A Reifenhandel**
  Reifen-Großhändler
  Lindenstraße 4
  D-97892 Kreuzwertheim
  www.dtheobald.de